XIANDAI ZHIXIAN DIANJI LILUN YU SHEJI

现代直线电机

理论与设计

寇宝泉　张　赫　张　鲁　编著

中国电力出版社
CHINA ELECTRIC POWER PRESS

内 容 提 要

本书全面、系统、深入地阐述了现代直线电机的基本结构、运行原理、工作特性、分析方法与设计方法。第1章介绍了直线电机的基本工作原理、分类、特点、主要应用领域、存在的关键技术问题及发展方向；第2章介绍了直线感应电机的结构、原理、分类、分析方法、加速特性和电磁设计方法；第3章介绍了直线同步电机的结构、原理、分类、分析方法、推力波动分析及抑制方法和电磁设计方法；第4章介绍了直线直流电机的结构、原理、分类、分析方法和电磁设计方法；第5章介绍了直线磁阻电机的工作原理、分类和典型结构；第6章介绍了直线发电机的工作原理、分类及其在四个领域的典型应用；第7章介绍了直线振荡电机的工作原理、分类、特性分析和电磁设计方法；第8章介绍了平面电机的工作原理、分类以及两维绕组永磁同步平面电机、直流平面电机的数学模型和电磁设计方法；第9章介绍了直线电磁阻尼器、直线螺旋电机、直线电磁泵以及线性可变差动变压器等直线电磁装置的结构和工作原理。

本书可供高等院校电气工程及其自动化专业本科生、研究生作为教材或参考书使用，也可供科研院所、厂矿企业从事自动化技术的科技工作者参考使用。

图书在版编目（CIP）数据

现代直线电机理论与设计/寇宝泉，张赫，张鲁编著. —北京：中国电力出版社，2024.3
ISBN 978-7-5198-8017-0

Ⅰ.①现… Ⅱ.①寇…②张…③张… Ⅲ.①直线电机 Ⅳ.①TM359.4

中国国家版本馆 CIP 数据核字（2023）第 142928 号

出版发行：中国电力出版社
地　　址：北京市东城区北京站西街 19 号（邮政编码 100005）
网　　址：http://www.cepp.sgcc.com.cn
责任编辑：孙　芳（010-63412381）
责任校对：黄　蓓　郝军燕　李　楠
装帧设计：郝晓燕
责任印制：吴　迪

印　　刷：三河市航远印刷有限公司
版　　次：2024 年 3 月第一版
印　　次：2024 年 3 月北京第一次印刷
开　　本：787 毫米×1092 毫米　16 开本
印　　张：26.75
字　　数：570 千字
印　　数：0001—1000 册
定　　价：118.00 元

前　言

自进入 21 世纪以来，随着现代电磁技术、材料技术、冷却技术、半导体技术、传感器技术、信息技术以及控制技术等支撑技术的快速发展，直线电机系统技术取得了巨大的进步，尤其是直线电机推力密度的大幅提高加之矢量控制技术的快速发展，使得直线电机系统在各应用领域充分展现了高精度、高动态、高速度、高可靠性等突出的优势。随着直线电机系统性能的不断提升以及高端装备制造、交通运输、航空航天、军事国防等领域对直线电机系统的需求日趋旺盛，直线电机直接驱动取代传统驱动方式已经成了现代电气驱动系统的一个发展趋势，直线电机技术步入了一个全新的发展阶段。

为了全面展现直线电机的最新技术，适应学科发展的需要，结合研究生培养与课程教学，我们编写了《现代直线电机理论与设计》一书。本书编写的原则是既要保证理论体系的完整性，又要反映本领域内取得的最新理论研究成果与技术发展。本书介绍了直线电机的基本工作原理、分类、特点、主要应用领域、典型应用、存在的关键技术问题及发展趋势；详细介绍了直线感应电机、直线同步电机、直线直流电机、直线磁阻电机、直线发电机、直线振荡电机、平面电机以及其他直线电磁装置的结构、原理、分类、分析方法和电磁设计方法。

本书由寇宝泉负责统筹、规划，并完成了第 1 章的撰写，第 2 章由寇宝泉和张鲁共同撰写，张鲁完成了第 3 章的撰写，张赫完成了第 4、6~9 章的撰写，第 5 章由寇宝泉和张赫共同撰写。

本书的内容参考了较多的国内外相关论文、论著，主要的都已经列在参考文献中，如有遗漏深表歉意并请见谅，同时在此向所有文献的作者们表示深深的谢意。

中国电力出版社的孙芳编辑及相关工作人员为本书的出版付出了辛勤的劳动，提出了许多富有建设性的意见和建议，在此致以诚挚的谢意！

在本书的编写过程中，得到了作者的家人、朋友、同事的不同方式的支持和帮助，在此一并表示感谢！

由于本书涉及技术领域范围广，作者学识有限，加之时间仓促，难免会有疏漏或不当之处，恳请读者批评指正。

编　者

2023 年 7 月于哈尔滨工业大学

目 录

1 直 线 电 机 概 述

1.1 直线电机的基本工作原理

直线电机是一种机电能量转换或信号转换的直线运动电磁机械装置。它可以看成是将一台旋转电机沿径向剖开并展成平面而成,如图1-1所示。所以,每种旋转电机都有相对应的直线电机,但直线电机的结构形式比旋转电机更灵活(以旋转感应电机演变为直线感应电机为例)。由定子演变而来的一侧称为初级,由转子演变而来的一侧称为次级。在实际应用时,将初级和次级制造成不同的长度,以保证在所需行程范围内初级与次级之间的耦合保持不变。直线电机可以是短初级长次级,也可以是长初级短次级。考虑到制造成本、运行费用,目前一般均采用短初级长次级结构。

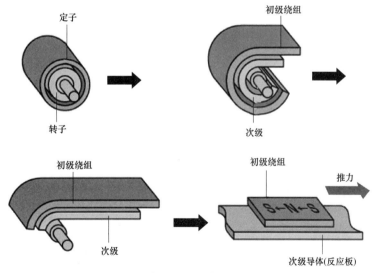

图 1-1 从旋转电机到直线电机的演变

当在直线电机的初级绕组中通入三相对称电流时,便会在气隙中产生磁场,当不考虑由于铁芯两端开断而引起的纵向边缘效应时,这个气隙磁场的分布情况与旋转电机的相似,即可看成沿展开的直线方向呈正弦分布。当三相电流随时间变化时,气隙磁场沿

直线移动，这种磁场称为"行波磁场"。显然，行波磁场的移动速度与旋转磁场在定子内圆表面上的线速度是一样的，即

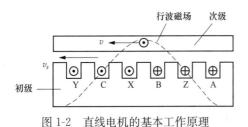

图 1-2　直线电机的基本工作原理

$$v_s = 2f\tau(\text{m/s}) \tag{1-1}$$

如图 1-2 所示，次级导体在行波磁场"切割"下，将感应电动势并产生电流，次级导体中的电流与气隙磁场相互作用便会产生电磁推力。在该电磁推力作用下，如果初级是固定不动的，那么次级沿行波磁场的运动方向做直线运动。若次级移动的速度用 v 表示，滑差率（对应旋转电机的转差率）用 s 表示，则有

$$\begin{cases} s = (v_s - v)/v_s \\ v_s - v = sv \\ v = (1-s)v_s \end{cases} \tag{1-2}$$

在电动机运行状态下，s 在 0 与 1 之间。上述就是直线电机的基本工作原理。

1.2　直线电机的分类

直线电机在不同的场合有不同的分类方法。例如在考虑外形结构时，往往以结构型式将其进行分类；当考虑其功能用途时，则又以其功能用途进行分类；而在分析或阐述电机的性能或机理时，则是以其工作原理进行分类。下面就几种主要分类方式简单予以介绍。

（1）按照结构型式分类。直线电机按其结构型式主要可分为平板型、圆筒型（或管型）、圆弧型和圆盘型四种。

平板型直线电机就是一种扁平的矩形结构的直线电机，它有单边型和双边型，每种型式下又分别有短初级、长次级或长初级、短次级。

图 1-3 为一种单边平板型直线永磁同步电机的初级与次级；图 1-4 为一种有铁芯双边

图 1-3　单边平板型直线电机

平板型直线永磁同步电机的初级与次级；图 1-5 为一种无铁芯双边平板型直线永磁同步电机。

图 1-4 有铁芯双边平板型直线电机

图 1-5 无铁芯双边平板型直线电机

圆筒型直线电机，即为一种外形如旋转电机的圆柱形的直线电机。这种直线电机一般均为短初级、长次级型式。图 1-6 为一种典型外形结构的圆筒型直线永磁同步电机。

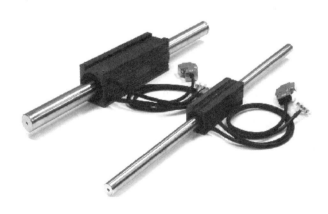

图 1-6 圆筒型直线永磁同步电机

圆弧型直线电机，就是将平板型直线电机的初级沿运动方向改成弧型，并安放于圆柱形次级的柱面外侧（单边型）。图1-7为一种圆弧型双边直线永磁同步电机，初级和次级均为弧型，双边次级位于初级的轴向两侧。

图 1-7　圆弧型双边直线永磁同步电机

圆盘型直线电机，即该电机的次级是一个圆盘，不同型式的初级驱动圆盘次级做圆周运动。其初级可以是单边型，也可以是双边型。

（2）按照功能用途分类。直线电机，特别是直线感应电机，按其功能用途主要可分为力电机、功电机和能电机。

力电机是一种主要用于在静止物体上或低速的设备上施加一定推力的直线电机。它以短时运行、低速运行为主，例如阀门的开闭，门窗的移动，机械手的操作、推车等。

功电机是一种主要作为长期连续运行的直线电机，其性能衡量的指标与旋转电机基本一样，即可用效率、功率因数等指标来衡量其电机性能的优劣。例如高速磁悬浮列车用直线电机，各种高速运行的输送线等。

能电机是指运动构件在短时间内能产生极高能量的驱动电机，它主要是在短时间、短距离内提供巨大的直线运动能，例如导弹、鱼雷的发射，飞机的起飞以及冲击、碰撞等试验机的驱动等。

（3）按照工作原理的分类。从原理上讲，每种旋转电机都有相应的直线电机与其对应，直线电机按其工作原理主要可分为直线感应电机、直线同步电机、直线直流电机、直线磁阻电机以及特殊型直线电磁装置等，这些电机都是以磁场为媒介进行机电能量转换的，属于电磁型直线驱动装置。

图1-8～图1-11所示分别为直线感应电机初级、直线永磁同步电机、圆筒型直线直流电机、双边平板型直线磁阻电机的样机照片。

图 1-8　直线感应电机初级

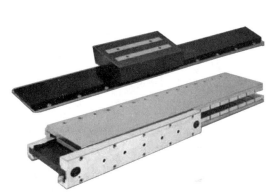

图 1-9　直线永磁同步电机　　　　　图 1-10　圆筒型直线直流电机（音圈电机）

图 1-11　双边平板型直线磁阻电机

　　另外，除了电磁型直线驱动装置外，近年来，随着材料技术、精密加工技术、电力电子技术以及控制技术的发展，还陆续开发出许多种非电磁型直线驱动装置，从而大大丰富了直线类电机的种类。非电磁型直线驱动装置主要包括以下几种类型：

　　1）静电直线电机。静电电机原理和结构与传统电机不同，它是利用异性电荷的库仑力作用来实现机电能量转换的非电磁型电机。静电电机的结构简单，不使用磁性材料和线圈。当在两个相对平行的极板上施加电压时，由于极板间有绝缘介质（如空气），正负电荷会分别积聚在两个极板上，从而产生静电引力。当改变施加电压时，由于静电力的作用使电极之间的距离发生变化。电极间距越小，电极间电场强度越大，产生的静电力也就越大。

　　由于静电电机的驱动力取决于施加的电压、电极间距的面积，与电极厚度和体积无关，因此静电电机的微型化极易实现。随着硅集成电路技术的高速发展，其尺寸可以做到深亚微米，从而解决了静电电机机械加工精度的问题，定子与动子之间的距离大大缩小，使工作电压得以大幅度降低。在微细加工技术的支持下，静电电机的研究取得了长足的进展。

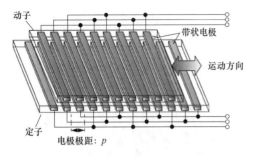

图 1-12 静电直线电机的基本结构

图 1-12 所示为交流驱动双电极型静电直线电机的基本结构。该电机主要由定子电极膜片与动子电极膜片构成,电极膜片以聚酰亚胺为基底,内部埋有相互平行的带状电极。定子与动子带状电极的极距相同(该电机的极距通常可作成 320、200、160μm),电极联结成三相。电机的输出推力与电压的平方成正比,驱动电压的峰值通常为 1～2kV。由于电极膜片的周围为强电场,容易引起周围空气绝缘破坏,因此,需要将电极浸放在绝缘液体中。同时,为了减小电极膜片相互吸引引起的摩擦,在电极膜片间布撒少量直径 20μm 左右的玻璃珠,而且还可以通过将多层电极膜片叠压在一起以增加推力。

图 1-13 所示为电机驱动电压的施加方法。在三相定子电极与动子电极上,分别施加相序相反的三相交流电压,会产生图中粗线表示的电位分布行波,定子上与动子上行波的方向相反,速度都为 $3pf_d$,这里 p 为电极极距,f_d 为所施加驱动电压的频率。在定子与动子两个电位分布间会产生与空间相位差对应的推力,在同步状态,两个电位分布的相对速度为 0,动子的移动速度为 $6pf_d$。该直线电机为同步电机,与感应电荷型静电直线电机相比,该类型电机控制简单,且厚度薄、重量轻、功率密度高。图 1-14、图 1-15 所示分别为该静电直线电机的电极膜片与电机样机照片。

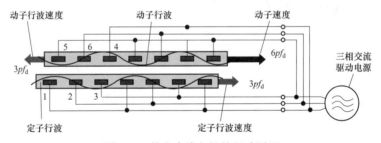

图 1-13 静电直线电机的驱动原理

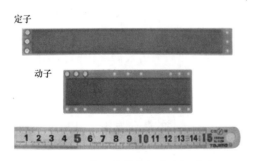

图 1-14 静电直线电机的电极膜片

图 1-15 交流驱动双电极型静电直线电机

2)超声波直线电机。超声波直线电机是 20 世纪 80 年代初开发出来的一种新型直接驱动电机，广义地说也是一种压电陶瓷电机，它利用压电材料的逆压电效应，使弹性体在超声频段产生微观机械振动，通过定子和动子之间的摩擦作用，将定子的微观振动转换成动子的宏观直线运动。与传统电磁型直线电机相比，超声波直线电机具有结构简单、体积小、重量轻、响应速度快、无电磁干扰、运行无噪声等特点，同时，具有断电自锁能力，无须减速机构可获得低速大推力，可在低电压下工作，装配工艺性好。超声波直线电机的这些特点决定了它将在工业自动化机器、计算机辅助制造、民用家用、航空航天、机器人等的微型机械、精密定位、伺服控制、精密机床的微进给等方面取得广泛的应用。

超声波直线电机一般由定子（振子）和动子组成，定子由压电陶瓷和金属弹性体组成。波的种类各式各样，从毫米级的微型电机到厘米级的小型电机，从单自由度的直线电机到多自由度的平面电机和球型电机，从原理上基于摩擦的超声电机到利用声悬浮的非接触式超声电机应有尽有。按定子振动模态，超声波直线电机可以分为单一模态和复合模态；按驱动模式不同，主要分为行波型和驻波型；按定子、动子宏观运动形式，可以分为它动式（动子移动）和自动式（振子自身移动）。

图 1-16 所示为行波型超声波直线电机工作原理。激励定子下面的压电陶瓷片，在定子表面形成弯曲行波，当动子被压在定子直线段时，动子就会产生直线运动，其特点是定子含直梁段且定子中传播行波，定子表面质点做椭圆运动，推动动子作单向直线运动。图 1-17 所示为一种由超声波直线电机构成的高精度 XY 工作台。

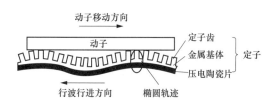

图 1-16　行波型超声波直线电机工作原理　　　　图 1-17　超声波 XY 工作台

3）压电直线作动器。压电作动器是近年来发展起来的一种新型精密作动器。压电陶瓷本质是一种电介质，在电场作用下有两种效应，即逆压电效应和电致伸缩效应。其中逆压电效应是指电介质在外电场的作用下产生应变，应变大小与电场大小成正比，应变方向与电场方向有关；而电致伸缩效应是指电介质在电场作用下，由于感应极化作用引起应变，其应变与电场方向无关，应变的大小与电场的平方成正比。由于压电作动器具有体积小、能耗低、无噪声、输出力大、控制精度高以及响应速度快等优点，在生命科

7

学、医学、光学、微电子、航空航天、机械制造、生物工程、机器人、测量技术等领域得到了广泛的应用。图1-18所示为超精密定位用压电直线作动器。

图1-18　压电直线作动器

4）超磁致伸缩直线作动器（GMA）。超磁致伸缩材料（GMM）是近年来发展起来的一种新型功能材料。GMM在磁场作用下，其长度发生变化，可发生位移而做功，或在交变磁场作用下可反复伸长与缩短，从而产生振动，这种材料可将电磁能转换成机械能，相反也可以将机械能转换成电磁能。

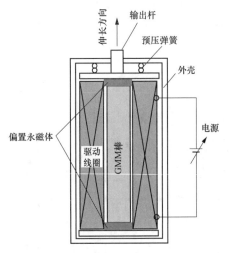

图1-19　超磁致伸缩直线作动器的
基本结构

GMA的基本结构如图1-19所示，主要包括GMM棒、驱动线圈、偏置永磁体、预压弹簧、输出杆和外壳等。GMM棒、偏置永磁体、输出杆和外壳形成闭合磁路。改变驱动线圈输入电流，GMM棒的伸缩变形量即相应变化，因此通过控制驱动线圈输入电流可以控制作动器的输出位移和输出力。

超磁致伸缩作动器的结构简单、位移大、输出力强、响应速度快、易实现微型化、智能化和集成化。超磁致伸缩作动器具有广阔的应用前景，可广泛应用于精确定位、微位移驱动、超精密加工、微马达、智能机翼、机器人、减振降噪、阀门、泵、微机电系统等领域，是一类很有发展潜力的新型直线作动器。图1-20所示为一种GMA的产品图片。

5）记忆合金直线作动器。形状记忆合金（SMA）有温控型和磁控型两种，前者是靠温度变化来控制材料的变形，后者是用改变磁场的大小来控制材料的变形。由于升温和降温皆需要一个过程，从而限制了温控型执行器的动态响应速度及应用范围。

磁控形状记忆合金（Magnetically Contr-olled Shape Memory Alloy，MSM）是1993年才被发现的一种新型具有形状记忆功能的合金材料，不仅变形率大，而且易于控制，变形率与所施加的磁场强度有较好的线性关系；动态响应速度高，是温控型形状记忆合金频率响应的 80 倍，可以满足一般自动控制系统对执行器动态响应速度的要求；具有较高的能量转换效率和功率密度，特别适用于制造高精度的运动与位置控制执行器。

虽然 MSM 材料的形变率较大，但仍然难以直接制造大行程的作动器，根据仿生学蠕动原理可将 MSM 小步距的位移连续累加形成所需大行程的作动器。其工作原理如下：将 MSM 材料固定在一个长型槽内，一连杆与其相连，连杆上套一弹簧，移动轴左右分别装设一夹钳，两夹钳分别固定在底座和连杆上，原理图见图 1-21。欲使移动轴向右移动，在施加磁场之前，先将左夹钳松开而右夹钳夹紧，当施加外磁场之后，由于移动轴被右夹钳夹紧，MSM 在磁场作用下沿水平方向向右伸长，带动移动轴向右移动；在去掉磁场之前，使左夹钳夹紧而右夹钳松开，当磁场去掉后，因轴被左夹钳夹住，MSM 在弹簧作用下收缩恢复原形，相当于作动器移动轴向右移动一步。重复上述操作，直线作动器可连续运动，改变左右夹钳的控制顺序便可使其反向运动。

图 1-20 超磁致伸缩直线作动器

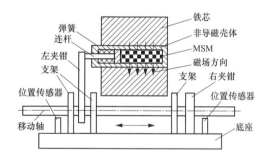

图 1-21 MSM 蠕动形直线电机结构原理图

（4）按照磁通路径形式分类。根据电枢齿槽与绕组有效边配置方向的不同，可以把直线电机分为横向磁通直线电机和纵向磁通直线电机。常规的纵向磁通直线电机的电枢齿槽方向与电枢绕组的有效边方向在空间上相互平行，二者依次间隔排列，改变一方，另一方必然要受到影响，即二者之间相互耦合，无法实现电负荷与磁负荷在空间上的解耦。

而横向磁通直线电机的电枢齿槽方向与电枢绕组的有效边方向在空间上相互垂直，电枢齿槽尺寸与电枢绕组的尺寸相互独立，在一定范围内可任意选取，从而实现了电负荷与磁负荷在空间上的解耦。

图 1-22、图 1-23 所示分别为一种横向磁通直线电机的基本结构示意图及样机照片。

（5）其他分类方式。根据初级绕组型式的不同，可以把直线电机分为整数槽绕组直线

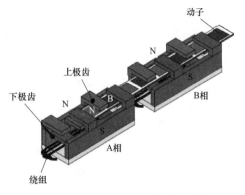

图 1-22　一种横向磁通直线电机的
基本结构示意图

图 1-23　横向磁通直线电机

电机与分数槽绕组直线电机。直线电机的整数槽绕组多采用双层短距分布绕组和单层绕组。

图 1-24　单相直线振荡电机

根据初级绕组相数的不同，可以把直线电机分为单相直线电机与多相直线电机。通常的直线电机多为三相电机，图 1-24 所示的直线振荡电机为一种单相直线电机。

根据工作状态的不同，可以把直线电机分为直线电动机、直线发电机、直线阻尼器。直线电动机将电能转换为直线运动的动能，直线发电机将直线运动的动能转换为电能，而直线阻尼器则将直线运动的动能转换为热能并同时产生制动力。

图 1-25、图 1-26 所示分别为一种混合动力车用自由活塞直线发电机的基本结构与样机照片。图 1-27 所示为一种精密定位平台用直线阻尼器。

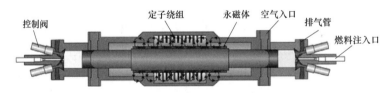

图 1-25　自由活塞直线发电机的基本结构

　　根据运动部件的不同，可以把直线电机分为动初级结构与动次级结构。动初级结构直线电机通常设计成短初级长次级结构，动次级结构直线电机通常设计成长初级短次级结构（也有短初级长次级结构）。

　　根据初级是否有铁芯以及铁芯是否开槽，可以把直线电机分为齿槽结构与无槽结构。齿槽结构的直线电机初级铁芯开槽，初级绕组按照一定的规律嵌放在槽中；无槽结构的

图 1-26 自由活塞直线发电机

直线电机可分为有铁芯与无铁芯两种结构，有铁芯结构的无槽直线电机的初级绕组粘贴固定在光滑的初级铁芯气隙侧表面上，而无铁芯结构的无槽直线电机的初级绕组通常采用环氧树脂固化在高强度的线圈骨架上。

根据用途的不同，可以把直线电机分为动力直线电机、信号直线电机。通常的直线电机作为机电能量转换的动力装置使用，而图 1-28 所示的线性可变差动变压器为一种典型的信号直线电机。

图 1-27 直线阻尼器

图 1-28 线性可变差动变压器

根据绕组（电枢绕组或励磁绕组）采用材料的不同，可以把直线电机分为常导直线电机、超导直线电机。常导直线电机的绕组通常采用铜芯的电磁线绕制而成；超导直线电机的励磁绕组或初级绕组采用低温或高温超导带材绕制而成。

根据动子运动自由度的多少，可以把直线电机分为单自由度直线电机、多自由度直线电机。通常的直线电机动子采用直线滚动导轨或气浮直线导轨支撑，动子的运动为单自由度，而类似平面电机、直线—旋转电机、螺旋电机等电机的动子可实现两个或两个以上的自由度运动。

图 1-29 所示为采用直线滚动导轨支撑动子的单自由度直线电机。图 1-30 所示为动子可在 X-Y 平面内运动的两自由度平面电机。

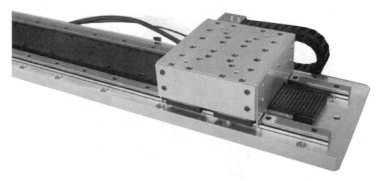

图 1-29　单自由度直线电机

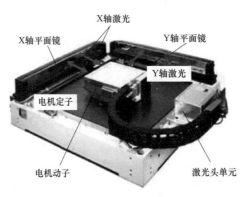

图 1-30　两自由度平面电机

1.3　直线电机的特点

直线电机可以将电能直接转换成直线运动机械能，而不需要任何中间转换机构。采用直线电机驱动的装置与其他非直线电机驱动的装置相比，具有以下优点：

（1）装置结构简单。直线电机驱动的传动装置，取消了诸如齿轮、皮带轮或摩擦轮、钢丝绳等中间传动机构，消除了由此造成的噪声；而且简化了整个装置和系统，保证了运行的可靠性，提高了传动效率，降低了制造成本，磨损小、维护方便、运行可靠。

（2）适合高速运行。常规旋转电机由于离心力的作用，高速运行时转子将受到较大的应力，因此转速和输出功率都受到限制。而直线电机不存在离心力问题，且它的运动部分是通过电磁感应产生推力来驱动的，与固定部分没有机械联系。

（3）适应性比较强。直线电机结构简单，容易密封。初级铁芯可以先经过浸渍再嵌线，然后用环氧树脂封成整体，可具有良好的防腐、防潮性能，适合在潮湿、油污、粉尘和有害气体等恶劣环境中使用。

（4）散热条件比较好。直线电机自身散热条件好。特别是常用的平板型短初级直线电机，初级的铁芯和绕组端部直接暴露在空气中，同时次级较长，具有很大的散热面，热量很容易散发掉。所以，这一类直线电机的热负荷与电负荷可以取得较高，并且不需要附加冷却装置。

（5）使用灵活性较大。对于直线感应电机，改变其次级材料（如使用钢次级或复合次级）或是改变电机气隙的大小，均可获得各种不同的电机特性。直线电机结构型式较多（如平板型、双边平板型、圆筒型和圆弧型等），可满足不同工况要求，使用灵活性较大，为机电一体化产品。

1.4 直线电机的应用

1.4.1 直线电机的主要应用领域

目前，直线电机的应用主要涉及以下七个领域，即工业领域、信息与自动化领域、交通领域、物流输送领域、民用领域、军事领域及其他领域。

（1）直线电机在工业领域的应用。

1）直线电机驱动系统在精密运动控制领域的应用。近十年来，随着高速加工技术、精密制造技术和数控技术等先进制造技术的发展，高速、高效、高精成为当前数控设备的发展方向，对设备各功能部件的性能也提出了更高的要求。对于高响应、微进给的高精度加工场合，要求进给驱动部件具有快的进给速度、高的定位精度以及高的动态响应性能，高速度、高效率、高精度的直线电机驱动系统有着越来越广泛的需求，如数控机床、半导体行业以及纳米制造精密检测仪器等领域。

直线电机尤其适用于半导体芯片制造设备（如倒装片接合器、装片机、点胶机、引线键合机、晶片输送线、曝光装置、划片机、IC 处理器等）、半导体芯片检测设备、液晶制造设备（玻璃基板输送装置、玻璃粘接装置、有机 EL 装置等）及检测设备、PC 板检查和钻孔、晶片处理加工、离子注入、电子装配及坐标测量等精密伺服领域。

图 1-31 所示为不同精度的控制用直线电机的主要用途。

随着航空航天、汽车制造、模具加工、电子制造行业等领域对高效率加工的要求越来越高，需要大量高速数控机床。机床进给系统是高速机床的主要功能部件。而直线电机进给系统彻底改变了传统的滚珠丝杠传动方式存在的弹性变形大、响应速度慢、存在反向间隙、易磨损等先天性的缺点，并具有速度高、加速度大、定位精度高、行程长度不受限制等优点，令其在数控机床高速进给系统领域逐渐发展为主导方向。

直线永磁同步电机具有时间常数小、动态响应特性好、推力密度高、损耗低等一系列特点，特别适合在高速、超高速、高加速度和生产批量大、要求定位的运动精度高、速度大小和方向频繁变化的场合。自 1993 年德国 Ex-Cell-O 公司研发出世界上第一台直线电机驱动工作台的加工中心以来，直线电机已在不同种类的高性能机床上得到应用。目前，世界上最知名的机床厂家几乎无一例外地都推出了直线电机驱动的机床产品，品

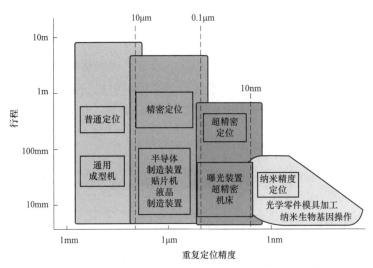

图 1-31　控制用直线电机的主要用途

种覆盖了绝大多数机床类型。高速、高加速度的直线电机已在高速加工中心、数控铣床、曲柄车床、超精密车床、磨床、复合加工机床、冲压机、成形压力机、激光切割机、等离子切割机、水喷射切割机、锯床及电火花加工机床上得到广泛应用。此外，直线电机还可用于雕刻机、激光打标机、激光刻线机、异形截面零件（如凸轮、中凸变椭圆活塞以及波瓣形轴承外环滚道）的精密车削等其他需要有直线运动的加工设备上。

目前世界上直线伺服电机及其驱动系统的知名供应商主要有：德国 Siemens 公司，Indramat 公司；日本 FANUC 公司，三菱公司；美国 Anorad 公司，科尔摩根公司；瑞士 ETEL 公司等。图 1-32 所示为数控机床进给系统用系列化直线永磁同步电机。图 1-33 所示为系列化圆筒型直线直流电机。

图 1-32　数控机床进给系统用系列化直线永磁同步电机

2）直线电机在工业动力装置中的应用。直线电机在工业领域的应用在逐渐拓宽。用于冶金设备的如以直线电机作为动力源的金属自动浇铸、电磁成型、电磁溜槽、直线电磁泵、电磁搅拌器等；用于选矿及金属加工、处理设备的如直线电机驱动的矿石粉碎机、磁性选矿机、电磁分选机、有色金属回收装置、金属挤压机、金属板材剪切装置、金属拉伸、金属板材管材搬运装置、电磁制动装置等；用于往复振动设备的如电动式激振器、电动式吸振器、打桩机、水平振动输送机、小型疲劳试验机等；用于提升、输送设备的有直线电机驱动的矿用提升机、直线电机驱动的起重吊车、直线电机抽油机、输煤传送带等；用于压力设备的有锻压设备上应用的电磁锤、电磁螺旋压力机、直线电机压铸机等；用于实验设备的如车辆冲击试验台的加

图 1-33　系列化圆筒型直线直流电机

速装置、车辆疲劳试验装置、人造纤维的拉力冲击试验装置、直线加速器等。直线电机还可以用于其他工业设备，如列车调车加减速装置、码头集装箱运输、液压机械、纺织机械、自动绕线机械、包装机械、印刷机器、机器人等；用于测量系统的有非接触式位移计、直线式电位计、电磁流速计、钢片测厚仪等；直线电机还可以作为速度、加速度及位移传感器使用，如线性可变差动变压器、直线旋转变压器、直线自整角机、直线测速发电机等。

（2）直线电机在信息与自动化领域的应用。

直线电机在信息与自动化设备方面主要应用在计算机硬盘磁头驱动、激光盘系统定位，用于驱动数字扫描仪、平面绘图仪、X-Y 记录仪、打印机、复印机、新型的笔式记录仪及指示器、照相机电磁快门、摄像机镜头驱动、条形码自动读出器、卡片自动检索装置、电唱机直线跟踪臂等。

信息及自动化设备采用直线电机驱动后，提高了设备的运行速度及工作效率，降低了设备的振动和噪声，提高了设备的分辨率与定位精度，减小了设备的体积、重量，提高了设备的可靠性，延长了设备的使用寿命。

（3）直线电机在交通领域的应用。

在交通运输方面，磁悬浮列车改变了常规轮轨铁路的运营方式，采用电磁力悬浮技术、直线电机驱动技术，实现了车辆与轨道无接触高速运行，是人类地面交通技术史上的一次重大突破，被誉为 21 世纪一种理想的交通工具。它具有速度高、运量大、安全性好、可靠性高、舒适性好、效率高、噪声低、弯道半径小、爬坡能力强、磁场强度低、电磁辐射小等一系列优点。德国和日本是研究磁悬浮列车时间最长、投放经费最多的国家，其技术水平处于世界前列。我国上海磁悬浮列车是世界第一条"常导型"磁悬浮列车示范运营线，最高时速可达 430km/h 左右。

直线电机地铁系统采用直线感应电机牵引，不仅具有良好的经济效益，而且技术先进、安全可靠、绿色环保。目前，直线电机轮轨交通已经成功应用在加拿大、日本、美

国、马来西亚、中国、韩国等国家，线路分布在温哥华、多伦多、底特律、纽约、大阪、东京、神户、福冈、吉隆坡等城市。我国已运营的首都机场线、广东地铁 4 号线等线路也采用了直线电机轮轨车辆。韩国龙仁市也已经立项建设直线电机轮轨交通系统。

除了磁悬浮列车及轮轨车辆以外，直线电机还被应用于电磁推进船的驱动，它将像喷气式飞机优于螺旋桨飞机一样优于一般螺旋桨推进的船舶，美国将其应用于军事舰艇，日本则于 1992 年 6 月完成世界上第一艘载人超导直线电磁推进船"大和一号"，并在日本神户港正式试航成功。

（4）直线电机在物流输送领域的应用。

直线电机在各种物料输送和搬运方面具有独特的优势。主要体现在结构简单、运行可靠、成本低、效率与智能化程度高等。在垂直输送方面，直线电机可以用于驱动电梯、升降机；在平面输送方面，直线电机可用于邮政分拣输送线、机场行包输送、钢材生产输送线、电气、电子、化工、机械加工生产线、食品加工线、制药生产线等各种工业加工线、装配线、检测线、商场、医院等场合的物料输送及立体仓库的搬运、立体汽车库的调度等。

直线电机可以应用在特殊环境下的运送系统：如超洁净间内的无尘运送系统、真空环境下的运送系统、宇宙空间内的无重力运送系统、无人磁悬浮运送系统、三自由度高速运送系统、辐射环境下的运送系统、原子能研究设施热实验室用运送系统等。

（5）直线电机在民用领域的应用。

直线电机在民用方面，发展较为迅速，产品较为成熟，应用面广。目前已应用的有直线电机驱动门、驱动窗和窗帘；直线电机驱动的床、柜、桌、椅；空调、冰箱用直线电机压缩机；用直线电机驱动的家用针织机、电子缝纫机、炒茶机和切肉机等；直线电机驱动的洗衣机、干燥机、晾衣架、电动工具、扳手、拧紧装置等；直线电机驱动的电动剃须刀、电动牙刷、手机振动器等。

（6）直线电机在军事领域的应用。

随着科学技术的发展，直线电机的应用已经逐渐深入到军事、国防领域。其中，基于直线电磁推进原理的电磁发射器由于具有初速度高、射弹质量范围大、能源简易、可控性好、工作性能优良等突出优点，应用前景十分广阔。

所谓的电磁发射器，就是以电能为主要能源，利用电磁力提升和推动物体，或者把物体加速到高速的装置，由于起初仅以作动能武器为目的，因此又称电磁炮。电磁发射是把电磁能转化为动能，借助电磁力做功，实际上它是一种特殊的直线电磁推进装置。使用电磁发射装置理论上可以把发射体加速到十几甚至几十千米/秒。

电磁发射器主要是用来作为动能武器，还可以将电磁发射器用于高压物理实验，以研究材料的状态方程、金属成型和焊接等；用电磁发射器发射特高速小质量弹丸撞击热核燃料靶，进行碰撞核聚变研究；用电磁发射高速弹丸，来研究高速冲击对材料的影响。

利用电磁发射技术还可以用来推进低速、大质量的载荷，如航空母舰舰载机、陆基预警机等。这类电磁发射装置通常也称为电磁弹射器。电磁弹射器的可控性好、快速反应能力强、可靠性高、效率高、体积小、质量轻、维护和使用费用低等诸多优势，使技术更先进、质量更大、速度更快的战机从航母上起飞成为可能，因此受到各国军方的重视。电磁弹射器还可以用于无人机、车载战术导弹、舰载火箭弹、鱼雷、大型航天运载器的辅助弹射，为其提供一个较大的助推力，实现在短时间内将其加速到一个高的起飞速度，然后运载器发动机点火。这样可以有效降低推进剂的消耗量、提高运载器有效载荷和性能。

（7）直线电机在其他领域的应用。

直线电机还可以应用于海洋工程领域中的流体力学试验装置、吸收式波浪发生装置；应用于建筑领域中的超高层建筑减振装置、大型桥梁斜拉索的减振装置；应用于航空航天领域中的飞行模拟器、重力测量装置、人造卫星搭载燃料泵驱动、逆斯特林循环型极低温制冷机、下落式无重力试验装置；应用于科学研究领域的隧道式显微镜观测平台装置、医学切片全息观测平台装置、天文观测系统中的摆镜和反观镜驱动；应用于医学领域的人工心脏驱动、盲人触觉模拟；应用于原子能反应堆控制棒的移动装置等。

1.4.2 直线电机的若干典型应用

（1）直线电机在精密运动控制系统中的应用。

1）数控机床直线电机进给系统。随着工业技术的快速发展，高精度、高速和高加速度正成为新一代数控机床的发展方向。机床进给系统是高速机床的主要功能部件。在传统进给系统中，旋转电机带动滚珠丝杠副的传动机构存在反向间隙、响应速度慢、附加惯量大、刚度低、易磨损，以及位置、速度、加速度受限于丝杠的机械特性等问题，已越来越难以满足高速机床对进给系统的要求。而采用直线电机直接驱动与传统旋转电机传动的最大区别是取消了从电机到工作台（拖板）之间的机械传动环节，把机床进给传动链的长度缩短为零，故这种传动方式称为"直接驱动"（Direct Drive），又被称为"零传动"。正是由于这种"零传动"方式，带来了传统旋转电机驱动方式无法达到的性能指标和优点。

直线电机进给系统的优点：① 定位精度高。由于直线电机伺服系统取消了机械中间传动环节，消除了反向间隙和机械摩擦，通过高精度直线位置检测及反馈控制，使闭环控制系统的定位精度大大提高。② 运动速度高、速度范围宽。由于直线电机不存在机械传动系统的限制条件，因此，很容易达到极高的速度和极低的速度。通常可实现超过 $5\mathrm{m/s}$ 或低于 $1\mu\mathrm{m/s}$ 的应用速度。除了宽速度范围以外，直线电机具有极好的恒速特性，速度的变化通常优于 $\pm0.01\%$。③加速度高、动态响应快。由于直线电机伺服系统中取消了一些响应时间常数较大的机械传动件（如丝杠），加上直线电机的峰值推力大，驱动机构具有高的固有频率和高刚度，运动惯量也减少，使整个闭环控制系统动态响应性能大大提高。加速度一般可达 $(2\sim10)g$（$g=9.8\mathrm{m/s^2}$），而滚珠丝杠传动的最大加速度一般只有（0.1～0.5）g。④行程长度不受限制。通过直线电机的定子的铺设，就可无限延长动子的行程长度。行程在理论上不受限制，性能不会因为行程的加长而受到影响。⑤推力范围宽。目前直线电机的最大推力已达20000N以上，从理论上讲，直线电机不存在任何推力极限。⑥运行噪声低、传动效率高。由于取消了传动丝杠等部件的机械摩擦，且导轨又可采用滚动导轨或气浮导轨、磁悬浮导轨（无机械接触），且推力波动低、速度波动小。另外，可根据机床导轨的形面结构及其工作台运动时的受力情况来布置直线电机，通常设计成均布对称，使其运动推力平稳，噪声大大降低。由于无中间传动环节，大大减少了由摩擦、弹性变形所引起的能量损耗，因此提高了传动效率。⑦静态、动态刚度高。由于直线电机伺服系统为"直接驱动"，避免了启动、变速和换向时因中间传动环节的弹性变形、摩擦磨损和反向间隙造成的运动滞后现象，简化了机床结构，有效地提高了传动刚度。⑧结构简单，体积小。采用直线电机驱动，不需要任何转换装置就可直接产生推力，这样就可以省去许多中间转换机构，从而简化了整个系统，保证了运行的可靠性。⑨维护简单，使用寿命长，可靠性高。直线驱动是电能直接转换为直线位移的机械能，由于部件少，运动传动时无机械接触，从而大大降低了零部件的磨损，只需很少甚至无须维护，使用寿命更长。

直线电机与"旋转电机＋滚珠丝杠"两种传动方式的传动性能比较如表1-1所示。

表 1-1   直线电机与"旋转电机＋滚珠丝杠"两种传动方式的传动性能比较

性能	旋转电机＋滚珠丝杠	直线电机
精度（μm/300mm）	10	0.5
重复精度（μm）	2	0.1
最高速度（m/min）	90～120	60～200
最大加速度（g）	1.5	2～10
静态刚度（N/μm）	90～180	70～270
动态刚度（N/μm）	90～180	160～210
平稳性（%速度）	10	1
调整时间（ms）	100	10～20
寿命（h）	6000～10000	50000

目前，数控机床正在向精密、高速、复合、智能、环保的方向发展。精密和高速加工对传动及其控制提出了更高的要求，需要更高的动态特性和控制精度、更高的进给速度和加速度、更低的振动噪声和更小的磨损。随着电机及其驱动控制技术的发展，电主轴、直线电机、力矩电机的出现和技术的日益成熟，使主轴、直线和旋转坐标运动的"直接传动"概念变为现实，并日益显示出其巨大的优越性。直线电机及其驱动控制技术在机床进给驱动上的应用，使机床的传动结构出现了重大变化，并使机床性能有了新的飞跃。

日本SODICK公司早在1996年就开始在以电火花加工机为首的各种机床上采用了

直线电机，他们自行研制了专用的直线电机及与其相配的 NC 系统；1999 年投放市场时，不仅二轴，还有 X、Y、Z 三轴均采用了直线电机。在电火花加工机 AQ35L（见图 1-34）上，X、Y、Z 三轴均采用了直线电机驱动。图 1-35 所示为 AQ 系列电火花加工机 Z 轴的结构。在直线加工中心 MC430L（见图 1-36）上，采用了公司自己研制的高冷却效率有铁芯直线电机，实现了高速、高精度加工。图 1-37 所示为 MC430Y 轴的结构。

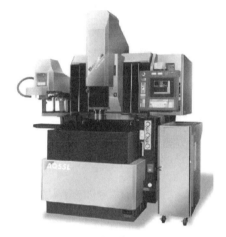

图 1-34　电火花加工机 AQ35L

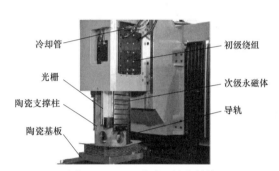

图 1-35　AQ 系列 Z 轴的结构

图 1-36　直线加工中心 MC430L

图 1-37　MC430Y 轴的结构

　　SODICK 公司制造的 AZ250 是一种以纳米级精度加工小型零件的高精度、高效率立式加工中心（见图 1-38）。通过超高速、高加速度无振动加工，实现了传统高速机床 5～10 倍的高效率以及纳米级的加工精度和表面粗糙度。

　　AZ250 采用分辨率为 3nm 的直线光栅尺与交流无铁芯直线电机，实现了高精度、高动态驱动；国际上首次将新开发的主动减振机构应用于工作台，在 X 轴和 Y 轴上安装平衡轴，平衡轴与运动的 X 轴和 Y 轴反方向驱动，使高加速时所产生的作用于工作台上的反作用力为零，从而有效抑制了高加速度驱动时的振动与质心位置变化，实现了高精度、高效率加工。图 1-39 为采用双直线电机驱动实现减振的模型样机。

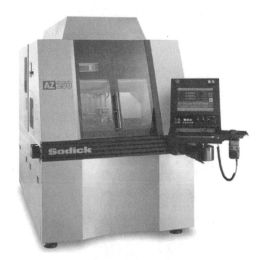

工作台
平衡轴

图 1-38　纳米加工中心 AZ250　　　　图 1-39　能量相消型双直线电机驱动模型样机

2）精密 XY 工作台。随着纳米时代的到来，超精密定位工作台在科学研究和现代尖端工业生产中所占的地位日益重要，它广泛应用于半导体光刻、液晶制造、超精密测量、超精密加工、微型机械、微型装配、生物医学等纳米尺度领域，同时，它的各项技术指标已成为衡量国家高技术发展水平的重要指标之一。

纳米加工技术的发展，尤其是各种光刻技术的发展离不开超精密定位工作台技术的发展和进步。超精密定位工作台是光刻机上极其重要的关键部件，它直接影响光刻机所能实现的特征线宽尺寸和生产率。光刻技术的更新与新一代光刻机的研制必然对定位工作台提出更高要求，主要表现在精度、运行速度和行程等方面。因此，美国、日本等发达国家在研究光刻技术的同时，积极开展对定位工作台的研究，不断研制出高精度、高速度、大行程的定位工作台来满足光刻技术的发展的需要。在过去的几年里，应用于光刻技术中的超精密定位工作台在结构设计技术、材料技术、驱动技术、支承导向技术、控制技术、精密测量技术等方面有了许多长足的进步，使定位工作台朝高精度、高速度、大行程的方向发展。

超精密定位工作台系统可以按精度高低和行程大小分为两类：小行程、极高精度的工作台系统和大行程、高精度的工作台系统。小行程极高精度工作台大多采用压电元件或电磁元件作为驱动装置，行程多在数十微米的范围内，但位移分辨率可高达 1nm。大行程高精度工作台是指行程达毫米级以上，但定位精度略低于小行程系统的工作台系统。它大多采用直线电机或摩擦式驱动方式，运动分辨率大多在 10nm 左右。大行程超精密工作台主要的类型有直线电机驱动、摩擦式驱动，也有采用两级进给的方式，即采用粗动与精动两套系统，以同时兼顾大行程、高响应速度和高定位精度。

导轨在定位工作台里起着承载和导向的作用，决定着定位工作台的导向精度、运动轨迹等，直接影响着平台的定位精度。目前常用的导轨有机械导轨、磁悬浮导轨和气浮导轨三种。机械导轨由于摩擦、死区等特性难以满足超精密的定位要求；磁悬浮导轨具有无接触、无润滑、无磨损，无污染、功耗低、噪声低、寿命长、支撑刚度大、承载能力及抗冲击能力强等优点，适用于真空、超洁净、无菌车间等环境，但需要高性能的控制系统，制造成本较高，目前应用还较少，但是代表未来超精密工作台支承技术的发展方向。气浮导轨也称为空气静压导轨，以清洁干燥的空气作为润滑介质，在工作过程中具有精度高、无摩擦、无磨损、振动小、无污染、寿命长、免维护、低发热、结构设计灵活、工作温度范围宽和环境适应能力强等特点，因此广泛应用于精密运动平台的导轨系统中。

驱动技术直接决定了定位工作台的速度、精度、行程和整个设备的效率。驱动技术有间接驱动和直接驱动两种方式。间接驱动方式最为常见的是：通过丝杠螺母副将驱动元件的旋转运动变为定位工作台所需的直线运动，驱动元件常采用直流伺服电机、交流伺服电机，有时也采用步进电机。这种方式的缺点是：传动链较长，系统结构复杂，附加惯量大，刚度低，而且存在弹性变形，影响精度。此外，由于摩擦磨损而导致精度渐变等。直接驱动方式，即利用直线电机直接驱动定位工作台，这种传动方式取消了电机到定位工作台之间的传动环节，把传动链缩短为零，实现了"零传动"。与间接驱动方式相比，直接驱动方式省略了中间转换机构，减少了机械磨损，系统运行时可以保持高增益，实现精确的进给前馈，对给定的加工路径可以用高速进行准确跟踪，从而保证了工作台的高精度和使用寿命。因此，在超精密运动系统中，直线电机越来越广泛地作为驱动元件来使用。

基于气浮支承和直线电机直接驱动技术的超精密长行程气浮定位工作台，是精密定位工作台的一种新型结构，它克服了间接驱动方式定位工作台的传动环节多、响应滞后大、存在摩擦等缺点，实现了长行程、高速运动和精确定位功能，代表着长行程精密定位工作台的发展方向，在半导体光刻设备、精密测量和生物医学等领域具有十分广泛的应用前景。

图 1-40 所示为日本安川电机公司采用陶瓷气浮导轨支承技术与无铁芯直线电机驱动技术，研制开发成功的高精度 XY 气浮工作台。它将气浮导轨的平均效应所带来的近纳米级的运行精度与无铁芯直线电机的高速、高动态、无定位力、低推力波动等优势相结合，实现了超精密定位。通过采用高分辨率直线光栅反馈的全闭环控制，实现了长行程[行程 300（X）/300（Y）mm]、高速度（最大速度 300mm/s）、高精度（重复定位精度 ±10nm）定位性能。

3）高精度平面电机系统。目前，实际应用中较为广泛的能够实现二维驱动及定位的方法有三种：一是压电陶瓷配合柔性铰链机构进行驱动，二是利用传统的旋转电机驱动，三是利用直线电机进行直接驱动。虽然这三种机构都可以实现二维平面定位，但是均存在着不同方面的缺陷。柔性铰链机构和压电陶瓷驱动元件所组成的系统易实现整体式结构、位移控制精度高、功耗小，但是柔性铰链的阻尼、小行程，以及压电陶瓷的迟滞、

图 1-40 大行程超精密 XY 气浮工作台

非线性等特性对工作台性能的提高会带来不利影响。由于丝杠加螺母等直线运动转换机构存在摩擦、侧隙、变形等一系列问题，并且转换机构的两套传动链引入了附加质量，使得传统的两组旋转电机加直线转换机构定位装置的精度和响应速度很难达到较高的水平。直线电动机构成的平面定位装置虽然定位精度有了很大的提高，但是仍未摆脱"低维运动机构叠加成高位运动机构"的模式，底层直线电机仍需要承担顶层直线电机以及相关机械连接件的质量。

为了使二维驱动装置能够实现更高精度的定位，需要研究利用电磁能直接产生平面运动的装置，即平面电机。与传统的定位工作台相比，平面电机的运动轨迹不是两个相互垂直的导轨在运动方向上的合成，而是直接利用电磁能产生平面定位运动，具有速度高、加速度大、损耗低、定位精度高等特点，另外由于摒弃了丝杠、螺杆等中间转换装置，故可以实现控制对象和平面电机的一体化，因而具有响应速度快、灵敏度高、随动性好、体积小以及结构简单等优点。

磁悬浮平面电机由于具有不存在机械摩擦、无需润滑、不会产生粉尘、对支撑面精度要求低，以及避免了气浮支撑方式中存在的气管、气源等复杂结构和附件等特点，成为目前平面电机技术最具前景的发展方向，尤其适用于极紫外光刻机等需要真空环境来作业的场合中。

光刻机是集成电路装备中最重要、最复杂的核心关键设备，其加工精度决定了芯片的集成度与性能，直接体现了一个国家的制造技术水平和能力。超精密多自由度定位平台作为光刻机系统中最重要的部件，是实现光刻机功能和精度的基础。磁悬浮平面电机能够通过动子直接输出多自由度运动和电磁推力，可用于构造具有直接驱动特点的新型高性能 XY 工作台。图 1-41 所示为面向新一代光刻机——极紫外光刻机应用的高精度磁悬浮平面电机。

（2）直线电机在电磁发射系统中的应用。

电磁发射是利用电能或以电能为主要能源，借助电磁力做功，产生推动力推动发射体前进的一类新型发射技术。根据发射载荷的质量大小与速度高低，可以把电磁发射器

图 1-41 高精度磁悬浮平面电机

分为电磁炮与电磁弹射器两种。电磁炮的发射载荷主要为轻质、高速载荷，而电磁弹射器的发射载荷主要为大质量、中低速载荷。电磁发射器在科学实验、动能武器装备、导弹防御系统、发射火箭和卫星以及航空弹射等诸多领域内应用前景广阔。

按结构不同电磁炮可分为线圈炮、轨道炮、重接炮三种形式。电磁炮的主要优点为：初速高、速度与射程可控；能源简易、安全；无噪声、无烟雾，有利于隐蔽；工作稳定、重复性好；炮管和弹丸形状不受限制；装弹快、机动性强、反应快；发射成本低、效率高；可发射质量大小相差悬殊的载荷。

常规固定翼舰载机在航母上的起飞方式有滑跃式和弹射式两大类。而目前现役的航母弹射装置主要是蒸汽弹射器，但它存在着体积笨重、噪声大、能量效率低下等难以弥补的缺点，特别是随着现代战机性能、质量、速度的提高，蒸汽弹射器已难以满足发展需求。而电磁弹射器的诸多优点则随着现代科学技术的发展日益明朗，其可控性好、体积小、重量轻、能量利用率高、快速反应能力强、运行和维护费用低、可靠性高等诸多优势，使技术更先进、质量更大、速度更快的战机从航母上起飞成为可能，因此受到各国军方的重视。

航母舰载飞机电磁弹射系统的构成如图 1-42 所示，整个系统主要由能量存储系统、功率变换系统、弹射直线电机以及控制系统四个子系统集成而成。在弹射前，能量存储系统（目前主要为飞轮储能）由航母配电系统供电，将电能转换为飞轮动能，在弹射时，由脉冲发电机与整流器将飞轮存储的动能在 $2\sim3s$ 内转换为脉冲形式的大功率直流电能，并通过功率逆变器将直流电能变成电压与频

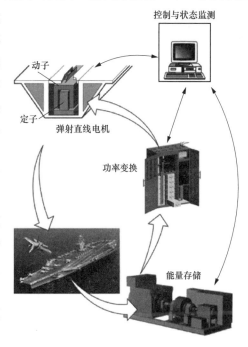

图 1-42 航母舰载飞机电磁弹射系统的构成

图 1-43　航母电磁弹射系统概念图

率可变的交流电能供给直线电机，直线电机产生巨大的电磁推力，在有限的跑道长度和极短的时间内驱动动子和与之连接的飞机加速起飞。图 1-43 所示为航母电磁弹射系统概念图。

低成本可重复使用单级入轨航天运载器已成为世界航天发射领域迫切追求的目标。目前，以美国、俄罗斯为代表的几个国家正在开展将磁悬浮轨道技术应用于航天发射方案及技术研究工作，其主要目标是通过磁悬浮助推发射系统为单级入轨运载器提供一个较大的助推力，实现在短时间内将其加速到一个高的起飞速度，然后运载器发动机点火，与磁悬浮助推发射系统分离后爬升入轨。使用磁悬浮助推发射系统进行助推加速的特点是载重量大、无摩擦、能耗低、污染小、安全性好、可操作性好，可重复使用率高，可以有效降低推进剂的消耗量、提高运载器有效载荷，大大降低发射成本和维护成本。

图 1-44 为美国宇航局建造的新型磁悬浮轨道。通过该轨道，利用直线推进电磁力，在不到半秒的时间内将宇宙飞船模型从静止加速到了近百千米/小时。磁悬浮辅助推进技术的研究与实用化，是美国宇航局先进空间运输计划的一部分，旨在降低宇宙飞船入轨发射费用。在实际应用时，宇宙飞船悬浮在距轨道 5cm 的高度上，被加速到近千

图 1-44　宇宙飞船发射试验用磁悬浮轨道

千米/小时，然后转由火箭发动机推进入轨。试验轨道使用直线感应电机产生直线推进力。

（3）直线电机在交通领域中的应用。

1）直线电机驱动系统。随着科技的进步，轨道交通运输方式不仅在诸如速度、密度、重量等性能方面有了很大提高，而且轨道交通方式本身也发生了巨大的变革。快速轨道交通有地铁、轻轨、单轨等多种方式。牵引方式历经蒸汽牵引、内燃牵引、电力牵引等阶段，目前在世界范围内又发展出直线电机牵引的交通方式。该交通方式目前正在迅速发展，将来会成为 21 世纪的主要交通方式之一。

直线电机交通主要包括磁悬浮铁路和直线电机牵引的轮轨交通两种类型。磁悬浮铁路的典型模式包括日本的超导高速磁悬浮 MLX、德国的常导高速磁悬浮 Transrapid 和日本的中低速磁悬浮 HSST。

德国常导磁悬浮 Transrapid 系统采用了长定子直线同步电机驱动，悬浮和导向采用电磁悬浮原理，利用在车体底部的可控悬浮电磁铁和安装在导轨底面的铁磁反应轨（定子部件）之间的吸引力使列车浮起，导向磁铁从侧面使车辆与

图 1-45　德国 Transrapid 系统原理图

轨道保持一定的侧向距离，保持运行轨迹（见图 1-45）。高度可靠的电磁控制系统保证列车与轨道之间的平均悬浮间隙保持在 10mm 左右，两边横向气隙均为 8～10mm。

Transrapid 系统造价相对较低，控制系统复杂，技术难度大，但技术相对成熟，大部分零部件具有通用性，市场供应方便。

日本超导磁悬浮 MLX 系统采用长定子直线同步电机驱动，见图 1-46。在导轨侧壁安装有悬浮及导向绕组。当车辆高速通过时，车辆上的超导磁场会在导轨侧壁的悬浮绕组中产生感应电流和感应磁场，控制每组悬浮绕组上侧的磁场极性与车辆超导磁场的极性相反从而产生引力、下侧极性与超导磁场极性相同产生斥力，使得

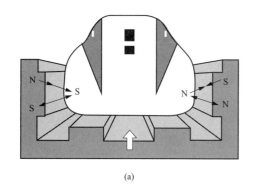

图 1-46　MLX 的驱动原理

车辆悬浮起来，悬浮高度为 100mm 左右［见图 1-47（a）］。如果车辆在平面上远离了导轨的中心位置，系统会自动在导轨每侧的悬浮绕组中产生磁场，并且使得远离侧的地面磁场与车体的超导磁场产生吸引力，靠近侧的地面磁场与车体磁场产生排斥力，从而保持车体不偏离导轨的中心位置［见图 1-47（b）］。在山梨试验线投入试验运行的 MLX01-901 试验车见图 1-48。

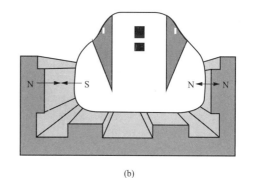

| (a) | (b) |

图 1-47　MLX 的悬浮、导向原理

（a）悬浮原理；（b）导向原理

图 1-48　新型 MLX 试验车

MLX 系统造价高、超导技术难度大，系统车辆悬浮气隙较大，对轨面平整度要求较低、抗震性能好、速度快并且还有进一步提高速度的可能性，它还具有低速时不能悬浮的特点，因此更适合于大运量、长距离、更高速度的客运。

高速磁悬浮列车具有速度高、运量大、能耗低、振动噪声小、启动速度快、安全舒适、低污染、维护方便等一系列优点。我国已于 2003 年在上海建成了世界上第一条高速磁悬浮铁路商业运营线。

中低速磁悬浮系统以日本的 HSST 为代表，主要应用于速度较低的城市轨道交通和机场铁路。日本 HSST 为地面交通系统，采用列车驱动方式，电机为短初级直线感应电机（见图 1-49）。电机的初级安装在车辆上，次级沿列车前进方向展开设置在轨道上。在悬浮原理方面，HSST 系统与德国 Transrapid 相似，不同之处在于 HSST 系统将导向力与悬浮力合二为一。用于名古屋东部丘陵线的车辆及轨道见图 1-50。

图 1-49　HSST 驱动用直线感应电机初级

如前所述，磁悬浮铁路与传统轮轨铁路在驱动、支承（悬浮）和导向三方面的原理和所采用技术完全不同。在轨道交通体系中，直线电机轮轨交通系统是一种新型的介于上述二者之间的轨道交通形式。

该种轨道交通利用车轮起支承、导向作用，这与传统轮轨系统相似。但在牵引方面却采用了短定子直线感应电机驱动，工作原理与 HSST 系统直线电机原理基本相同。当初级绕组通以三相交流电时，气隙磁场与次级感应轨中电流相互作用产生电磁力，直接驱动车辆前进，改变磁场移动方向，车辆运动的方向也随之改变。车辆平稳运行时，定子与感应轨之间的间隙一般保持在 10mm 左右。该系统原理如图 1-51 所示。

图 1-50 HSST 车辆及轨道

图 1-51 直线电机轮轨交通原理图

应用直线电机驱动的轮轨交通优势主要体现在以下几点：车辆结构简单、重量轻，工程造价低，节约土地；爬坡能力强，转弯半径小，选线、换乘方便；非接触牵引，节能，振动小，噪声低；列车加减速度快，效率高；维护量少，运营成本低；安全可靠。

2）直线电机制动系统。高速列车的制动方式主要有以下几种：再生制动、能耗制动、机械制动、涡流制动等，其中机械制动方式属粘着制动，其黏着系数随列车速度的提高呈下降趋势，还与气候干湿、接触表面的状态有关，故制动力稳定性能较差。涡流制动分为旋转式和直线式。直线涡流制动的作用机理是利用励磁磁极与钢轨的相对运动，在钢轨中产生涡流，涡流产生的磁场与励磁电磁铁产生的磁场相互作用，获得的与列车前进方向相反的作用力分量，即为制动力。从能量的角度，可理解为感应涡流使列车的动能变成钢轨中的热能，通过钢轨把热量散发出去。直线涡流制动是无机械接触的制动方式，具有无摩擦、无噪声、可控性好、可维护性好、系统寿命长、不受路况和气候影响等优点。

图 1-52 为安装有直线涡流制动器的列车无动力转向架。每组直线涡流制动器的初级励磁磁极都由初级铁芯和初级线圈构成，初级线圈通电励磁时，初级铁芯形成 N、S 依次交替的磁极，磁极产生的磁力线与钢轨相交链，在钢轨中感应涡流，涡流磁场与励磁磁场相互作用，产生与列

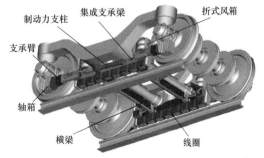

图 1-52 安装有直线涡流制动器的转向架

车运动方向相反的电磁力，即制动力。

两组直线涡流制动器的初级励磁磁极由两根横梁（定位拉杆）连接起来。每侧的初级励磁磁极固定在一个集成式支承梁上，该支承梁通过两个环形气筒与转向架上部连接，以及通过轴箱旁的两个支承臂与转向架下部连接。此外，在支承梁下部各套有一个制动力支柱，用以传递集成支承梁和转向架构架之间的制动力。在直线涡流制动缓解状态时，初级借助有压缩空气的环形气筒保持在升起位置；制动时，初级借其自重以及排去环形气筒中的压缩空气而降落下来。装在支承臂内的调整装置使初级距轨面的气隙有足够的可调范围。

将直线涡流制动器的初级励磁磁极替换为直线感应电机的电枢，可构成如图1-53所示的交流励磁式涡流制动器。该制动器的电枢绕组为多相绕组，由逆变器提供给绕组交流励磁电流，多相绕组励磁后，产生行波磁场，行波磁场"切割"钢轨，在钢轨中感应涡流，涡流磁场与行波磁场相互作用，产生与列车运动方向相反的电磁制动力。交流励磁式涡流制动器与直流励磁式涡流制动器相比，在产生同样的制动力时，可以减少钢轨中的涡流损耗，降低钢轨的温升；励磁所需要的电能可以从车辆运动动能转换得到（直线电机工作在发电机状态），可提高系统供电可靠性，节约能源；即使在零速与低速时也能产生制动力，扩大了制动器工作速度范围。

（4）直线电机在新能源领域中的应用。

1）自由活塞式斯特林热机发电机。自由活塞斯特林热机发电系统（或称自由活塞斯特林发电机）由自由活塞斯特林发动机和直线发电机两部分组成（见图1-54），壳体整体密封，内充入高压氢气、氦气或空气等气体工质。自由活塞斯特林发动机是一种外燃（或外部加热）封闭循环活塞式发动机，主要由膨胀腔、加热器、回热器、冷却器和压缩腔组成，并依次串接在一起组成循环回路；直线发电机包含初级、次级和控制器三部分。自由活塞斯特林发动机动力活塞与直线发电机次级固联组成动力活塞组件。

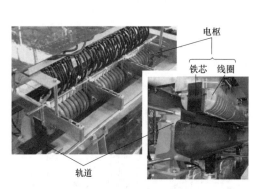

图1-53　交流励磁式涡流制动器

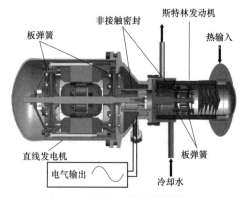

图1-54　自由活塞式斯特林热机
发电系统结构示意图

自由活塞斯特林发动机依靠活塞运动使循环系统的有关容积发生周期性的变化，工质得以在循环系统中做周期性的往复流动。工质在较低温度下被压缩，然后在较高温度下发生膨胀做功，并通过动力活塞组件向直线发电机输出机械动力，带动发电机产生电能。理想的斯特林循环由两个等温和等容过程组成，其循环效率为卡诺循环效率，循环输出功在相同的压力范围内比内燃机要大。

自由活塞斯特林发动机对燃烧方式或外燃系统的特性无特殊要求，只要外燃温度高于闭式循环中的工质温度即可。例如，各种可燃物的燃烧装置、太阳能、原子能、废热、蓄热气装置以及化学反应生成热装置等均可成为斯特林发动机的外部加热热源。

为了降低自由活塞斯特林热机发电系统运行时的振动与噪声，如图 1-55 所示，常将两台结构相同的热机发电系统对称配置，控制两侧的运动部件作镜像运动，以抵消由运动引起的系统振动，同时还能够有效利用空间，减小系统的体积。

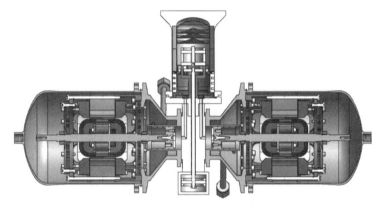

图 1-55 对置结构自由活塞式斯特林热机发电系统

自由活塞式斯特林热机发电系统的运动部件间没有机械连接，系统结构简单、无需润滑、密封简单、可靠性高、成本低、使用寿命长、热电效率高以及环保，可以有效利用太阳能以及工业废热等低品质的能量，非常适合在太空环境下工作。

2）基于直线发电机的波浪能发电装置。波浪能是指海洋表面波浪所具有的动能和势能。波浪的能量与波高的平方、波浪的运动周期以及迎波面的宽度成正比。波浪能是一种无污染的可再生能源，波浪能发电技术的目的，都是将海洋波浪的动能，通过相关的中间环节转化为更加易于利用的电能。传统的波浪发电系统主要由旋转发电机与液压传动机构组成，将波浪的低速直线运动转换成高速旋转运动。这种发电系统存在以下缺点：标准的液压系统非常昂贵，且运行速度与波浪发电系统速度不匹配，使波浪发电系统的性能很难发挥；液压部分的使用使油渗漏入海洋。近几年世界各国都在研究将直线电机应用到波浪发电装置上，以减少中间液压传动环节。

常见的基于直线发电机的波浪能发电装置的基本结构如图 1-56 所示。在图 1-56（a）所示结构中，直线发电机的定子与动子被安装在一个封闭的结构中，且位于海水表面。图 1-56（b）所示的结构是将定子置于海水中，而发电机的动子部分与浮于海面的浮标动子直接相连。在两种结构中，浮标部分与水表面直接接触，波浪的上下浮动将产生相对运动，直接驱动各自发电机的运动部分，使直线发电机的定子与动子之间产生相对运动，电枢绕组中感应电动势，发电机向外输出电能。

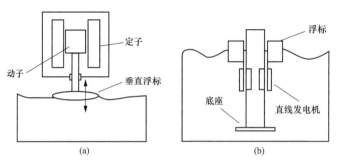

图 1-56　基于直线发电机的波浪能发电装置的基本结构示意图

图 1-57 为 2MW 输出功率的基于直线发电机的波浪能发电装置照片。

图 1-57　2MW 输出功率的基于直线
发电机的波浪能发电装置

在基于直线发电机的波浪能发电装置工作过程中，波浪的直线运动直接传递到发电机的运动部件上，去掉了中间的能量传递环节。波浪能转换装置由两级转换系统构成：一级是将吸收的波浪动能转化为机械能，二级是将机械能直接通过直线发电机转换为电能。采用两级转换装置，为简化系统结构、提高能量转换效率、降低系统成本创造了有利条件。

（5）直线电机在减振系统中的应用。

20 世纪 80 年代后，振动主动控制技术蓬勃发展，在取得了丰富的理论成果的同时，并成功应用于航天工程领域大型柔性结构的振动抑制、交通运输工程领域的车辆振动控制、机械工程领域的精密机械及测量仪器的振动控制以及土木工程领域的高挠性大型土木工程结构的主动抗震等。振动主动控制技术的研究与应用进入了快速发展的阶段。直线电磁作动器与直线电磁阻尼器具有无摩擦、无接触、响应快、能耗少、成本低、寿命长等优点，且工作行程和控制力大，结构简单，便于控制，响应速度快，并可采用低压电源工作，安全可靠，在振动主动控制系统中得到广泛应用。

1）基于直线电磁作动器的汽车发动机主动减振装置。发动机是汽车振动的主要振源之一，它的振动具有多振源、宽频带、形态复杂等特点，目前主要采用发动机悬架来隔振和降噪。但是传统的被动悬架（包括弹性悬架、被动液压悬架）难以满足在宽频带上的隔振和降噪要求，只能对于一定状况下的振动起到很好的效果，不能满足使用工况的变化。

近年来，由于计算机技术和各种新型主动控制方法的迅速发展，为人们对发动机的振动和噪声进行更有效的控制提供了有力的技术支持，为从本质上改善汽车发动机的振动和噪声，充分利用振动主动控制领域的新技术、新成果，研究内燃机整机振动控制技术，降低发动机振动向外传递，对提高汽车声振品质特性、改善乘坐舒适性、保护环境具有重要意义。

工程中对于已经成型的发动机，要控制其振动，一般是安装动力减振器、阻尼减振器、隔振器或采取现场平衡等措施。从控制方法来看，有减振、吸振和隔振三种形式。这些控制方法结构简单，不需要消耗能量，称为被动控制。但这些被动式振动控制措施，能够有效控制振动的频带较窄，而且对于像发动机这类的宽频带振动，缺乏灵活性和主动性。主动减振就是在被动减振的基础之上，用作动器替代被动减振装置的部分或全部组件，通过适当控制作动器的运动，达到减振的目的。主动减振按形式可分为完全主动减振、半主动减振。作动器作为执行机构，是主动减振系统中的一个关键部件，其性能直接影响主动减振的效果。作动器种类较多，目前常用的有电磁作动器、液压作动器、压电作动器、磁致伸缩作动器、电致伸缩作动器、气动作动器以及形状记忆合金等，由于电磁作动器具有结构紧凑、响应速度快、适应频带较宽、输出位移大等特点，使其在许多科研及实际工程领域得到了广泛应用。

图 1-58 所示为基于直线电磁作动器的汽车发动机用主动减振系统构成，主要包括直线电机、附加质量与控制器三部分。减振装置（见图 1-59）直接安装在车底盘上，基于发动机旋转信息，通过控制器，来控制直线电机的输出力，使其与发动机传递过来的振动力相抵消，来降低车身振动。实验结果表明，通过在车内安装减振装置，能够大大降低方向盘、地板的振动，通过共用减振装置与传统的橡胶式等发动机悬架，有望实现超越高性能悬架的振动抑制效果。

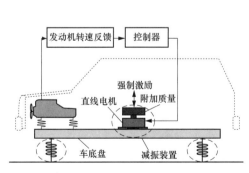

图 1-58　汽车发动机用主动减振
装置的系统构成

图 1-59　减振装置
（105mm×125mm×175mm）

该汽车发动机用主动减振装置具有如下特点：①减振装置控制系统简单，易于实现，通过控制器的优化，可实现车身振动的大幅降低。例如，在排量 2.2L 小型客货两用车上

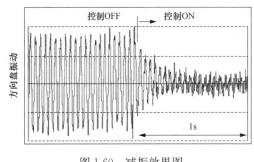

图 1-60　减振效果图

实验证明，通过在车身前部安装减振装置，在振动大的急速状态，可将座椅、地板、方向盘等处的车内振动降低到 1/3～1/8（见图 1-60），同时，车内噪声也降低了 18dB。②可将减振装置的作动器与附加质量一体化，装置简单结构、易实现小型化，性能价格比高，便于安装使用。③减振装置的核心——直线电磁作动器为专门开发的直线电机，对寿命影响大的轴承采用专门开发的板簧，因此寿命长、静音，不需要润滑油，可靠性高。

2）电磁悬架。汽车悬架系统就是汽车车架（或车身）与汽车车桥（或车轮）之间的一切传力连接装置的总称，其作用是把路面作用于车轮上的垂直反力（支撑力）、纵向反力（牵引力和制动力）和侧向反力以及反力所造成的转矩传递到车架（或车身）上，并减少汽车振动，以保证汽车的行驶平顺。汽车悬架系统的基本组成一般包括弹性元件、减振器和导向机构三部分。

汽车悬架系统按控制方式分类为主动控制悬架和被动控制悬架两种。主动悬架采用电子控制技术，它能够根据路面和行驶状况，自动调节悬架和阻尼力，控制汽车的振动和行驶状态，使汽车行驶平顺。电子控制悬架能够根据汽车的行驶状况主动地对悬架的刚度和阻尼系数进行调整，使悬架时时处于最佳的工作状况，从根本上解决了汽车行驶平顺性和操纵稳定性之间的矛盾，提高了汽车的使用性能。

车辆主动悬架作动器大致可分为以下三类：①空气主动悬架作动器：由气缸构成，通过电气动压力控制阀所控制；②液压主动悬架作动器：主要由液压缸、子气室及阻尼阀等组成；③电磁类主动悬架作动器：其中既有采用"旋转电机＋滚珠丝杠"方式构成的，也有采用永磁直线电机作为作动器的。

采用直线电机作为作动器的电磁悬架目前主要有三种结构形式。第一种电磁悬架（见图 1-61）是由传感器、电子控制器 ECU、圆筒型直线电机和弹簧液压减振器四部分组成的有源悬架系统。安装在弹簧液压减振器下部的直线电机，其定子线圈固定在减振器缸体上，线圈中电流大小直接由电子控制器 ECU 控制，电子控制器 ECU 根据加速度传感器检测到的路面实际状况和悬架行程传感器检测到的实际运动行程，发出指令精确控制输入定子线圈的

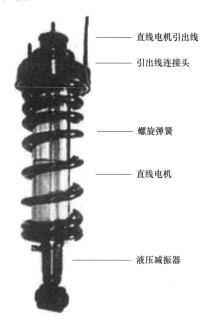

直线电机引出线

引出线连接头

螺旋弹簧

直线电机

液压减振器

图 1-61　第一种电磁悬架

电流大小，从而精确控制直线电机的反方向运动阻尼力和减振力，缓和路面的冲击与振动。输入的电流越大，定子线圈产生的磁场就越强，直线电机产生反方向的阻尼力和减振力也就越大，由此可见，系统对电流大小的控制完全与行驶加速度及路面颠簸状况相适应。这就意味着可以根据各种路况和载荷情况选择最佳的减振力。

第二种电磁悬架（见图 1-62、图 1-63）与第一种电磁悬架的不同点是取消了液压减振器，悬架系统主要由直线电机与弹簧所组成。

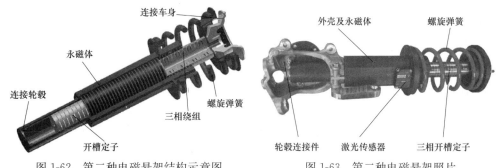

图 1-62　第二种电磁悬架结构示意图　　　　图 1-63　第二种电磁悬架照片

第三种电磁悬架（见图 1-64）与前面两种电磁悬架的不同点是取消了弹簧、液压减振器，完全由直线电机系统所组成，不仅进一步简化了悬架系统的结构，而且可在正常行驶工况下，具有发电功能，利用直线电机发出的电能可为车载蓄电池充电，这对于完全依靠电力驱动的电动车来说是非常有利的，可以较大幅度地增加蓄电池的电力，延长电动车的续驶里程。

图 1-64　第三种电磁悬架的安装方式

第三种电磁悬架可显著减小车辆转弯时的车身侧倾、刹车时的车身前倾和越障时的车身振动。装在每个车轮和底盘上的加速度测量计实时测量车辆行驶情况，估计路面信息，中央控制器实时地控制功放装置为作动器提供能量，作动器能在 2ms 内响应，使悬架支柱依车身和车轮的相对位置的不同而伸张或收缩。

综上所述，电磁悬架具有如下优势：①电磁悬架由于减少了悬架系统中的刚性连接面，可以减轻汽车使用过程中的零部件磨损，可以使汽车舒适性提高，易于实现自动控制。②电磁悬架中没有气体弹簧和液体弹簧，可使悬架系统的结构简化，可使维修维护变得简单，可能还会使生产过程中的加工变得容易。③电磁悬架不用安装气体弹簧，省去了空气压缩机等部件，可能会节省汽车的能量，无噪声，减少汽车排放，更加环保。④电磁悬架可以将振动转换为电能储存到蓄电池中，从而可以提高能源利用率。⑤电磁悬架的响应速度快、控制精度高、行程长、灵敏度高、有效频率范围宽、工作稳定可靠、工程布置灵活。

（6）直线电机在石油举升系统中的应用。

随着社会经济的迅猛发展，人们对能源的需求日趋增长，石油作为能源中的重中之重，是现代社会不可或缺的主要能源。在油田开采生产中，抽油机是将地下原油抽汲到地面的动力设备。我国常用的机械采油系统有杆式泵系统、潜油电泵系统、水力活塞泵系统、螺杆泵系统及气举系统等，其中应用最广泛的是杆式泵系统，约占抽油机总数的90％。目前，常规游梁式抽油机在油田生产中占主导地位，其采用旋转电机作为动力源，经过减速机、四连杆结构等复杂的中间环节，将电机的旋转运动转化为抽油杆柱的直线运动，这势必将带来诸如传动链长、系统柔性差、效率低等问题。实测结果表明，我国在用的抽油系统的总效率只有16％～23％，造成了巨大的能源浪费。这就客观上要求我国应大力发展和推广应用高效、节能、可靠性高的抽油机，加速开发新型节能抽油机，并且加强对在役常规抽油机的节能改造。

以直线电机为动力驱动的抽油机不需旋转电机、减速器和四连杆等机构，因此，这种抽油机具有结构简单、效率高、成本低、冲程长以及可根据要求调整的特点，可以说是采油设备的历史性的变革和创新。

根据结构与举升方式的不同，可以将直线电机驱动的抽油机分为往复式直线电机采油泵和直线电机抽油机两种。

1）往复式直线电机采油泵。往复式直线电机采油泵采油技术是一种新型的无杆采油方式，通过置于井下的直线电机带动抽油泵柱塞上下往复运动实现举升抽油的目的，省去了地面抽油机、抽油杆等中间传动环节，提高了抽油效率，属于一种可大大降低载荷传递过程中功率消耗的新式抽油机。

往复式直线电机采油泵无杆采油工艺设施主要由地面控制装置、井下直线驱动柱塞泵、专用电缆、液面监测仪等部分构成，其中井下直线驱动柱塞泵包括直线电机、筛管和柱塞泵。柱塞泵位于直线电机之上，两者通过直线电机次级（动子）和连杆相连。往复式直线电机采油泵系统结构如图1-65所示。

地面控制装置通过动力电缆给井下直线驱动柱塞泵供电后，直线电机电枢（定子）上产生行波磁场，行波磁场与次级永磁体磁场相互作用，产生电磁力，电磁力驱动直线电机动子和泵柱塞做上下往复运动，将原油源源不断地举升到地面管道中。

往复式直线电机采油泵无杆采油工艺技术具有无杆管偏磨、自动化程度高、参数调整方便、地面设备简单、占地面积小、维护费用低、能耗低、效率高、适合低产油井等特点，已在全国各大油田逐步推广应用。

2）直线电机抽油机。直线电机抽油机的运动形式是直线往复运动，直线电机通过柔性连接件、导向轮直接与抽油杆连接，取消了游梁式抽油机必不可少的减速器、曲柄连杆机构和游梁等重机械部件，使动力传递过程大大简化，因而降低了动力传递过程中的功率损失，提高了系统效率。

直线电机抽油机与有杆抽油机一样有地面部分、中间部分和井下泵。中间部分主要为抽油杆等传动部件，井下泵为柱塞泵，地面部分主要包括电缆、牵引绳、平衡轮、支架、直线电机、引导架、配重箱、传感器、变频器控制柜等（如图 1-66 和图 1-67 所示）。支架固定在底座上，电机次级固定于支架，固定平台由支架支撑，平衡轮可以用单轮或将并列的大轮和小轮置于平衡轮平台上，直线电机定子固定在支架内部，它由钢板和型材焊接而成。定子板边缘设有限位块，控制电机初级的走向。导轨起导向作用，用于

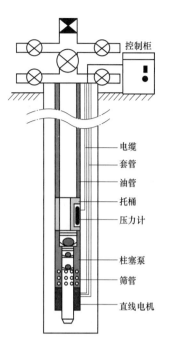

图 1-65　往复式直线电机
采油泵系统结构示意图

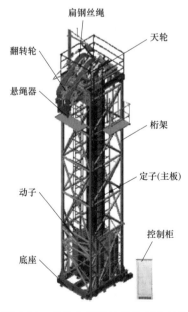

图 1-66　直线电机抽油机的基本结构

图 1-67　直线电机抽油机现场照片

保护电机。电机动子下部连接有配重箱，配重箱用来增减平衡重来调整整机平衡。牵引绳采用两根钢丝绳，一端与悬绳器相连，另一端连接在电机动子上，分别绕过悬绳器上的滑轮，通过大轮、小轮改变方向后与电机动子相连。直线电机动子通过柔性连接件、钢丝绳、导向轮直接与抽油杆连接。动子的运动与抽油泵柱塞上下运动完全一致，电机通过牵引绳带动抽油杆上下运动，完成抽油过程。

直线电机抽油机由于不使用四连杆等机构，可以有效地克服传统游梁抽油机存在的问题。对于直线电机抽油机而言，加大冲程只需加高机架，而抽油机的外形尺寸和总机重量都增加得不多，同时，冲程和冲次不受限制。直线电机抽油机将电能直接转换为往复直线运动，减少了中间设备的数量，整机结构简单、运行平稳、控制方便、占地面积小、适应范围广、噪声低，可有效地提高传动效率，节能效果明显。同时，采用直线电机抽油机替换传统游梁式抽油机，容易实现对传统抽油机的改造。

（7）直线电机在制冷系统中的应用。

压缩机被比作是制冷系统的心脏，在制冷系统运行中起着至关重要的作用，同时它也是制冷系统的主要耗能部件。随着各种制冷系统在社会各方面日益广泛地应用及人类环保意识的增强，节能环保在制冷行业中被提到了更为重要的位置。

目前市场上旋转式制冷压缩机的结构形式主要有往复活塞式、滚动转子式、涡旋式、螺杆式和离心式等几种，其中，冰箱压缩机主要以往复活塞式压缩机为主。这种压缩机需要一套将电动机的旋转运动转变为活塞往复直线运动的转换机构（如曲柄连杆机构），压缩机的总体体积大、传动效率低、噪声大、磨损严重、寿命短。

随着现代电力电子技术、计算机技术以及高性能永磁材料等技术的发展，直线振荡电机逐步发展起来，为压缩机活塞往复直线运动提供了新的驱动方式。将直线振荡电机动子直接与压缩机活塞相连，从而直接驱动活塞作往复直线运动，这种压缩机称为"直线压缩机"。目前国内外已将这种直线压缩机应用于斯特林制冷机与空调、冰箱等家用电器领域。

目前，国内外绝大多数直线压缩机研究中都采用了直线振荡电机作为压缩机的驱动动力源。此类电机能够利用电磁力和弹簧共振原理，自动产生高频往复直线运动，可直接推动与动子连接的活塞往复运动，其原理和结构都比较简单，出力大、损耗小、效率高，作为直线压缩机的驱动机构非常理想。根据动子的结构类型划分，直线振荡电机可分为动铁式、动圈式和动磁式三种。

动磁式振荡电机驱动的直线压缩机基本结构如图1-68所示。由轻质金属制成的活塞与电机动子通过螺钉连接形成整体后与柔性弹簧相连。径向充磁永磁体的动子

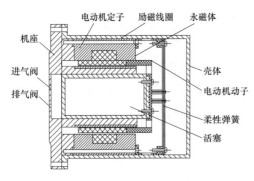

图1-68　动磁式振荡电机驱动的直线压缩机基本结构示意图

处于内、外磁轭之间气隙中,当初级线圈通过正弦波交流电时,气隙中形成交变磁场,永磁体磁场与电枢磁场相互作用产生交变电磁力,从而推动电机动子往复运动,与柔性弹簧形成谐振系统。柔性弹簧既是动子的支承件,又是一个储能元件,在弹簧、电机和压缩机参数匹配条件下,系统谐振驱动,效率最高。进气阀与排气阀均布置在机座上,气体通过进气阀进入压缩腔,被压缩后由排气阀排出气缸。

与传统活塞式压缩机相比,直线压缩机具有以下优点:①省去了中间转换机构,支承部件大为减少,结构紧凑,体积小,并且减少了中间转换机构所引起的摩擦损失。②由于驱动力方向与活塞的运动方向一致,作用在活塞上的侧向力非常小,减小了往复摩擦力,提高了压缩机的可靠性,延长了使用寿命,易于实现无油润滑。③由于直线压缩机的活塞行程属于自由活塞行程,不受机械结构的限制,通过控制系统极易实现对活塞运动行程的调节,而且由于弹簧系统的存在,可避免内部机构的碰撞而造成的零部件损坏。④直线电机容易做到无刷无接触运行、反应速度快、随动性好、适应性强、容易密封、控制方便、定位精确。

微型制冷机是光电子技术、超导技术和空间远程通信技术中的关键部件。直线压缩机作为斯特林型制冷机和脉管型低温制冷机的压力波发生器,其性能决定了制冷机的性能和寿命。牛津型长寿命斯特林制冷机由于采用了直线电机驱动方案,使结构简化,突破了动态非接触间隙密封、板弹簧支撑、工质气体泄漏污染控制等关键技术,保证了压缩机活塞和回热器运动组件与气缸的完全非接触,消除了磨损,制冷机的工作寿命和可靠性得到了显著提高。图1-69和图1-70所示为采用了直线压缩机的牛津型斯特林制冷机和脉管型制冷机。

图 1-69 牛津型斯特林制冷机　　　　　图 1-70 脉管型制冷机

1.5　直线电机系统存在的关键技术问题

直线电机的发展与应用促进了现代机床技术的发展,使机床结构和性能发生了革命性的变化。在机床进给系统等精密伺服驱动装置中使用直线电机时，要扬长避短、综合分析、充分发挥直线电机的优越性。在其设计、制造、控制、应用过程中要特别注意解决好以下几个方面的关键技术问题：

（1）精确分析与设计技术。直线电机的结构多样，而且存在横向和纵向边端效应，对于单边直线电机，还存在单边磁拉力的影响。因此为实现电机准确的设计分析，必须首先解决直线电机准确建模问题（建立考虑端部效应的直线电机磁路及磁场分析模型）。此外，初级、次级结构及气隙的优化设计是提高电机性能（如减小电机损耗、提高推力密度、降低推力波动等）的关键技术。

（2）冷却与温升控制技术。通常直线电机工作在反复加减速状态，且受端部效应的影响，可能导致损耗增加。此外，虽然直线电机开放式气隙结构，结构简单，散热面积大，其散热效果较好。但是，当直线电机安装在散热条件较差的机床内部时，极易使温度升高，导致机床热变形。因此，必须首先准确分析电机的损耗和温升规律，为在直线电机的设计、制造过程中，降低电机的损耗，提高电机的效率提供依据。此外，在发热分析基础上，根据应用场合特点，解决好散热问题，设计合理有效的冷却结构。

（3）应力分析及振动抑制技术。由于直线电机作往复直线运动，尤其当电机频繁快速加减速（或振动）时，其结构应力变形对驱动系统动态性能的影响较大。因此，直线运动部件结构合理设计以及高速、高加速度运动下机床刚性及抗冲击结构分析与设计必不可少。此外，直线电机安装在台架上，必须考虑其振动问题，以防止共振，从而提高电机的可靠性。

（4）隔磁与防护技术。由于旋转电机磁场是封闭式的，不会对外界造成任何影响，而直线电机的磁场是敞开式的，特别是动电枢结构的直线永磁同步电机要在机床床身上安装具有强磁场的次级，而工件、床身和工具等均为磁性材料，很容易被直线电机的磁场吸引，增加加工、装配工作难度。特别是磁性切屑和空气中的磁性尘埃一旦被吸入直线电机的初级与次级之间的气隙中，容易造成堵塞，影响电机正常工作。为此，防护工作不能忽视。

（5）直接驱动伺服控制技术。采用直线电动机直接驱动方式时，工作台负载（工件重量、切削力等）的变化、系统参数摄动和各种干扰（如摩擦力等），包括边端效应都将毫无缓冲地作用在直线伺服系统上，影响系统的伺服性能，这对控制系统的鲁棒性提出了更高的要求。

（6）垂直进给中的自重问题。当直线电机应用于垂直进给机构时，由于存在拖板自重，因此必须解决好直线电机断电时的自锁问题和通电工作时重力加速度对其影响问题。为此，除了增加合适的平衡配重块（或用液压支承），断电时采取机械自锁装置外，还必须在伺服驱动控制模块上采取相应的措施。

1.6 直线电机的发展方向

直线电机作为一种重要的机电系统，将机械结构简单化，电气控制复杂化，符合现代机电技术的发展方向。目前直线电机直接驱动技术的发展呈现以下趋势。

（1）部件模块化：直线电机制造厂家通过将初级、次级、控制器、反馈元件、导轨等部件模块化，用户就可以根据需要（如推力、行程、精度、价格等），方便地对这些部件进行自由组合，以满足不同领域、不同驱动系统的需求。

（2）产品系列化：由于直接驱动不像旋转电机那样可以通过减速器的减速比、丝杠螺距等环节调节输出特性及性能，具有固有特性的直线电机应用范围比较窄，因此产品的规格化、系列化需更丰富，以满足不断发展的市场需求。

（3）性能极限化：随着直线电机应用领域的不断扩大与科学技术发展对其性能要求的不断提高。在输出特性上，向着高速、大推力、高过载能力、低推力波动、高推力密度、高推力线性度的方向发展；在系统性能上，向着高效率、低温升、高精度、高动态响应、宽调速范围、高可靠性等方向发展。

（4）结构多样化：直线电机一般直接和被驱动部件相连接，为适应不同的安装要求，结构形式必须多样化。

（5）控制数字化：直线电机的控制是直接驱动技术的一个难点，全数字控制技术是解决这一难点的有效方案，是新型控制策略、控制方法得以实现的基础。

（6）应用多元化：直线电机的应用范围在不断拓展，不仅在机械加工与自动化方面，在微电子制造装备、办公自动化、航空航天以及军事国防等领域的应用也在迅速普及。

（7）测试规范化：直线电机目前还正处于研究、开发和应用的发展上升阶段，对其参数、特性以及性能等都应有相应的测试方法，不同类型、不同应用领域的直线电机应制定相应的测试标准和规范，其测试设备需要不断地开发和完善。

2　直线感应电机

直线感应电机（Linear Induction Motors，LIM）作为直线电机的一种，具有结构简单、控制方便等优点，是目前应用最为广泛的直线电机之一。近 20 年来，直线感应电机在理论研究和实际应用方面都得到了迅速发展，相对于采用旋转电机驱动而言，采用直线感应电机驱动具有结构简单可靠、适于高速运行、散热条件好、适应性强、速度和推力易控制等一系列的优点。因此，许多国家开展了对直线感应电机的专题研究，相关的优质产品不断出现。截至目前，直线感应电机已广泛应用于交通运输、工业制造和军事等领域。

2.1　直线感应电机的结构、原理及分类

2.1.1　直线感应电机的结构和运行原理

1. 直线感应电机的结构

直线感应电机可看作是旋转感应电机在结构上的一种演变，可以看作是将一台旋转感应电机沿径向剖开，将圆周展开成直线而得到。由定子演变来的一侧称为初级，由转子演变来的一侧称为次级；旋转感应电机中对应的径向、周向和轴向，在直线感应电机中分别称为法向、纵向和横向。由图 2-1 可见，从旋转感应电机演变而来的直线感应电机，其初级和次级的长度是相等的。由于在运行时初级和次级之间要做相对运动，二者之一固定，运动的一方在电磁推力的作用下做直线运动。因此，在实际的应用中，初级与次级必须制造成不同的长度以保证在所需行程范围内初级与次级之间保持不变的耦合。在制造时，既可以是长初级短次级，也可以是短初级长次级。一般情况下，次级做的较长，其目的是为了降低制造成本以及在运行时的费用。因为次级可以是整块均匀的金属材料，即可以使用实心结构，成本较低，适宜于做的较长。所以，除了特殊场合需要外，直线感应电机一般均采用短初级长次级结构。地铁和中低速磁浮列车中的直线感应电机即为此种类型。直线感应电机的结构主要包括初级及其绕组、次级和气隙三部分。图 2-2 为扁平单边型直线感应电机的结构图。

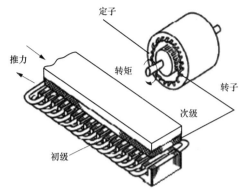

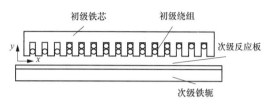

图 2-1　直线感应电机的演变　　　　图 2-2　扁平单边型直线感应电机的结构图

（1）初级。在扁平型直线感应电机中，初级铁芯是由硅钢片叠成，一面开有槽，三相绕组嵌置于槽内。直线感应电机的初级与旋转感应电机的定子之间最大的差别是旋转感应电机的定子铁芯与绕组沿圆周方向是到处连续的，而直线感应电机的初级铁芯是开断的，形成两个端部边缘，出现了一个"进口端"和一个"出口端"。铁芯和绕组的开断会对直线感应电机的气隙磁场造成一定的影响，从而使电机的损耗增加，出力减少，这种效应称为纵向边端效应。

（2）次级。直线感应电机的次级相当于旋转感应电机的转子，在短初级直线感应电机中，常用的次级主要有三种：钢次级、非磁性次级和复合次级。对于钢次级而言，钢既起导磁作用，又起导电作用，但由于钢的电阻率较大，故钢次级直线感应电机的电磁性能较差，并且法向吸力也大（约为推力的 10 倍）。非磁性次级是单纯的铜板或者铝板，称为铜（铝）次级，它主要用于双边型直线感应电机中。而在实际使用时，由于铜或铝的机械强度或刚度较小，导致非磁性次级的直线感应电机承受不了大的推力或拉力，因此在实际工程中不多见。所以实际应用时一般是在钢板上复合一层铜板（或铝板），称为铜钢（或铝钢）复合次级。在复合次级中，钢主要起导磁作用，导电主要是铜或铝。当复合次级的铜板厚度大于等于 2mm 或者铝板厚度大于等于 4mm 时，这种复合次级在设计时可以作为非磁性次级来计算。

（3）气隙。直线感应电机初级与次级之间的间隙即为气隙。地铁和中低速磁浮列车中的直线感应电机的气隙相对于旋转感应电机的气隙要大得多，主要是为了保证在长距离运行过程中，能保持初级与次级之间不致相互摩擦。对于旋转感应电机来说，气隙可以制造的很小，而直线感应电机则不容易制造的小，这是因为当直线感应电机工作时，初、次级之间产生的法向力会使次级板产生挠度，影响气隙的大小。对于复合次级和铜（铝）次级来说，除了通常所说的机械气隙外，还要引入一个电磁气隙的概念。因为铜或铝都是非磁性材料，其导磁性能和空气相同，因此在磁场和磁路计算时，铜板或铝板的厚度应归并到气隙中，总的气隙应由机械气隙（单纯的空气隙）加上铜板（或铝板）的厚度构成，合称为电磁气隙。

2. 直线感应电机的运行原理

直线感应电机的运行原理与旋转感应电机相似。图 2-3 所示直线感应电机的初级绕组中通入三相对称正弦电流后会产生一个气隙磁场,当不考虑由铁芯两端开断而引起的纵向边端效应时,这个气隙磁场的分布情况与旋转感应电机的类似,即可看成沿直线方向呈正弦形分布。当三相电流随时间变化时,气隙磁场将按 A、B、C 相序沿直线移动,与旋转感应电机不同的是:这个磁场是平移的,

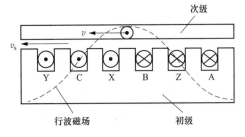

图 2-3 直线感应电机的运行示意图

而不是旋转的,因此称为行波磁场。把次级导体看成是无限多根导条并列放置,这样在行波磁场的切割下,次级感应出电动势并产生电流,电流与气隙磁场相互作用便产生电磁推力,初级、次级间的电磁推力是相互的,此时,电机的运动部分将在电磁推力的作用下做直线运动。

行波磁场的移动速度,即同步速度 v_s 与旋转磁场在定子内圆表面上的线速度相等,即

$$v_s = \pi D \frac{f}{p} = 2f\tau \tag{2-1}$$

式中 D——对应的旋转感应电机定子内圆直径;

f——电源频率;

τ——电机极距;

p——极对数。

若次级运动速度为 v_r,则直线感应电机滑差率 s 的定义与旋转感应电机一样,且电动状态下运行时 s 在 0 与 1 之间。

$$s = \frac{v_s - v_r}{v_s} \tag{2-2}$$

旋转感应电机通过对换任意两相的电源,可以实现反向旋转。同样,直线感应电机对换任意两相的电源后,运动也会反向,根据这一原理,可使直线感应电机作往复直线运动。与旋转感应电机不同的是,直线感应电机的初级是开断的,形成了两个边缘端部,使得铁芯和绕组无法从一端直接连接到另一端,形成了旋转电机所没有的边端效应。

2.1.2 直线感应电机的分类

直线感应电机的形式多种多样,依据结构、类型、材质等可得到不同的分类。

(1) 根据结构形式不同,直线感应电机可分为平板型、圆筒型、圆盘型、圆弧型。其中平板型和圆盘型直线感应电机,根据磁路构造的不同又可分为单边型(见图 2-4)和双边型(见图 2-5)。

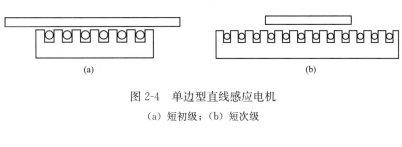

图 2-4　单边型直线感应电机

（a）短初级；（b）短次级

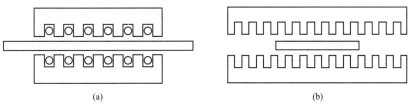

图 2-5　双边型直线感应电机

（a）短初级；（b）短次级

（2）根据初、次级的长度不同，直线感应电机又可分为：短初级直线感应电机［见图 2-4（a）和图 2-5（a）］和短次级直线感应电机［见图 2-4（b）和图 2-5（b）］。需要指出的是，由于短初级直线感应电机的制造成本和运行费用均比短次级低得多，因此用的较广泛。而短次级的直线感应电机只有在特殊情况下才采用，例如电磁泵。

图 2-4 所示的直线感应电机仅在一侧安放初级，这种结构的电机为单边型直线感应电机。它的一个显著的特点是在初、次级之间存在着很大的法向磁拉力。在大多数情况下，这种磁拉力是不希望存在的。若在次级两侧都装上初级，就能使两边的法向磁拉力相互抵消，从而使次级上受到的法向合力为零，这种结构的电机称为双边型直线感应电机，如图 2-5 所示。

（3）根据次级材料的不同，直线感应电机可分为：钢次级直线感应电机、非磁性次级直线感应电机和复合次级直线感应电机。

（4）根据初级结构形式的不同，圆筒型直线感应电机又有纵向叠片式、横向叠片式、窗叠片式三种，如图 2-6 所示。叠片式结构是由几组（一般为 4 到 6 组）独立的铁芯装配

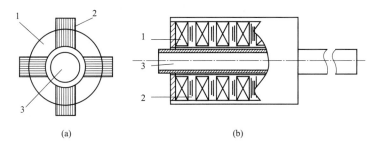

图 2-6　圆筒型直线感应电机的初级结构图（一）

（a）纵向叠片式；（b）横向叠片式

1—线圈；2—铁芯；3—次级

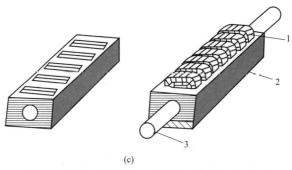

（c）

图 2-6　圆筒型直线感应电机的初级结构图（二）

（c）窗叠片式

1—线圈；2—铁芯；3—次级

而成，初级的涡流损耗可大为减少，但其结构复杂，装配也较困难；横向叠片式结构非常简单，易于制造，也是应用较多的形式，其主要缺点是铁芯涡流损耗较大；窗叠片式结构的铁芯叠装较为方便，涡流损耗较小。

2.2　双边型直线感应电机

双边型直线感应电机的结构示意图如图 2-7 所示。初级由叠片铁芯和绕组构成，次级通常采用非磁性导体板或铜铁（铝铁）复合导体板。出于经济性考虑，双边型直线感应电机通常做成短初级结构，只有在某些特定场合才使用短次级结构。该类型直线感应电机最大优点是对称的初级结构抵消了在单边型直线感应电机中存在的法向磁拉力。

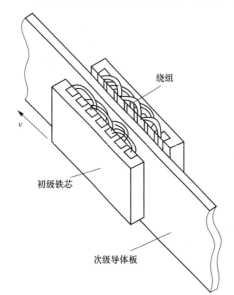

图 2-7　双边型直线感应电机的结构示意图

2.2.1　双边型直线感应电机的解析分析

（1）双边型直线感应电机的模型。

在双边型直线感应电机的特性解析过程中，为简单起见，通常做如下假设：

1）初级磁动势呈正弦分布，产生以一定速度推移的行波磁场；

2）在磁场的行进方向上，次级导体板足够长，并一直位于初级铁芯之间，忽略有限长度初级铁芯两端形成开断磁路所引起的磁通分布不均匀、激磁电流不对称、在初级的入口和出口磁通突变引起的端部效应等；

3）在铁芯叠厚方向上，忽略磁通分布的边端效应、初级绕组线圈端部的电阻和漏抗、在次级导体板比铁芯叠厚宽出部分电流流过引起的电压降以及其磁动势引起的气隙磁密的横向变化等影响；

4）忽略初级铁芯开槽引起的气隙长度增加以及槽漏抗的影响；

5）忽略磁路饱和与初级铁芯的铁耗。

在上述的假定条件下，建立双边型直线感应电机的模型如图 2-8 所示。在图 2-8 中，坐标系为静止坐标系，取 x 轴为磁场的行进方向，y 轴为铁芯的叠厚方向，z 轴为磁极面的法线方向。构成直线感应电机的各区域相对于 $z=0$ 平面对称分布，忽略在 x、y 方向边界引起的端部效应。各区域所代表的部分如下：

区域Ⅰ：该区域是把初级绕组假设为沿 y 方向无限长的初级导体板；

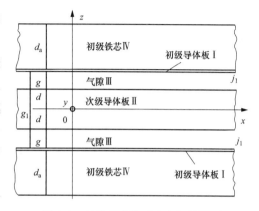

图 2-8　双边型直线感应电机的模型

区域Ⅱ：该区域为具有各向同性电导率 σ 与磁导率 μ 的次级导体板，其厚度为 $2d$，位于两个Ⅰ区域的中央，并假设其沿 x 方向以一定速度 v_2（m/s）行进；

区域Ⅲ：该区域为磁导率为 μ_0 的气隙，气隙的长度为 g；

区域Ⅳ：该区域为电导率是零、磁导率为 μ_{Fe} 的初级叠片铁芯，其 z 方向厚度为 d_a。

在区域Ⅰ，初级电流沿 y 方向流动，假设其大小沿 x 方向呈正弦分布、变化，并随时间以同步速度 v_s（m/s）移动。从而，面电流密度 j_1（A/m）可以用式（2-3）的复数来表示，其实部表示瞬时值

$$j_1 = J_1 e^{j\frac{\pi}{\tau}(v_s t - x)} \tag{2-3}$$

式中　J_1——面电流密度的最大值（实数），A/m；

　　　τ——极距。

同步速度的计算式为

$$v_s = 2f\tau = \frac{\tau}{\pi}\omega \tag{2-4}$$

则初级表面电流可表示为

$$j_1' = \mathrm{Re}(j_1) = J_1 \cos\frac{\pi}{\tau}(v_s t - x) = J_1 \cos\left(\omega t - \frac{\pi}{\tau}x\right) \tag{2-5}$$

由表面电流 j_1' 形成的磁动势的每极的最大值 F_{a1} 计算式为

$$F_{a1} = \int_0^{\tau/2} J_1 \sin\frac{\pi}{\tau}x \, \mathrm{d}x = \frac{\tau}{\pi}J_1 \tag{2-6}$$

此处，初级绕组以三相双层整距绕组为例，当绕组为多相绕组时，单边每极的最大磁动势 F_{a1} 计算式为

$$F_{a1} = \frac{m}{2}\frac{4}{\pi}\frac{k_w N_{ph}}{2p}\sqrt{2}\,I \tag{2-7}$$

式中　m——相数；

$\quad I$——每相电流的有效值，A；

$\quad N_{ph}$——每相绕组串联匝数（单边）；

$\quad p$——电机的极对数；

$\quad k_w$——绕组因数，$k_w = k_d \cdot k_p$。

为了使双边绕组产生的磁动势是对称的，既要把每极下的线圈串联，也要把双边的对应相线圈串联。因此，使式（2-6）与式（2-7）相等，就可以得到产生相同磁动势的面电流密度的最大值 J_1（A/m）与 m 相电流有效值 I（A）之间的关系

$$I = \frac{1}{m2\sqrt{2}}\frac{2p}{k_w N_{ph}}\tau J_1 \tag{2-8}$$

（2）各区域的基本方程。

1）电磁场方程。在忽略位移电流时的准稳态下，麦克斯韦方程组变成

$$\nabla \times \boldsymbol{E} = -\frac{\partial \boldsymbol{B}}{\partial t} \tag{2-9}$$

$$\nabla \times \boldsymbol{H} = \boldsymbol{i} \tag{2-10}$$

$$\nabla \times \boldsymbol{B} = 0, \quad \nabla \times \boldsymbol{D} = 0 \tag{2-11}$$

与光速相比，次级的运动速度 v_r 足够小，对于运动中的各向同性媒质，下列关系成立

$$\boldsymbol{i} = \sigma(\boldsymbol{E} + \boldsymbol{v}_r \times \boldsymbol{B}) \tag{2-12}$$

$$\boldsymbol{B} = \mu \boldsymbol{H} \tag{2-13}$$

式中　$\boldsymbol{B}$、$\boldsymbol{H}$、$\boldsymbol{D}$、$\boldsymbol{E}$、$\boldsymbol{i}$——磁通密度、磁场强度、电通量密度、电场强度、电流密度的矢量。

如果用矢量磁位 $\boldsymbol{A}$ 来求解，则下列关系成立

$$\boldsymbol{B} = \nabla \times \boldsymbol{A} \tag{2-14}$$

$$\boldsymbol{E} = -\frac{\partial \boldsymbol{A}}{\partial t} \tag{2-15}$$

为了使 $\nabla \cdot \boldsymbol{A} = 0$ 关系成立，根据式（2-10），可以得到

$$\nabla^2 \boldsymbol{A} = -\mu \boldsymbol{i} \tag{2-16}$$

从而，将式（2-12）代入式（2-16），可以得到

$$\nabla^2 \boldsymbol{A} = \sigma\mu\left[\frac{\partial \boldsymbol{A}}{\partial t} - \boldsymbol{v}_r \times (\nabla \times \boldsymbol{A})\right] \tag{2-17}$$

2）各区域的方程式。在解析模型中，由于假定初级电流 j_1 只存在 y 方向分量，所以磁场也只有 x 方向和 z 方向分量，结果是次级导体板上所感应的电流 $\boldsymbol{i}$ 也只有 y 方向分量，归结为二维问题。从而矢量磁位 $\boldsymbol{A}$ 也只有 y 方向分量，各区域的方程式如下：

区域Ⅱ：对于次级导体板区域，式（2-17）可变成的微分方程式为

$$\frac{\partial^2 A_y}{\partial x^2}+\frac{\partial^2 A_y}{\partial z^2}=\sigma\mu\left(\frac{\partial A_y}{\partial t}+v_2\frac{\partial A_y}{\partial x}\right) \tag{2-18}$$

区域Ⅲ和区域Ⅳ：在这两个区域中，都有 $\boldsymbol{\sigma}=0$，从而 $\boldsymbol{i}=0$，拉普拉斯方程成立，即

$$\frac{\partial^2 A_y}{\partial x^2}+\frac{\partial^2 A_y}{\partial z^2}=0 \tag{2-19}$$

（3）各区域的解。

1）各区域的矢量磁位。把区域Ⅰ的初级电流密度用式（2-3）表示时，解式（2-18）或式（2-19）所得到的区域Ⅱ、区域Ⅲ、区域Ⅳ的矢量磁位 A_y^{II}、A_y^{III}、A_y^{IV} 分别表示

$$A_y^{\mathrm{II}}=2C^{\mathrm{II}}\cosh\frac{\pi}{\tau}z\lambda e^{j\frac{\pi}{\tau}(v_s t-x)} \tag{2-20}$$

$$A_y^{\mathrm{III}}=(C^{\mathrm{III}}e^{\frac{\pi}{\tau}z}+D^{\mathrm{III}}e^{-\frac{\pi}{\tau}z})e^{j\frac{\pi}{\tau}(v_s t-x)} \tag{2-21}$$

$$A_y^{\mathrm{IV}}=(C^{\mathrm{IV}}e^{\frac{\pi}{\tau}z}+D^{\mathrm{IV}}e^{-\frac{\pi}{\tau}z})e^{j\frac{\pi}{\tau}(v_s t-x)} \tag{2-22}$$

$$\lambda=\sqrt{1+j\frac{\sigma\mu s v_s\tau}{\pi}}=\alpha+j\beta \tag{2-23}$$

$$\alpha=\frac{1}{\sqrt{2}}\sqrt{\sqrt{1+\left(\frac{\sigma\mu s v_s\tau}{\pi}\right)^2}+1} \tag{2-24}$$

$$\beta=\frac{1}{\sqrt{2}}\sqrt{\sqrt{1+\left(\frac{\sigma\mu s v_s\tau}{\pi}\right)^2}-1} \tag{2-25}$$

$$s=\frac{v_s-v_r}{v_s} \tag{2-26}$$

式中　s——滑差率。

式（2-20）为对 $z=0$ 的 xy 平面，考虑直线感应电机结构对称性的解，式（2-20）～式（2-22）中的未确定常数 C^{II}、C^{III}、D^{III}、C^{IV}、D^{IV} 可以根据下面的边界条件来确定。

2）边界条件。鉴于所分析的磁场为二维场，并且关于 x 轴对称，所以只要考虑 $z\geqslant0$ 范围，就足够了。作为边界条件，在各边界面，分别有下面的条件式成立。

① 区域Ⅱ和区域Ⅲ的边界：$z=d$。

$$A_y^{\mathrm{II}}=A_y^{\mathrm{III}} \tag{2-27}$$

$$\frac{1}{\mu}\frac{\partial A_y^{\mathrm{II}}}{\partial z}=\frac{1}{\mu_0}\frac{\partial A_y^{\mathrm{III}}}{\partial z} \tag{2-28}$$

② 区域Ⅲ和区域Ⅳ的边界：$z=d+g$。

$$A_y^{\mathrm{III}}=A_y^{\mathrm{IV}} \tag{2-29}$$

$$\frac{1}{\mu_0}\frac{\partial A_y^{\mathrm{III}}}{\partial z}-\frac{1}{\mu_a}\frac{\partial A_y^{\mathrm{IV}}}{\partial z}=j_1 \tag{2-30}$$

区域Ⅳ和外界的边界：$z=d+g+d_a$

区域Ⅳ初级铁芯的磁导率 $\mu_{Fe}\gg\mu_0$，d_a 也相对较大，如果假定磁通全部从铁芯中通过，得到

$$A_y^{IV}=0 \tag{2-31}$$

3）各区域矢量磁位的解。根据上述式（2-27）～式（2-31）所示的五个边界条件，便可以确定常数 C^{II}、C^{III}、D^{III}、C^{IV}、D^{IV}，再将各常数代入式（2-20）～式（2-22），就可以得到

$$A_y^{II}=\mu_0\,\frac{\pi}{\tau}J_1\cosh\frac{\pi}{\tau}g_a\,\frac{\cosh\frac{\pi}{\tau}z\lambda}{\cosh\frac{\pi}{\tau}d\lambda}\,\frac{\cosh\frac{\pi}{\tau}d\lambda'}{\sinh\frac{\pi}{\tau}(g'+d\lambda')}e^{j\frac{\pi}{\tau}(v_st-x)} \tag{2-32}$$

$$A_y^{III}=\mu_0\,\frac{\pi}{\tau}J_1\cosh\frac{\pi}{\tau}g_a\,\frac{\cosh\frac{\pi}{\tau}[(z-d)+d\lambda']}{\sinh\frac{\pi}{\tau}(g'+d\lambda')}e^{j\frac{\pi}{\tau}(v_st-x)} \tag{2-33}$$

$$A_y^{IV}=\mu_0\,\frac{\pi}{\tau}J_1\cosh\frac{\pi}{\tau}g_a\,\frac{\cosh\frac{\pi}{\tau}(g+d\lambda')}{\sinh\frac{\pi}{\tau}(g'+d\lambda')}\frac{\sinh\frac{\pi}{\tau}[d_a-(z-d-g)]}{\sinh\frac{\pi}{\tau}d_a}e^{j\frac{\pi}{\tau}(v_st-x)} \tag{2-34}$$

其中，λ'是为了使方程的解简单明了、物理意义明确，利用式（2-35）把 λ 变换而得到的一个中间变量，即

$$\frac{\pi}{\tau}d\lambda'=\tanh^{-1}\left(\frac{\mu_0}{\mu}\lambda\tanh\frac{\pi}{\tau}d\lambda\right)=\frac{\pi}{\tau}d(\alpha'+j\beta') \tag{2-35}$$

从而，根据式（2-36）可以得到实数 α'、β' 与 α、β 的关系，即

$$2\frac{\pi}{\tau}d\alpha'=\tanh^{-1}\left[2\left(\frac{\mu_0}{\mu}\right)\frac{\alpha\sinh2\frac{\pi}{\tau}d\alpha-\beta\sin2\frac{\pi}{\tau}d\beta}{\alpha_1\cosh2\frac{\pi}{\tau}d\alpha+\beta_1\cos2\frac{\pi}{\tau}d\beta}\right] \tag{2-36}$$

$$2\frac{\pi}{\tau}d\beta'=\tanh^{-1}\left[2\left(\frac{\mu_0}{\mu}\right)\frac{\beta\sinh2\frac{\pi}{\tau}d\alpha+\alpha\sin2\frac{\pi}{\tau}d\beta}{\beta_1\cosh2\frac{\pi}{\tau}d\alpha+\alpha_1\cos2\frac{\pi}{\tau}d\beta}\right] \tag{2-37}$$

其中

$$\begin{cases}\alpha_1=1+\left(\frac{\mu_0}{\mu}\right)^2\sqrt{1+\left(\frac{\sigma\mu sv_s\tau}{\pi}\right)^2}\\\beta_1=1-\left(\frac{\mu_0}{\mu}\right)^2\sqrt{1+\left(\frac{\sigma\mu sv_s\tau}{\pi}\right)^2}\end{cases} \tag{2-38}$$

α'、β' 与次级导体板的材质参数 σ、μ 相关，并随滑差率 s 的变化而变化，且 α' 表示相对于气隙长度 g 的次级导体板厚度 d 的影响程度。

此外，在式（2-32）～式（2-34）中，g_a 表示把初级铁芯磁路利用式（2-39）变换成

的等效气隙长度。g'用式（2-40）来表示。

$$g_a = \frac{\tau}{\pi} \tanh^{-1} \left(\frac{\mu_0}{\mu_{Fe}} \coth \frac{\pi}{\tau} d_a \right) \tag{2-39}$$

$$g' = g + g_a \tag{2-40}$$

通常，$\mu_0/\mu_{Fe} = 1$，因此，$g_a \simeq 0$，$g' \simeq g$。

4）各区域的磁场强度。

各区域的磁通密度及磁场强度可以根据式（2-14），使用矢量磁位根据下列公式得到

$$H_x = -\frac{1}{\mu} \frac{\partial A_y}{\partial z} \tag{2-41}$$

$$H_z = \frac{1}{\mu} \frac{\partial A_y}{\partial x} \tag{2-42}$$

式（2-41）和式（2-42）可以进一步表示成

$$H_x = H_x(z) e^{j\frac{\pi}{\tau}(v_s t - x)} \tag{2-43}$$

$$H_z = H_z(z) e^{j\frac{\pi}{\tau}(v_s t - x)} \tag{2-44}$$

表 2-1 和表 2-2 为各区域 $H_z(z)$、$H_x(z)$ 的计算结果，是以初级导体板（电流层）存在区域Ⅲ、Ⅳ边界处的气隙区域Ⅲ的边界值 $\hat{H}_{x1}^{Ⅲ}$、$\hat{H}_{z1}^{Ⅲ}$ 为基准来表示的。

$$\hat{H}_{x1}^{Ⅲ} = H_x^{Ⅲ}(d+g) = -\frac{J_1}{\Delta_1} \tag{2-45}$$

$$\hat{H}_{z1}^{Ⅲ} = H_z^{Ⅲ}(d+g) = -j \frac{J_1 \coth \frac{\pi}{\tau}(g+d\lambda')}{\Delta_1} \tag{2-46}$$

其中

$$\Delta_1 = 1 + \frac{\mu_0}{\mu_{Fe}} \coth \frac{\pi}{\tau} d_a \coth \frac{\pi}{\tau}(g+d\lambda') = \frac{\sinh \frac{\pi}{\tau}(g'+d\lambda')}{\cosh \frac{\pi}{\tau} g_a \sinh \frac{\pi}{\tau}(g+d\lambda')} \tag{2-47}$$

通常，$\mu_0/\mu_{Fe} = 1$，因此，$\Delta_1 \approx 1$。尤其是如果假定 $\mu_{Fe} = \infty$，忽略初级铁芯的磁阻，则 $\Delta_1 = 1$。

表 2-1   磁场强度 $H_z(z)$

区域	z 的值	$H_z(z)$
Ⅳ	$(d+g+d_a) \geqslant z \geqslant (d+g)$	$\dfrac{\mu_0}{\mu_{Fe}} \dfrac{\sinh \frac{\pi}{\tau}[d_a-(z-d-g)]}{\sinh \frac{\pi}{\tau} d_a} \hat{H}_{z1}^{Ⅲ}$
Ⅲ	$(d+g) \geqslant z \geqslant d$	$\dfrac{\cosh \frac{\pi}{\tau}[(z-d)+d\lambda']}{\cosh \frac{\pi}{\tau}(g+d\lambda')} \hat{H}_{z1}^{Ⅲ}$

区域	z 的值	$H_z(z)$
Ⅱ	$d \geqslant z \geqslant 0$	$\dfrac{\mu_0}{\mu} \dfrac{\cosh\dfrac{\pi}{\tau}z\lambda}{\cosh\dfrac{\pi}{\tau}d\lambda} \dfrac{\cosh\dfrac{\pi}{\iota}d\lambda'}{\cosh\dfrac{\pi}{\tau}(g+d\lambda')} \hat{H}_{z1}^{\text{Ⅲ}}$

表 2-2　　　　　　　　　　　　　　　磁场强度 $H_x(z)$

区域	z 的值	$H_x(z)$
Ⅳ	$(d+g+d_a) \geqslant z \geqslant (d+g)$	$-\dfrac{\mu_0}{\mu_{\text{Fe}}} \dfrac{\cosh\dfrac{\pi}{\tau}[d_a-(z-d-g)]}{\sinh\dfrac{\pi}{\tau}d_a} \coth\dfrac{\pi}{\tau}(g+d\lambda') \hat{H}_{x1}^{\text{Ⅲ}}$
Ⅲ	$(d+g) \geqslant z \geqslant d$	$\dfrac{\sinh\dfrac{\pi}{\tau}[(z-d)+d\lambda']}{\sinh\dfrac{\pi}{\tau}(g+d\lambda')} \hat{H}_{x1}^{\text{Ⅲ}}$
Ⅱ	$d \geqslant z \geqslant 0$	$\dfrac{\sinh\dfrac{\pi}{\tau}z\lambda}{\sinh\dfrac{\pi}{\tau}d\lambda} \dfrac{\sinh\dfrac{\pi}{\tau}d\lambda'}{\sinh\dfrac{\pi}{\tau}(g+d\lambda')} \hat{H}_{x1}^{\text{Ⅲ}}$

（4）初级交链磁通与感应电动势。

在下面的分析中，为了简化公式、方便把握电机的基本特性，假定初级铁芯的磁导率 $\mu_{\text{Fe}} = \infty$。

1）与初级导体板交链的磁通密度。表 2-1 是把各向同性任意材质、厚度的次级导体板沿 x 方向以滑差率 s 行进时的直线感应电机各区域任意空间的磁场强度以复数的形式表示。从而，在气隙区域Ⅲ与初级铁芯区域Ⅳ的边界处存在的无限薄的初级导体板Ⅰ所交链的磁通密度的法向分量 $B_{z1}^{\text{Ⅲ}}$ 计算式为

$$B_{z1}^{\text{Ⅲ}} = \mu_0 \hat{H}_{z1}^{\text{Ⅲ}} e^{j\frac{\pi}{\tau}(v_s t - x)} = -j\mu_0 J_1 \coth\frac{\pi}{\tau}(g+d\lambda') e^{j\frac{\pi}{\tau}(v_s t - x)} \tag{2-48}$$

可将式（2-48）变成如下的形式

$$B_{z1}^{\text{Ⅲ}} = -B_m e^{j\left[\frac{\pi}{\tau}(v_s t - x) + \varphi\right]} \tag{2-49}$$

其中

$$B_m = \mu_0 J_1 \sqrt{\frac{\cosh 2\dfrac{\pi}{\tau}(g+d\alpha') + \cos 2\dfrac{\pi}{\tau}d\beta'}{\cosh 2\dfrac{\pi}{\tau}(g+d\alpha') - \cos 2\dfrac{\pi}{\tau}d\beta'}} \tag{2-50}$$

$$\varphi = \tan^{-1}\frac{\sinh 2\dfrac{\pi}{\tau}(g+d\alpha')}{\sinh 2\dfrac{\pi}{\tau}d\beta'} = \cos^{-1}\frac{\sin 2\dfrac{\pi}{\tau}d\beta'}{\sqrt{\cosh^2 2\dfrac{\pi}{\tau}(g+d\alpha') - \cos^2 2\dfrac{\pi}{\tau}d\beta'}} \tag{2-51}$$

由于初级表面电流密度的空间分布呈正弦，所以磁通密度也以 B_m 为幅值呈正弦分布，如图 2-9 所示，为空间上滞后于 j_1 的相位为 $(\pi-\varphi)$ 的波形。

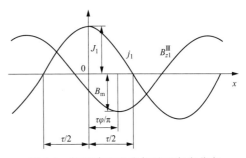

图 2-9　初级表面电流与磁通密度分布

当 $s=0$ 时，从式（2-24）和式（2-25）可得 $\alpha=1$、$\beta=0$，因此根据式（2-36）和式（2-37）可得

$$\alpha_0'=\frac{1}{\frac{\pi}{\tau}d}\tanh^{-1}\left(\frac{\mu_0}{\mu}\tanh\frac{\pi}{\tau}d\right) \quad (2\text{-}52)$$

$$\beta_0'=0 \qquad (2\text{-}53)$$

将式（2-52）、式（2-53）代入式（2-50）、式（2-51）可得

$$B_{m0}=\mu_0 J_1\coth\frac{\pi}{\tau}(g+d\alpha_0') \qquad (2\text{-}54)$$

$$\varphi_0=\frac{\pi}{2} \qquad (2\text{-}55)$$

此时，磁通相对于电流分布滞后相位 $\pi/2$，j_1 中只含有激磁电流分量。并且，当 $\mu=\mu_0$ 时，即次级由铜或铝等非磁性材料构成时，$\alpha_0'=1$，从而表明当次级导体板以同步速度 v_s 移动时，相当于次级导体板不存在。

2）初级感应电动势。

初级导体板 y 方向每单位长度所感应的电动势 E_{y1} 计算式为

$$E_{y1}=-\frac{\partial A_{y1}^{\mathrm{III}}}{\partial t}=v_s B_{z1}^{\mathrm{III}}=-v_s B_m e^{j\left[\frac{\pi}{\tau}(v_s t-x)+\varphi\right]} \qquad (2\text{-}56)$$

为了维持表面电流 j_1，为了抵消该电动势，必须从外部施加一大小与 E_{y1} 相等、方向相反的电场 E_{y1}'。

$$E_{y1}'=-E_{y1}=E_{1m}e^{j\left[\frac{\pi}{\tau}(v_s t-x)+\varphi\right]} \qquad (2\text{-}57)$$

其中，最大值 E_{1m} 为

$$E_{1m}=v_s B_m \qquad (2\text{-}58)$$

施加的电场 E_{y1}' 相位上要比 j_1 超前 φ。如果是电流源，E_{1m} 将随着滑差率 s 的变化而变化；如果是电压源，由于根据前面的假定忽略初级电压降，则 E_{1m} 保持不变，初级表面电流的最大值 J_1 为 s 的函数，根据式（2-59）产生变化，即

$$J_1=\frac{E_{1m}}{v_s\mu_0}\sqrt{\frac{\cosh 2\frac{\pi}{\tau}(g+d\alpha')-\cos 2\frac{\pi}{\tau}d\beta'}{\cosh 2\frac{\pi}{\tau}(g+d\alpha')+\cos 2\frac{\pi}{\tau}d\beta'}} \qquad (2\text{-}59)$$

（5）初级有功功率。

定义 j_1^* 为 J_1 的共轭复数，Re 为计算取实部，则初级导体板的每单边单位面积的时间平均有功功率 P 可由下式求得

$$P=\frac{1}{2}\mathrm{Re}(E'_{y1}j_1^*)=\frac{1}{2}E_{1m}J_1\cos\varphi=\frac{1}{2}v_s\mu_0J_1^2\frac{\sin2\frac{\pi}{\tau}d\beta'}{\cosh2\frac{\pi}{\tau}(g+d\alpha')-\cos2\frac{\pi}{\tau}d\beta'}$$

(2-60)

此处，考虑到直线感应电机的尺寸有限，假设初级铁芯 y 方向叠厚为 h、x 方向有效长度为 $2p\tau$，则从初级双边经过气隙传递到次级的有功功率即电磁功率 P_e 计算式为

$$P_e=2P(2h\tau p)=E_{1m}J_1(2h\tau p)\cos\varphi \tag{2-61}$$

（6）推力。

1）作用于初级表面电流上力与推力的关系。

与初级导体板相交链的磁密 z 分量 B_{z1}^{III} 跟 y 方向初级表面电流 j_1 相互作用，会产生 x 方向的作用力，该力的每单位面积的时间平均值 f_{x1} 为

$$f_{x1}=\frac{1}{2}\mathrm{Re}(B_{z1}^{\mathrm{III}}j_1^*)=-\frac{1}{2}B_mJ_1\cos\varphi=-\frac{P}{v_s} \tag{2-62}$$

f_{x1} 的反作用力作用到次级导体板上，会给次级一个沿 x 方向的推力 $-f_{x1}$。因此，初级铁芯叠厚为 h、有效长度为 $2p\tau$ 的双边型直线感应电机产生的推力 F_x 计算式为

$$F_x=-2f_{x1}(h\tau p)=\frac{P_e}{v_s}=\mu_0J_1^2\frac{\sin2\frac{\pi}{\tau}d\beta'}{\cosh2\frac{\pi}{\tau}(g+d\alpha')-\cos2\frac{\pi}{\tau}d\beta'}(2h\tau p)$$

(2-63)

$$=\frac{E_{1m}^2}{v_s^2\mu_0}\frac{\sin2\frac{\pi}{\tau}d\beta'}{\cosh2\frac{\pi}{\tau}(g+d\alpha')+\cos2\frac{\pi}{\tau}d\beta'}(2h\tau p)$$

2）作用于次级导体板推力的计算。

为了使分析更具有普遍性，试根据次级导体中磁密的 z 分量 B_z^{II} 与电流密度 i_y^{II} 来求推力。根据式（2-44），B_z^{II}（T）为

$$B_z^{\mathrm{II}}=\mu H_z^{\mathrm{II}}(z)e^{j\frac{\pi}{\tau}(v_st-x)} \tag{2-64}$$

而 i_y^{II} 将在下面由式（2-72）给出。

B_z^{II} 与 i_y^{II} 表达式中所包含的 $H_z^{\mathrm{II}}(z)$ 可以根据表 2-1 和式（2-46）表示，即

$$H_z^{\mathrm{II}}(z)=-j\frac{\mu_0}{\mu}J_1\frac{\cosh\frac{\pi}{\tau}z\lambda}{\cosh\frac{\pi}{\tau}d\lambda}\frac{\cosh\frac{\pi}{\tau}d\lambda'}{\sinh\frac{\pi}{\tau}(g+d\lambda')}=H_{zm}^{\mathrm{II}}(z)e^{j\theta(z)} \tag{2-65}$$

其中

$$H_{zm}^{\mathrm{II}}(z)=\frac{\mu_0}{\mu}J_1\sqrt{\frac{\left(\cosh2\,\dfrac{\pi}{\tau}z\alpha+\cos2\,\dfrac{\pi}{\tau}z\beta\right)}{\left(\cosh2\,\dfrac{\pi}{\tau}d\alpha+\cos2\,\dfrac{\pi}{\tau}d\beta\right)}\frac{\left(\cosh2\,\dfrac{\pi}{\tau}d\alpha'+\cos2\,\dfrac{\pi}{\tau}d\beta'\right)}{\left[\cosh2\,\dfrac{\pi}{\tau}(g+d\alpha')-\cos2\,\dfrac{\pi}{\tau}d\beta'\right]}} \tag{2-66}$$

$$\theta(z)=\theta_{z\lambda}(z)+\theta_{d\lambda'}-\theta_{d\lambda}-\theta_{g+d\lambda'}-\frac{\pi}{2} \tag{2-67}$$

其中

$$\begin{cases}\theta_{z\lambda}(z)=\tan^{-1}\left(\tanh\dfrac{\pi}{\tau}z\alpha\tan\dfrac{\pi}{\tau}z\beta\right)\\[2mm]\theta_{d\lambda'}=\tan^{-1}\left(\tanh\dfrac{\pi}{\tau}d\alpha'\tan\dfrac{\pi}{\tau}d\beta'\right)\\[2mm]\theta_{d\lambda}=\tan^{-1}\left(\tanh\dfrac{\pi}{\tau}d\alpha\tan\dfrac{\pi}{\tau}d\beta\right)\\[2mm]\theta_{g+d\lambda'}=\tan^{-1}\left[\coth\dfrac{\pi}{\tau}(g+d\alpha')\right]\tan\dfrac{\pi}{\tau}d\beta'\end{cases} \tag{2-68}$$

从而，作用于次级导体板单位体积上 x 方向推力的平均值 f_x^{II} 计算式为

$$f_x^{\mathrm{II}}=\frac{1}{2}\mathrm{Re}(B_z^{\mathrm{II}}i_y^{\mathrm{II}*})=\frac{1}{2}\sigma sv_s\mu^2\left[H_{zm}^{\mathrm{II}}(z)\right]^2 \tag{2-69}$$

因此，对于气隙面积 $2h\tau p$ 有限的双边直线感应电机，其推力 F_x 计算式为

$$F_x=\int_{-d}^{d}\int_0^h\int_0^{2\tau p}f_x^{\mathrm{II}}\,\mathrm{d}x\,\mathrm{d}y\,\mathrm{d}z \tag{2-70}$$

式（2-70）的计算结果与根据初级有功功率求推力的式（2-63）完全一致。

此外，作用于次级导体板上的推力也可以根据边界面上矢量磁位的面积分简单地计算得到。即如果把 H_{z2}^{III}、H_{x2}^{III} 作为 $z=d$ 边界处的边界值，则有

$$F_x=\mu_0\mathrm{Re}(H_{z2}^{\mathrm{III}}H_{x2}^{\mathrm{III}*})(2h\tau p) \tag{2-71}$$

式（2-71）的计算结果也与式（2-63）一致。

（7）次级导体中的电流密度分布。

区域Ⅱ的次级导体板的电流密度 i_y^{II} 可以根据式（2-16）通过求得

$$i_y^{\mathrm{II}}=-\frac{1}{\mu}\left(\frac{\partial^2 A_y^{\mathrm{II}}}{\partial x^2}+\frac{\partial^2 A_y^{\mathrm{II}}}{\partial z^2}\right)=-j\,\frac{\pi}{\tau}\sigma sv_s A_y^{\mathrm{II}}=\sigma sv_s B_z^{\mathrm{II}}=\sigma sv_s\mu H_z^{\mathrm{II}}(z)e^{j\frac{\pi}{\tau}(v_st-x)} \tag{2-72}$$

次级导体中的电流密度分布随次级导体的材质、厚度、滑差率等如何变化，以及其集肤效应均可由式（2-72）计算得到。

若将式（2-65）代入式（2-72），则次级电流密度 i_y^{II} 可表示为

$$i_y^{\mathrm{II}}=I_{ym}(z)e^{j\left[\frac{\pi}{\tau}(v_st-x)+\theta(z)\right]} \tag{2-73}$$

式（2-73）中，$I_{ym}(z)$ 表示电流密度幅值，其为 z 的函数，得

$$I_{\text{ym}}(z) = \sigma s v_s \mu H_{zm}^{\text{II}}(z)$$

$$= \sigma E_{1m} s \sqrt{\frac{\left(\cosh 2\dfrac{\pi}{\tau}z\alpha + \cos 2\dfrac{\pi}{\tau}z\beta\right)}{\left(\cosh 2\dfrac{\pi}{\tau}d\alpha + \cos 2\dfrac{\pi}{\tau}d\beta\right)} \frac{\left(\cosh 2\dfrac{\pi}{\tau}d\alpha' + \cos 2\dfrac{\pi}{\tau}d\beta'\right)}{\left[\cosh 2\dfrac{\pi}{\tau}(g+d\alpha') - \cos 2\dfrac{\pi}{\tau}d\beta'\right]}}$$

$$\text{(2-74)}$$

当 J_1 一定时，可直接使用关系式（2-66）；$\theta(z)$ 表示次级电流密度相对于初级表面电流 j_1 的相位差，可由式（2-67）求得。

（8）磁通分布。

基于前文求得的磁场强度的表达式，可获得次级导体区域 II 和气隙区域 III 的磁力线表达式。如果用该结果来计算磁通分布的状态，可从直观上分析作用于次级电流的电磁力、集肤效应等。

1）磁力线方程式。当磁场强度 H_x、H_z 用复数表示时，xz 平面的磁力线方程式为

$$\frac{\mathrm{d}z}{\mathrm{d}x} = \frac{\mathrm{Re}(H_z)}{\mathrm{Re}(H_x)} \tag{2-75}$$

将式（2-43）、式（2-44）以及表 2-1 中的关系式代入式（2-75）中 H_x、H_z，求 $t = 0$ 时的解，便可以得到下面的磁力线方程式。

① 区域 II

$$f_a^{\text{II}}(z)\cos\frac{\pi}{\tau}x - f_b^{\text{II}}(z)\sin\frac{\pi}{\tau}x = K^{\text{II}} \tag{2-76}$$

其中，K^{II} 为常数，得到

$$f_a^{\text{II}}(z) = c_a g_a(z) + c_b g_b(z)$$

$$f_b^{\text{II}}(z) = c_b g_a(z) - c_a g_b(z)$$

$$g_a(z) = \cosh\frac{\pi}{\tau}(z+d)\alpha\cos\frac{\pi}{\tau}(z-d)\beta + \cosh\frac{\pi}{\tau}(z-d)\alpha\cos\frac{\pi}{\tau}(z+d)\beta$$

$$g_b(z) = \sinh\frac{\pi}{\tau}(z+d)\alpha\sin\frac{\pi}{\tau}(z-d)\beta + \sinh\frac{\pi}{\tau}(z-d)\alpha\sin\frac{\pi}{\tau}(z+d)\beta$$

$$c_a = \sinh\frac{\pi}{\tau}g\cos 2\frac{\pi}{\tau}d\beta' + \sinh\frac{\pi}{\tau}(g+2d\alpha')$$

$$c_b = \cosh\frac{\pi}{\tau}g\sin 2\frac{\pi}{\tau}d\beta'$$

② 区域 III

$$f_a^{\text{III}}(z)\cos\frac{\pi}{\tau}x - f_b^{\text{III}}(z)\sin\frac{\pi}{\tau}x = K^{\text{III}} \tag{2-77}$$

其中，K^{III} 为常数，得到

$$f_a^{\text{III}}(z) = \sinh\frac{\pi}{\tau}[-(z-d)+g]\cos 2\frac{\pi}{\tau}d\beta' + \sinh\frac{\pi}{\tau}[(z-d)+g+2d\alpha']$$

$$f_b^{\text{III}}(z)=\cosh\frac{\pi}{\tau}\left[-(z-d)+g\right]\sin2\frac{\pi}{\tau}d\beta'$$

2）关于磁力线方程式的常数。式（2-76）与式（2-77）在区域 II 和区域 III 为表示相同磁力线的 K^{II} 与 K^{III} 之间的关系可以根据在边界 $z=d$ 处两曲线连续这一条件得到。二者之间的关系式为

$$K^{\text{II}}=\left(\cosh2\frac{\pi}{\tau}d\alpha+\cos2\frac{\pi}{\tau}d\beta\right)K^{\text{III}} \tag{2-78}$$

考虑到磁力线的出发点在初级导体板存在的边界 $z=d+g$ 处，则根据式（2-77）可得

$$K^{\text{III}}=-A\sin\left(\frac{\pi}{\tau}x-\varphi\right) \tag{2-79}$$

其中

$$A=\sqrt{\sinh^2 2\frac{\pi}{\tau}(g+d\alpha')+\sin^2 2\frac{\pi}{\tau}d\beta'}$$

φ 由式（2-51）给出。如图 2-9 所示，φ 确定了初级表面电流密度和与其交链的磁通密度之间的相位关系，即相对于电流密度最大值点（$x=0$），磁通密度最大值点在（$x_0=\tau\varphi/\pi$，$K_0^{\text{III}}=0$）。

磁通密度呈正弦分布，为了把磁密用磁力线根数密度直观地表示出来，每 $\pi/2$ 包含 n 根磁力线时，第 m 根磁力线的 K^{III} 的值 $K_{m/n}^{\text{III}}$ 为

$$K_{m/n}^{\text{III}}=-A(m/n) \tag{2-80}$$

从而根据式（2-79）可确定在边界 $z=d+g$ 处第 m 根磁力线的位置 $x_{m/n}$ 为

$$x_{m/n}=\frac{\tau}{\pi}\left[\varphi+\sin^{-1}\left(\frac{m}{n}\right)\right] \tag{2-81}$$

2.2.2 双边型直线感应电机的等效电路及参数计算

1. 等效电路

直线感应电机与普通的旋转感应电机一样，可以用图 2-10 所示的单相等效电路来表示，这里忽略了铁耗。

在图 2-10 中，r_1 为初级绕组电阻，r_2 为换算到初级侧的次级电阻，x_1 为初级绕组漏抗，x_2 换算到初级侧的次级漏抗，x_m 为激磁电抗，U_1 为初级端电压，E_1 初级感应电动势，I_1 为初级电流，I_m 为激磁电流，I_2 为换算到初级侧的次级电流，Z 为相对于感应电动势 E_1 的单相阻抗，Z_1 为

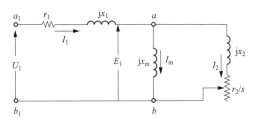

图 2-10 双边型直线感应电机的等效电路

全阻抗。

由于直线感应电机的初级与次级之间的气隙较大，激磁电流也较大，因此，不能像普通的旋转感应电机那样，将图 2-10 所示的 T 型等效电路简化成 L 型等效电路。

根据图 2-10 所示的等效电路，可以导出如下关系式

$$E_1 = jx_m I_m = \left(\frac{r_2}{s} + jx_2\right) I_2 = ZI_1 \tag{2-82}$$

$$I_1 = I_m + I_2 \tag{2-83}$$

$$Z = \frac{E_1}{I_1} = \frac{jx_m\left(\frac{r_2}{s} + jx_2\right)}{\frac{r_2}{s} + j(x_m + x_2)} = |Z|e^{j\varphi} \tag{2-84}$$

根据式（2-84）可得

$$|Z| = x_m \sqrt{\frac{\left(\frac{r_2}{s}\right)^2 + x_2^2}{\left(\frac{r_2}{s}\right)^2 + (x_m + x_2)^2}} \tag{2-85}$$

$$\varphi = \tan^{-1} \frac{\left(\frac{r_2}{s}\right)^2 + x_2(x_m + x_2)}{\left(\frac{r_2}{s}\right)x_m} \tag{2-86}$$

电磁功率 P_e 的计算式为

$$P_e = mI_1^2 \frac{\left(\frac{r_2}{s}\right)x_m^2}{\left(\frac{r_2}{s}\right)^2 + (x_m + x_2)^2} \tag{2-87}$$

在前文中，解析模型的初级导体板（区域Ⅰ）处之所以计算交链磁密、感应电动势、有效功率等，是为了将次级导体板上流过次级电流的影响介于气隙换算到初级侧来分析，即为了在图 2-10 等效电路的 a、b 两点之间来观察分析现象。从而，通过使二者的关系相等，就可以计算出任意材质、尺寸的次级导体板，并计及集肤效应时的 x_m、r_2、x_2 的值。

2. 初级电阻 r_1 与初级漏抗 x_1 的计算

（1）初级电阻 r_1 的计算。实际直线感应电机的初级绕组，如果在保持每槽导体截面积不变的条件下，将其分布到铁芯表面，则会变成具有一定厚度的等效初级导体板。在解析模型中，考虑初级表面电流就要假定初级导体的电阻率为零。从而，关于初级电阻，由于二者之间不存在对应关系，因此，在实际的绕组中，r_1 就需要通过直接实测或通过设计计算来得到，即

$$r_1 = K_r \rho_1 \frac{2N_{ph}l_a}{aA_{c1}} = (k_w N_{ph})^2 \left(\frac{K_r}{k_w^2}\frac{2\rho_1 l_a}{pqS_f w_s d_s}\right) \tag{2-88}$$

式中 K_r——交流有效电阻的修正系数；

ρ_1——初级绕组的体电阻率，$\Omega \cdot m$；

l_a——半匝线圈的长度，m；

A_{cl}——初级绕组的导体截面积，m^2；

q——每极每相槽数；

S_f——槽满率；

w_s——槽宽，m；

d_s——槽深，m，这里假设槽为具有平行侧面的开口槽，绕组为双层。

（2）初级漏抗 x_1 的计算。在旋转感应电机中，漏抗的计算是特性计算中最为重要的环节。但通过计算来得到其准确的数值通常较为困难。

与普通的旋转电机相比，通常直线感应电机的气隙较大，因此，激磁电抗 x_m 比普通的旋转电机小得多，有时与初级漏抗 x_1 同等大小，甚至反而比 x_1 小。所以，x_1 的计算误差对电机的特性推算的影响较为突出，同时，在直线感应电机的设计中，尽量减小 x_1 是很重要的，下面将对漏抗分类进行分析。

1）槽漏抗 x_{s1}。为了减小槽漏抗 x_{s1}，应该采用开口槽。并且在温度允许的范围内，最好考虑提高初级绕组电流密度，尽量减小槽深 d_s。对于相同的槽截面积，为减小 x_{s1}，就意味着要增大槽宽 w_s。通常，气隙磁密因激磁电流的限制，不能取得太高，因此，齿磁密也比普通的旋转电机低，不易饱和，可以将齿宽 z_t 缩减至由卡特系数引起的等效气隙增加不太大的程度。

2）齿顶漏抗 x_{z1}。齿顶漏磁通在解析模型中作为气隙磁通考虑，这部分漏抗包含在 x_m 中。

3）线圈端部漏抗 x_{e1}。x_{e1} 可以与普通的旋转电机同样考虑，只是要考虑到随着次级导体板磁性的有无，或者随着线圈端部形状的不同，x_{e1} 的值多少存在一些差异。

通过上面的分析，初级漏抗 x_1 的计算式为

$$x_1 = x_{s1} + x_{e1} \tag{2-89}$$

在这里，如果初级绕组为 m 相双层绕组，对于图 2-11 所示的开口槽及线圈端部，x_1 可由式（2-90）求得，即

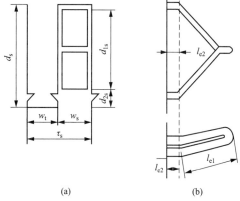

图 2-11 槽与线圈端部的尺寸
(a) 开口槽；(b) 线圈端部

$$x_1 = 8mf_1 h \frac{(k_w N_{ph})^2}{p} \times 10 \left[\frac{K_{x1}}{k_w^2} \frac{20}{mq} \left(\frac{d_{2s}}{w_s} + \frac{d_{1s}}{3w_s} \right) + \frac{4}{h}(2l_{e2} + l_{e1}) \right] \tag{2-90}$$

这里，长度的单位为（m）；如果把 y_1 作为以槽数表示的线圈节距，则 K_{x1} 计算式为

$$K_{x1}=\frac{1}{4}\left(\frac{3y_1}{mq}+1\right) \tag{2-91}$$

3. 激磁电抗 x_m 的计算

根据前文有功功率，可以求得相对于感应电动势 E_1 的每相阻抗 Z 的大小 $|Z|$ 为

$$|Z|=\frac{E_1}{I_1}=4m\frac{(k_wN_{ph})^2}{2p}\frac{hv_s}{\tau}\mu_0\sqrt{\frac{\cosh2\frac{\pi}{\tau}(g+d\alpha')+\cos2\frac{\pi}{\tau}d\beta'}{\cosh2\frac{\pi}{\tau}(g+d\alpha')-\cos2\frac{\pi}{\tau}d\beta'}} \tag{2-92}$$

在图 2-10 所示的等效电路中，当 $s=0$ 时，次级阻抗为无穷大，根据式（2-85）可得 $|Z|=x_m$。从而，如果使式（2-92）$s=0$ 时的值与 x_m 相等，就可得到

$$x_m=\omega\frac{4m\mu_0}{\pi}\frac{(k_wN_{ph})^2}{2p}h\coth\frac{\pi}{\tau}(g+d\alpha_0') \tag{2-93}$$

此处，$\omega=2\pi f$，α_0' 为 $s=0$ 时 α' 的值，α_0' 可以根据式（2-94）求得，即

$$\alpha_0'=\left(\frac{1}{\frac{\pi}{\tau}d}\right)\tanh^{-1}\left(\frac{\mu_0}{\mu}\tanh\frac{\pi}{\tau}d\right) \tag{2-94}$$

在相对于极距气隙足够小的直线感应电机中，通常认为磁通与普通的旋转感应电机一样，相对于磁极面全部沿法线方向通过气隙来计算气隙磁阻。但是，实际气隙磁通分布曲线表明，必然存在切向分量。

对于任意气隙长度的直线感应电机，如果假定气隙磁通全部沿法线方向通过，设等效气隙长度为 g_{1e}，则 x_m 的计算式为

$$x_m=\frac{4m\mu_0}{\pi}\frac{(k_wN_{ph})^2}{2p}\frac{hv_s}{g_{1e}} \tag{2-95}$$

从而根据式（2-93）可得

$$g_{1e}=2\frac{\tau}{\pi}\tanh\frac{\pi}{\tau}(g+d\alpha_0') \tag{2-96}$$

根据式（2-96），可得 g_{1e} 的近似表达式

$$g_{1e}\simeq\begin{cases}2(g+d\alpha_0'); & \frac{\pi}{\tau}(g+d\alpha_0')\ll1\\ 2\frac{\tau}{\pi}; & \frac{\pi}{\tau}(g+d\alpha_0')\gg1\end{cases} \tag{2-97}$$

当次级导体板为强磁性体时，μ_0/μ 的值为 10^{-3} 量级上，因此，$\alpha_0'\approx0$，导体板的厚度 $2d$ 对等效气隙长度几乎没影响；当次级导体板为非磁性体时，因 $\mu_0=\mu$，所以，$\alpha_0'=1$，导体板的厚度相当于增加了气隙长度。

通常，将直线感应电机的双边初级铁芯间的间隔 g_1 称为气隙长度，则 g_1 为

$$g_1=2(g+d) \tag{2-98}$$

从而，当次级为非磁性导体板时，如果 $g_1/\tau\ll0.64$，则可以认为 $g_{1e}\approx g_1$；如果 $g_1/$

$\tau \gg 0.64$，则可以认为 $g_{1e} \approx 2\tau/\pi$。而当次级为强磁性导体板时，以 $2g$ 代替 g_1，上述关系依然成立。

以上分析表明，随着 $2(g+d\alpha_0')$ 增大，x_m 的值并不是与之成正比地减小，而是逐渐趋近于下式所表示的一定值 x_{ml}。

$$x_{ml} = \omega_1 \frac{4m\mu_0}{\pi} \frac{(k_w N_{ph})^2}{2p} h \tag{2-99}$$

这意味着如果气隙变大，与穿过气隙到达对面铁芯磁极的磁通相比，同侧铁芯磁极间的表面漏磁通增加，并变成一定值。从而用式（2-93）定义的激磁电抗也包含在气隙中并不与次级导体相交链的表面漏磁通，这相当于旋转电机的齿顶漏抗。

4. 次级电阻 r_2 与次级漏抗 x_2 的计算

如果使根据等效电路求得 P_e 的式（2-87）与根据解析结果求得 P_e 的式（2-61）相等，并把式（2-93）的 x_m 代入，则可以得到如下关系

$$\frac{\left(\frac{r_2}{s}\frac{1}{x_m}\right)^2 + \left(1+\frac{x_2}{x_m}\right)^2}{\frac{r_2}{s}\frac{1}{x_m}} = \frac{\cosh 2\frac{\pi}{\tau}(g+d\alpha') - \cos 2\frac{\pi}{\tau}d\beta'}{\sin 2\frac{\pi}{\tau}d\beta' \tanh \frac{\pi}{\tau}(g+d\alpha')} \tag{2-100}$$

同理，根据关于 φ 的式（2-86）与前文的式（2-51）可得如下关系式

$$\frac{\left(\frac{r_2}{s}\frac{1}{x_m}\right)^2 + \frac{x_2}{x_m}\left(1+\frac{x_2}{x_m}\right)}{\frac{r_2}{s}\frac{1}{x_m}} = \frac{\sinh 2\frac{\pi}{\tau}(g+d\alpha')}{\sin 2\frac{\pi}{\tau}d\beta'} \tag{2-101}$$

根据式（2-100）与式（2-101），可得如下结果

$$\frac{r_2}{x_m} = \frac{1}{2}\sinh 2\frac{\pi}{\tau}(g+d\alpha') \frac{s\sin 2\frac{\pi}{\tau}d\beta'}{\cosh 2\frac{\pi}{\tau}d(\alpha'-\alpha_0') - \cos 2\frac{\pi}{\tau}d\beta'} \tag{2-102}$$

$$\frac{x_2}{x_m} = \frac{1}{2}\left[\frac{\cosh 2\frac{\pi}{\tau}(g+d\alpha') - \cos 2\frac{\pi}{\tau}d\beta' \cosh 2\frac{\pi}{\tau}(g+d\alpha_0')}{\cosh 2\frac{\pi}{\tau}d(\alpha'-\alpha_0') - \cos 2\frac{\pi}{\tau}d\beta'} - 1\right] \tag{2-103}$$

式（2-102）表示的是换算到初级侧的次级电阻 r_2 占激磁电抗 x_m 的比例。等号右边的中括号［ ］中，由于 α'、β' 随滑差率 s 的变化而变化，因此成为 s 的函数。即表示随着 s 的增大，由次级导体流过电流的集肤效应引起的次级等效电阻增加。

此外，式（2-102）表示莱斯韦特（Laithwaite）定义的直线感应电机的品质因数（Goodness factor）$G = x_m/r_2$ 的倒数，通过计算该值，可以判断直线感应电机的特性。此外，说明 G 的值除了跟次级导体的材质、尺寸相关外，还随着直线感应电机运行时的滑差率 s 的变化而变化。

当忽略集肤效应影响时，次级电阻值 r_{20} 可以根据 $\lim\limits_{s \to 0} r_2 = r_{20}$ 由式（2-107）求得，即

$$\frac{r_{20}}{x_{\mathrm{m}}} = \frac{\pi}{\sigma \mu v_{\mathrm{s}} \tau} \frac{2 \sinh 2 \frac{\pi}{\tau}(g + d\alpha_0')}{\left(1 + \dfrac{2 \frac{\pi}{\tau} d}{\sin 2 \frac{\pi}{\tau} d}\right) \sinh 2 \frac{\pi}{\tau} d\alpha_0'} \tag{2-104}$$

特别是当次级导体板的厚度 $2d$ 与极距 τ 相比非常薄的时候，对于任意的滑差率 s，式（2-102）的 r_2/x_{m} 与式（2-104）的 r_{20}/x_{m} 相等，集肤效应的影响就会消除，于是便可以简化参数关系式，即

$$\frac{r_2}{x_{\mathrm{m}}} = \frac{r_{20}}{x_{\mathrm{m}}} = \frac{\pi}{\sigma \mu v_1 \tau} \frac{\sinh 2 \frac{\pi}{\tau}(g + d\alpha_0')}{2 \frac{\pi}{\tau} d\alpha_0'} \tag{2-105}$$

如果把 Laithwaite 使用的品质因数作为 G_0，则 G_0 就是在上式中追加 $2\pi g/\tau = 1$、$\mu = \mu_0$ 条件下 x_{m}/r_2 的值，即

$$G_0 = \frac{x_{\mathrm{m}}}{r_{20}} = \frac{\sigma \mu_0 v_1 \tau (2d)}{2\pi(g + d)} = \frac{2\tau^2 \mu_0 f_1}{\pi \rho_{\mathrm{r}} g_1} \tag{2-106}$$

其中，$\rho_{\mathrm{r}} = \dfrac{\rho}{2d} = \dfrac{1}{\sigma(2d)}$ 为面电阻率。

同样，式（2-103）中的 x_2 也与 r_2 一样，作为滑差率 s 的函数变化。从而，忽略集肤效应影响 $s = 0$ 时的极限值 x_{20} 与 x_{m} 的比可如下所示，通过计算得到

$$\frac{x_{20}}{x_{\mathrm{m}}} = \frac{1}{2} \left[\cosh 2 \frac{\pi}{\tau}(g + d\alpha_0') - 1 + C \sinh 2 \frac{\pi}{\tau}(g + d\alpha_0') \right] \tag{2-107}$$

其中

$$
\begin{aligned}
C &= \lim_{s \to 0} \frac{\sinh 2 \frac{\pi}{\tau} d\ (\alpha' - \alpha_0')}{\cosh 2 \frac{\pi}{\tau} d\ (\alpha' - \alpha_0')\ - \cos 2 \frac{\pi}{\tau} d\beta'} \\
&= \left\{ \left[1 - 3\left(\frac{\mu_0}{\mu}\right)^2 \tanh^2 \frac{\pi}{\tau} d \right] - \frac{2 \frac{\pi}{\tau} d}{\sinh 2 \frac{\pi}{\tau} d} \left[1 + 3\left(\frac{\mu_0}{\mu}\right)^2 \tanh^2 \frac{\pi}{\tau} d \right. \right. \\
&\quad \left. \left. - 2 \frac{\pi}{\tau} d \left[1 - \left(\frac{\mu_0}{\mu}\right)^2 \right] \tanh \frac{\pi}{\tau} d \right] \right\} \middle/ 2\left(\frac{\mu_0}{\mu}\right) \tanh \frac{\pi}{\tau} d \times \left(1 + \frac{2 \frac{\pi}{\tau} d}{\sinh 2 \frac{\pi}{\tau} d} \right)^2
\end{aligned} \tag{2-108}
$$

当次级导体板非常薄时，如果考虑 $2\pi d/\tau = 1$，则式（2-108）可简化为

$$C = \frac{\pi}{\tau} d \frac{\frac{1}{4} - \left(\frac{\mu_0}{\mu}\right)^2}{\frac{\mu_0}{\mu}} \tag{2-109}$$

通常，次级电阻 r_2 可以根据式（2-102）和式（2-93）表示为

$$r_2 = 4m\mu_0\omega_1 \frac{(k_w N_{ph})^2}{2p} \frac{h v_1}{\tau} \cosh^2 \frac{\pi}{\tau}(g + d\alpha_0') \frac{s\sin2\frac{\pi}{\tau}d\beta'}{\cosh2\frac{\pi}{\tau}d(\alpha' - \alpha_0') - \cos2\frac{\pi}{\tau}d\beta'}$$

$$(2\text{-}110)$$

特别是当 $2\pi d/\tau = 1$、$2\pi g/\tau = 1$ 时，无论 μ 的值如何变化，都可以从式（2-110）导出

$$r_2 = 4m\rho \frac{(k_w N_{ph})^2}{2p} \frac{h}{\tau d} \qquad (2\text{-}111)$$

式中　$\rho = 1/\sigma$——次级导体的体电阻率，$\Omega \cdot m$。

上式与忽略集肤效应时的传统的次级电阻计算式一致。

5. x_m、r_2、x_2 的数值计算

与前文相同，对 $\tau = 50mm$，$f_1 = 60Hz$，$v_1 = 6m/s$，$g_1 = 15mm$，$d = 1$，2，$\cdots$，6mm 的以铜或铁材质作为次级导体板的低速直线感应电机进行分析探讨。

x_m 的值在铜次级时，与 d 无关，为一定值；铁次级时，近似与 g 成反比。g_{1e} 的值在铜次级时，$g_{1e}/g_1 = 14/15$；铁次级时，$g_{1e} \approx 2g$。

图 2-12～图 2-14 为各自根据式（2-102）和式（2-103）计算得到的 r_2/x_m、x_2/x_m 的值。图 2-12 为铜次级的板厚变化时，r_2/x_m、x_2/x_m 值的变化情况。对于滑差率 s 的变化，即使用式（2-102）和式（2-103）来计算，所得到的结果也几乎为一定值，由于该值与式（2-104）的 r_{20}/x_m、式（2-107）的 x_{20}/x_m 的计算结果一致，从而表明铜次级时，集肤效应的影响几乎不存在。图中曲线表明，x_2 的值与 r_2 的值相比，在铜板厚度较薄时，小到几乎可以忽略不计的程度，可是随着厚度的增加，就变得不能忽略了。

次级为铁次级时，由于 x_m 的值随 d 的变化而变化，因此，图 2-13 表示随着厚度变化，r_2、x_2 其自身的变化。铁次级时，随着滑差率 s 的增大，即使增加厚度，r_2 的值也不怎么减小。在 $s = 1$ 处，即使将厚度 d 增加到 2mm 以上，r_2 的值也几乎不变化。

为了进一步明确铁次级时集肤效应的影响，图 2-14 示出了 r_2/x_m 与 x_2/x_m 随滑差率 s 的变化情况。x_2/x_m 的值随滑差率 s 的增加而增大，而 r_2/x_m 的值随滑差率 s 的增加而减小。可以分析如下：本来集肤效应是由导体中流过电流时的漏磁通所引起，可是随着电流向导体表面趋近，漏磁通反而减少，结果是 x_2 也减小。

6. 次级导体板线圈端部电阻的修正

至此的解析与分析中，关于初级铁芯叠厚 h、有效长度 $2\tau p$ 以及次级导体板的宽度都没有特别限制，一直将相当于线圈端部的电阻看成为零。但是，这种假设，除了 $h \gg \tau$ 以外，将伴随较大的误差。

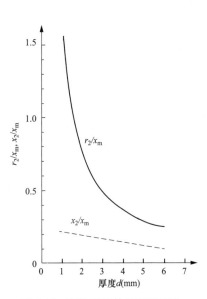

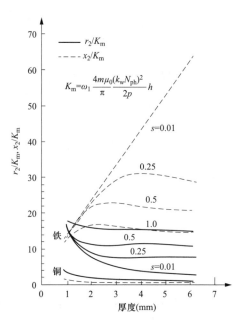

图 2-12　随次级导体板厚度变化，
r_2/x_m、x_2/x_m 的变化曲线（铜次级）

图 2-13　随次级导体板厚度变化，
r_2、x_2 的变化曲线

实际的直线感应电机如图 2-15 所示，通常，次级导体板的宽度 h_2 要比初级铁芯叠厚 h 宽 $2c$，宽出的部分相当于笼型转子的端环，即 $h_2 = h + 2c$。

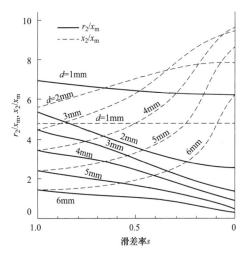

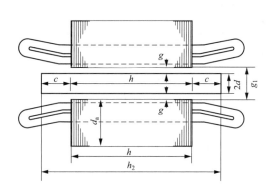

图 2-14　随滑差率 s 的变化，r_2/x_m、x_2/x_m
的变化曲线（铁次级）

图 2-15　双边直线感应电机的结构示意图

如果次级导体板的宽度有限，则次级电流不仅在宽度方向（y）分量，在长度方向（x）的分量也会出现问题。

对于具有非常薄的次级导体板的直线感应电机，当需要考虑线圈端部电阻时，可以看成是次级导体电阻率的等效减小，用式（2-112）给出的等效电阻率 σ_{2e} 来代替 σ_2 就可以了。

$$\sigma_{2e} = \sigma_2 \left[1 - \frac{\tanh \dfrac{\pi}{\tau} \dfrac{h}{2}}{\dfrac{\pi}{\tau} \dfrac{h}{2} \left(1 + \tanh \dfrac{\pi}{\tau} \dfrac{h}{2} \tanh \dfrac{\pi}{\tau} c \right)} \right] \qquad (2-112)$$

当次级导体板为任意厚度时，电流密度随厚度方向（z）位置的不同而存在差异，可是如果假定关于 xy 平面的电流流线等同于非常薄次级导体板的叠加，则式（2-112）的 σ_{2e} 也能够适用。

为了修正次级导体板的线圈端部电阻，只需在以上的所有公式中，用 σ_{2e} 代替 σ_2 即可。

严格来讲，即使对于初级铁芯叠厚 h，也应考虑磁通分布的端部效应；如果存在通风道，也应考虑其影响，这时就有必要用假定的初级铁芯叠厚 h_i 来代替 h。

7. 开槽影响的修正

在解析模型中，假定初级铁芯是平滑的，但是，实际电机因开槽的影响，在齿顶处气隙磁密高。于是，同一般的旋转电机一样，需要考虑用卡特系数 K_c 把气隙长度换算成等效平滑铁芯面。在双边直线感应电机中，存在如何选择作为修正对象的气隙长度问题。首先要考虑修正气隙长度 g，通过分析前面的解析结果，可以认为修正（$g+d\alpha'$）是比较合适的。

卡特系数 K_c 在开口槽时可以用式（2-113）求得，即

$$K_c = \frac{\tau_s}{\tau_s - \gamma(g+d\alpha')} \qquad (2-113)$$

$$\gamma \simeq \frac{\left(\dfrac{w_s}{g+d\alpha'}\right)^2}{5 + \dfrac{w_s}{g+d\alpha'}} \qquad (2-114)$$

式中　$\tau_s = w_s + w_t$——槽距。

由于 α' 随滑差率 s 的变化而变化，因此，K_c 也随着 s 的值变化。如果对应于 $s=0$ 时 α_0' 的卡特系数为 K_{c0}，则在前面解析结果的计算式中，如果用 $K_c(g+d\alpha')$ 代替（$g+d\alpha'$），用 $K_{c0}(g+d\alpha')$ 代替（$g+d\alpha_0'$），用 $[K_c(g+d\alpha')-K_{c0}(g+d\alpha')]$ 代替 $d(\alpha'-\alpha_0')$，将会得到更为精确的计算结果。

8. 特性计算式

前面已经明确了直线感应电机等效电路的各参数及参数间的关系。尤其是式（2-102）与式（2-103）表明，r_2 及 x_2 不是常数，而是随滑差率 s 变化的量。

等效电路初级端口全阻抗的大小 $|Z_1|$ 可以表示为

$$|Z_1| = \sqrt{(r_1 + r_{2e})^2 + (x_1 + x_{2e})^2} \qquad (2-115)$$

在这里，当初级铁芯槽为平行侧面的开口槽、绕组为双层绕组时，r_2 及 x_2 可以根

据式（2-88）和式（2-90）来计算。

关于次级的等效参数 r_{2e} 及 x_{2e} 可以根据式（2-93）、式（2-100）、式（2-101）之间的关系，分别由式（2-116）和式（2-117）来计算，即

$$r_{2e}=\frac{\dfrac{r_2}{s}}{\left(\dfrac{\frac{r_2}{s}}{x_m}\right)^2+\left(1+\dfrac{x_2}{x_m}\right)^2}=4m\mu_0\frac{(k_wN_{ph})^2}{2p}\frac{hv_s}{\tau}\frac{\sin2\frac{\pi}{\tau}d\beta'}{\cosh2\frac{\pi}{\tau}(g+d\alpha')-\cos2\frac{\pi}{\tau}d\beta'}$$

(2-116)

$$x_{2e}=\frac{x_m\left[\left(\dfrac{\frac{r_2}{s}}{x_m}\right)^2+\dfrac{x_2}{x_m}\left(1+\dfrac{x_2}{x_m}\right)\right]}{\left(\dfrac{\frac{r_2}{s}}{x_m}\right)^2+\left(1+\dfrac{x_2}{x_m}\right)^2}=4m\mu_0\frac{(k_wN_{ph})^2}{2p}\frac{hv_s}{\tau}\frac{\sinh2\frac{\pi}{\tau}(g+d\alpha')}{\cosh2\frac{\pi}{\tau}(g+d\alpha')-\cos2\frac{\pi}{\tau}d\beta'}$$

(2-117)

其中，α'、β' 可以通过式（2-36）、式（2-37）计算，α、β 可以用式（2-112）的 σ_{2e} 代替式（2-24）、式（2-25）中的 σ 来计算得到。

从而，对于初级端电压 U_1，直线感应电机的特性可以根据下列公式来计算。

（1）初级电流。

$$I_1=\frac{U_1}{|Z_1|}$$

(2-118)

（2）功率因数。

$$\cos\phi=\frac{r_1+r_{2e}}{|Z_1|}$$

(2-119)

（3）次级电流。

$$I_2=\frac{I_1}{\cosh\frac{\pi}{\tau}(g+d\alpha_0')\sqrt{\dfrac{\cosh2\frac{\pi}{\tau}(g+d\alpha')-\cos2\frac{\pi}{\tau}d\beta'}{\cosh2\frac{\pi}{\tau}d(\alpha'-\alpha_0')-\cos2\frac{\pi}{\tau}d\beta'}}}$$

(2-120)

（4）激磁电流。

$$I_m=I_1\tanh\frac{\pi}{\tau}(g+d\alpha_0')\sqrt{\dfrac{\cosh2\frac{\pi}{\tau}(g+d\alpha')+\cos2\frac{\pi}{\tau}d\beta'}{\cosh2\frac{\pi}{\tau}(g+d\alpha')-\cos2\frac{\pi}{\tau}d\beta'}}$$

(2-121)

（5）电磁功率。

$$P_e=mU_1^2\frac{r_{2e}}{|Z_1|^2}$$

(2-122)

（6）电磁推力。

$$F = mU_1^2 \frac{r_{2e}}{|Z_1|^2 v_s} \tag{2-123}$$

（7）机械损耗。

$$p_\Omega = mU_1^2 \frac{r_{2e}}{|Z_1|^2}(1-s) \tag{2-124}$$

（8）输入功率。

$$P_1 = mU_1^2 \frac{r_1 + r_{2e}}{|Z_1|^2} \tag{2-125}$$

（9）初级铜耗。

$$p_{Cu1} = mU_1^2 \frac{r_1}{|Z_1|^2} \tag{2-126}$$

（10）次级铜耗。

$$p_{Cu2} = smU_1^2 \frac{r_{2e}}{|Z_1|^2} \tag{2-127}$$

（11）输入视在功率。

$$P_A = \frac{mU_1^2}{|Z_1|} \tag{2-128}$$

（12）转换效率。

$$\eta = \frac{p_\Omega}{P_1} = (1-s)\frac{r_{2e}}{r_1 + r_{2e}} \times 100\% \tag{2-129}$$

其中，输入功率 P_1 中忽略了铁耗；输出功率 P_2 必须从中减去机械损耗 p_Ω 后得到。

在电机设计上，电流密度与磁通密度的确定非常重要，这两个参数也可以利用下面的公式计算得到。

（1）初级绕组电流密度 j_1。

$$j_1 = \frac{I_1}{A_{c1}} = \frac{aN_{ph}I_1}{pqS_f w_s d_s} \tag{2-130}$$

（2）次级导体电流密度 i_y^{II} 的平均有效值 j_2。

$$j_2 = \sqrt{\frac{1}{d}\int_0^d \frac{1}{2} i_y^{II} i_y^{II*} \, dz} = mI_1 \frac{k_w N_{ph}}{p\tau} \sqrt{\frac{\sigma_{2e}\mu_0 v_s}{d} \frac{s \sin 2\frac{\pi}{\tau}d\beta'}{\cosh 2\frac{\pi}{\tau}(g+d\alpha') - \cos 2\frac{\pi}{\tau}d\beta'}} \tag{2-131}$$

（3）气隙最大磁通密度 B_m。

$$B_m = \sqrt{2} mI_1 \frac{k_w N_{ph}}{p\tau}\mu_0 \sqrt{\frac{\cosh 2\frac{\pi}{\tau}(g+d\alpha') + \cos 2\frac{\pi}{\tau}d\beta'}{\cosh 2\frac{\pi}{\tau}(g+d\alpha') - \cos 2\frac{\pi}{\tau}d\beta'}} \tag{2-132}$$

2.2.3　复合次级双边型直线感应电机的特性计算

在前面的分析中，都是针对次级采用单一材料构成的情况进行的。但是，在实际的应用中，为了提高直线感应电机的性能、降低电机的成本，经常使用由两种以上材料构成的复合次级。这里所说的复合次级，是指次级沿 z 方向分为多层，通常是分为三层，中间层为导磁性能好的材料（如钢或铁），中间层的两侧为导电性能好的材料（如铜或铝）。这样，导磁材料层磁阻小，主磁通容易通过；导电材料层电阻小，流过主磁通感应的次级电流。如此构成的次级不仅电磁性能好，而且还能够确保其机械强度。

在分析复合次级双边直线感应电机的特性时，可以根据前面分析单一材料次级电机的过程来进行，而且同样可以根据式（2-115）～式（2-132）来计算电机的特性。复合次级电机与单一材料次级电机主要差别就在于次级材质和结构不同，在特性计算中主要体现在公式中的次级等效参数 r_{2e}、x_{2e}。下面分别给出复合次级双边直线感应电机的特性计算式中的 r_{2e}、x_{2e} 与单一材料次级特性计算中的不同之处。

$$r_{2e}=\frac{\dfrac{r_2}{s}}{\left(\dfrac{\dfrac{r_2}{s}}{x_m}\right)^2+\left(1+\dfrac{x_2}{x_m}\right)^2}=4m\mu_0\frac{(k_wN_{ph})^2}{2p}\frac{hv_s}{\tau}\frac{\sin2\dfrac{\pi}{\tau}d_2\beta'_{2e}}{\cosh2\dfrac{\pi}{\tau}K_c(g+d_2\alpha'_{2e})-\cos2\dfrac{\pi}{\tau}d_2\beta'_{2e}}$$

$$(2\text{-}133)$$

$$x_{2e}=\frac{x_m\left[\left(\dfrac{\dfrac{r_2}{s}}{x_m}\right)^2+\dfrac{x_2}{x_m}\left(1+\dfrac{x_2}{x_m}\right)\right]}{\left(\dfrac{\dfrac{r_2}{s}}{x_m}\right)^2+\left(1+\dfrac{x_2}{x_m}\right)^2}=4m\mu_0\frac{(k_wN_{ph})^2}{2p}\frac{hv_s}{\tau}\frac{\sinh2\dfrac{\pi}{\tau}K_c(g+d_2\alpha'_{2e})}{\cosh2\dfrac{\pi}{\tau}K_c(g+d_2\alpha'_{2e})-\cos2\dfrac{\pi}{\tau}d_2\beta'_{2e}}$$

$$(2\text{-}134)$$

式中　d_2——复合次级中由非磁性材料构成的导电层的单层厚度，m。

式（2-133）、式（2-134）中的 K_c 与 α'_{2e}、β'_{2e} 的计算过程如下

$$K_c=\frac{\tau_s}{\tau_s-\gamma(g+d_2\alpha'_{2e})} \tag{2-135}$$

其中，对于开口槽

$$\gamma\simeq\frac{\left(\dfrac{w_s}{g+d_2\alpha'_{2e}}\right)^2}{5+\dfrac{w_s}{g+d_2\alpha'_{2e}}} \tag{2-136}$$

$$2\frac{\pi}{\tau}d_2\alpha'_{2e}=\tanh^{-1}\left(2\frac{\alpha_2\sinh2\dfrac{\pi}{\tau}d_2\alpha_{2e}-\beta_2\sin2\dfrac{\pi}{\tau}d_2\beta_{2e}}{\eta_1\cosh2\dfrac{\pi}{\tau}d_2\alpha_{2e}+\eta_2\cos2\dfrac{\pi}{\tau}d_2\beta_{2e}}\right) \tag{2-137}$$

$$2\frac{\pi}{\tau}d_2\beta'_{2e}=\tanh^{-1}\left(2\frac{\beta_2\sinh2\frac{\pi}{\tau}d_2\alpha_{2e}+\alpha_2\sin2\frac{\pi}{\tau}d_2\beta_{2e}}{\eta_2\cosh2\frac{\pi}{\tau}d_2\alpha_{2e}+\eta_1\cos2\frac{\pi}{\tau}d_2\beta_{2e}}\right) \tag{2-138}$$

$$\begin{cases}\alpha_2=\dfrac{1}{\sqrt{2}}\sqrt{\sqrt{1+\left(\dfrac{\sigma_2\mu_0 sv_s\tau}{\pi}\right)^2}+1}\\[4mm]\beta_2=\dfrac{1}{\sqrt{2}}\sqrt{\sqrt{1+\left(\dfrac{\sigma_2\mu_0 sv_s\tau}{\pi}\right)^2}-1}\end{cases} \tag{2-139}$$

$$\begin{cases}\eta_1=1+(a_2^2+\beta_2^2)\\ \eta_2=1-(a_2^2+\beta_2^2)\end{cases} \tag{2-140}$$

$$\begin{cases}\alpha_{2e}=\alpha_2+\dfrac{d_1}{d_2}\alpha'_1\\[4mm]\beta_{2e}=\beta_2+\dfrac{d_1}{d_2}\beta'_1\end{cases} \tag{2-141}$$

式中 σ_2——复合次级中构成导电层的非磁性材料的电导率；

$2d_1$——复合次级中由磁性材料构成的中间层的厚度，m。

$$2\frac{\pi}{\tau}d_1\alpha'_1=\tanh^{-1}\left[2\left(\frac{\mu_0}{\mu}\right)\frac{\alpha\sinh2\frac{\pi}{\tau}d_1\alpha_1\mp\beta\sin2\frac{\pi}{\tau}d_1\beta_1}{\xi_1\cosh2\frac{\pi}{\tau}d_1\alpha_1\pm\xi_2\cos2\frac{\pi}{\tau}d_1\beta_1}\right] \tag{2-142}$$

$$2\frac{\pi}{\tau}d_1\beta'_1=\tanh^{-1}\left[2\left(\frac{\mu_0}{\mu}\right)\frac{\beta\sinh2\frac{\pi}{\tau}d_1\alpha_1\pm\alpha\sin2\frac{\pi}{\tau}d_1\beta_1}{\xi_2\cosh2\frac{\pi}{\tau}d_1\alpha_1\pm\xi_1\cos2\frac{\pi}{\tau}d_1\beta_1}\right] \tag{2-143}$$

其中

$$\begin{cases}\xi_1=1+\left(\dfrac{\mu_0}{\mu}\right)^2(a^2+\beta^2)\\[4mm]\xi_2=1-\left(\dfrac{\mu_0}{\mu}\right)^2(a^2+\beta^2)\end{cases} \tag{2-144}$$

$$\begin{cases}\alpha=\dfrac{\alpha_1\alpha_2+\beta_1\beta_2}{a_2^2+\beta_2^2}\\[4mm]\beta=\dfrac{\beta_1\alpha_2-\beta_2\alpha_1}{a_2^2+\beta_2^2}\end{cases} \tag{2-145}$$

$$\begin{cases}\alpha_1=\dfrac{1}{\sqrt{2}}\sqrt{\sqrt{1+\left(\dfrac{\sigma_1\mu sv_s\tau}{\pi}\right)^2}+1}\\[4mm]\beta_1=\dfrac{1}{\sqrt{2}}\sqrt{\sqrt{1+\left(\dfrac{\sigma_1\mu sv_s\tau}{\pi}\right)^2}-1}\end{cases} \tag{2-146}$$

式中　σ_1——复合次级中构成中间层的磁性材料的电导率；

　　　μ——复合次级中构成中间层的磁性材料的磁导率。

在式（2-142）、式（2-143）中，当双边直线感应电机为 N-S 相对构成时，取±或∓中上面的运算符号；电机为 N-N 相对构成时，取±或∓中下面的运算符号。

复合次级结构直线感应电机次级电流与激磁电流的计算式分别为

$$I_2=\cfrac{I_1}{\cosh\dfrac{\pi}{\tau}K_{c0}(g+d_2\alpha'_{2e0})\sqrt{\cfrac{\cosh2\dfrac{\pi}{\tau}K_c(g+d\alpha'_{2e})-\cos2\dfrac{\pi}{\tau}d_2\beta'_{2e}}{\cosh2\dfrac{\pi}{\tau}[K_c(g+d\alpha'_{2e})-K_{c0}(g+d_2\alpha'_{2e0})]-\cos2\dfrac{\pi}{\tau}d_2\beta'_{2e}}}}$$

$$(2\text{-}147)$$

$$I_m=I_2\sinh\dfrac{\pi}{\tau}K_{c0}(g+d_2\alpha'_{2e0})\sqrt{\cfrac{\cosh2\dfrac{\pi}{\tau}K_c(g+d\alpha'_{2e})-\cos2\dfrac{\pi}{\tau}d_2\beta'_{2e}}{\cosh2\dfrac{\pi}{\tau}[K_c(g+d\alpha'_{2e})-K_{c0}(g+d_2\alpha'_{2e0})]-\cos2\dfrac{\pi}{\tau}d_2\beta'_{2e}}}$$

$$(2\text{-}148)$$

其中，K_{c0} 为 $s=0$ 时 K_c 的值为

$$\alpha'_{2e0}=\alpha_{2e0}=\begin{cases}1+\left[\dfrac{1}{\dfrac{\pi}{\tau}d_2}\tanh^{-1}\left(\dfrac{\mu_0}{\mu}\tanh\dfrac{\pi}{\tau}d_1\right)\right]&(\text{N-S 相对})\\[4ex]1+\left[\dfrac{1}{\dfrac{\pi}{\tau}d_2}\tanh^{-1}\left(\dfrac{\mu_0}{\mu}\coth\dfrac{\pi}{\tau}d_1\right)\right]&(\text{N-N 相对})\end{cases}$$

$$(2\text{-}149)$$

垂直进入初级铁芯的气隙最大磁通密度 B_m 为

$$B_m=\sqrt{2}mI_1\frac{k_wN_{ph}}{p\tau}\mu_0\sqrt{\cfrac{\cosh2\dfrac{\pi}{\tau}K_c(g+d_2\alpha'_{2e})+\cos2\dfrac{\pi}{\tau}d_2\beta'_{2e}}{\cosh2\dfrac{\pi}{\tau}K_c(g+d_2\alpha'_{2e})-\cos2\dfrac{\pi}{\tau}d_2\beta'_{2e}}}$$

$$(2\text{-}150)$$

2.3　单边型直线感应电机

图 2-16 所示为短初级单边直线感应电机的结构示意图。初级由叠片铁芯和电枢绕组构成，次级由非磁性材料铜层（或铝层）与整个铁板构成。为了减小直线感应电机的横向边端效应，通常次级的宽度要比初级的大。这种电机的特点是在运动时法向存在很大的磁拉力。目前，由于该类型电机具有结构简单、单边激磁、结实耐用和造价低廉等特点，被成功地应用于中低速磁悬浮列车和地铁等城市轮轨交通系统中。

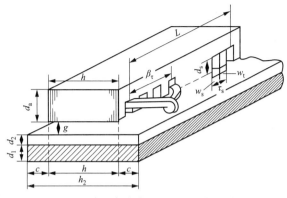

图 2-16　单边直线感应电机的结构示意图

2.3.1　单边型直线感应电机的解析分析

1. 单边型直线感应电机的模型

单边型直线感应电机的模型如图 2-17 所示。这里，坐标系为静止坐标系，如图中所示，取 x 为磁场的行进方向，y 为铁芯的叠厚方向，z 为对磁极面的法线方向。实际的直线感应电机的长度是有限的，为分析简单起见，假设电机沿 x 方向无限长。区域 Ⅰ 表示初级电流层；区域 Ⅱ 表示复合次级导体板，区域 Ⅱ-2 为铜板或铝板，

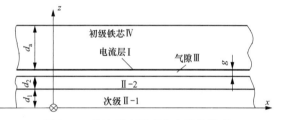

图 2-17　单边型直线感应电机的模型

区域 Ⅱ-1 是为构成磁路所贴的背铁板；区域 Ⅲ 表示气隙；区域 Ⅳ 表示初级叠片铁芯，为简单起见，假定其电导率 $\sigma=0$、磁导率 $\mu_{\mathrm{Fe}}=\infty$。另外，在分析初级铁芯的磁通分布时，初级叠片铁芯的磁导率设为 μ_{Fe}，进一步研究初级铁芯背面的漏磁通时，也要考虑外侧的气隙部分。

2. 初级面电流

在区域 Ⅰ，初级电流沿 y 方向流动，假设其大小沿 x 方向呈正弦分布、变化，并随时间以同步速度 $v_{\mathrm{s}}(\mathrm{m/s})$ 移动。从而，面电流密度 $j_1(\mathrm{A/m})$ 可以表示成式（2-151）所示的复数形式，其实部表示瞬时值。

$$j_1 = J_1 \varepsilon^{j(\pi/\tau)(v_{\mathrm{s}}t-x)} = J_1 \varepsilon^{j\{\omega t-(\pi/\tau)x\}} \tag{2-151}$$

初级面电流密度的最大值 $J_1(\mathrm{A/m})$ 与 m 相电流有效值 $I_1(\mathrm{A})$ 之间的关系为

$$J_1 = 2\sqrt{2}\,m\,\frac{k_{\mathrm{w}}N_{\mathrm{ph}}}{2p\tau}I_1 \tag{2-152}$$

3. 各区域的方程和解

在解析模型中，假定初级电流 j_1 只存在 y 方向分量，所以在各区域中矢量磁位 $\boldsymbol{A}$ 也

只有 y 方向分量 $\boldsymbol{A}_y$，故区域Ⅱ-1和Ⅱ-2的复合次级导体板满足的微分方程为

$$\frac{\partial^2 \boldsymbol{A}_y}{\partial x^2}+\frac{\partial^2 \boldsymbol{A}_y}{\partial z^2}=\sigma\mu\left(\frac{\partial \boldsymbol{A}_y}{\partial t}+v_2\frac{\partial \boldsymbol{A}_y}{\partial x}\right) \tag{2-153}$$

在区域Ⅲ气隙和区域Ⅳ初级铁芯这两个区域中，拉普拉斯方程成立，即

$$\frac{\partial^2 \boldsymbol{A}_y}{\partial x^2}+\frac{\partial^2 \boldsymbol{A}_y}{\partial z^2}=0 \tag{2-154}$$

各区域矢量磁位解得形式可表示成

$$\boldsymbol{A}_y=\boldsymbol{A}_y(z)\varepsilon^{j\{\omega t-(\pi/\tau)x\}} \tag{2-155}$$

4. 磁通分布

初级电流交链的磁感应强度的 x 向分量 $\boldsymbol{B}_{x1}^{Ⅲ}$ 和法向分量 $\boldsymbol{B}_{z1}^{Ⅲ}$ 可表示为

$$\boldsymbol{B}_{x1}^{Ⅲ}=\left[-\frac{\partial \boldsymbol{A}_y^{Ⅲ}}{\partial z}\right]_{z=d_1+d_2+g}=-\mu_0 J_1\varepsilon^{j\{\omega t-(\pi/\tau)x\}} \tag{2-156}$$

$$\boldsymbol{B}_{z1}^{Ⅲ}=\left[-\frac{\partial \boldsymbol{A}_y^{Ⅲ}}{\partial x}\right]_{z=d_1+d_2+g}=-\mu_0 J_1 j\coth\frac{\pi}{\tau}(g_e+d_2\lambda_2')\varepsilon^{j\{\omega t-(\pi/\tau)x\}} \tag{2-157}$$

式（2-157）中，$\coth\frac{\pi}{\tau}(g_e+d_2\lambda_2')$ 与次级导体板的材料和厚度、直线感应电机气隙 g、电源频率 f、转差率 s 等相关，作为以 s 为自变量的函数而变化。这里 g_e 表示用卡特系数 K_c 修正初级开槽影响后的等效气隙。

$$g_e=K_c g \tag{2-158}$$

还有，在复合次级导体板表面 $z=d_1+d_2$ 上，把包括背铁板电流在内的次级电流产生的电枢反应的影响程度用厚度 d_2 的导体板来等效，其等效厚度为 $d_2\lambda_2'$，其计算式为

$$\frac{\pi}{\tau}d_2\lambda_2'=\tanh^{-1}\left\{\frac{\mu_0}{\mu_2}\lambda_2\tanh\frac{\pi}{\tau}(d_2\lambda_2+d_1\lambda_1')\right\} \tag{2-159}$$

其中

$$\lambda_2=\sqrt{1+j\sigma_{2e}\mu_2 sv_s\tau/\pi} \tag{2-160}$$

λ_2 表示次级导体（Ⅱ-2）中感应电流的本质作用，$\sigma_{2e}\mu_2 sv_s\tau/\pi$ 表示磁力雷诺系数。式（2-159）中的 $d_1\lambda'$ 表示背铁板对导体板区域的影响程度，其计算式为

$$\frac{\pi}{\tau}d_1\lambda_1'=\tanh^{-1}\left(\frac{\mu_2\lambda_1}{\mu_1\lambda_2}\frac{\frac{\mu_1}{\mu_0\lambda_1}+\tanh\frac{\pi}{\tau}d_1\lambda_1}{1+\frac{\mu_1}{\mu_0\lambda_1}\tanh\frac{\pi}{\tau}d_1\lambda_1}\right) \tag{2-161}$$

其中

$$\lambda_1=\sqrt{1+j\sigma_{1e}\mu_1 sv_s\tau/\pi} \tag{2-162}$$

式（2-160）中的 σ_{2e} 为等效的次级电导率。次级涡流受次级导体板宽度 $h_2=h+2c$

的制约，沿容易经过的路径（电阻低的回路）流动。c 表示次级铁芯相对于初级铁芯伸出的单边宽度，相当于笼型线圈的端环部分。要想得到该次级涡流的分布状态，需要通过二维解析，这时可以以电导率等效减小的形式进行修正。利用式（2-163）所示的 Russell-Norsworthy 修正式，可以得到比较满意的结果。

$$\frac{\sigma_{2e}}{\sigma_{1e}}=1-\frac{\tanh\frac{\pi}{\tau}\frac{h}{2}}{\frac{\pi}{\tau}\frac{h}{2}\left(1+\tanh\frac{\pi}{\tau}\frac{h}{2}\cdot\tanh\frac{\pi}{\tau}c\right)} \tag{2-163}$$

式（2-162）的 σ_{1e} 表示背铁板的等效电导率。如图 2-16 所示，在加工复合次级导体板的时候，背部铁板的宽度与铝板的宽度 h_2 是一样的，所以 σ_{1e}/σ_1 也可用式（2-163）补偿。另外，当铁板的宽度与铝板的宽度不相同的时候，把对应的伸出部分 c 代入到式（2-163）中进行补偿即可。

5. 有效电磁推力

初级表面电流沿 y 轴单位长度的感应电势 E_{y1} 可以表示为

$$E_{y1}=-\frac{\partial \boldsymbol{A}_{y1}^{\text{III}}}{\partial t}=v_s\boldsymbol{B}_{z1}^{\text{III}} \tag{2-164}$$

进而可得到初级表面电流单位面积对应的平均有功电功率 P，其中 j_1^* 和 j_1 为共轭复数，Re 为取实部符号，P 的计算式为

$$P=\frac{1}{2}\text{Re}(-E_{y1}j_1^*)=\frac{1}{2}v_s\mu_0 J_1^2\text{Re}\left[j\coth\frac{\pi}{2}(g_e+d_2\lambda_2')\right] \tag{2-165}$$

此处，考虑电机的尺寸有限，乘上初级有效面积（$2h\tau p$），可以得到从初级通过气隙传递到次级的有效电磁功率，即

$$P_e=P(2h\tau p) \tag{2-166}$$

因此，若能把 λ_2' 分成实部 α_2' 和虚部 β_2' 的话，则可表示成

$$\lambda_2'=\alpha_2'+j\beta_2' \tag{2-167}$$

扁平式直线感应电机所产生的推力 F，其计算式为

$$F=\frac{P_e}{v_s}=\frac{1}{2}\mu_0 J_1^2\frac{\sin 2\frac{\pi}{\tau}d_2\beta_2'}{\cosh 2\frac{\pi}{\tau}(g_e+d_2\alpha_2')-\cos 2\frac{\pi}{\tau}d_2\beta_2'}(2h\tau p) \tag{2-168}$$

$$=\frac{B_m^2}{2\mu_0}\frac{\sin 2\frac{\pi}{\tau}d_2\beta_2'}{\cosh 2\frac{\pi}{\tau}(g_e+d_2\alpha_2')+\cos 2\frac{\pi}{\tau}d_2\beta_2'}(2h\tau p)$$

对于转差率的变化，式（2-168）中间项表示 J_1 恒定时的推力，式（2-168）最后一项表示 B_m 为恒定时的推力，所以分母的减号"一"变为加号"＋"。但是，B_m 表示气

隙中的磁通密度为正弦分布时的最大磁通密度。即前者表示固定电流，后者表示固定电磁推力对应的推力-速度特性。

2.3.2 单边型直线感应电机的等效电路及参数计算

1. 等效电路

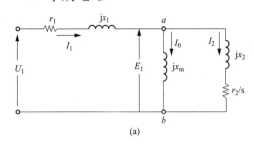

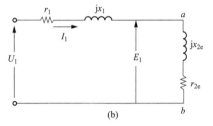

图 2-18　单边直线感应电机的等效电路

（a）T 型等效电路；（b）串联等效电路

图 2-18（a）所示为单边直线感应电机的 T 型等效电路。由于直线感应电机的初级与次级之间的气隙较大，激磁电流也较大，因此，不能像普通旋转感应电机那样，将 T 型等效电路简化成 L 型等效电路。由于铁芯损耗比较小，故此处将此忽略。

基于电磁场理论的单边直线感应电机的解析结果，给出的是从等效电路 a、b 两点看进去的等效次级阻抗 Z_{2e}，从而可以如图 2-18（b）所示，将次级变换成等效次级电阻 r_{2e} 与等效次级电抗 x_{2e} 串联的电路，能够容易地求得电路参数。

2. 等效次级阻抗

基于电磁场理论计算得到的单边直线感应电机的等效次级阻抗 Z_{2e} 为

$$Z_{2e} = K_a j \coth \frac{\pi}{\tau} (g_e + d_2 \lambda_2') \tag{2-169}$$

其中

$$K_a = \frac{8mhf_1\mu_0(k_w N_{ph})^2}{2p}$$

式（2-169）中各参数的含义与前面的双边直线感应电机相同。

如图 2-18（b）所示，将等效次级阻抗 Z_{2e} 表示成 r_{2e} 与 x_{2e} 串联形式的表达式为

$$Z_{2e} = r_{2e} + j x_{2e} \tag{2-170}$$

（1）等效次级电阻。

将式（2-167）代入式（2-169）可得

$$Z_{2e} = K_a j \coth \left[\frac{\pi}{\tau} (g_e + d_2 \alpha_2') + j \frac{\pi}{\tau} d_2 \beta_2' \right] \tag{2-171}$$

令式（2-170）、式（2-171）两式的实部相等，可得等效次级电阻 r_{2e} 为

$$r_{2e} = \text{Re}(Z_{2e})$$

$$= K_a \frac{\tan \frac{\pi}{\tau} d_2 \beta_2' \left[1 - \tanh^2 \frac{\pi}{\tau}(g_e + d_2 \alpha_2') \right]}{\tanh^2 \frac{\pi}{\tau}(g_e + d_2 \alpha_2') + \tan^2 \frac{\pi}{\tau} d_2 \beta_2'} \tag{2-172}$$

$$= K_a \frac{\sin 2 \frac{\pi}{\tau} d_2 \beta_2'}{\cosh 2 \frac{\pi}{\tau}(g_e + d_2 \alpha_2') - \cos 2 \frac{\pi}{\tau} d_2 \beta_2'}$$

（2）等效次级电抗。

令式（2-170）、式（2-171）两式的虚部相等，可得等效次级电抗 x_{2e} 为

$$x_{2e} = \text{Im}(Z_{2e})$$

$$= K_a \frac{\left[\tanh \frac{\pi}{\tau}(g_e + d_2 \alpha_2') \right] \left(1 + \tan^2 \frac{\pi}{\tau} d_2 \beta_2' \right)}{\tanh^2 \frac{\pi}{\tau}(g_e + d_2 \alpha_2') + \tan^2 \frac{\pi}{\tau} d_2 \beta_2'} \tag{2-173}$$

$$= K_a \frac{\sinh 2 \frac{\pi}{\tau}(g_e + d_2 \alpha_2')}{\cosh 2 \frac{\pi}{\tau}(g_e + d_2 \alpha_2') - \cos 2 \frac{\pi}{\tau} d_2 \beta_2'}$$

3. 激磁电抗

在图 2-18（a）所示的等效电路中，当 $s = 0$ 时，次级阻抗为无穷大，$Z_{2e} = jx_m$。将 $s = 0$ 代入式（2-160）、式（2-162），可得 $\lambda_2 = 1$、$\lambda_1 = 1$。在式（2-161）中，由于 $\mu_1 \gg \mu_0$，$\mu_2 = \mu_0$，所以有 $\pi d_1 \lambda_1' / \tau \simeq 0$，即 $\lambda_1' \simeq 0$。再根据式（2-159）可得 $\pi d_2 \lambda_2' / \tau \simeq \pi d_2 / \tau$，即 $\lambda_2' \simeq 1$（$\alpha_2' = 1$、$\beta_2' \simeq 0$）。

把 $\lambda_2' \simeq 1$（$\alpha_2' = 1$、$\beta_2' \simeq 0$）代入式（2-169），可得激磁电抗 x_m 为

$$x_m = K_a \coth \frac{\pi}{\tau}(g_e + d_2) = \frac{K_a}{\tanh \frac{\pi}{\tau}(g_e + d_2)} \tag{2-174}$$

在式（2-174）中，由于次级导体板为铜或铝等非磁性材料（$\mu_2 = \mu_0$），所以其厚度 d_2 被作为气隙考虑，这时的等效气隙 g' 为

$$g' = g_e + d_2 \tag{2-175}$$

4. 次级电阻

根据图 2-18 所示的等效电路，次级电阻 r_2 的计算式为

$$r_2 = \frac{s r_{2e} x_m^2}{r_{2e}^2 + (x_m - x_{2e})^2} \tag{2-176}$$

将式（2-172）～式（2-174）代入式（2-176）整理可得

$$r_2 = K_a \frac{s/\tan \frac{\pi}{\tau} d_2 \beta_2'}{1 - \tanh^2 \frac{\pi}{\tau}(g_e + d_2 \alpha_2')} \tag{2-177}$$

5. 次级漏抗

根据图 2-18 所示的等效电路，次级漏抗 x_2 的计算式为

$$x_2 = \frac{x_m(x_m x_{2e} - x_{2r}^2 - r_{2e}^2)}{r_{2e}^2 + (x_m - x_{2e})^2} \tag{2-178}$$

将式（2-172）～式（2-174）代入式（2-178）整理可得

$$x_2 = K_a \frac{\tanh \frac{\pi}{\tau}(g_e + d_2)}{1 - \tanh^2 \frac{\pi}{\tau}(g_e + d_2 \alpha_2')} \tag{2-179}$$

式（2-179）表明，物理气隙 g_e 越大、次级导体厚度 d_2 越厚，次级漏抗 x_2 就越大。而且从式（2-174）可以看出 x_2 与 x_m 关系密切，如果设计时增大 x_m，则可以减小 x_2，二者之比为

$$\frac{x_2}{x_m} = \frac{\tanh^2 \frac{\pi}{\tau}(g_e + d_2)}{1 - \tanh^2 \frac{\pi}{\tau}(g_e + d_2 \alpha_2')} \tag{2-180}$$

式（2-180）中，$\alpha_2' \simeq 1$。

2.3.3　单边型直线感应电机二维解析解的线性近似

由于基于电磁场理论得到的单边直线感应电机等效电路参数解析解是用双曲函数和三角函数表示的，所以不能直观地判断出设计参数与这些值之间的关系。因此，在前面的假定条件 $\sigma_{1e} = 0$、$\lambda_1 = 1$、$\lambda_1' = 0$ 的基础上，再考虑 $\pi g'/\tau \ll 1$、$\pi d_2/\tau \ll 1$，将 r_2、x_2 进行线性化。

在上述条件下可知

$$\begin{cases} \tanh \frac{\pi}{\tau} d_2 \alpha_2' \simeq \frac{\pi}{\tau} d_2 \alpha_2' \\ \tan \frac{\pi}{\tau} d_2 \beta' \simeq \frac{\pi}{\tau} d_2 \beta' \end{cases} \tag{2-181}$$

根据式（2-159）可得

$$\tanh \frac{\pi}{\tau} d_2 \lambda_2' = \lambda_2 \tanh \frac{\pi}{\tau} d_2 \lambda_2 \tag{2-182}$$

根据式（2-181）和式（2-182）可得

$$\frac{\pi}{\tau} d_2 \alpha_2' \simeq \frac{\frac{\pi}{\tau} d_2 \dfrac{1 + \left(\frac{\pi}{\tau} d_2\right)^2 \dfrac{\xi_2^2 - 1}{3} - \left(\frac{\pi}{\tau} d_2\right)^4 \dfrac{\xi_2^2}{12}}{1 + \left(\frac{\pi}{\tau} d_2\right)^4 \dfrac{\xi_2^2}{4}}}{1 + \left(\frac{\pi}{\tau} d_2 \beta_2'\right)^2} \tag{2-183}$$

$$\frac{\pi}{\tau}d_2\beta_2' \simeq \frac{\pi}{\tau}d_2\xi_2 \frac{1-\left(\frac{\pi}{\tau}d_2\right)^2\frac{2}{3}-\left(\frac{\pi}{\tau}d_2\right)^4\frac{\xi_2^2}{12}}{1+\left(\frac{\pi}{\tau}d_2\right)^4\frac{\xi_2^2}{4}} \tag{2-184}$$

其中

$$\xi_2 = \frac{s\sigma_{2e}\mu_0 v_s\tau}{\pi} \tag{2-185}$$

将式（2-177）和式（2-179）进行麦克劳林展开，可以得到如下 r_2 与 x_2 的多项式形式的近似表达式

$$r_2 = K_a \frac{\frac{s}{\frac{\pi}{\tau}}d_2\beta_2'}{1-\left[\frac{\pi}{\tau}(g_e+d_2\alpha_2')\right]^2} \tag{2-186}$$

$$x_2 = K_a \frac{\frac{\pi}{\tau}(g_e+d_2)}{1-\left[\frac{\pi}{\tau}(g_e+d_2\alpha_2')\right]^2} \tag{2-187}$$

只要将式（2-183）、式（2-184）中的 α_2'、β_2' 代入式（2-186）、式（2-187），即可计算出 r_2、x_2。

根据表 2-3 的单边直线感应电机样机参数，把二维解析解用麦克劳林展开近似代替时，根据式（2-183）、式（2-184）计算得到的 α_2'、β_2' 随滑差率 s 的变化曲线如图 2-19 所示。可以看出，随着 s 从 0 增加 1，α_2' 从 1 减小到 0.5；而 β_2' 则与 s 成正比地从 0 增加到 32.2。

如果想要得到 r_2、x_2 的更简洁、更粗略地近似表达式，可以将式（2-183）、式（2-184）进一步简化为

$$\frac{\pi}{\tau}d_2\alpha_2' \simeq \frac{\pi}{\tau}d_2 \tag{2-188}$$

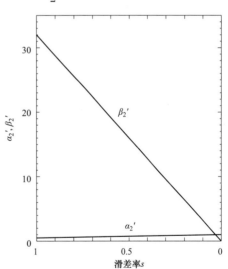

图 2-19　α_2' 与 β_2' 滑差率 s 的变化

$$\frac{\pi}{\tau}d_2\beta_2' \simeq \frac{\pi}{\tau}d_2\xi_2 = s\sigma_{2e}\mu_0 v_s d_2 \tag{2-189}$$

把式（2-188）、式（2-189）代入式（2-186）、式（2-187），可将 r_2、x_2 表示为

$$r_2 \simeq K_a \frac{1/\sigma_{2e}\mu_0 v_s d_2}{1-\left[\frac{\pi}{\tau}(g_e+d_2)\right]^2} \tag{2-190}$$

$$x_2 \simeq K_a \frac{\frac{\pi}{\tau}(g_e + d_2)}{1 - \left[\frac{\pi}{\tau}(g_e + d_2)\right]^2} \qquad (2\text{-}191)$$

当 $\left[\frac{\pi}{\tau}(g_e + d_2)\right]^2 \ll 1$ 时，可将式（2-190）、式（2-191）进一步近似为

$$r_2 \simeq K_a \frac{1}{\sigma_{2e}\mu_0 v_s d_2} \qquad (2\text{-}192)$$

$$x_2 \simeq K_a \frac{\pi}{\tau}(g_e + d_2) \qquad (2\text{-}193)$$

同理，也可以将式（2-174）的 x_m 近似为

$$x_m \simeq \frac{K_a}{\frac{\pi}{\tau}(g_e + d_2)} \qquad (2\text{-}194)$$

图 2-20 为根据式（2-174）计算得到的 g'/τ 与激磁电抗的关系，其中图 2-20（a）为式（2-174）中的分母 $\tanh\pi g'/\tau$、图 2-20（b）为式（2-174）中的 $x_m/K_a = \coth\pi g'/\tau$。可以看出，$g'/\tau$ 越小，x_m 越大，从而激磁电流就越小，功率因数就越高。在设计电机时，如果不能减小气隙 g，可以考虑适当增大极距 τ。

根据表 2-3 所给出的单边直线感应电机样机参数，可得 $g'/\tau = 0.0637$、$\pi g'/\tau = 0.200$，而 $\tanh 0.200 = 0.1974$，即此时如果用 $\pi g'/\tau$ 近似代替 $\tanh\pi g'/\tau$，所带来的误差为 1.3%。正如图 2-20（a）所示，在 $0 < g'/\tau < 0.1$ 的范围内，用直线 $\pi g'/\tau$ 近似代替曲线 $\tanh\pi g'/\tau$ 的误差在 3.2% 以下，因此式（2-194）x_m 的线性近似是成立的。

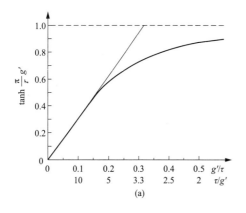
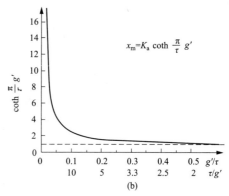

图 2-20 g'/τ 与激磁电抗的关系

(a) $\tanh\pi g'/\tau$；(b) $\coth\pi g'/\tau$

利用一维解析得到的图 2-18（a）的等效电路参数 r_2 与式（2-192）相同，而 x_2 无法计算，因此设 $x_2 = 0$，x_m 则变成

$$x_{\mathrm{m}} = \frac{K_{\mathrm{a}}}{\frac{\pi}{\tau} g_{\mathrm{e}}} \qquad (2\text{-}195)$$

图 2-21 所示为 g'/τ 与次级电阻 r_2 的关系。图中曲线表明，利用一维近似表达式（2-192）计算得到的次级电阻 r_2 不受 g'/τ 的影响，为一定值；而利用二维线性近似表达式（2-190）计算次级电阻 r_2，在 $g'/\tau > 0.1$ 时，不能忽略分母中 $(\pi g'/\tau)^2$ 的影响。

图 2-22 所示为 g'/τ 与次级漏抗 x_2 的关系。图中曲线表明，利用式（2-193）计算得到的次级漏抗 x_2 与 g'/τ 成正比地增大；与 r_2 同样，在 $g'/\tau > 0.1$ 时，受式（2-191）分母减小的影响，x_2 也进一步增大。

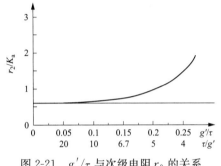

图 2-21 g'/τ 与次级电阻 r_2 的关系

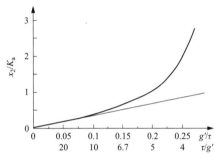

图 2-22 g'/τ 与次级漏抗 x_2 的关系

图 2-18（b）的等效电路参数 $r_{2\mathrm{e}}$、$x_{2\mathrm{e}}$ 可以用 r_2、x_2 和 x_{m} 根据下式计算得到

$$r_{2\mathrm{e}} = \frac{x_{\mathrm{m}}^2 \left(\dfrac{r_2}{s} \right)}{(x_{\mathrm{m}} + x_2)^2 + \left(\dfrac{r_2}{s} \right)^2} \qquad (2\text{-}196)$$

$$x_{2\mathrm{e}} = \frac{x_{\mathrm{m}} \left[x_2 (x_{\mathrm{m}} + x_2) + \left(\dfrac{r_2}{s} \right)^2 \right]}{(x_{\mathrm{m}} + x_2)^2 + \left(\dfrac{r_2}{s} \right)^2} \qquad (2\text{-}197)$$

可以证明，如果将 x_{m}、r_2 和 x_2 的表达式（2-174）、式（2-177）、式（2-179）代入式（2-196）、式（2-197），可以得到与式（2-172）、式（2-173）相同的结果。而且，如果 x_{m}、r_2 和 x_2 采用式（2-194）、式（2-192）、式（2-193）的近似表达式，则同样可求得 $r_{2\mathrm{e}}$、$x_{2\mathrm{e}}$ 的近似表达式。

图 2-23、图 2-24 为根据表 2-3 的设计参数，用二维解析解计算得到的 $r_{2\mathrm{e}}$、$x_{2\mathrm{e}}$、x_{m}、r_2、x_2 分别在 25Hz、10Hz 时随滑差率 s 的变化曲线。可以看出，$r_{2\mathrm{e}}$、$x_{2\mathrm{e}}$ 随 s 大幅度变化，当 $s=0$ 时，$r_{2\mathrm{e}}=0$、$x_{2\mathrm{e}}=x_{\mathrm{m}}$。在 $f_1=25$Hz 处，s 从 1 变化到 0，r_2 的变化范围是 $0.4460 \sim 0.4700\Omega$，x_2 的变化范围是 $0.1363 \sim 0.1576\Omega$，几乎不怎么变化；在 $f_1=10$Hz 处，$r_2=0.4682 \sim 0.4700\Omega$，即 r_2 不随频率变化，而 $x_2=0.0594 \sim 0.0630\Omega$，大约变成 $f_1=25$Hz 时值的 1/2.5，从而表明 x_2 的大小与频率成正比。

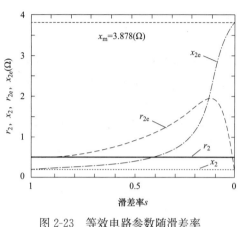

图 2-23 等效电路参数随滑差率
s 的变化（$f_1 = 25\text{Hz}$）

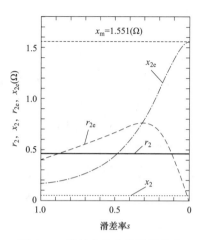

图 2-24 等效电路参数随滑差率
s 的变化（$f_1 = 10\text{Hz}$）

图 2-25 是保持次级导体板厚度 $d_2 = 5\text{mm}$ 为一定、并忽略端部效应时，随着 g'/τ 的

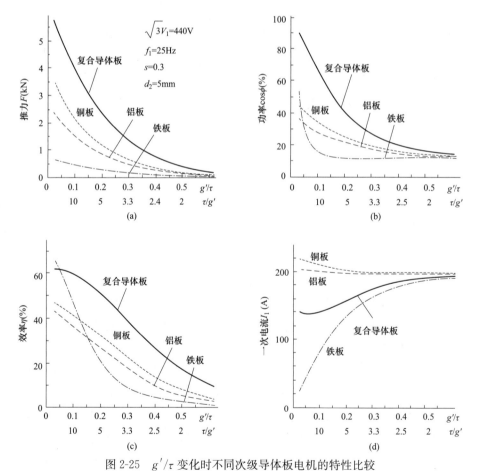

图 2-25 g'/τ 变化时不同次级导体板电机的特性比较

（a）推力-速度特性；（b）功率-速度特性；（c）效率-速度特性；（d）一次电流 I_1-速度特性

变化，不同次级导体板电机的特性比较。这里，铜的电导率取 $\sigma_2 = 4.76 \times 10^7 \text{S/m}$，是铝的 1.571 倍。从图 2-25 (a) 的推力-速度特性可以看出，由铝板与背铁板构成复合次级的电机的推力比单一铜板、铝板、铁板次级电机大；铜板次级与铝板次级推力的差异体现在电导率的差异上；铁板次级的推力相当小，通常利用价值小，但是，在极低速应用领域，滑差频率小，且初、次级之间的法向吸引力反而可能被利用上。从图 2-25 (d) 可以看出，由于初级电流的额定值为 130A，所以铜板与铝板次级为过流状态，需要降低电源电压；而铁板次级的初级电流不能充分流入，若不大幅度提高电源电压，初级容量就无法被充分利用。

直线感应电机初、次级之间的法向力对支撑结构的影响很大，单边直线感应电机的法向力 F_z 的计算式为

$$F_z = \frac{1}{2}\mu_0 J_1^2 \frac{\cos 2\frac{\pi}{\tau}d_2\beta_2'}{\cosh 2\frac{\pi}{\tau}(g_e + d_2\alpha_2') - \cos 2\frac{\pi}{\tau}d_2\beta_2'}(2h\tau p) \tag{2-198}$$

其中

$$J_1 = \frac{2\sqrt{2}mk_wN_{ph}}{2p\tau}I_1 \tag{2-199}$$

当次级为单一铜板或铝板时，在电机物理模型中的区域 II，可令 $\mu_2 = \mu_0$、σ_2 (或 σ_{2e}) 取铜或铝的电导率；在区域 I，可令 $\mu_1 = \mu_0$、$\sigma_1 = 0$ ($\sigma_{1e} = 0$)、$d_1 = \tau/2$，将这些假定条件代入式 (2-162) 可得 $\lambda_1 = 1$，从而式 (2-161) 可简化为

$$\frac{\pi}{\tau}d_1\lambda_1' = \tanh^{-1}\frac{1}{\lambda_2} \tag{2-200}$$

当次级为单一铁板时，在电机物理模型中的区域 II，可令 $\mu_2 = \mu_s\mu_0$、σ_2 (或 σ_{2e}) 为铁的电导率；在区域 I，可令 $\mu_1 = \mu_0$、$\sigma_1 = 0$ ($\sigma_{1e} = 0$)。由于 $\sigma_{1e} = 0$，式 (2-162) 的 $\lambda_1 = 1$。把这些值代入式 (2-161) 可得

$$\frac{\pi}{\tau}d_1\lambda_1' = \tanh^{-1}\frac{\mu_s}{\lambda_2} \tag{2-201}$$

分别把式 (2-200)、式 (2-201) 代入式 (2-159)，可以得到两种单一次级时的 $d_2\alpha'$、$d_2\beta_2'$ 的值，再将 $d_2\alpha'$、$d_2\beta_2'$ 的值代入式 (2-198)，就可以分别得到次级为单一铜板或铝板、单一铁板时的法向力。图 2-26 (a)、(b) 所示分别为单一次级法向力随次级厚度 d_2 变化曲线。

图 2-26 (c) 为复合次级导体板中铝板厚度变化时的法向力特性。法向力主要由初级与次级电流相互作用产生的电磁排斥力和初级、次级铁芯间的磁吸引力构成。磁吸引力与滑差率无关，基本为一定值。在高滑差区域，铝板厚度薄时，电磁排斥力小，法向力体现为吸引力；但是随着铝板的厚度增加，次级涡流增大，电磁排斥力大于磁吸引力，法向力体现为排斥力。随着向低滑差区域推移，次级涡流的滞后分量减小，法向力体现

为很强的吸引力。

图 2-26（d）为 $d_2=5$mm 时的铝板次级、铁板次级、复合次级的法向力特性比较。图中结果表明，在高滑差区域，复合次级的法向力基本上与铝板次级相同，体现为排斥力，随着向低滑差区域靠近，铁芯间磁吸引力的影响明显地表现出来。

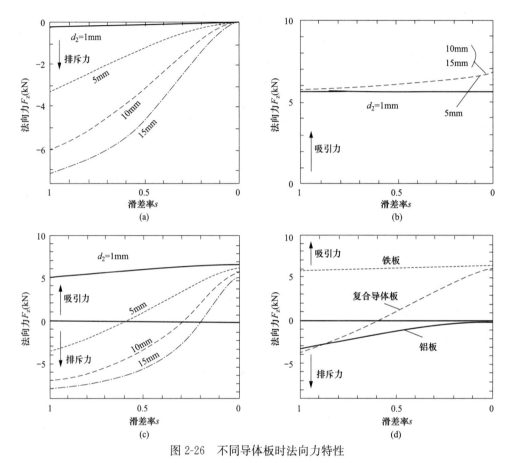

图 2-26　不同导体板时法向力特性

（a）次级为单一铝板；（b）次级为单一铁板；（c）次级为铁铝复合板；（d）不同的次级导体板

表 2-3 所示为单边直线感应电机设计参数。

表 2-3　　　　　　　　　单边直线感应电机设计参数

参数	符号	设计数据
（1）额定值		
额定速度	v_e	10.5 （m/s）
额定推力	F_N	4.57 （kN）
滑差率	s	0.30
容量	S	100 （kVA）
输出功率	P_2	48.0 （kW）
线电压	$\sqrt{3}U_1$	440 （V）

参数	符号	设计数据
初级电流	I_1	130（A）
同步速度	v_{s}	15.0（m/s）
（2）初级铁芯		
电机长度	L	1425（mm）
铁芯叠厚	h	290（mm）
极距	τ	300（mm）
极对数	p	2
铁芯高度	d_{a}	77（mm）
每极每相槽数	q	4
槽距	τ_{s}	25（mm）
槽宽	w_{s}	17（mm）
齿宽	w_{t}	8（mm）
槽深	d_{s}	38（mm）
（3）初级绕组		
相数	m	3
每个线圈匝数	N	8
每相串联匝数	N_{ph}	128
半匝线圈长度	l_{a}	665（mm）
短距率	β	10/12
绕组系数	k_{w}	0.925
初级电阻	r_1	0.168（Ω）
初级漏抗	x_1	0.528（Ω）
激磁电抗	x_{m}	3.878（Ω）
（4）气隙		
机械气隙	g	12.0（mm）
等效气隙	$K_{\mathrm{c}}g$	14.1（mm）
等效气隙	$g_{\mathrm{e}}+d_2$	19.1（mm）
卡特系数	K_{c}	1.117
空气磁导率	μ_0	$4\pi\times10^{-7}$（H/m）
（5）次级		
次级导体板宽度	$h+2c$	400（mm）

续表

参数	符号	设计数据
伸出长度	c	55（mm）
铝板厚度	d_2	5（mm）
背铁板厚度	d_1	25（mm）
背铁板宽度	h_1	300（mm）
背铁板伸出长度	c_1	5（mm）
铝板的磁导率	μ_2	μ_0（H/m）
铝板的电导率	σ_2	3.03×10^7（S/m）
等效次级电导率	σ_{2e}	1.8×10^7（S/m）
背铁板的磁导率	μ_1	$800\mu_0$（H/m）
背铁板的电导率	σ_1	0.952×10^7（S/m）
等效背铁板电导率	σ_{1e}	0.408×10^7（S/m）

2.4　圆筒型直线感应电机

圆筒型直线感应电机又称管型直线感应电机，是将扁平型直线感应电机沿着纵轴轴线方向卷绕起来而形成的。它的初级不存在端部绕组，因而也就不存在横向端部漏磁通和附加阻抗，并且在圆柱型次级上也不存在总径向力，从而减小了直线轴承所承受的应

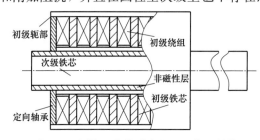

力。次级材料可以是实心钢、钢外表面覆盖铜层或铝层，也可以是两者的结合形式。对于小型圆筒型直线感应电机，使用实心刚次级；而大型圆筒型直线感应电机，常采用复合次级。圆筒型直线感应电机有很多种具体形式，图 2-27 是圆筒型直线感应电机的典型结构。

图 2-27　圆筒型直线感应电机的典型结构

2.4.1　圆筒型直线感应电机的解析分析

圆筒型直线感应电机的模型如图 2-28 所示，圆柱坐标系固定在电机初级上。为了便于分析，做如下假设：

（1）电机在 z 方向为无限长，可以不计纵向漏磁；

（2）初级激磁线圈用紧贴于铁芯内表面

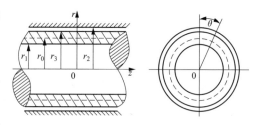

图 2-28　圆筒型直线感应电机的模型

无限薄的行波电流层代替，如图 2-28 所示；

（3）初级与次级为光滑表面，由于环形线圈所造成的类似于齿和槽的影响，通过气隙系数来考虑；

（4）铁芯的导磁导率 $\mu_{Fe}=\infty$，电导率 $\sigma=0$；

（5）沿 z 轴方向上电流层按正弦规律变化。

定子电流线密度为

$$j_1 = J_m \cos(\omega t - \alpha z) \tag{2-202}$$

在空气隙中，无电流区（$r_1 \leqslant r \leqslant r_3$）取标量磁位 φ 的拉普拉斯方程得

$$\Delta \varphi = 0 \tag{2-203}$$

采用圆柱坐标，考虑到磁力线在圆周各点上对称，所以 φ 与 θ 无关，那么用圆柱坐标表示的拉普拉斯方程为

$$\frac{1}{r}\frac{\partial}{\partial r}\left(r\frac{\partial \phi}{\partial r}\right) + \frac{\partial^2 \phi}{\partial z^2} = 0 \tag{2-204}$$

因为空气隙磁场是按正弦分布的量，即行波磁场，因此有

$$\varphi = \mathrm{Re}\left[\phi_m e^{j(\omega t - \alpha z)}\right] \tag{2-205}$$

将式（2-205）代入式（2-204）得

$$\frac{\partial^2 \phi}{\partial r^2} + \frac{1}{r}\frac{\partial \phi_m}{\partial r} - \alpha^2 \phi_m = 0 \tag{2-206}$$

利用贝氏函数解（2-206）微分方程可得

$$\phi_m = C_1 I_0(\alpha r) + C_2 K_0(\alpha r) \tag{2-207}$$

其中，$I_0 = I_0(\alpha r)$；$K_0 = K_0(\alpha r)$ 是零阶修正贝氏函数的第一及第二项，它们都是（αr）的函数。C_1 及 C_2 是积分常数，应用电流边界条件可以求得。

在 $r=r_3$ 及 $r=r_1$ 表面上，磁场 H 的切线分量等于电密，即

$$\begin{cases} H_{z3} = J_m \cos(\omega t - \alpha z) \\ H_{z1} = 0 \end{cases} \tag{2-208}$$

用复数分量表示有

$$\begin{cases} H_{z3} = J_m e^{i(\omega t - \alpha z)} \\ H_{z1} = 0 \end{cases} \tag{2-209}$$

在标量场中有

$$H = -\mathrm{grad}\,\varphi \tag{2-210}$$

在圆柱坐标系中梯度表示为

$$\mathrm{grad}\,\varphi = \frac{\partial \varphi}{\partial r}\boldsymbol{r} + \frac{1}{r}\frac{\partial \varphi}{\partial \theta}\boldsymbol{\theta} + \frac{\partial \varphi}{\partial z}\boldsymbol{z} \tag{2-211}$$

所以有

$$H_r = -\frac{\partial \varphi}{\partial r}; \quad H_\theta = -\frac{1}{r}\frac{\partial \varphi}{\partial \theta}; \quad H_z = -\frac{\partial \varphi}{\partial z} \tag{2-212}$$

将式（2-209）代入式（2-212）有

$$\begin{cases} \left[\dfrac{\partial \varphi}{\partial z}\right]_{r=r_3} = -J_{\mathrm{m}} e^{i(\omega t - \alpha z)} \\[3mm] \left[\dfrac{\partial \varphi}{\partial z}\right]_{r=r_1} = 0 \end{cases} \tag{2-213}$$

将式（2-205）和式（2-207）代入式（2-213）得

$$\begin{cases} -i\alpha [C_1 I_{03} + C_2 K_{03}] = -J_{\mathrm{m}} \\ -i\alpha [C_1 I_{01} + C_2 K_{01}] = 0 \end{cases} \tag{2-214}$$

在式（2-214）中

$$\begin{cases} I_{03} = I_0(\alpha r_3); \quad K_{03} = K_0(\alpha r_3) \\ I_{01} = I_0(\alpha r_1); \quad K_{01} = K_0(\alpha r_1) \end{cases} \tag{2-215}$$

解方程（2-214）得

$$\begin{cases} C_1 = \dfrac{J_{\mathrm{m}} K_{01}}{i\alpha (I_{03} K_{01} - I_{01} K_{03})} \\[3mm] C_2 = \dfrac{-J_{\mathrm{m}} I_{01}}{i\alpha (I_{01} K_{01} - I_{01} K_{03})} \end{cases} \tag{2-216}$$

将式（2-216）代入式（2-207）得

$$\phi_{\mathrm{m}} = -\frac{iJ_{\mathrm{m}}}{\alpha} \frac{K_{01} I_0(\alpha r) - I_{01} K_0(\alpha r)}{I_{03} K_{01} - I_{01} K_{03}} \tag{2-217}$$

因为磁势等于磁位差，在空气隙中的磁势即为 $r=r_3$ 和 $r=r_1$ 磁位之差，得

$$AT = [\phi_{\mathrm{m}}]_{r=r_3} - [\phi_{\mathrm{m}}]_{r=r_1} \tag{2-218}$$

将式（2-207）及式（2-216）代入式（2-218）得

$$AT = -\frac{iJ_{\mathrm{m}}}{\alpha} \tag{2-219}$$

所以磁势的振幅为

$$AT = \frac{\tau}{\pi} J_{\mathrm{m}} \tag{2-220}$$

即一对极的磁势振幅等于一个极内电流的线积分。

当 $r=r_1$ 时 $\phi_{\mathrm{m}}=0$ 及

$$\begin{cases} \dfrac{d}{dr} I_0(\alpha r) = \alpha I_1(\alpha r) \\[3mm] \dfrac{d}{dr} K_0(\alpha r) = -\alpha K_1(\alpha r) \end{cases} \tag{2-221}$$

此处，I_1 和 K_1 为一阶修正贝氏函数，那么将式（2-205）、式（2-217）代入式（2-212）可得

$$
\begin{cases}
B_z = \mu_0 H_z = \mu_0 J_m \dfrac{K_{01} I_0(\alpha r) - I_{01} K_0(\alpha r)}{I_{03} K_{01} - I_{01} K_{03}} \\[3mm]
B_r = \mu_0 H_r = i \mu_0 J_m \dfrac{K_{01} I_0(\alpha r) + I_{01} K_0(\alpha r)}{I_{03} K_{01} - I_{01} K_{03}}
\end{cases}
\tag{2-222}
$$

当 $r = r_3$ 时，因为 $I_{03} = I_0(\alpha r_3)$、$K_{03} = K_0(\alpha r_3)$，有

$$
\begin{cases}
B_{z3} = B_3 = (B_z)_{r=r_3} = \mu_0 J_m \\[2mm]
B_{r3} = (B_r)_{r=r_3} = B_3
\end{cases}
\tag{2-223}
$$

在 $r = r_0$ 处，r_0 是次级铜层的平均半径，有

$$
[B_r]_{r=r_0} = B_0
\tag{2-224}
$$

应用下列符号：

$$
I_{13} = I_1(\alpha r_3); \quad I_{11} = I_1(\alpha r_1); \quad I_{10} = I_1(\alpha r_0)
$$

$$
K_{11} = K_1(\alpha r_1); \quad K_{13} = K_1(\alpha r_3); \quad K_{10} = K_1(\alpha r_0)
$$

同时令

$$
\begin{cases}
b = I_{01} K_{10} + K_{01} I_{10} \\
c = I_{03} K_{01} - K_{03} I_{01} \\
d = I_{01} K_{13} + K_{01} I_{13}
\end{cases}
\tag{2-225}
$$

将式（2-225）代入式（2-222）同时考虑到式（2-223）和式（2-224）可得

$$
\begin{cases}
B_3 = i \mu_0 J_m \dfrac{d}{c} \\[3mm]
B_0 = i \mu_0 J_m \dfrac{b}{c}
\end{cases}
\tag{2-226}
$$

磁场从 $r = r_3$ 到 $r = r_0$ 的削减系数等于

$$
k_n = \frac{B_3}{B_0} = \frac{d}{b}
\tag{2-227}
$$

在计算磁势时采用 B_0 值来计算，还必须考虑到磁场在空气隙中分布的不均匀而增加的磁势，增加的系数称为第二气隙系数 k_{c2}，有

$$
ATg = \frac{g_e k_{c2} \cdot B_0}{\mu_0}
\tag{2-228}
$$

$$
k_{c2} = \frac{\tau_p}{\pi g_e} \cdot \frac{c}{b}
\tag{2-229}
$$

根据式（2-227）和式（2-229）可以计算出 k_n 和 k_{c2} 的曲线如图 2-29 所示。

2.4.2 圆筒型直线感应电机的等效电路及参数计算

圆筒型直线感应电机的性能可以通过等效电路法来预测和分析。等效电路的组成部分由圆筒型直线感应电机的参数来定义，这里所考虑的特性为圆筒型直线感应电机的推力和效率。

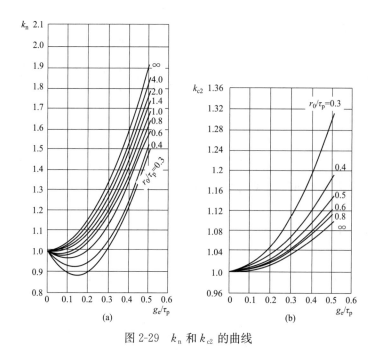

图 2-29 k_n 和 k_{c2} 的曲线

1. 等效电路及其参数

利用圆筒型直线感应电机的每相近似等效电路建立表征电机不同状态的两个模型，分别如图 2-30 和图 2-31 所示。其中第一个模型对应圆筒型直线感应电机不带次级时的状态，第二个模型对应电机带次级时。在第二个电路模型中，由于次级导体板的存在，假设次级漏抗可以忽略。两个模型中的具体组成部分将在下面进行具体描述。

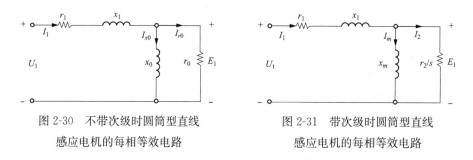

图 2-30 不带次级时圆筒型直线
感应电机的每相等效电路

图 2-31 带次级时圆筒型直线
感应电机的每相等效电路

圆筒型直线感应电机中由定子绕组所产生的磁动势 F 可表示为

$$F = \frac{B_{\text{gmax}} g_e}{\mu_0} \tag{2-230}$$

式中 μ_0 为真空磁导率，大小为 $4\pi \times 10^{-7} \text{H/m}$。

由定子所有相绕组产生的圆筒型直线感应电机的磁动势为

$$F = \frac{\sqrt{2} m k_w N_1 I_m}{\pi p} \tag{2-231}$$

式中：I_m 为激磁电流。

由式（2-230）和式（2-231）可得

$$I_m = \frac{\pi p B_{gmax} g_e}{\sqrt{2} m k_w N_1 \mu_0} \tag{2-232}$$

（1）初级每相电阻 r_1。

圆筒型直线感应电机的初级每相电阻 r_1 计算式为

$$r_1 = \rho_{Cu} \frac{l_w}{A_w} \tag{2-233}$$

式中：ρ_{Cu} 为初级绕组所使用铜导线的电阻率；l_w 为每相铜导线的长度；A_w 为导线横截面积。

铜导线的长度 l_w 计算式为

$$l_w = N_1 \pi (D + d_s) \tag{2-234}$$

式中：$\pi(D+d_s)$ 为初级绕组的圆周；D 为圆筒型直线感应电机的内径。

（2）初级每相槽漏抗 x_1。

初级槽漏抗 x_1 是由漏磁通引起的。这些漏磁通是由于初级槽中的个别线圈因为铁芯开槽的原因而产生的。对于一个单层绕组、开口槽的圆筒型直线感应电机，x_1 计算式为

$$x_1 = 2\pi f \mu_0 W_s \frac{N_1^2}{pq} \left(\frac{d_s}{3 w_s} \right) \tag{2-235}$$

（3）不考虑次级 x_0 时的定子每相主电抗。

当不带次级对圆筒型直线感应电机的定子供电时，由于由定子产生的主磁通不能和次级相交链，所以此时不存在激磁电抗 x_m。此时的定子线圈如同螺线管一样。由于主磁通的存在，会产生附加的电抗如 x_1，该电抗为不考虑 x_0 的定子主电抗。

任何一个槽中的每个线圈都像一个空心的短路螺线管，具有如下的电抗

$$x_{coil} = \frac{2\pi f \mu_0 N_s^2 A_{coil}}{\sqrt{D_{coil}^2 + l_{coil}^2}} \tag{2-236}$$

式中：N_s 为一个槽中的导体数；A_{coil} 为线圈的横截面积，$\pi D_{coil}^2 / 4$；D_{coil} 为线圈的平均直径；l_{coil} 为线圈沿坐标轴方向的长度，近似等于槽宽 w_s。

每个线圈的电抗已知，且一相总槽数为 pq，故不考虑次级 x_0 的定子每相主电抗可定义为

$$x_0 = \frac{2\pi f \mu_0 N_s^2 \dfrac{\pi(D+d_s)^2}{4}}{\sqrt{(D+d_s)^2 + w_s^2}} pq \tag{2-237}$$

（4）不考虑次级 x_0 时的定子每相漏抗。

铁芯损耗是由铁芯中的涡流引起的，用于计算涡流在铁芯中所产生损耗的电阻 r_0，其计算式为

$$r_0 = \frac{E_1^2}{p_e} \tag{2-238}$$

其中

$$p_e = \frac{\pi^2}{6\rho_{Fe}} d_1^2 f^2 B_{gmax}^2 v_{core} \tag{2-239}$$

式中：E_1 为感应电压的有效值；p_e 为涡流造成的损耗；ρ_{Fe} 为铁芯的电阻率；d_1 为铁芯叠片的厚度；v_{core} 为铁芯的体积。

每极磁通可表示为

$$\Phi_p = \frac{2}{\pi} B_{gmax} \frac{A_c}{p} \tag{2-240}$$

式中：A_c 为铁芯的横截面积。

最大气隙磁通密度可以表示为

$$B_{gmax} = \frac{E_1 p}{\sqrt{2} f A_c k_w N_1} \tag{2-241}$$

将式（2-239）中的 p_e 代入式（2-238）并且考虑式（2-241）中的 B_{gmax} 可得

$$r_0 = \frac{12\rho_{Fe} A_c^2 k_w^2 N_1^2}{\pi^2 d_1^2 p^2 v_{core}} \tag{2-242}$$

（5）每相激磁电抗 x_m。

根据图 2-31 可得

$$x_m = \frac{E_1}{I_m} \tag{2-243}$$

式中：x_m 和 I_m 分别为每相激磁电抗和激磁电流。

根据反电势公式和式（2-232）可得

$$x_m = \frac{mf\Phi_p (k_w N_1)^2 \mu_0}{p B_{gmax} g_e} \tag{2-244}$$

在式（2-244）中，调整每极磁通 Φ_p 表达形式可得

$$x_m = \frac{2mf(k_w N_1)^2 \mu_0 L_s W_s}{\pi p^2 g_e} \tag{2-245}$$

此处，x_m 的推导对应圆筒型直线感应电机的定子完全对应次级时的情况，也就是次级长度 L_r 大于等于定子铁芯长度 L_s。如果 $L_r < L_s$，则 x_m 的表达式将有所改变。

（6）每相次级电阻 r_2。

次级电阻 r_2 是转差率的函数，如图 2-31 所示。r_2 可以由品质因数 G 和每相激磁电抗 x_m 计算得到

$$r_2 = \frac{x_m}{G} \tag{2-246}$$

其中，品质因数定义如下

$$G = \frac{2\mu_0 f\tau^2}{\pi\left(\dfrac{\rho_\mathrm{r}}{d}\right)g_\mathrm{e}} \qquad (2\text{-}247)$$

式中：ρ_r 和 d 分别为次级导体板外层导体的电阻率和厚度。

由图 2-31 所示的等效电路，可以看出次级相电流 I_2 的大小为

$$I_2 = \frac{x_\mathrm{m}}{\sqrt{\left(\dfrac{r_2}{s}\right)^2 + x_\mathrm{m}^2}} I_1 \qquad (2\text{-}248)$$

由式（2-246）来替换 r_2 的值，则次级相电流变成

$$I_2 = \frac{I_1}{\sqrt{\dfrac{1}{(sG)^2} + 1}} \qquad (2\text{-}249)$$

2. 推力和效率

从等效电路角度来看，次级产生的机械功率等于初级向次级通过气隙传递的功率 $mI_2^2\dfrac{r_2}{s}$ 减去转子铜损耗 $mI_2^2 r_2$，或者是

$$P_2 = mI_2^2\frac{r_2}{s} - mI_2^2 r_2 = mI_2^2 r_2\left(\frac{1-s}{s}\right) \qquad (2\text{-}250)$$

将 $P_2 = Fv_\mathrm{r}$ 和 $v_\mathrm{r} = v_\mathrm{s}(1-s)$ 带入到式（2-250）中，可以得到圆筒型直线感应电机定子产生的电磁推力为

$$F = \frac{mI_2^2 r_2}{v_\mathrm{s}s} \qquad (2\text{-}251)$$

式（2-251）是通过次级相电流 I_2 来表示的单边型直线感应电机电磁推力的一般形式。如果带次级的圆筒型直线感应电机每相等效电路具有如图 2-31 所示的结构，并忽略铁损，F 可以表示成关于定子相电流 I_1 的形式。将式（2-249）带入到式（2-251）中，圆筒型直线感应电机的电磁推力变为

$$F = \frac{mI_1^2 r_2}{\left[\dfrac{1}{(sG)^2} + 1\right]v_\mathrm{s}s} \qquad (2\text{-}252)$$

圆筒型直线感应电机的输入有效功率是输出功率与初级、次级铜损的总和

$$P_1 = P_2 + mI_1^2 r_1 + mI_2^2 r_2 \qquad (2\text{-}253)$$

式中：$mI_1^2 r_1$ 为初级的铜损耗。

将式（2-250）和式（2-251）带入到式（2-253）中可得

$$P_1 = Fv_\mathrm{s} + mI_1^2 r_1 \qquad (2\text{-}254)$$

通过计算式（2-250）和式（2-254）之比可以得到圆筒型直线感应电机的效率，即

$$\eta = \frac{P_2}{P_1} \qquad (2\text{-}255)$$

3. 考虑纵向端部效应的等效电路

不同于旋转感应电机，圆筒型直线感应电机具有一个开放的磁路，从而引起纵向端部效应。其影响主要表现在以下几个方面：气隙中磁密的不均匀分布和涡流在导体层的不均匀分布；不平衡的相电流和寄生的制动力。这些影响的大小取决于电机的运行速度，次级的速度越高，端部效应对圆筒型直线感应电机性能的影响就越明显。

确定纵向端部效应系数 k_e 是一种用来计算端部效应的方法，该系数的推导是基于 Yamamura 对磁密在气隙中分布分析的。根据 Yamamura 的方法，端部效应波的极距 τ_e 和衰减系数 α_e 如下

$$\tau_e = \frac{2\pi}{C_1} \tag{2-256}$$

$$\alpha_e = \frac{2g_e\left(\dfrac{\rho_r}{d}\right)}{C_2 g_e\left(\dfrac{\rho_r}{d}\right) - v_r \mu_0} \tag{2-257}$$

其中

$$C_1 = \frac{1}{\sqrt{2}}\sqrt{\sqrt{C_4} - C_3^2} \tag{2-258}$$

$$C_2 = \frac{1}{\sqrt{2}}\sqrt{\sqrt{C_4} + C_3^2} \tag{2-259}$$

$$C_3 = \frac{\mu_0 v_r}{g_e\left(\dfrac{\rho_r}{d}\right)} \tag{2-260}$$

$$C_4 = C_3^4 + 16\left(\frac{2\pi f \mu_0}{g_e\left(\dfrac{\rho_r}{d}\right)}\right)^2 \tag{2-261}$$

关于以同步速运行的气隙磁密和端部效应波磁密的夹角 δ 的方程表示如下

$$f(\delta) = \frac{1}{\alpha_e}\sin\delta + \frac{\pi}{\tau_e}\cos\delta \tag{2-262}$$

其中

$$\delta = \delta_0 + C_\delta v_e \tag{2-263}$$

参数 δ_0 的计算式为

$$\delta_0 = \pi - \tan^{-1}\left(\pi\frac{\alpha_e}{\tau_e}\right) \tag{2-264}$$

且系数 C_δ 等于

$$C_\delta = \frac{1}{150}\tan^{-1}\left(\pi\frac{\alpha_e}{\tau_e}\right) \tag{2-265}$$

端部效应波的速度 v_e 取决于次级的速度 v_r，关系如下所示

如果 $v_r \geqslant v_0$，则

$$v_e = \frac{v_r - v_0}{v_s - v_0} v_s \qquad (2\text{-}266)$$

如果 $v_r < v_0$，则

$$v_e = 0 \qquad (2\text{-}267)$$

其中

$$v_0 = \frac{v_s}{2} \qquad (2\text{-}268)$$

根据 Gieras，利用式（2-279）、式（2-280）和式（2-287），纵向端部效应系数 k_e 可表示为

$$k_e = -\frac{k_{we}}{k_w} \frac{\dfrac{\pi \tau_e}{\tau^2}}{\dfrac{1}{\alpha_e^2} + \left(\dfrac{\pi}{\tau_e}\right)^2} f(\delta) e^{-\frac{p\tau_e}{2\alpha_e}} \frac{\sinh\left(\dfrac{p}{2}\dfrac{\tau_e}{\alpha_e}\right)}{\dfrac{p}{2}\sinh\left(\dfrac{\tau_e}{\alpha_e}\right)} \qquad (2\text{-}269)$$

其中，k_{we} 为端部效应波的绕组因数的计算式为

$$k_{we} = \frac{\sin\left(\dfrac{\tau}{\tau_e}\dfrac{\pi}{2m}\right)}{q_1 \sin\left(\dfrac{\tau}{\tau_e}\dfrac{\pi}{2mq}\right)} \sin\left(\dfrac{\tau}{\tau_e}\dfrac{\pi}{2}\right) \qquad (2\text{-}270)$$

一旦纵向端部效应系数 k_e 计算出来，圆筒型直线感应电机的性能可通过图 2-32 所示的等效电路来计算。等效电路各组成部分的复数形式表示如下：

（1）初级阻抗。

$$Z_1 = r_1 + jx_1 \qquad (2\text{-}271)$$

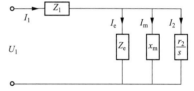

图 2-32　考虑纵向端部效应的圆筒型
直线感应电机的每相等效电路

（2）平行阻抗。

$$Z_t = \left(\frac{1}{jx_m} + \frac{1}{\dfrac{r_2}{s}}\right) \qquad (2\text{-}272)$$

（3）端部效应阻抗。

$$Z_e = \frac{1 - k_e}{k_e} Z_t \qquad (2\text{-}273)$$

圆筒型直线感应电机的总电抗为

$$Z = Z_1 + \left(\frac{1}{jx_m} + \frac{1}{\dfrac{r_2}{s}} + \frac{1}{Z_e}\right)^{-1} \qquad (2\text{-}274)$$

$$Z = |Z| \angle \phi \qquad (2\text{-}275)$$

式中：$|Z|$ 和 ϕ 分别为总阻抗的幅值和相角（阻抗相角 ϕ 为输入电流和电压之间的相角）。

根据图 2-32 所示的等效电路，初级或定子输入相电流 I_1 为

$$I_1 = \frac{U_1}{Z} \tag{2-276}$$

次级相电流为

$$I_2 = \frac{I_1}{\dfrac{r_2}{\mathrm{j}x_m s} + \dfrac{r_2}{Z_e s} + 1} \tag{2-277}$$

I_2 已知，则圆筒型直线感应电机推力可以通过式（2-251）得到，电机的输出功率可通过式（2-250）计算出来，输入功率可由式（2-254）得到。输出功率、输入功率已知后，则效率可以通过式（2-255）得到。

2.5 直线感应电机的端部效应分析

直线感应电机的气隙磁场不同于旋转感应电机，是非闭合、直线状的，对于电机的移动方向通常存在出口和入口，由此而引起磁通分布不均匀，或者产生磁通偏移，这就叫作边端效应。边端效应根据在电机上产生的方向不同，可以分为纵向边端效应和横向边端效应。

2.5.1 纵向边端效应

纵向边端效应是由于铁芯纵向开断，初级绕组不连续形成的。由于铁芯开断，使得各相绕组的阻抗不平衡。即使三相对称电源电压加在三相绕组上，三相电流还是不可能对称，因而在气隙中不仅产生正向移动的磁场，还要产生反向移动的磁场，它们在边端都会形成脉振磁场。反向移动磁场和脉振磁场都会引起附加损耗，致使直线感应电机的输出推力和效率降低，这种效应在次级静止时就存在，因而称为直线感应电机的静态纵向边端效应。

当次级运动时，还存在另一种纵向边端效应，称为动态纵向边端效应。为了说明动态纵向边端效应，假定气隙只存在正向移动磁场，且次级跟着移动磁场同步运行，此时次级相对于移动磁场没有切割。理论上来说，次级上没有感应电流，但实际上次级板上能感应出纵向边端效应电流和损耗，接下来进行详细分析。

根据相对运动原理，假定次级以同步速度相对于静止的初级移动，如图 2-33 所示。当时间为 t_0、t_1、t_2、t_3 和 t_4 时，次级导体上电路 C（在图 2-33 中用圆形表示）的相应位置是 C_0、C_1、C_2、C_3 和 C_4。因为次级是以同步速度移动，所以当 C 在 C_2 位置时，

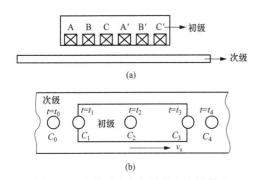

图 2-33 直线感应电机的纵向边端效应

在电路 C 中没有感应电动势。当 C 在 C_0 和 C_4 位置时，电路中也没有感应电动势，因为没有变化的磁通和它交链。但是当 C 在 C_1 和 C_3 位置时，在电路 C 中就有感应电动势和电流产生，因为这时由于铁芯开断端在 C 进入 C_1 和离开 C_3 位置时，磁通发生变化，因而在该回路 C 中感生电动势和电流。这种感应电流即为动态纵向边端效应电流，它会产生附加损耗和附加力，这种附加损耗和附加力是随速度增加而增加的。这些纵向边端效应，最终都是以增加损耗，减少直线感应电机的有效输出为结果。

通常，对于静态边端效应，可以用多台电机换位绕组的方法来减少不对称电流；而对于单台电机则采用增加极数的方法。

2.5.2 横向边端效应

直线感应电机初级和次级的宽度都是有限的（通常次级比初级宽一些）。在这有限宽的情况下，次级电流以及次级板对气隙磁场均会产生影响，从而影响直线感应电机的性能和要求指标，这种影响就是横向边端效应，图 2-34 表示了次级感应电流路径。

从次级电流路径图上可以看出，次级电流有纵向分量 I_x 和横向分量 I_z。而电流纵向分量 I_x 是产生横向边端效应的主要来源。初级和次级相等宽度的直线感应电机的横向

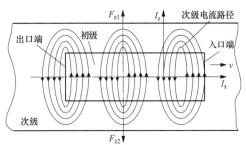

图 2-34 次级感应电流路径

边端效应比次级较初级宽的直线感应电机的横向边端效应要大些。由电磁场分析可知，横向边端效应的主要影响可以近似认为仅使次级电阻率有所增加。也就是说，可认为直线感应电机没有横向边端效应，而只是它的次级电阻率增大了一些。

另外，横向边端效应还有导致电机侧向不稳定的趋势，同时使气隙磁场畸变，使直线感应电机的特性变坏。横向边端效应的改善和修正可以通过初、次级宽度的调整来实现，一般以次级宽度大于初级宽度为好。

2.5.3 端部效应及其影响的修正

传统旋转感应电机等效 T 型电路如图 2-35 所示，图中 r_0 为初级绕组电阻，x_1 为初级绕组漏抗，x_2 为次级绕组漏抗，x_m 为励磁绕组电抗，r_2 为次级电阻。直线感应电机结构比旋转感应电机更复杂，电机参数变化随着速度的增加而增大，分别考虑电机纵向端部效应、横向端部效应、半填充槽、集肤效应、次级背板影响，可推导出直线感应电机的等效 T 型电路如图 2-36 所示。

图 2-35 和图 2-36 等效电路主要区别在于次级电阻和励磁电抗修正系数。旋转感应电机由于气隙均匀和结构对称，在运行过程中，气隙电感不发生变化，在进行矢量控制时，可较容易实现力矩电流和励磁电流分量的解耦，得到类似直流电机的特性。而对直线感应电

机特别是交通中大功率直线牵引电机，其电路特性出现了较大的变化。电机在运行过程中气隙会动态波动，由于纵向磁路的开断，电机初级入端和出端对气隙磁密产生反射，在旋转感应电机气隙正弦行波的基础上，叠加了入端磁密行波和出端磁密行波，加之横向边端效应的影响，直线感应电机等效参数特别是励磁电感和次级电阻将随速度的变化而改变。

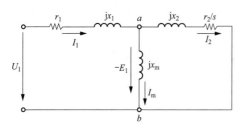 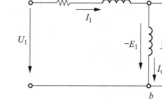

图 2-35 旋转感应电机 T 型等效电路   图 2-36 直线感应电机 T 型等效电路

集肤效应校正系数 K_f 的推导如下

$$K_f = \frac{1 + B_1^2 \mathrm{sh}^2(2Kg_e)}{A_1[1 + B_1^2 \mathrm{sh}^2(2Kd)]} \tag{2-278}$$

式中 g_e——等效气隙大小；

  τ——初级极距，$K = \pi/\tau$；

  d——次级导体板的厚度。

A_1 和 B_1 与转差率 s、转差角频率 ω 等相关，可表示为

$$A_1 = \mathrm{ch}^2(Kg_e) + \left[\frac{K\rho_s \mathrm{sh}(Kg_e)}{s\omega\mu_0 d}\right]^2 \tag{2-279}$$

$$B_1 = \frac{s\omega\mu_0 d}{2K\rho_r}\left(1 + \frac{K\rho_r}{s\omega\mu_0 d}\right)^2 \tag{2-280}$$

式中 μ_0——空气磁导率；

  ρ_r——次级板电导率。

纵向边缘效应校正系数 $K_r(s)$ 和 $K_x(s)$ 表达式为

$$K_r(s) = \frac{sG}{2p_e\tau\sqrt{1 + (sG)^2}}\frac{C_1^2 + C_2^2}{C_1} \tag{2-281}$$

$$K_x(s) = \frac{1}{2p_e\tau\sqrt{1 + (sG)^2}}\frac{C_1^2 + C_2^2}{C_2} \tag{2-282}$$

式中 G——品质因数；

  p_e——等效极对数。

C_1 和 C_2 为转差率 s 和品质因数 G 的函数。直线感应电机初级两端因磁路开断出现半填充槽，使得气隙磁密的分布发生一定变化，相当于影响电机的长度，因而用等效极对数校正为

$$p_e = \frac{(2p-1)^2}{4p-3+\varepsilon/m_1 q} \tag{2-283}$$

式中　ε——短距槽数，$\varepsilon = m_1 q - y_1$；

q——每极每相槽数。

横向边端效应校正系数 $C_r(s)$ 和 $C_x(s)$ 表达式为

$$C_r(s) = \frac{sG[\mathrm{Re}^2[T] + \mathrm{Im}^2[T]]}{\mathrm{Re}[T]} \tag{2-284}$$

$$C_x(s) = \frac{\mathrm{Re}^2[T] + \mathrm{Im}^2[T]}{\mathrm{Im}[T]} \tag{2-285}$$

$$T = j\left[\gamma^2 + (1-\gamma^2)\frac{\lambda}{a\alpha}\tanh(a\alpha)\right] \tag{2-286}$$

其中，$\gamma^2 = 1/(1+jsG)$；$\lambda = 1 \bigg/ \left\{1 + \dfrac{1}{\gamma}\tanh(a\alpha)\tanh[K(c-a)]\right\}$；$\alpha = K\sqrt{1+jsG}$。可以看出，$T$、$\lambda$、$\gamma$ 为电机结构参数和转差率、初级频率的函数，均为复数量。参数 a 为初级宽度一半；α 为一个与电机运行速度和次级材料相关的复数量。

如果滑差率 s 足够小，式（2-284）和式（2-285）可分别简化为

$$C_r = \left\{1 - \frac{\tanh(aK)}{aK[1 + \tanh(aK)\tanh K(c-a)]}\right\}^{-1} \tag{2-287}$$

$$C_x = 1 \tag{2-288}$$

相对普通旋转感应电机等效电路，直线感应电机 T 型电路中多了四个边缘效应修正系数，即 $K_r(s)$、$K_x(s)$、$C_r(s)$、$C_x(s)$。这四个参数是结合电磁场分析和数值求解得到的，它们充分考虑了电机特殊结构带来的影响，均是电机几何尺寸、次级导体材料、转差频率的函数。当参数 $K_r(s) = K_x(s) = C_r(s) = C_x(s) = K_f = 1$ 时，即不考虑横向边端效应、纵向边缘效应和集肤效应时，图 2-35 和图 2-36 模型完全一致，使直线感应电机和旋转感应电机的特性分析得到统一，给直线感应电机性能计算带来方便。

此外，直线感应电机在运行中为获得最佳牵引性能，通常需要不断改变输入频率和转差率，其磁通密度在次级导体中的透入深度 Δ 为

$$\Delta = \sqrt{\frac{2}{\omega\mu\sigma}} \tag{2-289}$$

式中　μ——磁导率；

σ——电导率。

表 2-4 计算出在不同转差频率 f_s 下磁密透入次级导体板（铝或铜板）和背铁深度。

表 2-4　　　　　　　　　　　磁密在金属材料中的透入深度

转差频率（Hz）	铝板透入深度（mm）	铜板透入深度（mm）	背铁透入深度（mm）
3.72	47.4	37.8	2.99
12	26.4	21.1	1.7
25	18.3	14.6	1.15

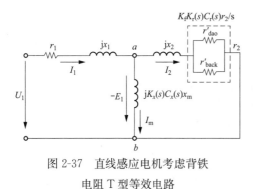

图 2-37 直线感应电机考虑背铁
电阻 T 型等效电路

实际线路中，次级导体板的厚度为 5～10mm，背铁厚度为 20～30mm。表 2-4 表明，直线感应电机运行过程中，气隙磁密多数能穿过次级导体板渗入到背铁中。为此，次级支路等效电阻 r_2 应由背铁电阻 r'_{back}、导体板电阻 r'_{dao} 并联组成，修正模型如图 2-37 所示。背铁电阻引入，使得直线感应电机功率因数减小，效率增加，在低转差率运行区段推力有所减小，使理论分析值和实际测量值更加接近。

2.6 直线感应电机的加速特性分析

以直线感应电机为动力源的高速、重载列车从起动到稳定速度状态的加速过程时间长，在加速期间需要消耗大量的能量；应用于运送领域的直线感应电机也要求具有良好的起动性能，应用于控制领域的直线感应电机通常也是要求加减速时间短，而且其反复加减速动作时间所占的比例大。从而，对直线感应电机的起动以及加速时的推力、效率等特性的分析、计算十分必要。

在一般的旋转感应电机中，若忽略激磁电流，从起动到同步转速的加速能量效率无论定子与转子电阻如何，理论上最大为 50%。但是，直线感应电机的气隙远大于旋转电机，因此激磁电抗小、激磁电流大，其加速能量效率远小于 50%，并且该效率值与推力同样，在很大程度上还受初级、次级电阻的影响。

2.6.1 恒频恒压驱动的直线感应电机的加速特性分析

1. 直线感应电机的特性计算式

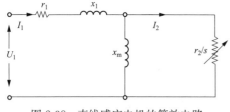

图 2-38 直线感应电机的等效电路

一般的直线感应电机的次级为导体板，因此，次级漏抗小，在等效电路以及特性计算中可以忽略不计；并且其气隙远远大于旋转电机，所以气隙磁密低，激磁电阻也可以忽略。这时的直线感应电机的等效电路如图 2-38 所示。

根据图 2-38 可以得到下列的直线感应电机的特性计算式。

（1）输入功率。

$$P_1 = \frac{3U_1^2(r_1r_2^2 + sr_2x_m^2 + s^2r_1x_m^2)}{[r_1^2 + (x_1 + x_m)^2]r_2^2 + 2sr_1r_2x_m^2 + s^2(r_1^2 + x_1^2)x_m^2} \tag{2-290}$$

（2）输出功率。

$$P_2 = \frac{3U_1^2(1-s)sr_2x_m^2}{[r_1^2+(x_1+x_m)^2]r_2^2+2sr_1r_2x_m^2+s^2(r_1^2+x_1^2)x_m^2} \tag{2-291}$$

（3）电功率效率。

$$\eta = \frac{1-s}{1+s\dfrac{r_1}{r_2}+\dfrac{r_1r_2}{sx_m^2}} \tag{2-292}$$

（4）推力。

$$F = \frac{3U_1^2sr_2x_m^2}{v_s\{[r_1^2+(x_1+x_m)^2]r_2^2+2sr_1r_2x_m^2+s^2(r_1^2+x_1^2)x_m^2\}} \tag{2-293}$$

从起动到稳定速度状态加速期间的输入/输出能量、能量效率以及加速所需时间等随着电机运行状态的变化而变化。这里，为了简化分析，认为次级输出能量都变成了动能，不考虑势能；另外，忽略空气阻力、摩擦等引起的机械损耗。

2. 次级电阻可变时的最大效率与最大推力

直线感应电机的次级大多采用导体板，因此，如果次级为单一材质结构，次级电阻是无法改变的。这里主要是考虑在一些特殊应用领域，如把直线感应电机作为交通、输送的动力源时，为了增大起动或制动推力，在起始点或终点把次级设计成特殊结构或使用特殊材料，这时其次级电阻与正常运行期间是不同的。另外，次级为绕线型结构时，也可以考虑像旋转感应电机那样，通过在次级绕组中串入可变电阻来改变电机的特性。

（1）最大效率及其条件。

在直线感应电机中，对于任意的滑差率 s，当效率达到最大时的次级电阻 $r_{2\eta m}$ 可以根据式（2-292），使 $\partial\eta/\partial r_2 = 0$ 来求得

$$r_{2\eta m} = sx_m \tag{2-294}$$

此时的最大电功率效率为

$$\eta_{pm} = \frac{1-s}{1+\dfrac{2r_1}{x_m}} \tag{2-295}$$

此时的推力为

$$F_{\eta m} = \frac{3U_1^2}{2v_s}\frac{1}{r_1+x_1+\dfrac{x_m}{2}+\dfrac{r_1^2+x_1^2}{x_m}} \tag{2-296}$$

从式（2-294）和式（2-296）可以看出，电机效率最大时的次级电阻与滑差率 s 成正比，$r_{2\eta m}/s$ 为一定值，且该值只由 x_m 决定。因此，一边满足该条件一边加速时，通过比例推移可以实现恒推力驱动。由于直线感应电机初、次级之间的气隙大，激磁电抗 x_m 远远小于普通的旋转感应电机，因此，$r_{2\eta m}$ 也相当小。

满足式（2-294）所示的条件，以最大效率、恒推力加速时，在次级到达速度 v_e 所

需时间 t_e 内，直线感应电机输入的能量 $W_{1\eta m}$ 为

$$W_{1\eta m} = \int_0^{t_e} P_{1\eta m} \mathrm{d}t = \int_0^{v_e} \frac{m_s v}{\eta_{pm}} \mathrm{d}v = \frac{m_s v_e^2}{1-s_e} \left(1 + 2\frac{r_1}{x_m}\right) \tag{2-297}$$

式中　$P_{1\eta m}$——效率最大条件下的输入功率；

　　　m_s——次级质量（包括负载）；

　　　s_e——速度 v_e 时的滑差率。

另外，输出能量即次级具有的运动动能 W_2 为 $m_s v_e^2/2$，因此以恒推力加速的最大能量效率 η_{em} 为

$$\eta_{em} = \frac{W_2}{W_{1\eta m}} = \frac{1-s_e}{2\left(1+\dfrac{2r_1}{x_m}\right)} \tag{2-298}$$

这时的加速时间可以根据式（2-296）求得

$$t_{e\eta m} = \frac{m_s v_e}{F_{\eta m}} = \frac{2m_s v_e^2}{3(1-s_e)U_1^2} \left(r_1 + x_1 + \frac{x_m}{2} + \frac{r_1^2 + x_1^2}{x_m}\right) \tag{2-299}$$

（2）最大推力及其条件。

在直线感应电机中，对于任意的滑差率 s，当推力达到最大时的次级电阻 r_{2fm} 可以根据式（2-293），使 $\partial F/\partial r_2 = 0$ 来求得

$$r_{2fm} = C_1 s x_m = C_1 r_{2\eta m} \tag{2-300}$$

其中

$$C_1 = \sqrt{\frac{r_1^2 + x_1^2}{r_1^2 + (x_1 + x_m)^2}} \tag{2-301}$$

此时的最大推力为

$$F_m = \frac{3U_1^2}{2v_s} \frac{1}{r_1 + \dfrac{r_1^2 + x_1^2}{C_1 x_m}} \tag{2-302}$$

此时的电功率效率为

$$\eta_{pfm} = \frac{1-s}{1 + \left(C_1 + \dfrac{1}{C_1}\right)\dfrac{r_1}{x_m}} \tag{2-303}$$

从式（2-300）和式（2-302）可以看出，同电机效率最大时条件一样，推力最大时的次级电阻与滑差率 s 成正比，r_{2fm}/s 为一定值。一边满足该条件一边加速时，通过比例推移可以实现恒推力驱动。

满足式（2-300）所示的条件，以最大推力加速时，次级到达速度 v_e 输入的能量 W_{1fm} 为

$$W_{1fm} = \int_0^{v_e} \frac{m_s v}{\eta_{pfm}} \mathrm{d}v = \frac{m_s v_e^2}{1-s_e} \left[1 + \left(C_1 + \frac{1}{C_1}\right)\frac{r_1}{x_m}\right] \tag{2-304}$$

以最大推力加速的能量效率 η_{efm} 为

$$\eta_{efm}=\frac{W_2}{W_{1fm}}=\frac{1-s_e}{2\left[1+\left(C_1+\dfrac{1}{C_1}\right)\dfrac{r_1}{x_m}\right]}$$ （2-305）

以最大推力加速时的加速时间为最短加速时间，该值为

$$t_{em}=\frac{m_s v_e}{F_{xm}}=\frac{2m_s v_e^2}{3(1-s_e)U_1^2}\left(r_1+\frac{r_1^2+x_1^2}{C_1 x_m}\right)$$ （2-306）

（3）最大效率与最大推力条件下的特性比较。

根据式（2-294）和式（2-300），通过将次级电阻可变时的最大效率与最大推力状态下的次级电阻相比较可得

$$\frac{r_{2fm}}{r_{2\eta m}}=C_1$$ （2-307）

从式（2-307）可以看出，当 $C_1=1$ 时，两个条件相同，可以同时实现最大效率且最大恒定推力加速。图 2-39 所示为以 r_1/x_1 为参数，C_1 的值随 x_1/x_m 的变化曲线。

从图 2-39 可以看出，在气隙小的旋转感应电机中，x_m 远远大于 x_1，从而，C_1 的值接近于零，两个条件差距较大。但是，在气隙非常大的直线感应电机中，x_m 变得非常小，基本上与 x_1 同程度大小，甚至有时可能反而比 x_1 小。因此，C_1 的值也大于 0.5，两个条件相当接近。

为了分析最大能量效率与最大推力条件下的能量效率，使其关于滑差率具有一般性规律，用式（2-298）和式（2-305）除以（$1-s_e$），所得到的值随 x_1/x_m 的变化曲线如图 2-40 所示。

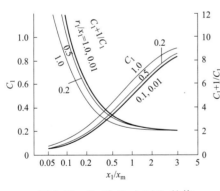

图 2-39 C_1 及 C_1+1/C_1 的值

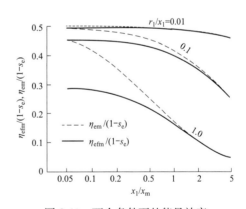

图 2-40 两个条件下的能量效率

从图 2-40 可以看出，随着 x_1/x_m 的增大，直线感应电机的能量效率降低；随着 r_1/x_1 的增大，能量效率降低的程度也变大。由式（2-298）和式（2-305）可得

$$\frac{\eta_{efm}}{\eta_{em}}=\frac{1+2\dfrac{r_1}{x_m}}{1+\left(C_1+\dfrac{1}{C_1}\right)\dfrac{r_1}{x_m}}$$ （2-308）

如图 2-39 所示，在 $x_1/x_m>1$ 的区域，上式中的 (C_1+1/C_1) 的值接近于 2。正如图 2-40 与后面的图 2-42 所示，在该区域，最大能量效率与最大推力条件下的能量效率几乎相等。

关于最大效率条件下的推力与最大推力，把式（2-296）和式（2-302）分别乘以 $2v_s/3U_1^2$；关于加速时间，把式（2-299）和式（2-306）分别乘以 $3(1-s_e)U_1^2/2m_sv_e^2$，所得结果曲线如图 2-41 所示。根据式（2-296）和式（2-302）可得

$$\frac{F_m}{F_{\eta m}}=\frac{r_1+x_1+\dfrac{x_m}{2}+\dfrac{r_1^2+x_1^2}{x_m}}{r_1+\dfrac{r_1^2+x_1^2}{C_1 x_m}} \tag{2-309}$$

在推力一定的条件下，由于加速时间与推力成反比，因此，两个条件下的加速时间之间的关系与推力之间的关系相反。从图 2-42 可以看出，关于推力、加速时间也与能量效率一样，在 $x_1/x_m>1$ 的区域，两个条件下的特性差别变小。

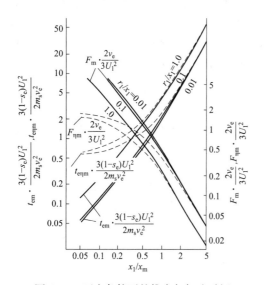

图 2-41 两个条件下的推力与加速时间

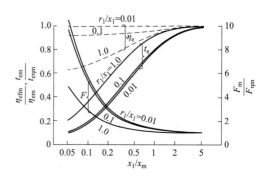

图 2-42 两个条件下的能量效率、推力、加速时间之比

3. 次级电阻不变时的最大能量效率与最短加速时间

直线感应电机的次级大多采用单一材质的导体板，因此，次级电阻通常是固定不变的。通过分析电机参数与最大能量效率、最短加速时间之间的关系，可以为不同应用领域，电机的最优设计与最优控制提供理论参考。

（1）最大能量效率及其条件。

次级电阻 $r_2=R_2$ 固定不变时直线感应电机的输入能量 W_{1R_2} 为

$$W_{1R_2}=\int_0^{v_e}\frac{m_sv}{\eta_{pR_2}}dv=\frac{m_sv_e^2}{1-s_e}\left[1+\frac{(1+s_e)r_1}{2R_2}-\frac{r_1R_2}{(1-s_e)x_m^2}\ln s_e\right] \tag{2-310}$$

式中 η_{pR_2}——$r_2 = R_2$ 时的电功率效率。

最大能量效率的存在条件与最小输入能量的条件相同，根据式（2-310）可得此时的次级电阻值

$$R_{2\eta m} = C_2 x_m \tag{2-311}$$

其中

$$C_2 = \sqrt{\frac{1-s_e^2}{-2\ln s_e}} \tag{2-312}$$

从式（2-311）可以看出，这时的次级电阻值也与激磁电抗 x_m 相关。由于 $s_e < 1$，因此，$\ln s_e < 0$，C_2 始终为正值。图 2-46 为 C_2 的值随 s_e 的变化曲线。设从起动（$s=1$）到 s_e 滑差率的算术平均值为 $C_2' = (1+s_e)/2$，则 C_2 与 C_2' 相比，s_e 越小，二者的差就越大。次级电阻一定时的能量效率可以根据式（2-333）求得

$$\eta_{eR_2} = \frac{W_0}{W_{1R_2}} = \frac{1-s_e}{2\left[1 + \frac{(1+s_e)r_1}{2R_2} - \frac{r_1 R_2}{(1-s_e)x_m^2}\ln s_e\right]} \tag{2-313}$$

图 2-44 为以式（2-311）的 $R_{2\eta m}$ 为基准的 R_2 与式（2-313）的 η_{pR_2} 关系曲线。图中曲线表明，当 r_1/x_m 较小时（此时与旋转感应电机相似），能量效率随 R_2 不怎么变化，但是随着 r_1/x_m 增大，一旦偏离式（2-311）的条件，能量效率变得相当低。最高能量效率可以根据式（2-311）与式（2-313）求得

$$\eta_{emR_2} = \frac{1-s_e}{2\left(1 + \frac{2C_3 r_1}{x_m}\right)} \tag{2-314}$$

其中

$$C_3 = \sqrt{\frac{-(1+s_e)\ln s_e}{2(1-s_e)}} \tag{2-315}$$

次级电阻可变条件下的最大效率式（2-298）与式（2-314）相比可得

$$\frac{\eta_{emR_2}}{\eta_{em}} = \frac{x_m + 2r_1}{x_m + 2C_3 r_1} \tag{2-316}$$

二者之间的差别只在于 C_3 存在与否。从图 2-43 可以看出，随着 s_e 变小，C_3 变得比 1 大，次级电阻可变与不变条件下的最大效率的差变大，图 2-45 所示为计算结果，可以看出，若 r_1/x_m 小，则 C_3 的影响也小。由于直线感应电机的激磁电抗 x_m 小，因此 r_1/x_m 的值大，效率的差别也较为明显。

从起动到次级速度达到 v_e 所需要的加速时间为

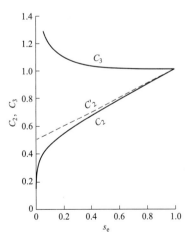

图 2-43 C_2 与 C_3 的值

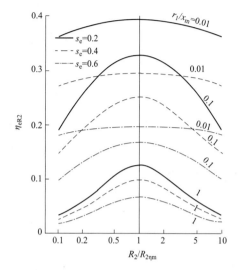

图 2-44 次级电阻一定时的能量效率

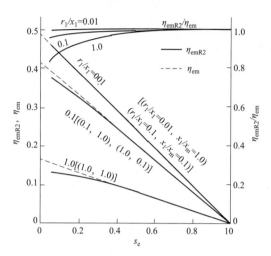

图 2-45 次级电阻可变与不变
条件下的最大能量效率

$$t_{eR_2} = \int_0^{v_e} \frac{m_s}{F_{R_2}} dv = \frac{2m_s v_e^2}{3(1-s_e)U_1^2} \left\{ r_1 + \frac{(1+s_e)(r_1^2+x_1^2)}{4R_2} - \frac{[r_1^2+(x_1+x_m)^2 R_2]}{2(1-s_e)x_m^2} \ln s_e \right\}$$

(2-317)

式中　F_{R_2}——$r_2 = R_2$ 时式（2-293）的值。

最大能量效率条件下的加速时间可以根据式（2-311）和式（2-317）来求得

$$t_{e\eta mR_2} = \frac{2m_s v_e^2}{3(1-s_e)U_1^2} \left[r_1 + \left(x_1 + \frac{x_m}{2} + \frac{r_1^2+x_1^2}{x_m} \right) C_3 \right]$$

(2-318)

根据式（2-299）和式（2-318），将次级电阻可变与不变时的最大能量效率条件下的加速时间相比可得

$$\frac{t_{e\eta mR_2}}{t_{e\eta m}} = \frac{r_1 + \left(x_1 + \frac{x_m}{2} + \frac{r_1^2+x_1^2}{x_m} \right) C_3}{r_1 + x_1 + \frac{x_m}{2} + \frac{r_1^2+x_1^2}{x_m}}$$

(2-319)

另外，起动特性是直线感应电机的重要特性。将式（2-311）及 $s=1$ 代入式（2-293），可以得到次级电阻不变条件下的起动推力，再将其与次级电阻可变条件下的起动推力计算式（2-296）相比可得

$$\left[\frac{F_{\eta mR_2}}{F_{\eta m}} \right]_{s=1} = \frac{C_2 [2(r_1^2+x_1^2) + 2(r_1+x_1)x_m + x_m^2]}{(1+C_2)^2(r_1^2+x_1^2) + 2C_2(r_1+C_2 x_1)x_m + C_2^2 x_m^2}$$

(2-320)

从图 2-46 可以看出，若 s_e 变小，则 C_2 变得比 1 小，C_3 变得比 1 大，因此，式（2-319）和式（2-320）表明，在 s_e 的较小区域，次级电阻不变比可变时的加速时间长、起动推力小。

（2）最短加速时间及其条件。

由于次级电阻不变，因此，推力随滑差率 s 的变化而变化。从而，不需要考虑最大推力，而是要分析最大平均推力或最短加速时间。根据式（2-317），通过计算 $\partial t_{eR_2} / \partial R_2 = 0$ 可得实现最短加速时间的次级电阻为

$$R_{2tm} = C_1 C_2 x_m = C_1 R_{2\eta m} \tag{2-321}$$

根据式（2-317）和式（2-321），可得最短加速时间为

$$t_{emR_2} = \frac{2 m_s v_e^2}{3(1-s_e)U_1^2}\left(r_1 + \frac{r_1^2 + x_1^2}{C_1 x_m}C_3\right) \tag{2-322}$$

将次级电阻可变时的加速时间计算式（2-306）与式（2-322）相比可得

$$\frac{t_{emR_2}}{t_{em}} = \frac{C_1 r_1 x_m + C_3(r_1^2 + x_1^2)}{C_1 r_1 x_m + (r_1^2 + x_1^2)} \tag{2-323}$$

将式（2-321）及 $s=1$ 代入式（2-293），可以得到次级电阻不变条件下的起动推力，再将其与次级电阻可变条件下的推力计算式（2-302）相比可得

$$\left[\frac{F_{mR_2}}{F_m}\right]_{s=1} = \frac{2C_2(r_1^2 + x_1^2) + 2C_1 C_2 r_1 x_m}{(1+C_2^2)(r_1^2 + x_1^2) + 2C_1 C_2 r_1 x_m} \tag{2-324}$$

图 2-46 为根据式（2-323）和式（2-324）得到的计算结果曲线。可以看出，与次级电阻可变时相比，当次级电阻不变时，s_e 越小，特性就越下降。另外，满足加速时间最短时的能量效率可以根据式（2-313）和式（2-321）计算得到

$$\eta_{etmR_2} = \frac{1-s_e}{2\left[1+\left(C_1+\dfrac{1}{C_1}\right)\dfrac{C_3 r_1}{x_m}\right]} \tag{2-325}$$

根据式（2-305）和式（2-325）可得次级电阻可变与不变时的能量效率之比为

$$\frac{\eta_{etmR_2}}{\eta_{efm}} = \frac{C_1 x_m + (C_1^2 + 1)r_1}{C_1 x_m + C_3(C_1^2 + 1)r_1} \tag{2-326}$$

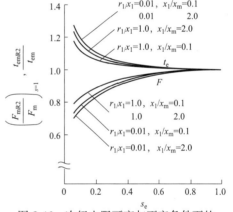

图 2-46　次级电阻可变与不变条件下的
最大推力与最短加速时间的比较

对比式（2-314）、式（2-316）与式（2-325）、式（2-326）可知，根据式（2-325）和式（2-326）得到的计算结果应该与图 2-45 中 η_{etmR_2} 和 η_{etmR_2}/η_{em} 的变化趋势相同。

（3）最大能量效率与最短加速时间条件下的特性比较。

从式（2-321）可以看出，在保持次级电阻不变的条件下，直线感应电机以最大能量效率加速时的次级电阻与以最短加速时间加速时的次级电阻之比为 C_1，C_1 是一个接近于 1 的值。从式（2-307）可知，这与次级电阻可变时相同。

将最大能量效率的计算式（2-314）与最短加速时间条件下能量效率的计算式（2-325）

相比可得

$$\frac{\eta_{\text{etmR}_2}}{\eta_{\text{emR}_2}} = \frac{1 + \dfrac{2C_3 r_1}{x_{\text{m}}}}{1 + \left(C_1 + \dfrac{1}{C_1}\right)\dfrac{C_3 r_1}{x_{\text{m}}}} \tag{2-327}$$

对比式（2-308）与式（2-327）可以看出，二者的形式相同。同理，可得到最大能量效率条件下与最短加速时间条件下加速时间之比与起动推力之比分别为

$$\frac{t_{\text{emR}_2}}{t_{\text{e}\eta\text{mR}_2}} = \frac{r_1 + \dfrac{C_3(r_1^2 + x_1^2)}{C_1 x_{\text{m}}}}{r_1 + C_3\left(x_1 + \dfrac{x_{\text{m}}}{2} + \dfrac{r_1^2 + x_1^2}{x_{\text{m}}}\right)} \tag{2-328}$$

$$\left[\frac{F_{\text{mR}_2}}{F_{\eta\text{mR}_2}}\right]_{s=1} = \frac{C_1\{[r_1^2 + (x_1 + x_{\text{m}})^2]C_2^2 + 2C_2 r_1 x_{\text{m}} + r_1^2 + x_1^2\}}{[r_1^2 + (x_1 + x_{\text{m}})^2]C_1^2 C_2^2 + 2C_1 C_2 r_1 x_{\text{m}} + r_1^2 + x_1^2} \tag{2-329}$$

当 $s_{\text{e}} = 0.2$ 时，根据式（2-327）～式（2-329）计算得到的结果如图 2-47 所示。可以看出，这时与次级电阻可变时的计算结果图 2-42 的曲线形状几乎相同。由此表明，次级电阻不变时，同样也是若 x_1/x_{m} 变大，则最大能量效率条件下与最短加速时间条件下的特性几乎趋近于相同。

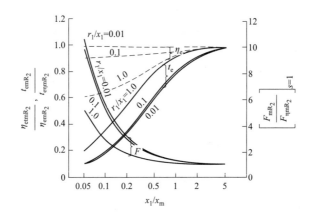

图 2-47　两个条件下的能量效率、推力、加速时间之比（$s_{\text{e}} = 0.2$）

2.6.2　变频驱动的直线感应电机的加速特性分析

1. 直线感应电机的特性计算式

在分析以小滑差率高速运行的直线感应电机特性时，通常不能忽略端部效应。但是，在分析滑差率 s 为 $1 \sim 0.2$ 的加速特性时，特别是极数多的电机，其影响很小，因此在下面的分析计算中忽略端部效应。直线感应电机的气隙远远大于旋转电机，所以气隙磁密低，激磁电阻 r_{m} 可以忽略不计。次级为导体板的直线感应电机，通常在等效电路

以及特性计算中忽略次级漏抗 x_2。可是当激磁电抗 x_m 较小时，即使次级漏抗 x_2 小，但对特性也有影响，因此在下面的分析中考虑 x_2。这时的直线感应电机等效电路如图 2-48 所示。

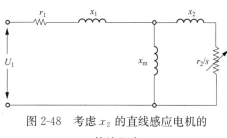

图 2-48　考虑 x_2 的直线感应电机的等效电路

根据图 2-48 可以得到下列的直线感应电机的特性计算式：

（1）输入功率。

$$P_1 = \frac{3U_1^2\{[r_1r_2-s(x_1x_2+x_2x_m+x_1x_m)]r_2}{[r_1r_2-s(x_1x_2+x_2x_m+x_1x_m)]^2+[r_2(x_1+x_m)+sr_1(x_2+x_m)]^2}$$
$$+\frac{[r_2(x_1+x_m)+sr_1(x_2+x_m)]s(x_2+x_m)\}}{[r_1r_2-s(x_1x_2+x_2x_m+x_1x_m)]^2+[r_2(x_1+x_m)+sr_1(x_2+x_m)]^2} \tag{2-330}$$

（2）输出功率。

$$P_2 = \frac{3U_1^2(1-s)sr_2x_m^2}{[r_1r_2-s(x_1x_2+x_2x_m+x_1x_m)]^2+[r_2(x_1+x_m)+sr_1(x_2+x_m)]^2} \tag{2-331}$$

（3）电功率效率。

$$\eta = \frac{s(1-s)r_2x_m^2}{r_1r_2^2+sr_2x_m^2+s^2r_1(x_2+x_m)^2} \tag{2-332}$$

（4）推力。

$$F = \frac{3U_1^2sr_2x_m^2}{v_s\{[r_1r_2-s(x_1x_2+x_2x_m+x_1x_m)]^2+[r_2(x_1+x_m)+sr_1(x_2+x_m)]^2\}} \tag{2-333}$$

（5）初级电流的有效值 I_1。

$$I_1 = \frac{U_1\sqrt{r_2^2+s^2(x_2+x_m)^2}}{\sqrt{[r_1r_2-s(x_1x_2+x_2x_m+x_1x_m)]^2+[r_2(x_1+x_m)+sr_1(x_2+x_m)]^2}} \tag{2-334}$$

2. 直线感应电机的加速方式

在采用变频器驱动的直线感应电机系统中，为了高效率加速电机，几乎都是根据速度控制指令，与速度成正比地改变变频器的输出频率和输出电压。可是普通的变频器（矢量控制变频器除外）一般都有输出频率下限的限制，而且为了使直线感应电机产生足够的起动推力，起动时的电源电压和频率也不能设得太低。下面分析两种典型的加速方式。

（1）滑差率一定加速方式（以下简称 s_e 方式）。

这种加速方式是在直线感应电机起动后，立即加速到低滑差率区域，以提高能量效率。图 2-49（a）所示为这种加速方式的电压、频率曲线。在第 1 加速区间，以一定频率 kf_e 加速到最终滑差率 s_e。在第 2 加速区间，一边保持滑差率 s_e 一定，一边使变频器输出频率从 kf_e 线性变化到最终频率 f_e。如果设电机的极距为 τ，则次级速度 v_2 指令由

$2f\tau(1-s)$ 给定，加速直线的斜率为 $1/2\tau(1-s_e)$。

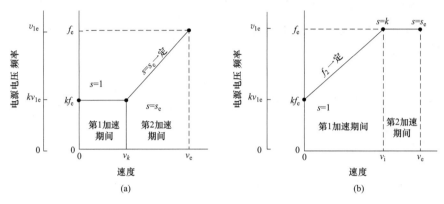

图 2-49　加速方式

（a）s_e 方式；（b）f_2 方式

（2）次级频率一定加速方式（以下简称 f_2 方式）。

对普通的感应电机进行速度控制时，若保持次级频率 $f_2(=sf)$ 为一定值，则一般认为稳态运行时的效率基本上是最高的。本方式以此为基础，尽量快速提高电压、增大推力，以缩短加速时间。图 2-49（b）所示为这种加速方式的电压、频率曲线。在第 1 加速区间，一边保持次级频率 f_2 为一定值，一边使变频器输出频率从 kf_e 线性变化到最终频率 f_e。这时的加速直线的斜率为 $1/2\tau$，要比 s_e 方式第 2 加速区间的斜率小。在第 2 加速区间，以最终频率 f_e 将滑差率 s 从 k 加速到 s_e。

3. 能量效率与加速时间

（1）考虑加速过程中外力的存在。

设直线感应电机从起动到最终速度 v_e 的加速时间为 t_e，则把瞬时输入功率 P_1 在加速时间 t_e 内积分，就可以求得输入给电机的能量 W_1。

$$W_1 = \int_0^{t_e} P_1 \mathrm{d}t = \int_0^{t_e} \frac{vF}{\eta} \mathrm{d}t \tag{2-335}$$

其中，$P_1 = P_2/\eta = vF/\eta$。

假定包括负载质量在内的动子总质量为 m_s、空气阻力、摩擦等外力总和为 F_o，则关于动子的动力学方程为

$$\frac{\mathrm{d}v}{\mathrm{d}t} = \frac{F-F_o}{m_s} \tag{2-336}$$

将式（2-336）变形得到关于 $\mathrm{d}t$ 的关系式，把该关系式代入式（2-335）得

$$W_1 = m_s \int_0^{v_e} \frac{vF}{\eta(F-F_l)} \mathrm{d}v \tag{2-337}$$

另外，直线感应电机的输出能量 W_2 计算式为

$$W_2 = \int_0^{t_e} P_2 \, \mathrm{d}t$$

$$= m_s \int_0^{v_e} \frac{vF}{F - F_o} \, \mathrm{d}v$$

$$= m_s \int_0^{v_e} v \, \mathrm{d}v + m_s \int_0^{v_e} \frac{vF_o}{F - F_o} \, \mathrm{d}v \qquad (2\text{-}338)$$

$$= \frac{1}{2} m_s v_e^2 + m_s \int_0^{v_e} \frac{vF_o}{F - F_o} \, \mathrm{d}v$$

$$= W_2' + W_2''$$

式（2-338）中，$W_2' = \dfrac{1}{2} m_s v_e^2$；$W_2'' = m_s \displaystyle\int_0^{v_e} \dfrac{vF_o}{F - F_o} \, \mathrm{d}v$。

这里，W_2' 为动子具有的动能；W_2'' 为克服外力所消耗的能量。下面根据式（2-337）和式（2-338），分别定义电机能量效率（η_e）、动子体能量效率（η_e'）。

$$\begin{cases} \eta_e = W_0 / W_1 \\ \eta_e' = W_0' / W_1 \end{cases} \qquad (2\text{-}339)$$

加速过程所需要的时间 t_e 可以根据式（2-336），由下面的速度积分求得

$$t_e = m_s \int_0^{v_e} \frac{1}{F - F_o} \, \mathrm{d}v \qquad (2\text{-}340)$$

式（2-337）、式（2-338）、式（2-340）中的 η、F 分别由式（2-332）、式（2-333）给出。但是，由于直线感应电机在加速过程中频率是变化的，因此，公式中的各电抗值也随着频率成正比变化。若以最终频率 f_e 为基准，则式（2-332）、式（2-333）可改写为

$$\eta = \frac{1 - s}{1 + \dfrac{s r_1 (x_{2e} + x_{me})^2}{r_2 x_{me}^2} + \dfrac{f_e^2 r_1 r_2}{s f^2 x_{me}^2}} \qquad (2\text{-}341)$$

$$F = 3 U_{1e}^2 (1 - s_e)(f / f_e) / v_{se}$$

$$\left\{ 2 r_1 + \frac{s \left[r_1^2 (x_{1e} + x_{me})^2 + (f / f_e)^2 (x_{1e} x_{2e} + x_{2e} x_{me} + x_{1e} x_{me})^2 \right]}{r_2 x_{me}^2} \right. \qquad (2\text{-}342)$$

$$\left. + \frac{r_2 \left[r_1^2 + (f / f_e)^2 (x_{1e} + x_{me})^2 \right]}{s (f / f_e)^2 x_{me}^2} \right\}$$

式中：x_{1e}、x_{2e}、x_{me}、U_{1e}、v_{se} 分别为最终频率 f_e 时的各电抗值、电压、同步速度。

另外，在上述两种加速方式下，加速过程中的滑差率 s、频率 f 与动子速度 v 之间的关系为：

1）s_e 方式。

① 第 1 加速区间为

$$s = 1 - \frac{v_2}{k v_{se}}, \quad f = k f_e \qquad (2\text{-}343)$$

② 第 2 加速区间为

$$s = s_e, \quad f = \frac{v_2}{v_{se}} f_e \tag{2-344}$$

2) f_2 方式。

① 第 1 加速区间为

$$s = \frac{1}{1 + \frac{v_2}{k v_{se}}}, \quad f = \frac{k f_e}{s} \tag{2-345}$$

② 第 2 加速区间为

$$s = 1 - \frac{v_2}{v_{se}}, \quad f = f_e \tag{2-346}$$

利用以上关系式可以将式（2-337）、式（2-338）、式（2-340）被积分函数中的 η、F 表示成速度的函数。

如果进一步把动子体所受的外力表示成速度的函数，则根据式（2-337）～式（2-346），利用计算机进行数值积分，就可以求得各加速方式下的能量效率和加速时间。

（2）不考虑加速过程中外力的存在。

前面的分析考虑了外力的影响，因此只好通过数值积分来求能量效率和加速时间。如果不考虑外力 F_o，式（2-337）、式（2-338）、式（2-340）的被积分函数可以用等效电路参数表示出来，就可以得到下面的代数形式的积分结果。

1) s_e 方式的能量效率和加速时间。

此时的输入能量 W_{1se} 如下式所示，可以把积分区间划分为 $0～v_k$、$v_k～v_e$ 两段来求得。式中的 $v_k = k v_e$，η_1 和 η_2 是把式（2-343）和式（2-344）代入式（2-341）后计算得到的。

$$\begin{aligned} W_{1se} &= m_s \int_0^{v_k} \frac{v}{\eta_1} dv + m_s \int_{v_k}^{v_e} \frac{v}{\eta_2} dv \\ &= \frac{m_s v_e^2}{2(1-s_e)} \left[1 + k^2 + \frac{r_1(x_{2e}+x_{me})^2(k^2+s_e)}{r_2 x_{me}^2} + \frac{2r_1 r_2}{x_{me}^2}\left(\frac{1}{s_e}\ln\frac{1}{k} + \frac{1}{1-s_e}\ln\frac{1}{s_e}\right) \right] \end{aligned} \tag{2-347}$$

另外，由于不考虑外力的影响，因此使式（2-338）中的第 2 项等于 0，则输出能量 W_2 变为 $m_s v_e^2/2$，这时的能量效率为

$$\eta_{ese} = \frac{1-s_e}{1 + k^2 + \frac{r_1(x_{2e}+x_{me})^2(k^2+s_e)}{r_2 x_{me}^2} + \frac{2r_1 r_2}{x_{me}^2}\left(\frac{1}{s_e}\ln\frac{1}{k} + \frac{1}{1-s_e}\ln\frac{1}{s_e}\right)} \tag{2-348}$$

加速时间 t_{ese} 同样可以根据式（2-340），利用下式来求得

$$t_{ese} = m_s \int_0^{v_k} \frac{1}{F_1} dv + m_s \int_{v_k}^{v_e} \frac{1}{F_2} dv$$

$$= \frac{m_s v_e^2}{3U_k^2(1-s_e)}\left[2r_1\left(1+\ln\frac{1}{k}\right)+\frac{(x_{2e}+x_{me})^2}{2r_2 x_{me}^2}C_4+\frac{r_2}{k^2 x_{me}^2}C_5\right] \tag{2-349}$$

其中

$$C_4=\left(1+s_e+2s_e\ln\frac{1}{k}\right)r_1^2+(k^2+s_e)\left(x_{1e}+\frac{x_{2e}x_{me}}{x_{2e}+x_{me}}\right)^2 \tag{2-350}$$

$$C_5=\frac{r_1^2(1-k^2)}{2s_e}+\frac{k^2(x_{1e}+x_{me})^2}{s_e}\ln\frac{1}{k}+\frac{r_1+k^2(x_{1e}+x_{me})^2}{1-s_e}\ln\frac{1}{s_e} \tag{2-351}$$

2) f_2 方式的能量效率和加速时间。

此时的输入能量 W_{1f2} 如下式所示，也可以把积分区间划分为 $0\sim v_k$、$v_k\sim v_e$ 两段来求得。式中的 $v_i=(1-k)v_{1e}$，η_3 和 η_4 是把式（2-345）和式（2-346）代入式（2-341）后计算得到的。

$$W_{1se}=m_s\int_0^{v_i}\frac{v}{\eta_3}dv+m_s\int_{v_i}^{v_e}\frac{v}{\eta_4}dv=\frac{m_s v_e^2}{2(1-s_e)^2}$$

$$\left[1+2k-k^2-2s_e+\frac{r_1(x_{2e}+x_{me})^2(2k-k^2-s_e^2)}{r_2 x_{me}^2}+\frac{2r_1 r_2}{kx_{me}^2}\left(1-k+k\ln\frac{k}{s_e}\right)\right] \tag{2-352}$$

从而，这时的能量效率 η_{ef2} 为

$$\eta_{ef2}=\frac{(1-s_e)^2}{1+2k-k^2-2s_e+\frac{r_1(x_{2e}+x_{me})^2(2k-k^2-s_e^2)}{r_2 x_{me}^2}+\frac{2r_1 r_2}{kx_{me}^2}\left(1-k+k\ln\frac{k}{s_e}\right)} \tag{2-353}$$

另外，加速时间 t_{ef2} 同样可以根据式（2-340），利用下式来求得

$$t_{ef2}=m_s\int_0^{v_i}\frac{1}{F_3}dv+m_s\int_{v_i}^{v_e}\frac{1}{F_4}dv$$

$$=\frac{m_s v_e^2}{3U_{1e}^2(1-s_e)^2}\left[2r_1\left(k-s_e+\ln\frac{1}{k}\right)+\frac{(x_{2e}+x_{me})^2}{2r_2 x_{me}^2}C_4'+\frac{r_2}{k^2 x_{me}^2}C_5'\right] \tag{2-354}$$

其中

$$C_4'=(2-2k+k^2-s_e^2)r_1^2+(2k-k^2-s_e^2)\left(x_{1e}+\frac{x_{2e}x_{me}}{x_{2e}+x_{me}}\right)^2 \tag{2-355}$$

$$C_5'=\left(1-k+k^2\ln\frac{k}{s_e}\right)r_1^2+k\left(1-k+k\ln\frac{k}{s_e}\right)(x_{1e}+x_{me})^2 \tag{2-356}$$

4. 最优次级电阻

前面分析了采用变频电源驱动直线感应电机加速时的能量效率和加速时间，这时，如果能够选择适当的次级电阻值，则有望以更高的能量效率、更短的加速时间实现电机的运行。这时的次级电阻最优值随能量效率和加速时间的不同而不同，也随加速方式的不同而不同。而且，次级电阻最优值还受外力大小的影响，但是，后面的计算结果表明，

外力的影响小。下面，根据不考虑外力影响时的能量效率和加速时间的计算式，在两种加速方式下，分别来求满足最大能量效率和最短加速时间条件的次级电阻值。

（1）s_e 方式的最优次级电阻。

这种加速方式下的能量效率由式（2-348）给出。根据该式，通过计算 $\partial \eta_{ese}/\partial r_2=0$ 可得实现最大能量效率的次级电阻值为

$$r_{2\eta emse}=(x_{2e}+x_{me})\sqrt{\frac{k^2+s_e}{2\left(\frac{1}{s_e}\ln\frac{1}{k}+\frac{1}{1-s_e}\ln\frac{1}{s_e}\right)}} \qquad (2\text{-}357)$$

实现最短加速时间的次级电阻值可利用式（2-349），通过 $\partial t_{ese}/\partial r_2=0$ 来求得。

$$r_{2temse}=k(x_{2e}+x_{me})\sqrt{\frac{C_4}{2C_5}} \qquad (2\text{-}358)$$

（2）f_2 方式的最优次级电阻。

这种加速方式下的能量效率由式（2-353）给出。根据该式，通过计算 $\partial \eta_{ese}/\partial r_2=0$ 可得实现最大能量效率的次级电阻值为

$$r_{2\eta emf2}=k(x_{2e}+x_{me})\sqrt{\frac{2k-k^2-s_e^2}{2k\left(1-k+k\ln\frac{k}{s_e}\right)}} \qquad (2\text{-}359)$$

实现最短加速时间的次级电阻值可利用式（2-354），通过 $\partial t_{ese}/\partial r_2=0$ 来求得。

$$r_{2temf2}=k(x_{2e}+x_{me})\sqrt{\frac{C_4'}{2C_5'}} \qquad (2\text{-}360)$$

从式（2-357）和式（2-359）可以看出，实现最大能量效率加速方式的次级电阻值与 $(x_{2e}+x_{me})$ 成正比，激磁电抗 x_{me} 小的直线感应电机其电阻值也小，而且此时不能忽略次级漏抗 x_{2e} 的影响。把式（2-357）、式（2-359）分别代入式（2-348）、式（2-353），把式（2-358）、式（2-360）分别代入式（2-349）、式（2-354），可得各加速方式下的最大能量效率及最短加速时间。

5. 数值计算结果

下面利用上述计算方法，计算直线感应电机加速过程中的能量效率和加速时间特性曲线，以便更直观地了解各参数对加速特性的影响。计算时考虑下列条件：

（1）加速时间为从起动到 90% 稳态速度 v_c 的时间。

（2）假定加速区间的最终速度 v_e 的滑差率 s_e 为 0.2。

（3）由于外力 F_o 主要来源于动子体的空气阻力，所以其与速度的平方成正比变化，在速度达到稳态时，外力的大小与推力相平衡。

（4）初级电阻与漏抗的比 r_1/x_{1e} 以各种电机的数值算例为参考，假定为 0.1。

（5）与电机气隙长度相关参数的比 x_{1e}/x_{me} 假定为 0.01 及 1，前者代表普通的旋转感应电机，后者代表直线感应电机。

（6）次级漏抗与激磁电抗的比 x_{2e}/x_{me} 在旋转感应电机中假定为 0.01，在直线感应电机中假定为 0.1。

另外，不论是否考虑外力的影响，次级电阻 r_2 都采用前面求得的不考虑外力时的最优值。

图 2-50 所示分别为 s_e 方式、f_2 方式加速时的能量效率。没有外力时，由于给定的就是最优次级电阻，所以，为最大能量效率；考虑外力时能量效率也如后面所示，基本上为最大值。从图中可以看出，随着电源频率变化范围的提高（k 变小），能量效率增大，但是，直线感应电机并不像旋转感应电机那样效果明显。从两种加速方式来看，若不考虑外力，则 s_e 方式效率高；如果看考虑外力时的动子体能量效率，随着 k 的减小，效率比 f_2 方式变差，这是由于外力的影响使 s_e 方式的加速时间大幅延长。另外，之所以电动机能量效率考虑外力比没有外力时高，是因为外力减小了高速运行时的滑差率，在高效区的运行时间长。

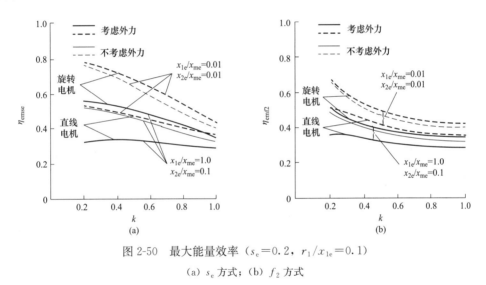

图 2-50　最大能量效率（$s_e = 0.2$，$r_1/x_{1e} = 0.1$）

（a）s_e 方式；（b）f_2 方式

图 2-51 所示分别为 s_e 方式、f_2 方式加速时间乘以 $U_{1e}^2/m_s v_e^2 x_{1e}$ 的值。同能量效率曲线一样，由于次级电阻为式（2-358）、式（2-360）给出的最优值，所以可以认为是最短加速时间。图中曲线表明，没有外力时，不论 k 值如何，加速时间几乎为一定值；考虑外力时，随着 k 值的减小，加速时间延长，尤其是 s_e 方式的这种趋势更为明显。并且，不论是普通的旋转感应电机，还是直线感应电机，结论是同样的。

图 2-52 所示为各种加速方式下的最优次级电阻值与其他电抗的关系曲线。图中曲线表明，当 x_{1e}/x_{me} 的值小时，关于能量效率和加速时间的最优电阻值相差甚远，但是，如果像气隙长度大的直线感应电机那样，x_{1e}/x_{me} 的值若接近于 1，则二者的值相接近，可以得到几乎能同时满足能量效率和加速时间的最优电阻值。

不同加速方式下初级电流的变化直接影响着变频电源的容量确定。图 2-53 所示为根

111

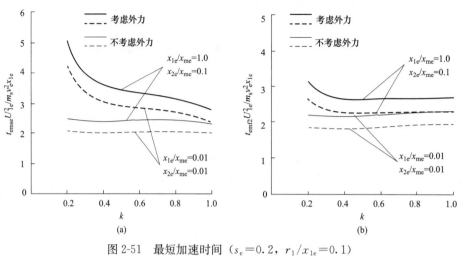

图 2-51　最短加速时间（s_e＝0.2，r_1/x_{1e}＝0.1）

(a) s_e 方式；(b) f_2 方式

据式（2-334）计算得到的分别采用两种不同加速方式加速过程中的初级电流 I_1 的变化曲线。为了进行比较，图中也给出了采用恒频恒压电源加速时的初级电流。图中的纵轴是为使各方式下最终加速时间相等而确定的初级电压下的初级电流，而且是以恒频恒压电源加速直线感应电机时的起动电流为基准。之所以普通的旋转感应电机电流小，是由于与直线感应电机相比，其激磁电流小。通过比较各种加速方式可以看出，s_e 方式的起动电流和最终电流都超过恒频恒压方式，并且电流随时间变化大。而 f_2 方式在相同加速时间下的电流比 s_e 方式小，电流随时间变化也比恒频恒压方式小，基本上可以认为直线感应电机是以恒定电流运行。

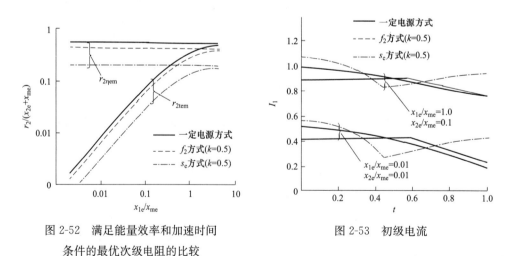

图 2-52　满足能量效率和加速时间
条件的最优次级电阻的比较

图 2-53　初级电流

上述分析表明，直线感应电机起动、加速时，根据其电机参数及运行方式选择适当的次级电阻值，可以提高能量效率、缩短加速时间。另外，虽然直线感应电机的次级电阻条件比普通的旋转感应电机苛刻，但是，由于直线感应电机的气隙长度大，满足能量效率最大和加速时间最短的次级电阻最优值相接近，使两个最优条件几乎可以同时满足。

通过比较最优次级电阻条件下的典型的两种加速方式可知，考虑外力的存在时，f_2 方式的动子体能量效率、加速时间都比 s_e 方式有利。尤其是在高速列车驱动、高速电磁弹射等应用领域，由于运行时的空气阻力大，加速所需推力大，所以采用 f_2 方式加速更为有效。

2.7 直线感应电机的电磁设计

2.7.1 直线感应电机的设计特点

1. 设计准则

设计旋转电机时，通常采用效率、功率因数等性能参数来评价其优劣，直线感应电机由于其独特的结构特点，一般不使用旋转电机的设计准则。直线感应电机的设计准则——品质因数 G 最早是由 Laithwaite 在 1965 年提出的，是反映其将电能转变为机械能的能力的指标。品质因数 G 具有多种表达形式，从力性能的角度可以得到品质因数的定义式为

$$G = k \frac{I_2}{U} \frac{\phi}{I_0} \tag{2-361}$$

即单位电压产生的电流和单位磁化电流产生的磁通量的乘积，k 为比例常数。因为 $I_2 / U = 1/R$（电导），$\phi/I_0 = L$（电感），所以式（2-361）式变为

$$G = \frac{kL}{r_2} \tag{2-362}$$

对于直线感应电机，速度与电源角频率 ω 成正比，功率等于力和速度的乘积，故取比例常数 $k = 1$ 时品质因数可表示为：$G = \omega L / r_2 = \omega T$，$T$ 即电气时间常数。用物理量表示即为

$$G = \frac{2\mu_0 f \tau^2}{\pi \rho_s g} \tag{2-363}$$

$$\rho_s = \rho/d$$

式中　f——电源频率；

　　　μ_0——空气磁导率；

　　　ρ_s——次级导体表面电阻系数；

　　　ρ——体电阻系数；

　　　d——次级导体厚度；

　　　τ——电机初级极距；

　　　g——气隙长度。

由此可见，在 G 中没有包含初级绕组的参数，它反映的是励磁电抗与次级折算电阻之间的关系，关系到直线感应电机次级的材料及结构的选择。

需要指出的是，品质因数 G 是直线感应电机初步设计中一个非常有用的指标，但是，品质因数并不是越大越好。对于高速直线感应电机，品质因数大并不能保证电动机产生最大推力和最高效率，在某些情况下，有必要对 Laithwaite 品质因数进行修正，1976 年，Boldia 和 Nasar 就提出了最佳品质因数的概念。为了简便起见，我们将直线感应电机的性能参数分为两部分，一部分是传统意义上的理想化感应电机所具有的理想性能特性，另一部分是由电机边端效应的作用而引起的边端效应性能参数。对于低速高滑差的电机，应根据使单位输入功率产生最大推力来选择最合适的 G 值，一般 $G \geqslant 1$。对于连续运行的低滑差电机，应根据使运行的机械效率或电磁效率达到最大值来选择适当的 G 值，通常 $G \gg 1$。对于高速直线感应电机，当品质因数增大时，理想性能参数也随着有所改进，同时边端效应性能参数就越趋向于占据统治地位。因此，G 并不是越大越好。最佳品质因数 G_0 就定义为直线感应电机在同步速度下所产生的推力为零时所具有的性能指标。

由于直线感应电机的气隙比较大，为了减少损耗和减低磁化电流，提高功率因数，磁负荷（等效基波气隙磁通密度 B_{g1}）通常取得较低。对于非磁性次级，B_{g1} 可取 $0.1 \sim 0.35$T，且电磁气隙小而极距大的电机，B_{g1} 取较大的值，反之，则取较小的值；对于磁性次级 B_{g1} 可取 $0.4 \sim 0.7$T。电负荷 A_1 的选择应视初级绕组的散热条件及运行状态而定。对于散热条件较好或间歇运行的电机，A_1 可取较大的值；对于散热条件较差或连续运行的电机，A_1 应取较小的值。通常，对于单边型间歇工作的电机，A_1 可取 5×10^4A/m 左右；对于双边型间歇工作的电机，A_1 则取 10^5A/m 左右。

旋转电机的绕组选取原则是：功率较小的电机常采用单层绕组，每极每相槽数 $q = 2$ 时为单层链式绕组；$q = 3$ 时为单层交叉式绕组；$q = 4$ 时为单层同心式绕组（对于极数 $2p = 2$ 的电机，$q = 3 \sim 6$）。功率较大的中小型电机及中大型电机，选用双层叠绕组；Y 系列及 Y2 系列的电机中，H160 及以下的选用单层绕组；H180 及以上的选用双层叠绕组。绕组的联结形式：小型电机 $P_N \leqslant 3.0$kW 时，一般用丫联结；功率较大时为采用丫-△起动，一般用△联结；中大型电机，尤其是 3kV 以上的高压电机，一般用丫联结。选择直线感应电机的初级绕组时，对于扁平型电机，其绕组与旋转电机的定子绕组相似，有单层同心式、单层链式、单层交叉式、双层绕组等不同型式，只是由于电机铁芯两端开断，所以电机绕组的安置和连接等有一些特点，例如：单层绕组仅适用于偶数极，而双层绕组可适用于奇数极和偶数极；在双层绕组的补偿绕组选择问题上，当极数大于 6 时，电机有效长度缩短及脉振磁场的影响不大，可以不采用补偿绕组；但当极数小于 6 时，则不能忽略这两个因数，需要设置补偿绕组。对于圆筒型电机，其绕组形式与旋转电机完全不同，由一系列共轴线圈组成。

2. 评定直线感应电机性能优劣的标准

直线异步电机按其运行速度和运行方式可分为两大类：第一类运行于低速高滑差的电机，其运行方式为间断的或往复的；第二类运行于高速低滑差的电机，其运行方式为连续的。

对低速高滑差的直线感应电机，常用下列几个指标来评定电机性能的优劣：

1）单位推力要求的输入功率；

2）推力对装置重量或体积之比；

3）单位推力的装置投资；

4）装置要求的辅助设备多少；

5）装置的可靠性等。

以上列举的几条应视具体情况而有所侧重，通常以第一条作为评论电机性能指标的依据，即设计的直线感应电机应该使得产生单位推力所需要的输入功率最小。

对于高速低滑差的直线异步电机，评论电机性能指标好坏的标准则是：

1）电磁效率 η_e 应该尽可能大。所谓电磁效率是指单位电磁功率所能产生的机械功率大小。电磁效率愈高，说明边缘效应的影响愈有利；

2）总效率 η 应该满足技术指标；

3）功率因数应该满足技术指标；

4）起动推力应足够大；

5）整个装置的重量应尽可能轻。

以上列举的五条指标中的后四条与通常的旋转感应电机相同，只有第一条是高速直线感应电机中所特有的，应予以充分注意，否则所设计的电机由于边缘效应的影响将造成技术经济指标的显著下降。

2.7.2 直线感应电机的设计基础

1. 直线感应电机的绕组结构

对于直线感应电机的电枢绕组，有很多种排列形式。其中比较常见的有单层、双层和三层绕组结构。下面主要介绍一下直线感应电机的单层和双层绕组结构。

（1）单层绕组。

由于线圈每边占用一个槽，单层绕组的线圈数通常是槽数的一半。只有在单层绕组结构中，才会出现每槽一个线圈边的情况，如图 2-54 所示。

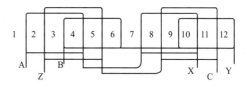

图 2-54 4 极 3 相，每极每相槽数为 1 的单边型直线感应电机的单层绕组结构

单层绕组的近似磁通密度分布情况可以通过将三相 A、B、C 进行叠加而得到，如图 2-55 所示。

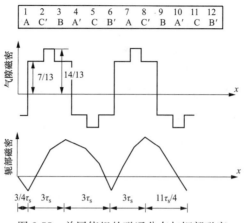

图 2-55　单层绕组的磁通分布与轭部磁密

由于安装方便，单层绕组结构在小型单相电机中应用非常普遍。此外，由于每槽中仅有一个线圈，所以线圈间的绝缘也可忽略。

（2）双层绕组。

几乎所有同步发电机、电动机以及大部分千瓦级以上的感应电机的电枢都会采用双层绕组。在双层绕组结构中，除了端部槽，在其余的每个槽中都会放置不同相的两套绕组，如图 2-56 所示。每个线圈的下层边都会放置在邻近线圈的上层边的下面。这样，保证所有绕组相对于其他绕组的摆放形式都是相同的，便于三相电流平衡。每个线圈的匝数和并联之路数由供电电流和每槽大小来决定。

当一个线圈中心到下一个线圈中心的跨度小于一个极距时，这种绕组称为短距绕组。短距绕组通常广泛地与双层绕组配合使用，因为它们可以减少电压波形中的谐波含量，并且相对于整距绕组可以产生一个更加接近于正弦的电流波形。此外，由于端部较短，可以节省用铜量。图 2-56 所示为跨距等于 1/3 极距的双层短距绕组。

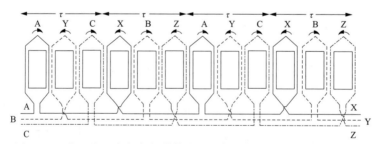

图 2-56　4 极 3 相，每极每相槽数为 1，线圈跨距为 1/3 极距的单边型
直线感应电机的双层短距绕组

图 2-57 给出了一个跨距为 2/3 极距的单边型直线感应电机双层短距绕组，该绕组具有 4 极 3 相，每极每相槽数为 7/6。可以看出，与图 2-56 中所示的 12 个槽的绕组分布情况相比，该绕组结构需要 14 个槽。

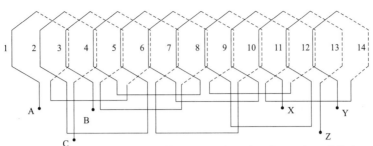

图 2-57　4 极 3 相，每极每相槽数为 7/6，线圈跨距为 2/3 极距的单边型
直线感应电机的双层短距绕组

5 极 3 相，每极每相槽数为 1 的单边型直线感应电机双层整距绕组如图 2-58 所示。近似的，气隙磁通密度分布和轭部磁密同样可以通过将每相产生的磁通进行叠加得到。

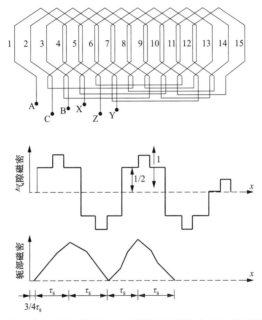

图 2-58　5 极 3 相，每极每相槽数为 1 的单边型直线感应电机整距双层整距绕组

这些绕组的优缺点与产生一个接近于正弦的气隙磁场的生产成本和容量是相关的。双层绕组所使用的线圈数通常是单层绕组的二倍，但是它可以产生一个谐波少的非常好的前向行波。因此，在选择单边型直线感应电机绕组类型的时候，需要在造价和性能之间权衡。在大推力场合，双层绕组会非常适用。一般情况下，可以说都倾向于选择双层绕组，除了当槽口的宽度与气隙的长度相比很大时，如高压感应电机。

2. 电流层的概念

直线感应电机的定子由电枢绕组和开槽的叠片铁芯组成，绕组中流过的电流可以用假想的分布在面对气隙的定子表面的无限薄的电流层代替。电流层将在气隙中产生和由导体所产生的一样的正弦磁动势。

电流层的密度，也就是单边直线感应电机电流层中单位长度定子的电流值，可以表示成

$$J_m = \frac{2\sqrt{2}\, m k_w N_s I_1}{L_s} \qquad (2\text{-}364)$$

式中　J_m——电流层幅值（A/m）；

　　　m——电机的相数；

　　　k_w——绕组因数；

　　　N_s——每槽线圈匝数；

　　　I_1——输入电流的有效值；

　　　L_s——直线感应电机的初级长度，与旋转感应电机的周长相等，$L_s = 2\pi R = 2p\tau$。

绕组因数 k_w，定义为节距因数 k_p 与分布因数 k_d 的乘积

$$k_w = k_p k_d \qquad (2\text{-}365)$$

式中　k_p——线圈的节距因数。

$$k_p = \sin\left(\frac{\theta_p}{2}\right) \qquad (2\text{-}366)$$

式中　θ_p——线圈所跨电角度。

在式（2-388）中，k_d 为分布因数，其计算式为

$$k_d = \frac{\sin\left(\dfrac{q\alpha}{2}\right)}{q\sin\left(\dfrac{\alpha}{2}\right)} \qquad (2\text{-}367)$$

式中　α——每槽电角度。

$$\alpha = \frac{\pi}{mq} \qquad (2\text{-}368)$$

每个极距相当于 180°电角度。所以，整距线圈的跨距为一个极距，节距因数等于 1。因此，对于整距线圈的基波绕组因数，可将式（2-368）带入式（2-367），得

$$k_w = \frac{\sin\left(\dfrac{\pi}{2m}\right)}{q\sin\left(\dfrac{\pi}{2mq}\right)} \qquad (2\text{-}369)$$

式中　q——初级铁芯的每极每相槽数。

3. 额定功率和额定输入相电流

在直线感应电机中，输入功率可表达为

$$P_1 = m U_1 I_1 \cos\phi \qquad (2\text{-}370)$$

式中　m——相数；

U_1 和 I_1——输入相电压和相电流各自的有效值；

ϕ——功率因数角，即 U_1 和 I_1 之间的相位角。

在输入功率中，除去绕组的铜损和铁芯的铁损，剩下的部分通过气隙磁场传递给次级。忽略次级损耗，摩擦损耗和风损，传递给次级的功率与电机的机械功率相等。单边型直线感应电机总的机械功率计算式为

$$P_2 = Fv \tag{2-371}$$

式中　F——电磁力；

v——速度。

单边型直线感应电机的效率计算式为

$$\eta = \frac{P_2}{P_1} = \frac{Fv}{mU_1 I_1 \cos\phi} \tag{2-372}$$

根据式（2-372），可以先行假设一个合适的 $\eta\cos\phi$ 值，然后额定输入相电流即可通过下式估算出来，即

$$I_1 = \frac{Fv}{mU_1 \eta\cos\phi} \tag{2-373}$$

4. 磁链和感应电压

考虑一个通有电流 I 的 N 匝线圈，并假设 Φ 为与线圈交链的磁通。若气隙中的磁通 Φ 完全是正弦的，则它可以表示为

$$\Phi = \Phi_p \sin\omega t \tag{2-374}$$

式中　Φ_p——每极磁链的幅值。

所谓的磁链，指的是磁通和与其相匝链的线圈匝数的乘积。通过对式（2-374）微分可得由于磁通变化每匝线圈上产生的感应电压

$$e = \frac{\mathrm{d}\Phi}{\mathrm{d}t} = \omega\Phi_p \cos\omega t \tag{2-375}$$

e 的有效值为

$$E_1 = \frac{2\pi}{\sqrt{2}} f\Phi_p = \sqrt{2}\pi f\Phi_p \tag{2-376}$$

如果每相线圈匝数为 N_1 并且绕组系数为 k_w，则式（2-376）变成

$$E_1 = \sqrt{2}\pi f\Phi_p k_w N_1 \tag{2-377}$$

将磁通除以横截面积可以得到磁通密度。因此，气隙平均磁通密度 B_{gav} 的计算式为

$$B_{gav} = \frac{\Phi_p p}{L_s W_s} \tag{2-378}$$

其中，W_s 为单边直线感应电机初级的铁芯宽度，L_s 为铁芯长度，p 为极对数。假设气隙中磁通是正弦分布的，且存在最大磁密 B_{gmax}，则调整后的磁密平均值为

$$B_{gav} = \frac{2}{\pi} B_{gmax} \tag{2-379}$$

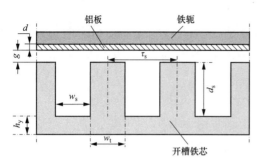

图 2-59 单边型直线感应电机的结构示意图

5. 齿槽结构参数

气隙是电机中一个非常重要的参数。单边直线感应电机的有效气隙 g_e 不同于其物理气隙 g，这是由于槽型结构所造成的，如图 2-59 所示。

$$g_e = K_c g_0 \tag{2-380}$$

$$g_0 = g + d \tag{2-381}$$

$$K_c = \frac{\tau_s}{\tau_s - \gamma g_0} \tag{2-382}$$

式中 g_0——磁性气隙；

d——次级表面导体层的厚度；

K_c——卡特系数。

式（2-382）中，参数 τ_s 为槽距，即两个相邻的齿中心线之间的距离，即

$$\tau_s = \frac{\tau}{mq} \tag{2-383}$$

式（2-382）中，γ 值的大小可以表示为

$$\gamma = \frac{4}{\pi} \left[\frac{w_s}{2g_0} \arctan\left(\frac{w_s}{2g_0}\right) - \ln\sqrt{1 + \left(\frac{w_s}{2g_0}\right)^2} \right] \tag{2-384}$$

极距是槽宽与齿宽的和，因此，槽宽的计算式为

$$w_s = \tau_s - w_t \tag{2-385}$$

其中，w_t 表示齿宽。为了避免齿的磁饱和，存在一个最小的齿宽值 w_{tmin}，该值由所允许的最大齿磁密 B_{tmax} 决定。w_{tmin} 的值可由下式定义

$$w_{tmin} = \frac{\pi}{2} B_{gav} \frac{\tau_s}{B_{tmax}} \tag{2-386}$$

如图 2-59 所示，槽的深度 d_s 的计算式为

$$d_s = \frac{A_s}{w_s} \tag{2-387}$$

其中，A_s 为一个槽的横截面积。一般来说，槽面积的 30% 被绝缘材料所填充。因此，A_s 的计算式为

$$A_s = \frac{10}{7} N_s A_w \tag{2-388}$$

式（2-388）中，N_s 为每槽的线圈匝数，其计算式为

$$N_s = \frac{N_1}{pq} \tag{2-389}$$

式（2-388）中，变量 A_w 为不包含绝缘部分的导体绕组的横截面积，其计算式为

$$A_{\mathrm{w}} = \frac{I_1}{J_1} \tag{2-390}$$

其中，I_1 为式（2-373）中定义的额定输入相电流；J_1 为电流密度。J_1 的值取决于电机的输出功率和冷却系统的类型。在最初设计时可以先假定为 $6\mathrm{A/m}^2$，之后再进行适当的调整。

定子铁芯的轭高 h_{y} 是齿下铁芯的一部分，如图 2-59 所示。如果假设铁轭中的磁通量为气隙中磁通量的一半，那么它可以表示成

$$h_{\mathrm{y}} = \frac{\varPhi_{\mathrm{p}}}{2B_{\mathrm{ymax}}W_{\mathrm{s}}} \tag{2-391}$$

6. 直线感应电机的力

直线感应电机的力主要有推力、法向力和侧向力，如图 2-60 所示。法向力是沿 Z 方向与运动方向垂直的力。侧向力是单边型直线感应电机中由于定子的倾斜而带来的不希望得到的力。

（1）推力。

正常运行情况下，直线感应电机会产生一个与供电电压的平方成正比的推力，并且其随转差率的变化与转子电阻较高的旋转感应电机相似。由式（2-371）可得直线感应电机产生的推力如下所示

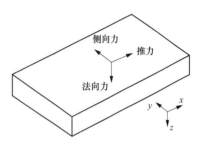

图 2-60　直线感应电机中的受力情况

$$F = \frac{P_2}{v} \tag{2-392}$$

式中　P_2——传递的机械功率或输出功率；

$\quad\quad v$——线速度。

（2）法向力。

在双边型直线感应电机中，由于结构对称，法向力通常为零。只有当结构不对称式，法向力才会出现，并将驱使电机结构趋于对称。

在单边直线感应电机中，由于不对称的拓扑结构，初级和次级之间存在一个相当大的法向力。在同步转速下，该力为吸引力，其大小会随着转速的下降而减小。在某些特定速度时，该力会变得非常麻烦，尤其是在高频运行情况下。

（3）侧向力。如图 2-60 所示，侧向力是沿 Y 方向、与转子运动方向垂直的力。侧向力的存在使系统变的不稳定。直线感应电机中，定子的不对称布置会导致该种力的产生。一般来说，较小的偏移仅会产生一个很小的侧向力。在高频运行情况下（远大于 $60\mathrm{Hz}$），力的大小会增加，应当加以关注。通常，机械导轨足以消除较小的侧向力。

7. 直线感应电机的等效电路和特性

对于可以忽略端部效应的单边型直线感应电机，为了分析和设计可以使用传统的单

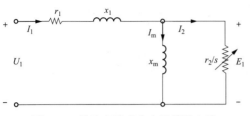

图 2-61　单边直线感应电机等效电路

相等效电路，如图 2-61 所示。该电路的组成部分由单边型直线感应电机的参数来确定。推力和效率为待定的单边型直线感应电机的特性。

基于单相模型的直线感应电机的近似等效电路如图 2-61 所示。由于铁芯损耗比较小，故此处将此忽略。在额定频率下，集肤效应不甚明显，因此忽略等效的次级电感。其余不可忽略的参数见图 2-61，并将在下面进行讨论。

（1）初级电阻 r_1。单边型直线感应电机中，定子每相绕组的电阻 r_1 计算式为

$$r_1 = \rho_w \frac{l_w}{A_{wt}} \qquad (2\text{-}393)$$

式中　ρ_w——定子绕组所使用铜导线的电阻率；

l_w——每相铜导线的长度；

A_{wt}——式（2-390）中所给出的导线横截面积。

铜导线的长度 l_w 计算式为

$$l_w = N_1 l_{w1} \qquad (2\text{-}394)$$

其中

$$l_{w1} = 2(W_s + l_{ce}) \qquad (2\text{-}395)$$

式（2-395）中，l_{w1} 为每相绕组单匝的平均长度，l_{ce} 为绕组端部长度。l_{ce} 的计算式为

$$l_{ce} = \frac{\theta_p}{180°}\tau \qquad (2\text{-}396)$$

（2）初级槽漏抗 x_1。初级绕组产生的磁通并没有完全与次级导体相交链。在槽中还有一些漏磁通存在，因此存在槽漏电抗 x_1。初级槽中的个别线圈由于铁芯开槽的原因而产生漏磁通。对于一个双层绕组、开口槽的单边型直线感应电机，x_1 可由式（2-397）定义，即

$$x_1 = \frac{2\mu_0 \pi f \left\{ \left[\lambda_s \left(1 + \frac{3}{p}\right) + \lambda_d \right] \dfrac{W_s}{q} + \lambda_e l_{ce} \right\} N_1^2}{p} \qquad (2\text{-}397)$$

其中

$$\lambda_s = \frac{d_s(1 + 3k_p)}{12w_s} \qquad (2\text{-}398)$$

k_p 为式（2-366）中所给出的节距因数，同时有

$$\lambda_e = 0.3(3k_p - 1) \qquad (2\text{-}399)$$

和

$$\lambda_d = \frac{5\left(\dfrac{g_e}{w_s}\right)}{5 + 4\left(\dfrac{g_e}{w_s}\right)} \qquad (2\text{-}400)$$

（3）激磁电抗 x_{m}。每相激磁电抗 x_{m}，如图 2-61 所示，由下式给出

$$x_{\mathrm{m}}=\frac{24\mu_0\pi fW_{\mathrm{se}}k_{\mathrm{w}}N_1^2\tau}{\pi^2 pg_{\mathrm{e}}} \tag{2-401}$$

其中，k_{w} 为式（2-365）中定义的绕组因数；g_{e} 为式（2-380）中给出的等效气隙；W_{se} 为等效的定子宽度，由式（2-402）给出，即

$$W_{\mathrm{se}}=W_{\mathrm{s}}+g_0 \tag{2-402}$$

（4）次级电阻 r_2。次级电阻 r_2 是转差率的函数，如图 2-61 所示。r_2 可以由品质因数 G 和每相激磁电抗 x_{m} 计算得到

$$r_2=\frac{x_{\mathrm{m}}}{G} \tag{2-403}$$

其中品质因数定义如下

$$G=\frac{2\mu_0 f\tau^2}{\pi\left(\dfrac{\rho_{\mathrm{r}}}{d}\right)g_{\mathrm{e}}} \tag{2-404}$$

在式（2-404）中，为 ρ_{r} 次级导体板外层导体的电阻率，在这里外层为铝板。

由图 2-61 所示的等效电路，可以看出次级相电流 I_2 的大小为

$$I_2=\frac{x_{\mathrm{m}}}{\sqrt{\left(\dfrac{r_2}{s}\right)^2+x_{\mathrm{m}}^2}}I_1 \tag{2-405}$$

由式（2-403）来替换 r_2 的值，则次级相电流变成

$$I_2=\frac{I_1}{\sqrt{\dfrac{1}{(sG)^2}+1}} \tag{2-406}$$

8. 推力和效率

就等效电路来看，机械功率等于初级向次级通过气隙传递的功率 $mI_2^2\dfrac{r_2}{s}$ 减去转子铜损耗 $mI_2^2 r_2$，或者是

$$P_2=mI_2^2\frac{r_2}{s}-mI_2^2 r_2=mI_2^2 r_2\left(\frac{1-s}{s}\right) \tag{2-407}$$

将式（2-371）中的 P_2 和 $v_{\mathrm{r}}=v_{\mathrm{s}}(1-s)$ 带入到式（2-407）中，可以得到单边型直线感应电机初级产生的电磁推力为

$$F=\frac{mI_2^2 r_2}{v_{\mathrm{s}}s} \tag{2-408}$$

式（2-408）是通过次级相电流 I_2 来表示的单边型直线感应电机电磁推力的一般形式。考虑到图 2-61 所示的单边型直线感应电机的等效电路，其中忽略铁损，F 可以由定子相电流 I_1 来表示。将式（2-406）带入到式（2-408）中，可得单边型直线感应电机电

磁推力的表达式

$$F = \frac{mI_1^2 r_2}{\left[\dfrac{1}{(sG)^2} + 1\right] v_s s} \tag{2-409}$$

单边型直线感应电机的输入功率是输出功率与初级、次级铜损的总和

$$P_1 = P_2 + mI_1^2 r_1 + mI_2^2 r_2 \tag{2-410}$$

其中，$mI_1^2 r_1$ 为初级的铜损耗，将式（2-407）和式（2-409）带入到式（2-410）中可得

$$P_1 = F v_s + mI_1^2 r_1 \tag{2-411}$$

通过计算式（2-407）和式（2-411）之比可以得到单边型直线感应电机的效率，即

$$\eta = \frac{P_2}{P_1} \tag{2-412}$$

9. 横向端部效应

在直线感应电机中，初级的宽度通常要比次级板的宽度要小，这导致的物理特性称为横向边缘效应。由于横向和纵向的部分电流密度的存在，将使次级电阻变大，r_2 需乘以一个系数 k_{tr}，同时也会使激磁电抗减小，x_m 需乘以一个系数 k_{tm}，其中

$$k_{tr} = \frac{k_x^2}{k_R} \frac{1 + \left(\dfrac{sGk_R}{k_x}\right)^2}{1 + s^2 G^2} \geqslant 1 \tag{2-413}$$

$$k_{tm} = \frac{k_R}{k_x} k_{tr} \leqslant 1 \tag{2-414}$$

$$k_R = 1 - \mathrm{Re}\left[(1 - jsG)\frac{2\lambda_t}{\alpha W_s}\tanh\left(\frac{\alpha W_s}{2}\right)\right] \tag{2-415}$$

$$k_x = 1 + \mathrm{Re}\left[(sG + j)\frac{2sG\lambda_t}{\alpha W_s}\tanh\left(\frac{\alpha W_s}{2}\right)\right] \tag{2-416}$$

$$\lambda_t = \frac{1}{1 + \sqrt{1 + jsG}\tanh\left(\dfrac{\alpha W_s}{2}\right)\tanh\dfrac{\pi}{\tau}\left(c - \dfrac{W_s}{2}\right)} \tag{2-417}$$

$$\alpha = \frac{\pi}{\tau}\sqrt{1 + jsG} \tag{2-418}$$

$$k_{sk} = \frac{2d}{d_s}\left[\frac{\sinh(2d/d_s) + \sin(2d/d_s)}{\cosh(2d/d_s) - \sin(2d/d_s)}\right] \tag{2-419}$$

$$k_p \approx \frac{\mu_0 \tau^2}{\pi^2}\left(\frac{1}{\mu_i \delta_i g_0 K_c}\right) \tag{2-420}$$

$$\delta_i = \mathrm{Re}\left[\frac{1}{\left(\dfrac{\pi^2}{\tau^2} + j\,2\pi f_1 \mu_i \dfrac{s\sigma_i}{k_{tri}}\right)^{1/2}}\right] \tag{2-421}$$

$$K_{tri} \approx \frac{1}{1-\frac{2\tau}{\pi W_s}\tanh\left(\frac{\pi W_s}{2\tau}\right)} \tag{2-422}$$

$$G=\frac{2\mu_0 f_1 \sigma_e \tau^2 d}{\pi g_0 k_1 k_{sk} K_c (1+k_p)} \tag{2-423}$$

$$g_{ei}=\frac{k_1 K_c}{k_{tm}}(1+k_p)g_0 \tag{2-424}$$

$$\sigma_{ei}=\frac{\sigma}{k_{sk} k_{tr}}+\frac{\sigma_i \delta_i}{k_{tri} d} \tag{2-425}$$

$$G_{ei}=\frac{2\mu_0 f_1 \tau^2 \sigma_{ei} d}{\pi g_{ei}} \tag{2-426}$$

总之，横向边缘效应主要产生以下几点影响：次级电阻的增加；外侧不稳定的趋势；气隙磁场畸变；以及由以上三点而造成的直线感应电机运行性能恶化。

考虑边缘效应，单边型直线感应电机的等效电路参数如下所述。

激磁电抗 x_m 中的 g_e 由 g_{ei} 代替，次级电阻 R_2 中的品质因数 G 由 G_{ei} 代替，可以得到

$$x_m=\frac{24\mu_0 \pi f W_s k_w N_1^2 \tau}{\pi^2 p g_{ei}} \tag{2-427}$$

$$r_2=\frac{x_m}{G_{ei}} \tag{2-428}$$

初级绕组的相电阻 r_1 和漏电抗 x_1 的计算式为

$$r_1=\frac{\rho_w(2W_s+2l_{ce})J_1 N_1}{I_1'} \tag{2-429}$$

$$x_1=\frac{8\mu_0 \pi f\left\{\left[\lambda_s\left(1+\frac{3}{p}\right)+\lambda_d\right]\frac{W_s}{q}+\lambda_e l_{ce}\right\}N_1^2}{p} \tag{2-430}$$

其中，λ_s 和 λ_e 分别由式（2-398）和式（2-399）给出，并且

$$\lambda_d=\frac{5\left(\frac{g_{ei}}{w_s}\right)}{5+4\left(\frac{g_0}{w_s}\right)} \tag{2-431}$$

其中，g_{ei} 为式（2-424）中给出的等效气隙。

品质因数现由下式给出

$$G=\frac{2\mu_0 f \tau^2}{\pi\left(\frac{\rho_r}{d}\right)g_e} \tag{2-432}$$

所有的具体变化都包含于 g_{ei} 和 σ_{ei}，而这两个参数是初级电流 I_1 和转差频率 sw 的函数。此外，对于低速直线感应电机，推力和法向力的表达变得简化。因此，总的推力

F 可以写成

$$F=\frac{3I_2^2 r_2}{s2\tau f_1}=\frac{3I_1^2 r_2}{s2\tau f_1\left[\left(\frac{1}{sG_{ei}}\right)^2+1\right]} \tag{2-433}$$

忽略铁损，效率 η 和功率因数 $\cos\phi$ 为

$$\eta=\frac{F2\tau f_1(1-s)}{F2\tau f_1+3r_1 I_1^2} \tag{2-434}$$

$$\cos\phi=\frac{F2\tau f_1+3r_1 I_1^2}{3U_1 I_1} \tag{2-435}$$

法向力 F_z 由吸力部分和斥力部分组成，最终的表达式为

$$F_z=W_{se}\frac{p\tau^3}{\pi^2}\frac{\mu_0 J_m^2}{g_{ei}^2(1+s^2 G_{ei}^2)}\left[1-\left(\frac{\pi}{\tau}g_e sG_{ei}\right)^2\right] \tag{2-436}$$

在低速范围内，法向力是吸引的（正向），但对于高速情况下，它可能变成排斥的（负向）。

2.7.3 平板型直线感应电机的设计流程

1. 设计流程

如图 2-62 所示为单边型直线感应电机的设计流程图，具体步骤分析如下：

步骤（a）：首先，指定真空磁导率为 μ_0，铜的电阻率为 ρ_{Cu}，铝板的电阻率为 ρ_{Al}。同时指定允许的最大齿磁密 B_{tmax} 和轭部磁密 B_{ymax}，各常量的值如表 2-5 所示。

步骤（b）：单边型直线感应电机的参数和设计指标。相数 m，线间电压的有效值 V_{line}，供电频率 f，极对数 p，每极每相槽数 q，转差率 s，初级宽度 W_s，气隙 g，线圈的跨度 θ_p，次级导体层厚度 d 和初级电流密度 J_1。以上各参数的值均列于表 2-7 中。

步骤（c）：单边型直线感应电机期望获得的电磁推力 F'，以及额定次级速度 v_r，即次级的稳态运行速度。这些指标同样列于表 2-6 中。

步骤（d）：同步转速 v_s，现在可用式（2-437）进行计算，即

$$v_s=\frac{v_r}{1-s} \tag{2-437}$$

步骤（e）：极距 τ 计算式为

$$\tau=\frac{v_s}{2f} \tag{2-438}$$

槽距 τ_s 计算式为

$$\tau_s=\frac{\tau}{mq} \tag{2-439}$$

初级的长度 L_s 由式（2-440）给出

$$L_s=2p\tau \tag{2-440}$$

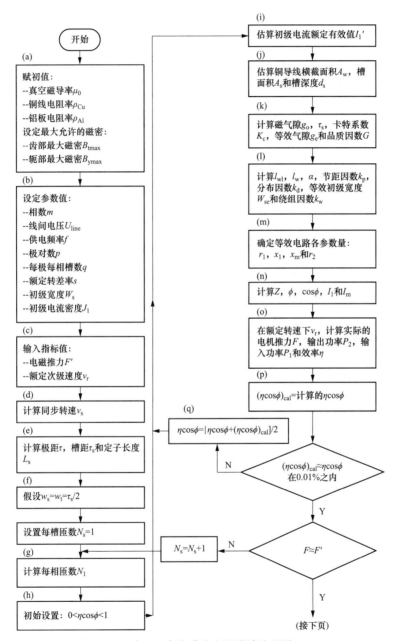

图 2-62　单边型直线感应电机设计流程图（一）

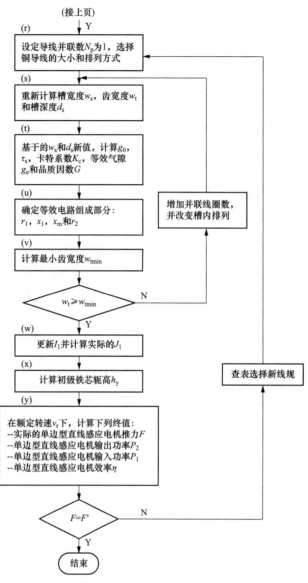

图 2-62　单边型直线感应电机设计流程图（二）

表 2-5　　　　　　　　　　　单边型直线感应电机设计中的常量

常量	符号	数值	单位
真空磁导率	μ_0	$4\pi\times10^{-7}$	H/m
铜线电阻率	ρ_{Cu}	19.27×10^{-9}	$\Omega\cdot m$
铝板电阻率	ρ_{Al}	28.85×10^{-9}	$\Omega\cdot m$
最大齿磁密	B_{tmax}	1.6	Wb/m^2
最大轭磁密	B_{ymax}	1.9	Wb/m^2

表 2-6		单边型直线感应电机的一些参数和指标	
参数	符号	期望值	单位
相数	m	3	—
线间电压有效值	U_{line}	480	V
供电频率	f	60	Hz
极对数	p	2	—
每极每相槽数	q	1	—
运行转差率	s	5％或 10％	—
定子宽度	W_s	3.14	m
线圈跨度	θ_p	180	度
铝板厚度	d	0.003	m
定子电流密度	J_1	6	A/mm^2
目标推力	F'	8611 或 8177	N
额定次级速度	v_r	15.5	m/s
物理气隙	g	0.01	m

步骤（f）：首先，假设槽宽 w_s 与齿宽 w_t 相等，且均为槽距 τ_s 的一半。

$$w_s = w_t = \frac{\tau_s}{2} \tag{2-441}$$

步骤（g）：起初，设定每槽匝数 N_s 为 1，并且逐次加 1 直到达到推力要求为止。每相的匝数 N_1 可以通过式（2-389）进行计算。

$$N_1 = 2N_s pq \tag{2-442}$$

步骤（h）：最初，在 0 与 1 之间任意给 $\eta\cos\phi$ 设定一个值，比如 0.2。在后面的程序中，依据 $\eta\cos\phi$ 的计算值而对其进行调整。

步骤（i）：将方程（2-372）中的 F 和 I_1 分别替换为 F' 和 I_1'，可以得到估算的额定初级电流有效值。

$$I_1' = \frac{F' v_r}{m U_1 \eta\cos\phi} \tag{2-443}$$

其中，F' 为目标推力，v_r 为电机速度，如表 2-6 所示，$\eta\cos\phi$ 为步骤（h）中的值，U_1 为初级相电压的有效值，由式（2-444）给出

$$U_1 = \frac{U_{line}}{\sqrt{3}} \tag{2-444}$$

步骤（j）：假设 I_1' 为额定的初级电流，那么铜导线总的横截面积 A_{wt} 可以由式（2-445）进行估算。

$$A_{wt} = N_s A_w = \frac{I_1'}{J_1} \tag{2-445}$$

并且槽的横截面积由式（2-388）可得，即

$$A_s = \frac{10}{7} N_s A_w \tag{2-446}$$

其中，J_1 为表 2-7 中所给定的初级电流密度。初级槽深度 d_s 可以通过式（2-387）进行计算，其中 A_s 已由（j）步骤中的式（2-446）给出。

步骤（k）：使用式（2-381）进行磁气隙 g_0 的计算，其中 d 为次级导体层的厚度，它一般为铝板。卡特系数 K_c 由式（2-382）给出，其中 γ 由式（2-384）计算。一旦卡特系数被确定，我们就可以利用式（2-380）计算有效气隙 g_e。品质因数是单边型直线感应电机运行性能的量度，由式（2-402）给出

$$G = \frac{2\mu_0 f \tau^2}{\pi \left(\frac{\rho_{Al}}{d}\right) g_e} \tag{2-447}$$

步骤（l）：每相铜导线的长度可以根据式（2-394）进行计算。

$$l_w = N_1 l_{w1} \tag{2-448}$$

其中

$$l_{w1} = 2(W_s + l_{ce}) \tag{2-449}$$

为初级每相绕组单匝的平均长度，并且初级的宽度 W_s 与线圈端接部分长度 l_{ce} 的和称作初级有效宽度 W_{se}。线圈的节距因数由式（2-366）给出，分布因数由式（2-367）给出。将节距因数 k_p 与分布因数 k_d 相乘得到线圈的绕组因数 k_w。

步骤（m）：单边型直线感应电机的等效电路参数可以由如图 2-61 所示的单相等效电路来进行确定。使用式（2-393）可以确定初级每相电阻 r_1，其中每相铜线的长度 l_w 由式（2-394）给出并且铜线的横截面积 A_w 在（j）步骤中由式（2-445）给出。

初级每相槽漏抗 x_1 可以通过式（2-395）进行确定，每相激磁电抗 x_m 可以由式（2-399）进行确定。通过式（2-399）的激磁电抗与式（2-447）的品质因数比值，可以得到次级每相电阻 r_2，如式（2-401）。

步骤（n）：利用步骤（m）中的等效电路参数与图 2-61 所示的等效电路简图，可以通过以下方程式来确定单边型直线感应电机的额定阻抗值

$$Z = r_1 + jx_1 + \frac{j\left(\frac{r_2}{s} x_m\right)}{\frac{r_2}{s} + jx_m} \tag{2-450}$$

$$Z = |Z| \angle \phi \tag{2-451}$$

式（2-451）中，$|Z|$ 为阻抗的幅值，ϕ 为 Z 的相角，s 为表 2-7 所给出的额定转差率。通过对 Z 的相角进行余弦运算，即 $\cos\phi$，可以得到单边型直线感应电机功率因数。实际的单边型直线感应电机初级电流有效值由下式确定

$$I_1 = \frac{U_1}{|Z|} \tag{2-452}$$

式（2-452）中，U_1 为式（2-442）中给出的额定初级电压有效值，$|Z|$ 由式（2-450）给出。激磁电流 I_m 的有效值可以由下式确定

$$I_m = \frac{I_1 r_2}{\sqrt{r_2^2 + (s x_m)^2}} \tag{2-453}$$

步骤（o）：在期望速度 v_r 时，单边型直线感应电机的实际电磁推力值可以通过式（2-407）进行计算。由式（2-405）计算输出功率，由式（2-409）计算输入功率。单边型直线感应电机的效率由式（2-410）进行计算。

步骤（p）：将 $\eta\cos\phi$ 的实际计算值与步骤（g）中所给出的 $\eta\cos\phi$ 的假定值进行比较。如果计算值与假定值之间的差不在 0.01％ 范围之内，则返回到步骤（q），再取 $\eta\cos\phi$ 的假定值与计算值的平均值，然后重新进行步骤（i）至步骤（p）的计算。这是设计程序中的一个迭代循环，它会一直重复进行，直到 $\eta\cos\phi$ 的计算值与假定值的差小于 0.01％。

步骤（q）：当 $\eta\cos\phi$ 的计算值与假定值的差小于 0.01％ 后，核对单边型直线感应电机的实际推力计算值是否与程序刚开始时步骤（c）中确定的目标推力值相等。如果两个值不相等，则增加每槽匝数 N_c，然后重新进行步骤（g）至步骤（q）的计算。这是第二个迭代循环，它会一直重复进行，直到实际推力的计算值接近目标推力值。通过程序中这两个嵌套的迭代循环，可以获得 $\eta\cos\phi$、N_s 和 F 的最优值。

步骤（r）：在获得 $\eta\cos\phi$、N_s 和 F 的最优值之后，就可以确定初级绕组所使用铜线的尺寸，并联导线数 N_p 以及它们在槽中的布置方式。对于大推力的单边型直线感应电机，初级电流会非常高，大约有几百安培，需要具有横截面积很大的粗导线来流过此电流，这就导致导线绕制变得非常困难。因此，通常用一组并联的导线来对总电流进行分流。这将降低单个铜导线的横截面积，从而更加便于绕线。铜导线的规格和并联导线的数量必须基于齿磁通要求、初级电流密度和槽中导体的布置情况来进行适当的选择。

步骤（s）：基于指定的铜线规格和最初的并联导线数 1，重新计算槽宽度 w_s，齿宽度 w_t 和槽深度 d_s。为了得到准确的槽宽度 w_s，槽绝缘系数 t_1 应该被考虑进来。槽宽度可以由下式给出

$$w_s = D_w N_p + 2t_1 \tag{2-454}$$

式中：D_w 为所选铜导线的直径；N_p 为并联导线数。

槽距 τ_s 减去由式（2-454）确定的槽宽即可得到齿宽 w_t 的新值。

$$w_t = \tau_s - w_s \tag{2-455}$$

槽的高度 d_s 由式（2-383）给出，其中，w_s 为式（2-454）中给出的新值。

步骤（t）：基于步骤（s）中得到的槽参数的新值，可以分别通过式（2-382），（2-380）和式（2-402）来重新计算卡特系数 K_c，有效气隙 g_e 和品质因数 G。

步骤（u）：使用前文中所给出的方程来重新计算等效电路参数 r_1、x_1、x_m 和 r_2。

步骤（v）：对于齿宽需要有一个最小磁动势来产生由式（2-386）给出的磁密 B_{gav} 和

B_{tmax}。初级绕组产生的磁动势 F，由式（2-456）给出

$$F = \frac{B_{\text{gmax}} g_e}{\mu_0} \tag{2-456}$$

由所有的 m 相共同产生单边型直线感应电机的磁动势表达式如下

$$F = \frac{2\sqrt{2} m k_w N_1 I_m}{2\pi p} \tag{2-457}$$

将式（2-456）与式（2-457）对等，并且利用式（2-388），可以得到

$$B_{\text{gav}} = \frac{4\sqrt{2} m k_w N_1 I_m \mu_0}{2\pi^2 g_e p} \tag{2-458}$$

式（2-386）中所给出的最小齿磁密，现在可以写成

$$w_{\text{tmin}} = \frac{2\sqrt{2} m k_w N_1 I_m \mu_0 \tau_s}{2\pi g_e p B_{\text{tmax}}} \tag{2-459}$$

如果齿宽度最小值大于齿宽度，则需要改变并联导线数以及它们在槽中排列方式，增加并联导线数，并且重复步骤（s）至步骤（v）直到齿宽大于由式（2-456）确定的齿宽最小值为止。

步骤（w）：更新初级电流的估计值 I_1'，然后使用式（2-445）计算初级电流密度 J_1，即

$$J_1 = \frac{I_1'}{A_w} \tag{2-460}$$

步骤（x）：使用式（2-391）计算初级铁芯轭高度 h_y。

步骤（y）：在额定次级速度 v_r 下，计算单边型直线感应电机的实际推力 F，单边型直线感应电机的输出功率 P_2，输入功率 P_1 以及效率 η 的最终数值。

计算单边型直线感应电机的实际推力值 F 与目标推力值 F' 之间的差，并保存其结果。然后选择另外一种线规，并重复步骤（r）至步骤（y）的计算。对所有可用的线规按这流程均进行重复计算，单边型直线感应电机的实际推力值 F 与目标推力值 F' 之间的差值均被保存。最终，能够使 F 与 F' 之间差值达到最小值并且同时满足以上所有的约束条件的线规将会被选作单边型直线感应电机设计中最合适的线规。

2. 初级有效重量

初级宽度 W_s 与线圈端部长度 l_{ce} 总和的 2 倍即为槽中铜线绕组单匝的长度。根据图 2-56 所示的双层短距绕组结构，可得槽中 N_1 匝铜线的长度为

$$l_w = 2(W_s + l_{ce}) N_1 \tag{2-461}$$

对于 m 相，并联导线数为 N_p 的单边型直线感应电机，初级绕组所用铜导线总的长度可由式（2-462）给出，即

$$T_{lw} = m N_p l_w \tag{2-462}$$

根据式（2-462）所得铜线总长度，查阅铜线标准规格，即可得到初级绕组所用铜导

线的总重量。

单边型直线感应电机初级总用铁量由轭部用铁量和齿部用铁量共同组成。根据图 2-59 所示的槽结构，可以获得轭部的体积

$$V_{yoke} = L_s W_s h_y \tag{2-463}$$

式中　L_s——初级的长度；

　　　W_s——初级的宽度；

　　　h_y——轭的高度。

根据图 2-59 所示的槽几何形状，可以得到一个齿的体积如下

$$V_{tooth} = W_s w_t d_s \tag{2-464}$$

式中　w_t——齿的宽度；

　　　d_s——槽的深度。

将式（2-464）给出的一个齿的体积与单边型直线感应电机初级的总齿数相乘即可得到齿的总体积，表达如下

$$V_{teeth} = (2mpq) W_s w_t d_s \tag{2-465}$$

将齿和轭的体积相加得到铁的总体积如下

$$V_{iron} = W_s [L_s h_y + (2mpq) d_s w_t] \tag{2-466}$$

将式（2-466）中给出的铁的总体积乘以铁的密度，即可得到总用铁量

$$W_{iron} = \rho_{iron} V_{iron} \tag{2-467}$$

最后，总用铜量加上总用铁量便得到单边型直线感应电机的初级总重量，表达式如下

$$W_{stator} = W_{copper} + W_{iron} \tag{2-468}$$

式中　W_{copper}——铜导线的总重量。

2.7.4　圆筒型直线感应电机的设计流程

圆筒型直线感应电机通常由许多串联在一起的一样的定子单元组成。在这里基于给定的 F 和 v_r，对一个定子单元进行设计。

圆筒型直线感应电机定子单元设计流程（见图 2-63）如下：

（a）对以下必需的常量和参数赋值：真空磁导率 μ_0，铜线电阻率 ρ_{Cu}，铝板的电阻率为 ρ_{Al}。同时，指定齿部所允许的最大磁密 B_{tmax} 和轭部所允许的磁密 B_{ymax}。

（b）指定以下变量的期望值：相数 m，线电压 U_{line}，供电频率 f，极对数 p，每极每相槽数 q，转差率 s，初级铁芯宽度 W_s 和定子电流密度 J_1。

（c）确定电磁推力 F 和次级在圆筒型直线感应电机中运动的速度 v_r。

（d）利用额定转差率 s 和 v_r 计算圆筒型直线感应电机的同步速 v_s

$$v_s = \frac{v_r}{1-s} \tag{2-469}$$

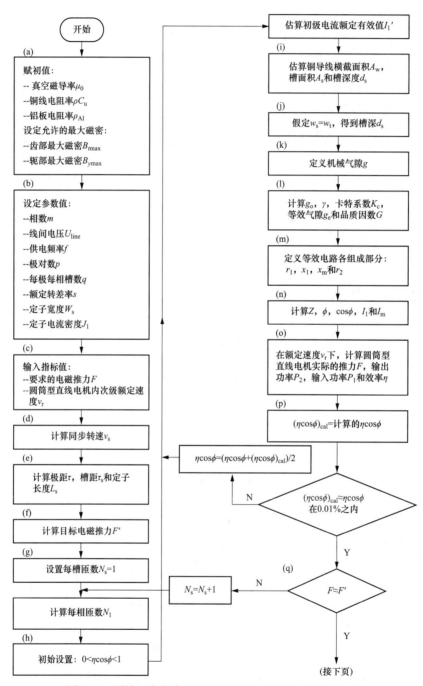

图 2-63　圆筒型直线感应电机定子单元的设计流程图（一）

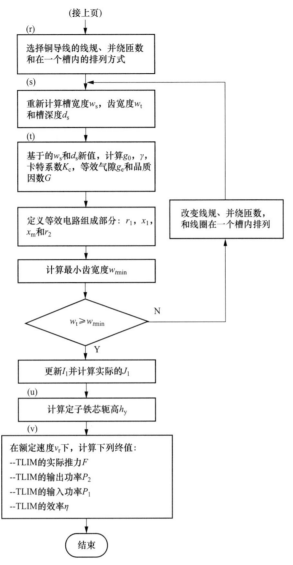

图 2-63　圆筒型直线感应电机定子单元的设计流程图（二）

（e）根据计算得的 v_s 和制定的供电频率 f 来定义极距 τ，即

$$\tau = \frac{v_s}{2f} \qquad (2\text{-}470)$$

则槽距 τ_s 通过式（2-383）可得，并且圆筒型直线感应电机一个初级单元的长度 L_s（见图 2-64）可表示为

$$L_s = 2p\tau \qquad (2\text{-}471)$$

（f）计算 F'，即一个定子单元所产生的目标推力。由于圆筒型直线感应电机的定

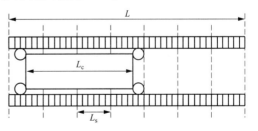

图 2-64　圆筒型直线感应电机长度 L、定子单元长度 L_s 和次级长度 L_c 之间的对比

子单元长度通常小于次级的长度，故 F' 小于完整的电磁泵在次级上所产生的推力 F。F' 和 F 的关系如下

$$F' = \frac{F}{L_c} L_s \tag{2-472}$$

（g）设定每槽匝数 N_s 为 1，通过式（2-389）计算每相匝数 N_1，即

$$N_1 = 2N_s pq \tag{2-473}$$

（h）最初，在 0 与 1 之间任意给 $\eta\cos\phi$ 设定一个绝对值，并且将方程（2-373）中的 F 替换为步骤（f）中得到的 F'，可以得到估算的额定初级电流有效值，即

$$I_1' = \frac{F' v_r}{m U_1 \eta\cos\phi} \tag{2-474}$$

其中，$U_1 = U_{line}/\sqrt{3}$ 为相电压的有效值。

（i）根据式（2-390），利用步骤（h）中得到的 I_1' 和假定的电流密度 J_1 计算每个方向的铜线的横截面积，即

$$A_w = \frac{I_1'}{J_1} \tag{2-475}$$

此时，通过式（2-388）即可计算槽的面积 A_s。

（j）大致估计槽的尺寸和齿宽。首先，假设槽宽 w_s 与齿宽 w_t 相等，则

$$w_s = w_t = \frac{\tau_s}{2} \tag{2-476}$$

其中，τ_s 已经在步骤（e）中定义。此时，利用步骤（i）中得到的 A_s 根据式（2-387）即可计算槽深 d_s。

（k）计算机械气隙 g。

$$g = \frac{D - D_r}{2} \tag{2-477}$$

式中　D——圆筒型直线感应电机内径；

　　　D_r——次级导体管直径。

（l）得到 g 后，根据式（2-381）计算 g_0。接下来，利用步骤（e）中得到的槽距 τ_s 和式（2-384），式（2-382）定义卡特系数 K_c。然后利用式（2-380）可得有效气隙 g_e。最后根据式（2-247）计算出品质因数。

（m）定义圆筒型直线感应电机定子单元等效电路的有关组成部分：

① 定子每相电阻 r_1 由式（2-233）可得，其中每相铜线长度 l_w 由式（2-234）计算得到。

② 定子每相槽漏抗 x_1 根据式（2-235）计算。

③ 根据式（2-245）计算每相激磁电抗 x_m，其中式（2-245）中的绕组因数 k_w 利用式（2-379）计算可得。

④ 根据式（2-246）计算次级每相电阻 r_2。

（n）基于图 2-31 所示的整个定子单元完全被初级覆盖的圆筒型直线感应电机等效电路模型，利用步骤（m）中的等效电路成分计算额定转差率下的圆筒型直线感应电机单位电抗

$$Z = r_1 + \mathrm{j}x_1 + \frac{\mathrm{j}\left(\dfrac{r_2}{s}x_\mathrm{m}\right)}{\dfrac{r_2}{s} + \mathrm{j}x_\mathrm{m}} \tag{2-478}$$

或

$$Z = |Z| \angle \phi \tag{2-479}$$

其中，$|Z|$ 和 ϕ 分别为圆筒型直线感应电机单元阻抗的幅值和相角，$\cos\phi$ 为圆筒型直线感应电机单元的实际功率因数。一旦圆筒型直线感应电机单元阻抗确定，图 2-31 中定子单元电流实际有效值 I_1 可通过式（2-480）计算

$$I_1 = \frac{U_1}{|Z|} \tag{2-480}$$

图 2-31 中激磁电流 I_m 的有效值通过式（2-481）计算可得

$$I_\mathrm{m} = \frac{I_1 r_2}{\sqrt{r_2^2 + (sx_\mathrm{m})^2}} \tag{2-481}$$

（o）在额定转差率下，分别根据式（2-252）、式（2-371）、式（2-370）计算圆筒型直线感应电机的实际推力 F、输出和输入功率。然后利用式（2-255）确定圆筒型直线感应电机定子单元的效率。

（p）计算 $\eta\cos\phi$ 的实际值，并和之前在步骤（h）中假定的值进行比较。如果它们之间的误差在 0.01% 之内，则继续进行下一步。如果不满足，则将步骤（h）中的 $\eta\cos\phi$ 值用当前和之前假设的 $\eta\cos\phi$ 值的平均值替代后，重复计算步骤（h）到步骤（p）。

（q）一旦先前的 $\eta\cos\phi$ 值和当前的 $\eta\cos\phi$ 值基本一致后，则对步骤（o）中得到的 F 和步骤（f）中得到的 F' 进行比较。如果 F 大于 F'，则增加 N_s 重新进行步骤（h）~（p）的计算，直到 F 小于 F'。增大 N_s，计算得到的 F 会减小，这是因为 Z 的幅值跟 N_s 呈正比，I_1 跟 Z 呈反比。因此，如果 N_s 增大，Z 的幅值将会增大并且 I_1 将会减小，根据式（2-252）推力 F 也将减小。由于 N_s 是一个整数，选择那些使产生的 F 接近于 F' 的值。$\eta\cos\phi$ 和 N_s 的定义使它们需要满足一对迭代的嵌套，步骤（h）~（p）利用一个给定的 N_s 值来定义 $\eta\cos\phi$，步骤（g）~（p）来定义 N_s。

（r）N_s，$\eta\cos\phi$ 和 F 确定后，接下来即可选择铜线的规格、并联线圈数和线圈在一个槽里的排列。由于定子电流相对较高，单匝线圈的截面积将会相当大，缠绕起来困难。因此，相对于单股线圈，更倾向于采用平行并绕线圈以期获得较合理的线规。线规和并绕匝数必须慎重选择以使铜线的总横截面积与步骤（i）中得到的 A_s 匹配。同时该选择也应提供一个较为合理的槽宽 w_s，使其和计算得到的值相匹配。由于齿宽 w_t 等于槽距 τ_s 减去槽宽 w_s，因此这一步将会定义一个新的齿宽。如果齿宽太小，齿部将容易出现饱

和，所以槽宽不能太大。此外，确定槽宽和槽深时需要考虑绝缘厚度，对应 480V 的绝缘厚度为 1.1mm。绝缘厚度必须由绕组和槽壁之间提供。类似的，选择齿高时，必须保证轭板高度 h_y 足够大以防止在定子铁轭中出现饱和问题。

（s）一旦线圈规格和并绕匝数确定后，线圈在一个槽中的排列即可确定，根据线圈的排列布置重新计算 w_s 和 d_s。重复步骤（l）得到 g_0，γ，K_c，g_e 和 G 的新值，然后重复步骤（m）得到等效电路组成部分 x_1，x_m 和 r_2 的新值。

（t）利用式（2-386）计算所允许的最小齿宽 w_{tmin} 以确定齿具有足够的宽度。通过将式（2-230）和式（2-231）等效，并且利用式（2-379）将 B_{gmax} 表示为关于 B_{gav} 的形式，气隙平均磁密 B_{gav} 的计算式为

$$B_{gav}=\frac{2\sqrt{2}mk_wN_1I_m\mu_0}{2\pi^2pg_e}\qquad(2\text{-}482)$$

将式（2-482）代入式（2-386）可得

$$w_{tmin}=\frac{\sqrt{2}mk_wN_1I_m\mu_0\lambda}{\pi pg_eB_{tmax}}\qquad(2\text{-}483)$$

在式（2-483）中 g_e 和 I_m 均采用最新的值。利用式（2-481）以及 I_1，r_2 和 x_m 最新的值得到 I_m。I_1 是利用式（2-480）和式（2-478）以及 x_1，r_2 和 x_m 最新的值进行更新的。如果 w_{tmin} 大于 w_t，则需要重新选择线规或并绕匝数，重新进行步骤（s）步骤（t）的计算，直到 w_{tmin} 小于 w_t 为止。

（u）利用关于 Φ_p 的式（2-378）和关于 B_{gav} 的式（2-379）以及式（2-391）计算铁芯的轭高。

（v）需要注意，确定合适的线规、并绕匝数以及线圈排列的过程会引起 r_2 和 I_1 的变化。所以这里必须重复步骤（o）以确定 F，P_2，P_1 和 η 最终的值。

图 2-63 所示，为上面描述的圆筒型直线感应电机定子单元的设计流程图。利用图 2-63 所示的流程图即可完成圆筒型直线感应电机定子单元的设计，通过把几个圆筒型直线感应电机定子单元串联起来即可实现一个完整的圆筒型直线感应电机。

3 直线同步电机

近年来，随着稀土永磁材料、电磁场数值计算、智能控制理论及微机技术的出现和不断发展，永磁直线同步电机（Permanent Magnet Linear Synchronous Motor，PMLSM）作为一种新颖的驱动或推进装置，逐步成为学术研究和开发应用的热点。永磁直线同步电机兼具永磁电机和直线电机的双重特点，不需要电励磁，省却了励磁线圈和励磁电源，不存在励磁损耗，提高了电机的效率，减小了电机的温升，降低了冷却要求，同时也简化了电机磁极的结构，质量轻，力能指标高，惯性小，响应快，且具有发电制动功能。相对于直线感应电机，直线同步电机具有更大的驱动力，通过对驱动电源的调节，其控制性能、位置精度更好。随着直线推动技术的发展和成熟，直线同步电机得到了越来越广泛的应用，尤其是在高精度直线驱动、高速地面运输和直线提升装置方面，各种类型的直线同步电机成为主要选择。

3.1　直线同步电机的结构、原理及分类

3.1.1　直线同步电机的结构和运行原理

1. 直线同步电机的结构

（1）直线同步电机的初级。

以图 3-1 所示的单边平板型永磁直线同步电机为例，永磁直线同步电机的初级由多相绕组和铁芯构成。其中，多相绕组由在同一平面上按照一定规律沿纵向排列并互连在一起的多组线圈构成；铁芯通常由冷轧无取向硅钢片叠成，在面向气隙侧开有齿槽，绕组按照某种规律嵌放在铁芯槽中；铁芯既是绕组的支撑结构，也是电机的磁路组成部分，具有汇聚磁通，减少漏磁，提高气隙磁密、电机推力及推力密度的作用。

（2）直线同步电机的次级。

在图 3-1 所示的单边平板型永磁直线同步电机中，次级采用永磁体励磁，根据直线电机初级的宽度，永磁体可以单排，也可多排。永磁体在同一平面上极性交替地沿纵向

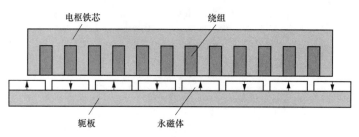

图 3-1　永磁直线同步电机基本结构

以一定间隔排列，并贴装在导磁轭板上，且充磁方向垂直于贴装表面。导磁轭板既是贴

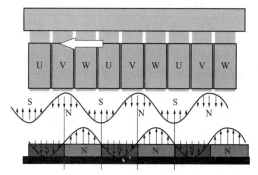

图 3-2　永磁直线同步电机的工作原理

装永磁体的结构件，也是直线电机磁路的重要组成部分，通常采用高磁导率的电工纯铁。

2. 直线同步电机的运行原理

直线同步电机与直线感应电机一样，也是由相应的旋转电机演化而来，其工作原理与普通旋转同步电机类似。图 3-2 为永磁直线同步电机的工作原理示意图。

在图 3-2 中，永磁直线同步电机的定子铁芯中嵌有三相对称绕组，因此，当逆变器向此绕组中通入如下三相交流电流时

$$\begin{cases} i_U = \sqrt{2}\,I\cos\omega t \\ i_V = \sqrt{2}\,I\cos(\omega t - 120°) \\ i_W = \sqrt{2}\,I\cos(\omega t - 240°) \end{cases} \tag{3-1}$$

将产生如下合成磁动势

$$f_1(\theta_s, t) = F_1\cos(\omega t - \theta_s) \tag{3-2}$$

式中　F_1——绕组基波磁动势幅值；

　　　θ_s——空间位置角。

由式（3-2）和电机结构可知，此合成磁动势是一沿电机运动方向移动的行波，其移动速度为

$$v_s = \frac{\omega}{\pi}\tau = 2f\tau \tag{3-3}$$

式中　f——逆变器输出电流的频率；

　　　τ——直线电机的极距。

当不考虑由于铁芯两端开断而引起的纵向边端效应时，这个气隙磁场的分布情况与同类旋转电机相似，即沿展开的直线方向呈正弦分布。

式（3-2）所示合成磁动势产生的行波磁场是永磁直线同步电机的根本动力。根据磁极

异性相吸的特性可知，初级行波磁场的磁极 N、S 将分别与次级永磁体的磁极 S、N 相吸，两磁场的磁极之间必然产生磁拉力。所以，当定子行波磁场的磁极以速度 v_s 运动时，在各对相互吸引的磁极间的磁拉力共同作用下，次级将获得一个合成的作用力，该力将克服动子所受阻力从而带动次级做直线运动。如式（3-3）所示，直线同步电机的速度与供电电流的频率始终保持准确的同步关系，调节供电电流的频率即可调节电机的运行速度。

3.1.2　直线同步电机的分类

直线同步电机在不同的场合有不同的分类形式，根据电机的原理、性能或机理、拓扑机构和电枢形式，可以演变出众多分类形式。

（1）根据次级励磁形式，可以把直线同步电机分为电励磁直线同步电机、永磁励磁直线同步电机、超导励磁直线同步电机和混合励磁直线同步电机。

电励磁直线同步电机的磁极磁场是由励磁电流产生的，磁场的大小由直流励磁电流的大小决定。由直流励磁电流提供的励磁方式是常规式的，现在也可以由超导励磁绕组来提供励磁磁场。通过控制励磁电流可以改变电机的切向牵引力和侧向吸引力，这种结构的电机使得电机的切向和侧向力可以分别控制。目前，高速磁悬浮列车的长定子直线同步电机即采用这种结构形式。图 3-3 所示为电励磁直线同步电机结构示意图。

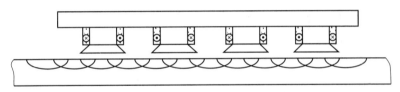

图 3-3　电励磁直线同步电机结构示意图

永磁励磁直线同步电机（永磁直线同步电机）的磁极由永磁材料制成，磁极磁场由永磁体提供，磁极无须外加电源励磁。这样使得直线同步电机的结构得到简化，电机的整体效率提高。图 3-4 所示为永磁直线同步电机结构示意图。

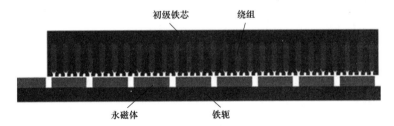

图 3-4　永磁励磁直线同步电机结构示意图

超导励磁直线同步电机的磁极由超导材料制成，磁极磁场由超导线圈提供，相对于由永磁体构成的电机次级，超导材料具有强大的载流能力，能够产生更强的磁场，提高电机的性能。图 3-5 所示为超导励磁直线同步电机结构示意图。

混合励磁直线同步电机，顾名思义其励磁磁极上同时存在永磁体和直流励磁绕组，气隙磁场由永磁体和电励磁绕组共同提供。这种电机的特点是：基本励磁由永磁体提供，而动态调整由电励磁来完成，气隙磁场强、灵活可变，推力大且调节方便；在气隙长度和推力保持不变时，气隙磁场的增强能够降低电枢电流，从而可以减小供电设备的容量，反之在压力固定时，气隙长度可以增加。目前，这种电机主要应用在磁悬浮列车中，若在车辆重量一定时，气隙长度可以增加，则对道路的平整度要求就可以大大降低，控制系统也容易实现。此外，永磁体的采用降低了车载电源的容量，使车载电源整流设备和蓄电池的容量减小。除了用在磁悬浮列车外，这种直线同步电机还可以用在传输线、自动化系统、高速机床、精密加工设备等负载变化的直线运动场合。图 3-6 所示为混合励磁直线同步电机结构示意图。

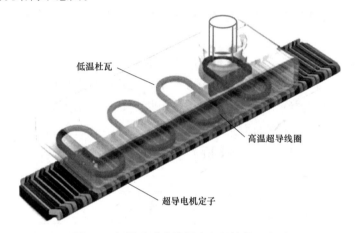

图 3-5　超导励磁直线同步电机结构示意图

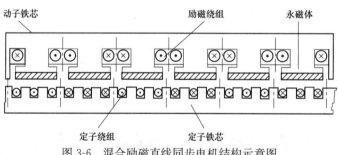

图 3-6　混合励磁直线同步电机结构示意图

（2）根据电机的运行机理，可以把直线同步电机分为纵向磁通直线同步电机和横向磁通直线同步电机。

通常，我们把磁通闭合路径所在平面与运动方向相互垂直的一类电机叫作纵向磁通电机。但是，如果改变磁路，让磁通闭合路径所在平面垂直于运动方向，就可以得到横向磁通电机。如图 3-7（a）所示，普通纵向磁通直线电机每个线圈的平面垂直于运动方向，AB 代表磁场及运动体的运动方向，磁路位于 y 平面中，而电路基本处于 x 平面中，磁通和电流分别如图中红、蓝线所示。电磁作用存在于平行于 CD 的磁通分量与平行于 EF 的电流分量之间。由于磁通和电流的无用分量都平行于运动方向 AB，所以当极距增加时（即速度增加时），无用分量同时增加，从而使回路的漏磁和 I^2r 损耗增加。若将电路平面从 x 变到 z，则电路的无用分量就平行于 CD 和 EF，不再随极距的增加而增加。然而电机磁路增长比电路增长所带来的不利影响更大，因此宁可使电路增长而使磁路短而宽，并且尽量保持单回路，也就是将磁路从 y 平面改变到 z 平面，如图 3-7（b）所示。这种形式的电机即为横向磁通电机。

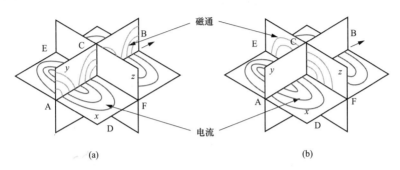

图 3-7　直线电机磁通与电流关系
（a）纵向磁通直线电机；（b）横向磁通直线电机

纵向磁通永磁直线同步电机和横向磁通永磁直线同步电机的电枢齿槽与绕组有效边配置方向不同。前者的电枢齿槽方向与电枢绕组的有效边方向在空间上相互平行，二者依次间隔排列，改变一方，另一方必然要受到影响，即二者之间相互耦合，无法实现电负荷与磁负荷在空间上的解耦；而后者的电枢齿槽方向与电枢绕组的有效边方向在空间上相互垂直，电枢齿槽尺寸与电枢绕组的尺寸相互独立，在一定的范围内可任意选取，从而实现了电负荷与磁负荷在空间上的解耦。由于具有这些特点，使得横向磁通永磁直线同步电机不仅工作可靠稳定，还能够提供比传统直线电机大得多的力密度和功率密度，因而特别适用于低速、大推力、大功率场合。并且易于反向运行，在三相以上的电机中，即使缺少一相也能正常工作，大大提高了电机的可靠性。

通常，根据定子铁芯形式，横向磁通永磁直线同步电机可分为 U 形、C 形、E 形、I 形（见图 3-8～图 3-11）以及其他一些特殊结构，不同的铁芯形式增加电机形式的多样性。

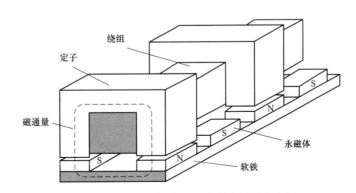

图 3-8　U 形铁芯横向磁通永磁直线同步电机

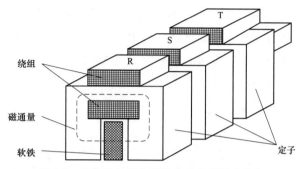

图 3-9　C 形铁芯横向磁通永磁直线同步电机

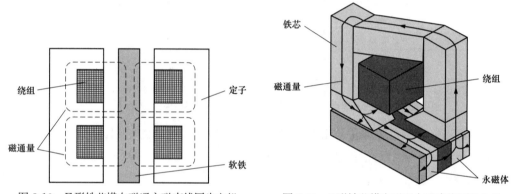

图 3-10　E 形铁芯横向磁通永磁直线同步电机　　图 3-11　I 形铁芯横向磁通永磁直线同步电机

图 3-12 是一种平板型横向磁通永磁直线同步电机的结构示意图。该结构是一种聚磁式动子结构，图中是该电机多相中的一相。电机的定子由均匀分布的 U 形定子铁芯元件

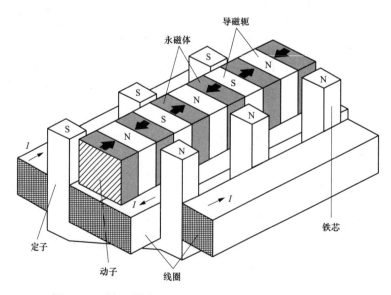

图 3-12　平板型横向磁通永磁直线同步电机的结构示意图

组成，U形定子铁芯元件的两个齿沿动子运动方向扭斜，错开一个极距。动子由永磁体和均匀分布的导磁轭组成，相邻的永磁体极性相反，使得动子内的磁场方向与运动方向相同。线圈嵌放在定子U形铁芯的槽中，当线圈通电后，U形定子元件中会产生横向的磁场，通过定子元件的一个齿部穿过动子到达定子的另一个齿部，形成回路。定子的两个齿部可以被看成是两个极性不同的磁极。齿部的磁场和动子中永磁体产生的磁场相互作用，使得动子朝一个方向运动，每当动子走过一个极距的距离后，相应地改变线圈中电流的通电方向，这样动子就可以连续地做直线运动。通过把单相结构串联或并联，就可以组成具有起动能力、推力波动小的多相直线电机。

图3-13所示为一种圆筒型横向磁通永磁直线同步电机的结构示意图。该电机的绕组为沿圆周三相分布排列的集中绕组，定子铁芯以双极距间隔沿轴向多段均匀排列，各段铁芯的极性相同；动子由沿轴向N、S极性交替排列的永磁体组成，永磁体沿圆周按三相互差120°排列，各相间互差120°电角度。

图3-13 圆筒型横向磁通永磁直线同步电机结构示意图

（3）根据电机的拓扑结构，可将永磁直线同步电机分为平板型永磁直线同步电机和圆筒型永磁直线同步电机，二者均又可分为长定子型和短定子型，而平板型又有单边型和双边型之分。

图3-14和图3-15分别为单边平板型永磁直线同步电机和双边平板型永磁直线同步电机的成品。单边型直线电机的主要缺点是推力波动和法向磁拉力较大。法向磁拉力会增大摩擦、使推力产生波动，增加了电机装配的难度，并对机床刚度和隔磁防护提出了更高的要求。双边型直线电机的优势在于从原理上消除了单边磁拉力，摩擦小、推力密度大、控制精度高。总体来看，平板型结构直线电机的制造简单，自然散热容易，适用于高速度、长行程、大推力领域。

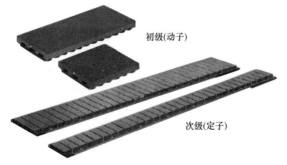

图3-14 单边平板型永磁直线同步电机

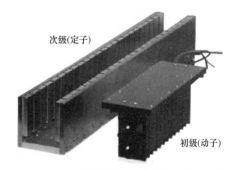

图3-15 双边平板型永磁直线同步电机

图3-16为圆筒型永磁直线同步电机的两种典型外形机构，其中长方形的外壳上装有

散热器,采用自然通风冷却;而圆柱形结构多采用液体冷却。

(a)   (b)

图 3-16 圆筒型永磁直线同步电机

(a) 长方形;(b) 圆柱形

(4) 根据电机的运动部件,可以将永磁直线同步电机分为动初级型(动线圈型)和动次级型(动磁钢型)。

动初级型直线电机通常设计成短初级长次级结构(见图 3-17)。短初级长次级的永磁直线同步电机,因其控制简单、效率较高,加之其加长行程的成本较低,适合于多数数控机床的应用,但需要解决的是永磁体的防护问题。

动次级型直线电机通常设计成长初级短次级结构(见图 3-18)。长初级短次级直线电机的永磁体用量少,动子质量轻,边端效应小,加速度大,实现了非移动馈电与液体冷却。但其初级需要整体通电,损耗大,虽然可以根据次级的运行位置,控制电枢绕组分段通电,但控制较为复杂,且因需要较多的功率器件从而使系统的成本增加。

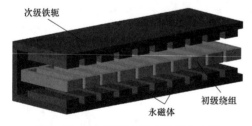

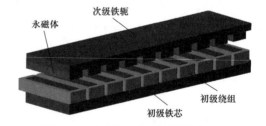

图 3-17 动初级型永磁直线同步电机   图 3-18 动次级型永磁直线同步电机

(5) 根据电机的电枢结构形式,可将永磁直线同步电机分为有铁芯型、无槽型和无铁芯型。

有铁芯型直线电机的初级上具有电枢铁芯,铁芯上开有齿槽,绕组按照一定的规律嵌放在槽中。该类结构直线电机的优势体现在以下几个方面:由于铁芯的聚磁、导磁作用,气隙磁密较大,产生的推力密度比较大;散热性能比较好;初级刚度比较高。不足之处在于:法向磁拉力比较大,齿槽效应、边端效应引起的推力波动较大;存在铁芯的磁饱和问题等;对于动电枢型来说,动子质量大。

图 3-19 所示为日本精工公司生产的有铁芯直线永磁同步电机，它具有很高的推力密度和电动机常数，其峰值推力和连续推力均可达到 1200N，最大速度为 2m/s，重复定位精度为 $1\mu m$。

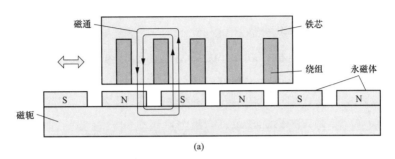

(a)

(b)

图 3-19　有铁芯永磁直线同步电机

（a）结构示意图；（b）实际产品

有铁芯型直线电机一般设计成水冷结构，表 3-1 为美国 Kollmorgen 公司生产的一些该类代表产品的参数。

表 3-1　　　　　　　　Kollmorgen 公司有铁芯型直线电机代表产品的参数

类型	F_P（N）	P_C（kW）	I_P（A）	M_C（kg）	A_{max}（m/s²）
IC11-030AC	300	0.064	7.9	2.0	150
IC11-200AC	2000	0.418	7.9	12.2	163.9
IC11-030AC（水冷）	300	0.319	9.9	2.0	150
IC11-200AC（水冷）	2000	1.302	9.9	12.2	163.9
IC44-030	1200	0.256	7.9	8.0	150
IC44-200	8000	1.667	7.9	48.8	163.9
IC44-030（水冷）	1200	1.275	9.9	8.0	150
IC44-200（水冷）	8000	5.21	9.9	48.8	163.9

注　F_P 为峰值推力；P_C 为平均功率；I_P 为峰值电流；M_C 为动子质量；A_{max} 为理想最大加速度。

无槽型永磁直线同步电机同有铁芯型相比，去除了开槽铁芯，采用非铁磁材料如聚合物等将绕组固定安装在背铁上，等效气隙相应变大，相同情况下气隙磁密变低，推力密度比有铁芯型永磁直线同步电机要低。由于去除了开槽铁芯，动子质量变轻，同时无齿槽效应问题，磁饱和现象相对较弱，法向吸力一定程度上减小，但由于背铁的作用，依然保持较好的结构强度与散热性能。

无铁芯型永磁直线同步电机可以看作无槽型永磁直线同步电机去除初级铁芯后的结果，去除初级铁芯，初级质量进一步降低，在次级结构不变条件下，气隙磁密也进一步降低，推力密度相应降低，相应电流峰值密度比较高；散热性能下降，初级刚度降低；但不存在齿槽效应，完全无磁饱和现象；初级与次级之间没有吸引力，不存在单边磁拉力；速度范围宽，通常可实现超过 5m/s 或低于 $1\mu m/s$ 的运行速度；系统动态性能高，由于仅受系统轴承或导轨装置的限制，所以轻载情况下很容易得到超过 10g 的加速度；极平稳的运行和极高的定位精度。由于消除了齿槽效应，因此推力和速度波动极低，定位精度也仅受反馈分辨率的限制，通常可以达到微米以下的分辨率。该型电机尤其适用于半导体光刻、PC 板检查和钻孔、晶片处理加工、离子注入、电子装配及坐标测量等精密伺服领域。

图 3-20 所示为东芝公司生产的高刚度型无槽直线永磁同步电机，该系列直线电机的最大推力为 10000N，最大行程为 2m，重复定位精度为 1nm，能够输出与有铁芯直线电机同样大的推力，可实现无推力波动、速度波动的平滑控制。图 3-21 为东芝公司生产的高效率型无铁芯直线永磁同步电机，它通过采用最新的线圈成型技术和环氧树脂填充技术，大大提高了绕组的槽满率，从而有效地提高了电机的效率，实现了小型化；通过采用模块化设计，提高了推力和行程选择的自由度。该系列直线电机的最大推力为 3000N，最大行程为 10m，重复定位精度为 $0.1\mu m$。由于该类电机的结构特殊，绕组冷却困难，

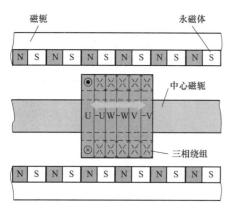

(a)

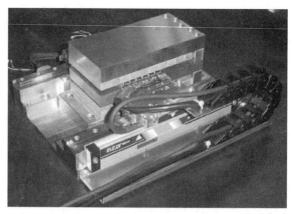

(b)

图 3-20　高刚度型无槽直线永磁同步电机

(a) 结构示意图；(b) 外观图

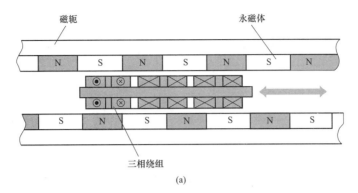

磁轭　　　　　　　　　永磁体

三相绕组

(a)

(b)

图 3-21　高效率型无铁芯直线永磁同步电机

（a）结构示意图；（b）外观图

所以最大推力有限。

表 3-2 所示为美国 Kollmorgen 公司的该类直线电动机产品的有关数据。三种电枢结构形式永磁直线电机性能的对比如表 3-3 所示。

表 3-2　　　　　　　**美国 Kollmorgen 公司无铁芯型直线电机产品的有关数据**

类型	F_P (N)	F_C (N)	P_C (kW)	I_P (A)	M_C (kg)	A_{max} (g)
IL06-030	120	38	65	7.1	0.21	58.3
IL06-050	200	61	84	7.0	0.32	64.7
IL12-030	240	76	131	7.1	0.42	58.3
IL12-050	400	123	167	7.0	0.64	63.7
IL18-030	360	114	196	7.1	0.63	58.3
IL18-050	600	184	251	7.0	0.96	63.7
IL24-030	480	152	261	7.1	0.84	58.3
IL24-050	800	245	334	7.0	1.26	64.7

注　F_P 为峰值推力；F_C 为平均推力；P_C 为平均功率；I_P 为峰值电流；M_C 为动子质量；A_{max} 为理想最大加速度，$g = 9.8\text{m/s}^2$。

表 3-3   **三种电枢结构形式永磁直线电机性能的对比**

性能	有铁芯型	无槽型	无铁芯型
造价	最低	低	高
法向吸力	大	中等	无
齿槽力	大	中等	无
单位体积出力	大	中等	小
热特性	最好	好	差
动子质量	高	中等	轻
动子强度	大	较大	小

（6）根据永磁体安置形式，可以把永磁直线同步电机分为表贴永磁体式永磁直线同步电机、内嵌永磁体式永磁直线同步电机和 Halbach 永磁体式永磁直线同步电机。

图 3-22（a）、（b）、（c）分别表示出了圆筒型永磁直线同步电机次级的三种永磁体排列形式。

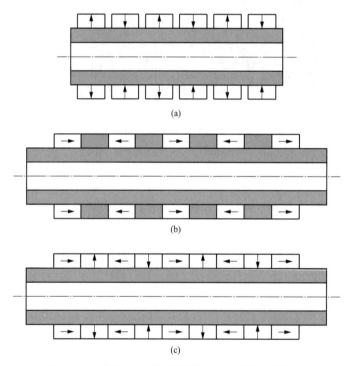

图 3-22 圆筒型永磁直线同步电机的三种次级形式
（a）表贴永磁体次级；（b）内嵌永磁体次级；（c）Halbach 永磁体阵列次级

表贴永磁体式永磁直线同步电机的次级永磁体为圆环形，采用径向充磁，沿轴向依次均匀排列在导磁轭上，每相邻两永磁体的磁化方向相反。该结构的优点是推力控制简单，动态特性好，推力的线性度高，适合用于伺服系统。缺点是推力密度比较低。

内嵌永磁体式永磁直线同步电机的次级永磁体也为圆环形，采用轴向充磁，每相邻两永磁体的磁化方向相反。永磁体与环形导磁轭沿轴向依次间隔均匀排列在不导磁圆筒型轴上，形成磁极，在圆柱形气隙空间产生磁场。该结构的优点是次级结构简单，工艺性好；采用矢量控制还可以有效地利用磁阻拉力，因此能够增大电机的输出推力。缺点是定位力较其他两种次级形式稍大。

Halbach 永磁体式永磁直线同步电机的次级圆环形永磁体既有径向充磁，又有轴向充磁，每个磁极由多个按特定充磁方向顺序排列的永磁体圆环组成。永磁直线同步电机采用 Halbach 永磁体结构提高了其气隙磁密的正弦性，增大了气隙磁通，减小了推力波动，提高了电机的推力密度和效率；减小了电机次级轭部厚度以及次级质量，提高了系统的动态特性。缺点是电机的制造工艺复杂，成本高。

（7）根据初级绕组的结构形式，可以把永磁直线同步电机分为整数槽绕组永磁直线同步电机和分数槽集中绕组永磁直线同步电机。

整数槽绕组永磁直线同步电机多采用双层短距分布绕组和单层绕组。图 3-23（a）所示为采用双层短距分布绕组的永磁直线同步电机的结构示意图。双层短距分布绕组的每个槽内有上下两个线圈边，线圈的一条边放在某一槽的上层，另一条边放在相隔 y_1 槽的下层，整个绕组的线圈数正好等于槽数。双层短距分布绕组的主要优点是可以选择最有利的节距，并同时采用分布的方法，来改善电动势和磁动势的波形；所有线圈具有同样的尺寸，便于制造；端部形状排列整齐，有利于散热和增强机械强度。缺点是在电枢铁芯前后两端不可避地存在半填槽，铁芯的利用率低，边端效应严重。

图 3-23（b）所示为采用单层绕组的永磁直线同步电机的结构示意图。单层绕组的优点是嵌线比较方便，铁芯利用率好，而且没有层间绝缘，槽的利用率高，在直线电机中可以最大限度地克服边端效应的影响，提高电机的推力密度。缺点是绕组端部长，电动势和磁动势波形比双层短距绕组差，高次谐波含量较大，无法消除 5、7 次谐波。

整数槽绕组结构的优点是电机的驱动频率低，铁损及逆变电路的损耗小，适合用于高速直线电机；缺点是绕组的结构复杂、端部长，推力波动大，电机的效率与推力密度低。

图 3-23（c）所示的分数槽集中绕组是近几年在永磁同步电机中应用最为广泛的一种绕组结构形式。绕组为集中绕组，构成每相绕组的各个线圈直接绕在电枢铁芯的齿上（线圈的节距与铁芯齿距相同），动子永磁体的极数与初级铁芯的齿数相近，二者的最小公倍数通常取得较大。

分数槽集中绕组结构可以减小由齿槽效应引起的定位力，提高直线电机的推力密度；同时，电机的制造工艺简单，绕组的端部短、槽满率高、绝缘容易，电机的效率高、成本低。缺点是电机的极数多，驱动频率高，不适合高速运行。

（8）按次级磁阻特性，可分为凸极型永磁直线同步电机和隐极型永磁直线同步电机。

（9）按输入电流形式，可将永磁直线同步电机分为方波（矩形波）和正弦波永磁直线同步电机。前者采用矩形波供电，也称无刷直流电机，后者的绕组电流按正弦变化，电机的运行速度跟电流频率之间有固定不变的关系。

此外，还有许多电机可以归入直线同步电机的范畴。如一些动子上没有任何励磁的

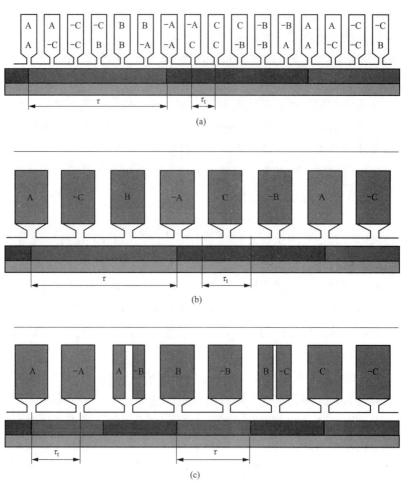

图 3-23 永磁直线同步电机的主要绕组形式

(a) 整数槽双层绕组；(b) 整数槽单层绕组；(c) 分数槽集中绕组

直线同步电机，当多相定子绕组依次输入直流电源时，被称作为开关磁阻电机；当每相绕组的电源开关时间由动子位置反馈控制时，被称作直线直流无刷电机。还有许多结构形式的直线电机，其基本工作原理都与直线同步电机相同，像直线磁阻振动器（短行程振荡器）、直线单极电机等。

3.2 直线同步电机的解析分析基础

3.2.1 磁场解析分析基础

众所周知，了解电机内的磁场分布是电机设计的前提，而在实际应用中，求解电机磁场分布关键在于如何建立正确的数学模型。

等效磁路法是传统的电机分析方法，将永磁体处理成磁势源或磁通源，其余按照通常电机的磁路计算来进行。其优点是形象、直观，计算量小，但由于永磁电机磁场分布复杂，仅依靠少量集中参数构成的等效磁路模型难以描述磁场的真实情况，使得一些关键系数如极弧系数、漏磁系数等，只能借助于经验数据或曲线，而此类数据或曲线大都是针对特定结构尺寸和特定永磁材料的，通用性较差。因此磁路计算只适用于方案的估算、初始方案设计和类似方案比较，要得到高精度的结果必须采用其他的分析方法。

解析法即把电机定转子、气隙、铁轭等效为统一媒质层，对各层列写出麦克斯韦方程及媒质成分方程，采用偏微分方程的解析方法（保角变换法和分离变换法）获得拉普拉斯方程的通解形式，利用边界条件和初始条件得到通解形式的系数。根据场源的激励形式求解出泊松方程的特解，最终得到标量磁位或矢量磁位解，利用位函数与场量间的关系得到磁密和磁场强度。

分析永磁直线同步电机的磁场时，采用单一解析法求解电机内的磁场问题，通常是将电机理想化：电机初、次极无限长，根据电机结构及材料属性把电机分层求解，取电机的一个极距为求解域，将绕组和永磁体等效为无限薄的一层正弦电流层，磁场沿纵向作正弦变化，三相对称，磁路不饱和且不考虑磁路开断及涡流等因素的影响，一般采用分离变量法、格林函数法、保角变换法（傅氏变换法和拉氏变换法）得到各层磁场的解析表达式，因此它推导简单、物理概念清楚、易于直接计算，但只能解决媒质形状规则、磁路线性的模型，不能考虑电机初级齿槽效应、磁路非线性等实际情况。

3.2.1.1　点电流产生的磁场在空气中的分布

在永磁直线同步电机中，励磁部分均由永磁体提供，而永磁体可以用用等效的点电流或等效电流密度来代替。因此，为求解永磁体在气隙中产生的磁场，需要先了解由点电流或者电流密度所产生的磁场在气隙中的分布情况。下面，我们将对三种不同情形下点电流产生的磁场分布进行研究：①空气中的点电流；②理想的无限长的铁轭上方的点电流；③处于两块理想的无限长的铁轭间的点电流。

根据以下假设，利用矢量磁位和磁感应强度间的关系以及麦克斯韦方程来计算空气中点电流的磁场分布和矢量磁位：①铁轭的磁导率为无限大（$\mu_{Fe}=\infty$）；②铁轭拥有无限的长度和宽度；③永磁体的相对磁导率接近等于1（$\mu_r=1$）。

1. 无铁磁边界

对于这种情况，磁通在空气中的分布可以直接通过麦克斯韦方程求得，该情况下的坐标系统如图3-24所示。

此时，空间（x，y）的磁感应强度的计算式为：

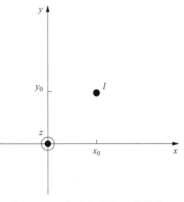

图3-24　流过电流为 I 的导体置于空气中（x_0，y_0）处

$$B_1(x,y) = \frac{\mu_0 \cdot I}{2\pi} \cdot \frac{-(y-y_0)+j \cdot (x-x_0)}{(x-x_0)^2+(y-y_0)^2} \tag{3-4}$$

根据矢量磁位 A 和磁感应强度 B 的关系式为

$$A_1(x,y) = -\frac{\mu_0 \cdot I}{2\pi} \ln\left[\sqrt{(x-x_0)^2+(y-y_0)^2}\right] \tag{3-5}$$

2. 单边铁磁边界

当导体的一侧存在理想的铁轭时（见图 3-25），可以按照镜像法利用式（3-4）和式（3-5）来计算空气中的磁通密度分布和矢量磁位。

磁通密度的两个组成部分，x 向分量和 y 向分量的计算式为

$$B_{xI_{1p}}(x,y) = \frac{\mu_0 \cdot I}{2\pi}\left[\frac{-y+y_0}{(x-x_0)^2+(y-y_0)^2} + \frac{-y-y_0}{(x-x_0)^2+(y+y_0)^2}\right] \tag{3-6}$$

$$B_{yI_{1p}}(x,y) = \frac{\mu_0 \cdot I}{2\pi}\left[\frac{x-x_0}{(x-x_0)^2+(y-y_0)^2} + \frac{x-x_0}{(x-x_0)^2+(y+y_0)^2}\right] \tag{3-7}$$

矢量磁位的求解式为

$$A_{I_{1p}}(x,y) = -\frac{\mu_0 \cdot I}{2\pi}\left\{\ln\left[\sqrt{(x-x_0)^2+(y-y_0)^2}\right] + \ln\left[\sqrt{(x+x_0)^2+(y+y_0)^2}\right]\right\} \tag{3-8}$$

3. 双边铁磁边界

导体两侧均存在理想铁轭时结构如图 3-26 所示。此时若利用镜像法，结果将会很复杂，因为每次镜像的同时也会在相对的铁轭中引起镜像，最终将会得到一个很复杂的等效电流分布。这种情况下，磁通密度两个分量的表达式分别如下

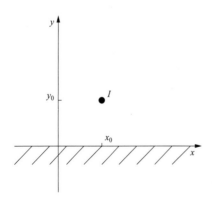

图 3-25　流过电流为 I 的导体置于理想铁轭上方 (x_0, y_0) 处

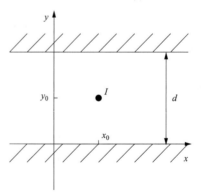

图 3-26　流过电流为 I 的导体置于两块理想铁轭中间 (x_0, y_0) 处

$$B_{xI_{2p}}(x,y) =$$

$$\frac{\mu_0 \cdot I}{4 \cdot d}\left[\frac{\sin\dfrac{\pi \cdot (y-y_0)}{d}}{\cosh\dfrac{\pi \cdot (x-x_0)}{d} - \cos\dfrac{\pi \cdot (y-y_0)}{d}} + \frac{\sin\dfrac{\pi \cdot (y+y_0)}{d}}{\cosh\dfrac{\pi \cdot (x-x_0)}{d} - \cos\dfrac{\pi \cdot (y+y_0)}{d}}\right] \tag{3-9}$$

$B_{yI_{2p}}(x,y)=$

$$-\frac{\mu_0 \cdot I}{4 \cdot d}\left[\frac{\sinh \dfrac{\pi \cdot (x-x_0)}{d}}{\cosh \dfrac{\pi \cdot (x-x_0)}{d}-\cos \dfrac{\pi \cdot (y-y_0)}{d}}+\frac{\sinh \dfrac{\pi \cdot (x-x_0)}{d}}{\cosh \dfrac{\pi \cdot (x-x_0)}{d}-\cos \dfrac{\pi \cdot (y+y_0)}{d}}\right]$$

$$(3\text{-}10)$$

此时，矢量磁位表达式为

$A_{I_{2p}}(x,y)=$

$$\frac{\mu_0 \cdot I}{4 \cdot \pi}\left\{\ln\left[\cosh \frac{\pi \cdot (x-x_0)}{d}-\cos \frac{\pi \cdot (y-y_0)}{d}\right]+\ln\left[\cosh \frac{\pi \cdot (x-x_0)}{d}-\cos \frac{\pi \cdot (y+y_0)}{d}\right]\right\}$$

$$(3\text{-}11)$$

3.2.1.2　线电流产生的磁场在空气中的分布

在没有铁磁边界的情况下，将位于同一侧的几个点电流（见图 3-27）沿 x 或沿 y 方向进行积分，即可得到电流密度为 J_s 的线电流所产生的磁场在空气中的分布，两种不同的线电流形式分别如图 3-27 所示。

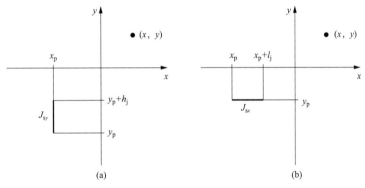

图 3-27　线电流密度在空气中的分布

(a) 沿高度 h_j 的分布；(b) 沿长度 l_j 的分布

如果线电流密度平行于 y 轴在沿高度 h_j 分布，则空气中点 (x,y) 处磁通密度在 x 和 y 方向的分量分别为

$$B_{xJ_{sy}}(x,y,x_p,y_p)=\frac{\mu_0 \cdot J_{sy}}{4\pi}\ln\left[\frac{(x-x_p)^2+(y-y_p-h_j)^2}{(x-x_p)^2+(y-y_p)^2}\right] \qquad (3\text{-}12)$$

$$B_{yJ_{sy}}(x,y,x_p,y_p)=-\frac{\mu_0 \cdot J_{sy}}{2\pi}\left[\arctan\left(\frac{y-y_p-h_j}{x-x_p}\right)-\arctan\left(\frac{y-y_p}{x-x_p}\right)\right] \qquad (3\text{-}13)$$

同样，如果线电流密度平行于 x 轴沿长度 l_j 分布，则表达式变为

$$B_{xJ_{sx}}(x,y,x_p,y_p)=\frac{\mu_0 \cdot J_{sx}}{2\pi}\left[\arctan\left(\frac{x-x_p-l_j}{y-y_p}\right)-\arctan\left(\frac{x-x_p}{y-y_p}\right)\right] \qquad (3\text{-}14)$$

$$B_{yJ_{sr}}(x,y,x_p,y_p) = -\frac{\mu_0 \cdot J_{sr}}{4\pi} \ln\left[\frac{(y-y_p)^2 + (x-x_p-l_j)^2}{(y-y_p)^2 + (x-x_p)^2}\right] \tag{3-15}$$

3.2.2 永磁阵列的磁场解析

1. 单铁磁边界时单边永磁阵列的磁场解析

如图 3-28 所示，位于铁轭上方的永磁体所产生的磁通分布在 x 和 y 方向的分量将分别通过式（3-12）和式（3-13）来求解。由于磁通密度不依赖于点电流的数量，所以相对于对点电流的磁场进行叠加，利用这些公式来解析永磁体将会更快，更精确。对铁轭上方永磁体的模型化分为两步，首先用两个线电流密度来代替永磁体，接下来利用镜像法移除铁轭，具体步骤如图 3-28 所示。这里只对产生有效电磁力的磁通密度的 y 向分量进行了展示。磁通密度的 x 向分量可通过类似的方法求出。

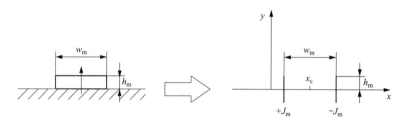

图 3-28 理想铁轭上永磁体的模型化方法

根据镜像原理 $y_p = -h_m$，$h_j = 2h_m$，对于永磁体的左侧 $x_p = x_c - w_m/2$，$J_s = J_m = B_r/\mu_0$，对于永磁体的右侧 $x_p = x_c + w_m/2$，$J_s = -J_m = -B_r/\mu_0$，一块永磁体的磁感应强度的 y 向分量可表示为

$$
\begin{aligned}
B_{y1pm}(x,y,x_c) = \frac{\mu_0 \cdot J_m}{2\pi}&\left[\arctan\left(\frac{y+h_m}{x-x_c-\dfrac{w_m}{2}}\right) - \arctan\left(\frac{y-h_m}{x-x_c-\dfrac{w_m}{2}}\right)\right. \\
&\left. + \arctan\left(\frac{y-h_m}{x-x_c+\dfrac{w_m}{2}}\right) - \arctan\left(\frac{y+h_m}{x-x_c+\dfrac{w_m}{2}}\right)\right]
\end{aligned}
\tag{3-16}
$$

一旦得到一块永磁体的模型，则整个永磁阵列的模型即可直接获得，只需要将式（3-16）中的 x_c 替换为 $x_c \pm k \cdot \tau$ 并且改变永磁体的磁化方向即可。例如，图 3-29 中一个拥有 6 块永磁体的磁路的磁感应强度的 y 向分量等效为

$$B_{y6pm}(x,y) = \sum_{i=0}^{5}(-1)^{i+1}B_{y1}(x,y,x_i), \quad x_i = -2.5\tau + i \cdot \tau \tag{3-17}$$

通常，为了不让边端效应对推力造成扰动，电机不应运行到次级端部的最后一块永磁体上。然而，如果对电机的尺寸要求非常严格，电机必须能在每端最后一块永磁体上工作。此时，利用上面的解析模型［式（3-17）］，边端效应也能得到很好的考虑，并且拥有不错的精度，这就是相对于传统方法的优势。

为了避免每次求解坐标系中点（x，y）处磁通密度时利用式（3-17）进行求和，可以将磁通密度转变为傅里叶级数形式。目的就是将磁路中的有用部分用傅里叶级数来替代。为了找到最优的逼近方法，对方波、脉冲波、梯形波这三种波形的磁通密度进行了分析（见附录 A）。如图 3-30 所示，利用脉冲函数的基本形式得到一个很好的近似。脉冲函数的幅值 B_y 等效为

$$B_y = \frac{[A(x,y) - A(x+\tau,y)] \cdot w_M}{w_m} \tag{3-18}$$

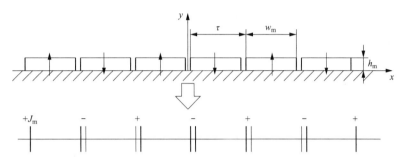

图 3-29　六块永磁体解析模型

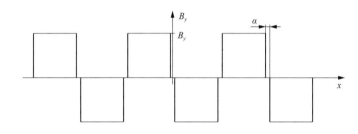

图 3-30　利用空气中常数幅值对磁路磁通密度的近似

角度 α 由邻近的两块永磁体间的间距决定，表达式为

$$\alpha = \frac{\tau - w_m}{2} \cdot \frac{\pi}{\tau} \tag{3-19}$$

通过变换，脉冲波形可以通过傅里叶级数形式来表示。

通常，对于拥有一定数目永磁体的单边磁路通常会给出两种解析模型。第一种模型比较精确，利用点电流来对永磁体进行建模［式（3-16）］，这种方法需要大量的计算来求解永磁体表面上方一点（x，y）处的磁通密度。因此，在优化时比较耗时并且增加了复杂性。为了避免这种问题，同时又获得比较好的近似值，提出第二种基于傅里叶级数形式的数学模型。利用等效电流法获得磁通密度幅值的傅里叶分解形式。相对于精度，这种方法更追求节省时间，所以通常被用在电机的初步设计中。

根据所提出的解析模型，同样可以分析由磁路边端和电机非线性所造成的谐波问题。实际上，从六块永磁体组成的磁路获得的磁通密度 y 向分量的振幅分解为傅里叶级数形式后如图 3-31 所示。磁路有效部分的基波等同于 4 次谐波。相对于基波，其他谐波分量的幅

值都比较小，当永磁体数量较多时尤为明显。所以，它们都可以被忽略。

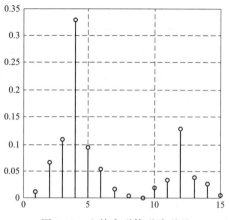

图 3-31　六块永磁体磁路磁通密度的谐波分析

2. 双铁磁边界时单边永磁阵列的磁场解析

与图 3-29 相比，双铁磁边界结构的磁路在其永磁体的对面具有一个铁轭，如图 3-32 所示。

针对该模型进行解析时，考虑到整合式（3-9）和式（3-10）的复杂性，永磁体不能再用一个电流密度来代替。所以，永磁体必须由一些点电流源的和来代替，如图 3-33 所示。

利用式（3-9）和式（3-10），并假设电流 I 等效为

$$I = \frac{B_r}{\mu_0} \cdot \frac{h_m}{N_y} \tag{3-20}$$

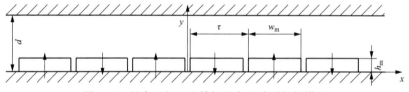

图 3-32　具有理想双边铁轭的永磁阵列解析模型

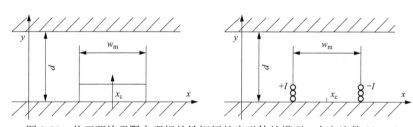

图 3-33　位于两块无限大理想的铁轭间的永磁体的模型，点电流数 $N_y = 3$

永磁体产生的磁通密度的各分量定义如下

$$B_{x\,1pm\,2p}(x, y, x_c, pos) = \sum_{i=1}^{N_y-1}\left\{\begin{array}{l}B_{xI_{2p}}\left[x, y, x_c - w_m, \dfrac{h_m + 2h_m \cdot i}{2N_y} + pos \cdot (d - h_m)\right] \\ -B_{xI_{2p}}\left[x, y, x_c + w_m, \dfrac{h_m + 2h_m \cdot i}{2N_y} + pos \cdot (d - h_m)\right]\end{array}\right\}$$

$$\tag{3-21}$$

$$B_{y\,1pm\,2p}(x, y, x_c, pos) = \sum_{i=1}^{N_y-1}\left\{\begin{array}{l}B_{yI_{2p}}\left[x, y, x_c - w_m, \dfrac{h_m + 2h_m \cdot i}{2N_y} + pos \cdot (d - h_m)\right] \\ -B_{yI_{2p}}\left[x, y, x_c + w_m, \dfrac{h_m + 2h_m \cdot i}{2N_y} + pos \cdot (d - h_m)\right]\end{array}\right\}$$

$$\tag{3-22}$$

其中，当永磁体固定在下层铁轭时，$pos=0$；当永磁体固定在上层铁轭时，$pos=1$。

根据式（3-17）类推，N_{pm} 块永磁体的磁路的解析模型由式（3-23）给出，即

$$B_{xN_{pm}}(x,y) = \sum_{i=0}^{N_{pm}} (-1)^{i+1} B_{x1pm\,2p}(x,y,x_i,0) \tag{3-23}$$

$$B_{yN_{pm}}(x,y) = \sum_{i=0}^{N_{pm}} (-1)^{i+1} B_{y1pm\,2p}(x,y,x_i,0) \tag{3-24}$$

$$x_i = -\frac{N_{pm}-1}{2}\tau + i \cdot \tau \tag{3-25}$$

为了缩短计算时间，这里提出了两种方法。第一种是利用附录 A 提出的方程对磁通密度进行傅里叶变换。对于单边磁路形式，更多采用脉冲傅里叶变换形式来对磁路进行建模，利用式（3-18）来计算幅值。

第二种方法是直接利用图 3-30 所示的脉冲波形来对磁通密度的 y 向分量进行建模，同时利用安培定律来定义幅值如下

$$B_y = \frac{B_r \cdot h_m}{d \cdot \mu_r - h_m(\mu_r-1)} \tag{3-26}$$

式中：B_r 和 μ_r 为永磁体特性。

该方法只有在漏磁路径长度小于两倍的联动磁通路径长度时才是有效的，如图 3-34 所示。因此，必须满足如下方程

$$d \leqslant \frac{\pi}{2}\left(\varepsilon \cdot w_m + \frac{\tau-w_m}{2}\right) + h_m \tag{3-27}$$

此外，若假设 $\mu_r=1$，同时引入一个漏

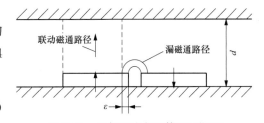

图 3-34　相邻两块永磁体间的漏磁

磁系数 σ_f 以考虑相邻两块永磁体之间的耦合关系，则可以得到如下表达式

$$B_y = B_r \cdot \frac{1}{\dfrac{d-h_m}{h_m} + \sigma_f} \tag{3-28}$$

当气隙高度从 0.2mm 变为 3mm 时，σ_f 将从 1 变为 1.08。

假设永磁体磁动势远远高于线圈磁动势，则可利用安培定律和磁通连续定律计算铁轭的高度。其计算式如下

$$h_{yoke} = \frac{B_r \cdot w_m \cdot h_m}{B_{yoke}\left[\mu_r(d-h_m)+h_m\right]} \tag{3-29}$$

式（3-29）中，B_{yoke} 为铁轭中的磁通密度，该值的选取不应使铁轭过度饱和。通常，取铁磁材料饱和曲线拐点处的值。

在电机初步设计时，为了简单快捷通常会优先考虑式（3-26）；而在后期精确的设计时，关系式（3-25）会给出更好的结果。

3. 双铁磁边界时双边永磁阵列的磁场解析

双铁磁边界单边磁路时所获得的结果可以用来研究双边磁路（如图 3-35 所示）。因此，永磁体由一定数量的沿永磁体高度 h_m 分布的 N_y 个点电流来建立模型，如图 3-36 所示。

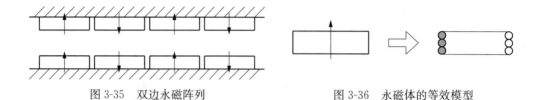

图 3-35 双边永磁阵列   图 3-36 永磁体的等效模型

双边永磁体磁路的磁通密度为

$$B_{xN_{pm}}(x,y)=\sum_{i=0}^{N_{pm}}B_{x1pm2p}(x,y,x_i,0)+\sum_{i=0}^{N_{pm}}B_{x1pm2p}(x,y,x_i,1) \tag{3-30}$$

$$B_{yN_{pm}}(x,y)=\sum_{i=0}^{N_{pm}}B_{y1pm2p}(x,y,x_i,0)+\sum_{i=0}^{N_{pm}}B_{y1pm2p}(x,y,x_i,1) \tag{3-31}$$

铁轭的高度利用集中的永磁体结构计算，等效为

$$h_{yoke}=\frac{2\cdot B_r\cdot w_m\cdot h_m}{B_{yoke}(\mu_r(d-2h_m)+2h_m)} \tag{3-32}$$

磁通密度的 y 向分量也可以按照图 3-32 所示的脉冲形式进行建模，其幅值等效为

$$B_y=\frac{2\cdot B_r\cdot h_m}{d\cdot\mu_r-2\cdot h_m(\mu_r-1)} \tag{3-33}$$

4. Halbach 型永磁阵列的磁场解析

Halbach 永磁阵列具有一特性：增强一边（强侧）的磁通的同时减弱另一边（弱侧）的磁通。相对于其他磁路，Halbach 永磁阵列不需要一个轭板来闭合两块永磁体的磁通路径，可降低磁路的重量。Halbach 永磁阵列既可以是双边的也可以是单边的。前者应用时通常不带有铁磁材料，线圈通常在两个永磁阵列之间运行。因此，式（3-12）～式（3-15）可以用来定义等效线电流在空气中产生的磁通密度。后者通常应用于无槽或有槽电机，在这种情况下，通常应用镜像原理。

为了给出 Halbach 永磁阵列建模的方法，在这里只给出了单边磁路模型（见图 3-37）。方法即利用平行于永磁体磁化方向的等效电流密度来代替所有永磁体。由五块永磁体所组成的 Halbach 永磁阵列所产生的磁通密度在 x 方向和 y 方向的分量的解析模型由下式给出

$$B_{xHA}=-B_{xJ_sm_y}(x,y,-l_{my}-0.5l_{mx},0)+B_{xJ_sm_y}(x,y,-0.5l_{mx},0)+B_{xJ_sm_y}(x,y,0.5l_{mx},0)$$
$$-B_{xJ_sm_y}(x,y,l_{my}+0.5l_{mx},0)+B_{xJ_sm_x}(x,y,-l_{my}-1.5l_{mx},0)-B_{xJ_sm_x}(x,y,-0.5l_{mx},0)$$
$$+B_{xJ_sm_x}(x,y,l_{my}+0.5l_{mx},0)-B_{xJ_sm_x}(x,y,-l_{my}-1.5l_{mx},h_m)$$
$$+B_{xJ_sm_x}(x,y,-0.5l_{mx},h_m)-B_{xJ_sm_x}(x,y,l_{my}+0.5l_{mx},h_m) \tag{3-34}$$

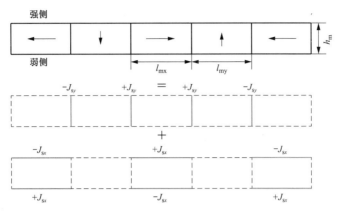

图 3-37 Halbach 永磁阵列的模型

$$B_{yHA} = -B_{y J_{s m_y}}(x,y,-l_{my}-0.5l_{mx},0) + B_{y J_{s m_y}}(x,y,-0.5l_{mx},0) + B_{y J_{s m_y}}(x,y,0.5l_{mx},0)$$
$$-B_{y J_{s m_y}}(x,y,l_{my}+0.5l_{mx},0) + B_{y J_{s m_y}}(x,y,-l_{my}-1.5l_{mx},0)$$
$$-B_{y J_{s m_x}}(x,y,-0.5l_{mx},0) + B_{y J_{s m_x}}(x,y,l_{my}+0.5l_{mx},0)$$
$$-B_{y J_{s m_x}}(x,y,-l_{my}-1.5l_{mx},h_m) + B_{y J_{s m_x}}(x,y,-0.5l_{mx},h_m)$$
$$-B_{y J_{s m_x}}(x,y,l_{my}+0.5l_{mx},h_m) \tag{3-35}$$

3.2.3 电磁力分析计算方法

在永磁直线同步电机等典型的电机系统中，电磁力的分析计算主要有以下几种方法：一是采用洛仑兹力定律直接计算电磁力；二是在电磁场分析的基础上，利用虚功原理计算电磁推力，或者采用麦克斯韦应力张量法计算电磁推力与法向吸力。在上述各原理中，既可以采用解析分析，也可以运用有限元数值分析。

1. 采用洛仑兹力定律求解

电磁场的洛仑兹力定律即载流导体在磁场中所受的作用力定律，即

$$F = \int_V J \times B dV \tag{3-36}$$

如果采用有限元分析，单元的洛仑兹力形式为

$$\{F^{jb}\} = \int_v \{N\}^T (\{J\} \times \{B\}) dv \tag{3-37}$$

式中　　$\{N\}$——形函数矢量。

运用洛仑兹力定律直接求解直线同步电机的推力，一方面需要做相应的简化假设，另一方面需要将直线同步电机相互作用的双方即绕组电流与永磁体区分开来，一般是将永磁体等效成载流导体，绕组电流作为场源，直线同步电机的电磁推力就是永磁体在绕组电流产生的磁场中所受到的作用力。

直线同步电机的推力运用洛仑兹力定律直接求解的分析模型如图 3-38 所示。绕组电流的等效面电流为

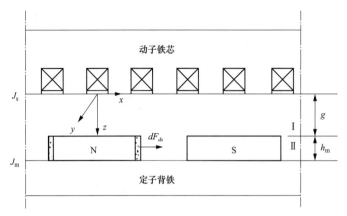

图 3-38 永磁直线同步电机的推力直接分析示意图

$$J_s = \frac{\sqrt{2}}{p\tau} m k_{w1} N_1 I_1 \cos\left(\frac{\pi}{\tau}x\right) = A_m \cos(\beta x) \tag{3-38}$$

其中，$\beta = \dfrac{\pi}{\tau}$，$A_m = \dfrac{\sqrt{2}}{p\tau} m k_{w1} N_1 I_1$。

永磁体的等效面电流密度为

$$J_m = \frac{B_r}{\mu_0 \mu_r} \tag{3-39}$$

绕组电流所产生的磁场在永磁体区域的磁密分布为

$$B_z(x,z) = -2\beta c' \sin(\beta x) \cosh[\beta(g + h_m - z)] \tag{3-40}$$

其中，$\qquad c' = \dfrac{1}{\mu_r \cosh(\beta h_m)\sinh(\beta g) + \sinh(\beta h_m)\cosh(\beta g)} \dfrac{\mu_0 \mu_r}{2\beta} A_m$

按照洛伦兹力定律，永磁体单侧微分面电流导体（dz）所受的力为

$$\mathrm{d}F_{dr} = B_z\left(x = \frac{w_m}{2}, z\right) J_m L_i \mathrm{d}z \tag{3-41}$$

依据对称原理，并考虑总极数（$\times 2p$）与永磁体双侧（$\times 2$），则总的电磁推力为

$$F_{dr} = 8p J_m L_i \beta c' \int_g^{g+h_m} \sin\left(\alpha_i \frac{\pi}{2}\right) \cosh[\beta(g + h_m - z)] \mathrm{d}z \tag{3-42}$$

其中，$\displaystyle\int_g^{g+h_m} \cosh[\beta(g + h_m - z)]\mathrm{d}z = \dfrac{1}{\beta}\sinh(\beta h_m)$。

将式（3-39）代入以上两式得

$$F_{dr} = \frac{4}{\pi} p\tau L_i B_r A_m \sin\left(\alpha_i \frac{\pi}{2}\right) \frac{\tanh(\beta h_m)}{\mu_r \sinh(\beta g) + \tanh(\beta h_m)\cosh(\beta g)} \tag{3-43}$$

2. 麦克斯韦张量法

在电磁场分析的基础上，电机推力和法向吸力的计算采用麦克斯韦张量法，在二维平面场情况下，水平推力 F_x 和法向吸力 F_y 分别为

$$\begin{cases} F_x = \int_s \left[\dfrac{1}{2\mu_0}(B_x^2 - B_y^2)n_x + 2n_y B_x B_y \right] \mathrm{d}_s \\[4mm] F_y = \int_s \left[\dfrac{1}{2\mu_0}(B_y^2 - B_x^2)n_y + 2n_x B_x B_y \right] \mathrm{d}_s \end{cases} \tag{3-44}$$

其中，s 为气隙中围绕电机运动部分的积分路径。n_x 和 n_y 为单位切向矢量和单位法向矢量。如果采用有限元数值分析，单元的水平推力与法向作用力为

$$\{F^{\max}\} = \frac{1}{\mu_0} \int_s \begin{bmatrix} T_{11} & T_{12} \\ T_{21} & T_{22} \end{bmatrix} \begin{Bmatrix} n_1 \\ n_2 \end{Bmatrix} \mathrm{d}_s \tag{3-45}$$

其中

$$\begin{cases} T_{11} = B_x^2 - \dfrac{1}{2}|B|^2 \\[2mm] T_{12} = B_x B_y \\[2mm] T_{21} = B_y B_x \\[2mm] T_{22} = B_y^2 - \dfrac{1}{2}|B|^2 \end{cases} \tag{3-46}$$

3. 虚功原理

传统的虚功法是基于能量守恒原理与虚位移原理。当电磁装置的某一部分发生微小位移时（既可以是真位移，也可以是虚位移），如在恒电流或恒磁链的条件下，整个系统的磁能会随之变化，则该部分就会受到电磁力作用。电磁力的大小等于单位微增位移时磁共能的增量（电流约束为常量）或单位微增位移时磁能的增量（磁链约束为常量）。当用有限元方法计算并假设磁链约束为常量时，用矢量磁位计算比较方便；假设电流约束为常量时，用标量磁位计算比较方便。

根据虚功法，当假设沿 q 方向有一位移时，铁磁材料所受 q 方向的总电磁力为

$$F_q = -\frac{\partial W}{\partial q} \tag{3-47}$$

存储的总的能量为

$$W = \int_V \left[\int_0^B H \cdot \mathrm{d}B \right] \mathrm{d}V \tag{3-48}$$

式中　V——场域的体积；

　　　B——磁感应强度；

　　　H——磁场强度。

电机所受合力等于电机单位长度的受力乘以长度，所以式（3-48）就变为

$$W = \int_S \left[\int_0^B H \cdot \mathrm{d}B \right] \mathrm{d}S \tag{3-49}$$

式中　S——场域的面积。

在有限元计算中，当采用三角形单元时，S 被离散为一系列的三角形单元，W 为每

一个三角形的能量之和，因此得

$$W = \sum_{e=1}^{N} \int_{S_e} \left[\int_0^B H_e \cdot \mathrm{d}B_e \right] \mathrm{d}S_e \tag{3-50}$$

式中 N——场域内总的三角形单元数；

S_e——三角形单元的面积。

当采用一阶单元时，式（3-50）可以转换成和的形式

$$W = \sum_{e=1}^{N} \frac{B^2}{2\mu_e} S_e \tag{3-51}$$

式中 μ_e——第 e 个三角形单元的磁导率。

将式（3-51）代入式（3-47），得

$$F_q = -\sum_{e=1}^{N} \left[\frac{S_e}{2} \frac{\partial B^2}{\partial q} \nu_e + \frac{S_e}{2} B^2 \frac{\partial \nu_e}{\partial B^2} \frac{\partial B^2}{\partial q} + \frac{\partial S_e}{\partial q} \nu_e \frac{B^2}{2} \right] \tag{3-52}$$

式中 ν_e——磁阻率；

$\partial \nu_e / \partial B^2$——非线性部分。

当为简化之便，不考虑非线性问题，则式（3-52）变为

$$F_q = -\sum_{e=1}^{N} \left(\frac{S_e}{2} \frac{\partial B^2}{\partial q} \nu_e + \frac{\partial S_e}{\partial q} \nu_e \frac{B^2}{2} \right) \tag{3-53}$$

3.3 平板型直线同步电机

3.3.1 单边平板型直线同步电机的解析分析

1. 电励磁单边平板型直线同步电机

（1）电机的结构。

图 3-39 所示，为电励磁单边平板型直线同步电机结构示意图。初级包括沿运动方向

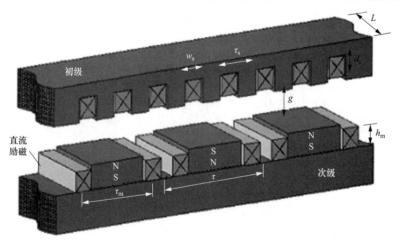

图 3-39 电励磁单边平板型直线同步电机结构示意图

延伸的三相有铁芯绕组，绕组由铜线绕制而成，并嵌放在初级铁芯的槽中。电机的运动部分是一个由铁轭和直流励磁的电磁极所组成的短次级结构。次级置于初级上方，气隙长度为 g，运动时可实现无接触。但是，为了方便建立一个普通的分层模型，图 3-39 中所示为电机倒置图。次级的电磁极由直流励磁绕组和连接在铁轭上的铁芯组成。电机的参数和尺寸如下：τ_s 为槽距，w_s 为槽宽，h_m 为电磁极的高度，τ 为极距，τ_m 为电磁铁的宽度，即一个极的铁芯宽度加上直流线圈宽度的一半，d_s 为槽深，L 为电机横向的宽度。

（2）物理模型。

图 3-40 所示为假设初级没有激励情况下的电机的分层模型，代表直流激励的层包括铁芯电磁极和它们之间的气隙。因为铁的磁导率远远大于空气的磁导率，所

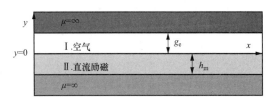

图 3-40　电励磁单边平板型直线同步电机的四层模型

以穿过整个层的磁导率没有多大变化。因此，这层由沿 x 和 y 方向拥有如下所示不同磁导率的各向异性的模型来表示

$$\begin{cases} \mu_{xm}=\mu_0 \dfrac{\mu_r}{1+[(\tau-\tau_m)/\tau]\times(\mu_r-1)} \\ \mu_{ym}=\mu_0\{(\tau-\tau_m)/\tau+\mu_r[1-(\tau-\tau_m)/\tau]\} \end{cases} \tag{3-54}$$

其中，μ_r 为铁的相对磁导率。除此之外，在推导数学模型时做如下假设：

1) 所有区域在 $\pm x$ 方向延伸至无穷远处；

2) 初、次级铁轭的磁导率近似于无穷大；

3) 解析模型表现为线性；

4) 忽略初级开槽，引入卡特系数（K_c）。

$$K_c=\tau_s/(\tau_s-\gamma g') \tag{3-55}$$

式（3-55）中的 γ 和 g' 分别由式（3-56）给出

$$\gamma=\frac{4}{\pi}\left[\frac{w_s}{2g'}\tan^{-1}\left(\frac{w_s}{2g'}\right)-\ln\sqrt{1+\left(\frac{w_s}{2g'}\right)^2}\right] \tag{3-56}$$

$$g'=g+h_m/\mu_r \tag{3-57}$$

其中，μ_r 为永磁体的相对磁导率。

因此，等效气隙 g_e 计算式为

$$g_e=g+(K_c-1)g' \tag{3-58}$$

5) 每个磁极等效为一个磁动势源 $F_p=N_{dc}I_{dc}A_t$，它代表一个 N_{dc} 匝的直流励磁线圈提供的激励，I_{dc} 为每个线圈的直流电流，电流波形为方波。

（3）磁场计算。

根据麦克斯韦方程得到拉普拉斯方程和泊松方程，即

$$\begin{cases}\dfrac{\partial^2 A_{\mathrm I}(x,y)}{\partial x^2}+\dfrac{\partial^2 A_{\mathrm I}(x,y)}{\partial y^2}=0\\[2mm]\dfrac{\partial}{\partial x}\left(\dfrac{\partial A_{\mathrm{II}}}{\mu_{ym}\partial x}\right)+\dfrac{\partial}{\partial y}\left(\dfrac{\partial A_{\mathrm{II}}}{\mu_{xm}\partial y}\right)=-J_{\mathrm m}(x)\end{cases} \tag{3-59}$$

式中：μ_{xm} 和 μ_{ym} 为磁极区域在 x 和 y 方向的磁导率；$A_{\mathrm I}$ 和 A_{II} 为 $\mathrm I$ 和 II 层的矢量磁位；$J_{\mathrm m}$ 为电磁极的等效电流密度。

$$J_{\mathrm m}(x)=\sum_{n=1,3,\cdots}J(n)\sin\left(\frac{n\pi x}{\tau}\right) \tag{3-60}$$

式中：$J(n)$ 为不同谐波电流密度的最大值。

$$J(n)=\frac{4}{\tau}\frac{N_{\mathrm{dc}}I_{\mathrm{dc}}}{h_{\mathrm m}}\sin\left(\frac{\eta\pi x}{2}\right) \tag{3-61}$$

其中，η 为一个电磁铁的宽度和极距的比。

对应的式（3-59）的通解为

$$\begin{cases}A_{\mathrm I}(x,y)=\sum_{n=1,3,\cdots}(C_1 e^{\frac{n\pi y}{\tau}}+C_2 e^{-\frac{n\pi y}{\tau}})\sin\left(\frac{n\pi x}{\tau}\right)\\[2mm]A_{\mathrm{II}}(x,y)=\sum_{n=1,3,\cdots}\left[C_3 e^{\sqrt{\frac{\mu_{xm}}{\mu_{ym}}}\frac{n\pi y}{\tau}}+C_4 e^{-\sqrt{\frac{\mu_{xm}}{\mu_{ym}}}\frac{n\pi y}{\tau}}+k(n)\right]\sin\left(\frac{n\pi x}{\tau}\right)\end{cases} \tag{3-62}$$

$$k(n)=\frac{\mu_{ym}J(n)}{n^2\pi^2}\tau^2 \tag{3-63}$$

假设背铁的磁导率为无穷大，边界条件满足如下

$$\begin{cases}y=g_{\mathrm e}\rightarrow H_{x\mathrm I}=0\\ y=0\rightarrow H_{x\mathrm I}=H_{x\mathrm{II}}\ \&\ B_{x\mathrm I}=B_{x\mathrm{II}}\\ y=-h_{\mathrm m}\rightarrow H_{x\mathrm{II}}=0\end{cases} \tag{3-64}$$

因此，系数 $C_1\sim C_4$ 可得到

$$\begin{cases}C_1=\dfrac{k(n)}{\left(1+e^{\frac{2n\pi}{\tau}g_{\mathrm e}}\right)-\dfrac{\sqrt{\mu_{xm}\mu_{ym}}}{\mu_0}\dfrac{\left(1+e^{-\sqrt{\frac{\mu_{xm}}{\mu_{ym}}}\frac{2n\pi}{\tau}h_{\mathrm m}}\right)\left(1-e^{\frac{2n\pi}{\tau}g_{\mathrm e}}\right)}{\left(1-e^{-\sqrt{\frac{\mu_{xm}}{\mu_{ym}}}\frac{2n\pi}{\tau}h_{\mathrm m}}\right)}}\\[8mm]C_2=C_1 e^{\frac{2n\pi}{\tau}g_{\mathrm e}}\\[3mm]C_3=C_1\dfrac{\sqrt{\mu_{xm}\mu_{ym}}}{\mu_0}\left(1-e^{\frac{2n\pi}{\tau}g_{\mathrm e}}\right)\Big/\left(1-e^{-\sqrt{\frac{\mu_{xm}}{\mu_{ym}}}\frac{2n\pi}{\tau}h_{\mathrm m}}\right)\\[3mm]C_4=C_3 e^{-\sqrt{\frac{\mu_{xm}}{\mu_{ym}}}\frac{2n\pi}{\tau}h_{\mathrm m}}\end{cases} \tag{3-65}$$

众所周知，每层的磁通密度可以通过求解相应层的矢量磁位的旋度得到，如式（3-59）。由于对称，矢量磁位的方向垂直于 x-y 平面。因此，磁通密度的分布为

$$B = \nabla \times A = \frac{\partial A}{\partial y}\boldsymbol{i} - \frac{\partial A}{\partial x}\boldsymbol{j} \tag{3-66}$$

因此，在 $y = y_0$ 处磁通密度的法向分量由式（3-67）给出，即

$$B_y(x) = -\frac{\partial A}{\partial x} = -\sum_{n=1,3,\cdots}^{\infty} \frac{n\pi}{\tau}(C_1 e^{\frac{n\pi y_0}{\tau}} + C_2 e^{-\frac{n\pi y_0}{\tau}}) \times \cos\left(\frac{n\pi x}{\tau}\right) \tag{3-67}$$

2. 单边平板型永磁直线同步电机

单边有铁芯平板型永磁直线同步电机的物理模型如图 3-41 所示，分析模型的假设如下：

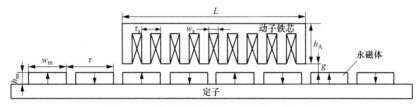

图 3-41　永磁直线同步电机的物理模型图

（1）磁场沿 z 轴方向无变化，即将直线电机电磁场作为二维电磁场进行分析；

（2）定子和动子铁芯的磁导率为无穷大，即 $\mu_x = \mu_y = \infty$；

（3）直线电机所采用的稀土钕铁硼永磁材料的回复线与退磁曲线基本重合，且退磁磁导率近似等于 μ_0；

（4）假设永磁体均匀磁化，其磁化强度 $M(x)$ 的空间分布如图 3-42 所示；

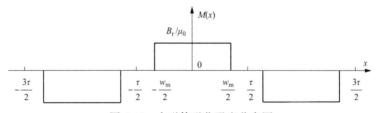

图 3-42　永磁体磁化强度分布图

（5）永磁体极性呈周期性地交替分布，但是极间相互断开；极间部分也全部由永磁体充满，只是极间未被磁化。

根据以上假设，将磁化强度 $M(x)$ 按照傅里叶级数展开为各次谐波为

$$M(x) = \frac{4B_r}{\pi\mu_0}\sum_{n=1}^{\infty} \frac{1}{2n-1}\sin\frac{(2n-1)\pi w_m}{2\tau}\cos\frac{(2n-1)\pi x}{\tau} \tag{3-68}$$

式中　$\mu_0 = 4\pi \times 10^{-7}$（H/m）；

　　　B_r——永磁体的剩磁；

　　　τ——极距；

w_m——永磁体宽度。

永磁体的等效磁化电流密度 $J_m(x)$ 为

$$J_m(x) = \nabla \times M = -\frac{4B_r}{\mu_0 \tau} \sum_{n=1}^{\infty} \sin \frac{(2n-1)\pi w_m}{2\tau} \sin \frac{(2n-1)\pi x}{2\tau} \tag{3-69}$$

基于等效磁化电流的磁场分析模型如图 3-43 所示。

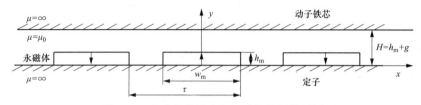

图 3-43 永磁直线同步电机磁场分析模型图

在图 3-43 所示解析区域中，根据麦克斯韦方程组对矢量磁位建立磁场方程。

在气隙区域，得到

$$\frac{\partial^2 A_1}{\partial x^2} + \frac{\partial^2 A_1}{\partial y^2} = 0 \tag{3-70}$$

在永磁体区域，得到

$$\frac{\partial^2 A_2}{\partial x^2} + \frac{\partial^2 A_2}{\partial y^2} = -\mu_0 J_m \tag{3-71}$$

利用分离变量法可得式（3-70）、式（3-71）的通解分别如下

$$A_1 = [C_1 \mathrm{ch} k_n y + D_1 \mathrm{sh} k_n y] \cdot [M_1 \cos k_n x + N_1 \sin k_n x] \tag{3-72}$$

$$A_2 = [C_2 \mathrm{ch} k_n y + D_2 \mathrm{sh} k_n y] \cdot [M_2 \cos k_n x + N_2 \sin k_n x]$$
$$- \frac{4B_r \tau}{\pi^2} \sum_{n=1}^{\infty} \frac{1}{(2n-1)^2} \sin \frac{(2n-1)\pi w_m}{2\tau} \sin \frac{(2n-1)\pi x}{\tau} \tag{3-73}$$

相应的边界条件如下：

在气隙磁场区域中，得到

$$\left. \frac{\partial A_1}{\partial y} \right|_{x=0} = 0 \Rightarrow M_1 = 0 \tag{3-74}$$

$$\left. \frac{\partial A_1}{\partial x} \right|_{x=\frac{\tau}{2}} = 0 \Rightarrow k_n = \frac{(2n-1)\pi}{\tau} \tag{3-75}$$

$$\left. \frac{\partial A_1}{\partial y} \right|_{y=H} = 0 \Rightarrow C_1 \mathrm{sh} k_n H + D_1 \mathrm{ch} k_n H = 0 \tag{3-76}$$

在永磁体区域中，得到

$$\left. \frac{\partial A_2}{\partial y} \right|_{x=0} = 0 \Rightarrow M_2 = 0 \tag{3-77}$$

$$\left. \frac{\partial A_2}{\partial x} \right|_{x=\frac{\tau}{2}} = 0 \Rightarrow k_n = \frac{(2n-1)\pi}{\tau} \tag{3-78}$$

$$\left.\frac{\partial A_2}{\partial y}\right|_{y=0}=0 \Rightarrow D_2=0 \tag{3-79}$$

在气隙和永磁体交界面上有

$$\left.\frac{\partial A_1}{\partial y}\right|_{y=h_{\mathrm{m}}}=\left.\frac{\partial A_2}{\partial y}\right|_{y=h_{\mathrm{m}}}, \quad 即 \; C_1\mathrm{sh}k_n h_{\mathrm{m}}+D_1\mathrm{ch}k_n h_{\mathrm{m}}=C_2\mathrm{sh}k_n h_{\mathrm{m}} \tag{3-80}$$

$$\left.\frac{\partial A_1}{\partial x}\right|_{y=h_{\mathrm{m}}}=\left.\frac{\partial A_2}{\partial x}\right|_{y=h_{\mathrm{m}}}, \quad 即$$

$$C_1\mathrm{ch}k_n h_{\mathrm{m}}+D_1\mathrm{sh}k_n h_{\mathrm{m}}=C_2\mathrm{ch}k_n h_{\mathrm{m}}-\frac{4B_{\mathrm{r}}\tau}{\mu_0\pi^2}\sum_{n=1}^{\infty}\frac{1}{(2n-1)^2}\sin\frac{(2n-1)\pi w_{\mathrm{m}}}{2\tau} \tag{3-81}$$

将式（3-80）带入式（3-81），可得

$$D_1=F_n\cdot\mathrm{sh}k_n h_{\mathrm{m}} \tag{3-82}$$

$$C_1-C_2=-F_n\cdot\mathrm{ch}k_n h_{\mathrm{m}} \tag{3-83}$$

其中，$F_n=\frac{4B_{\mathrm{r}}\tau}{\pi^2}\sum_{n=1}^{\infty}\frac{1}{(2n-1)^2}\sin\frac{(2n-1)\pi w_{\mathrm{m}}}{2\tau}$。

同时联立（3-81）~式（3-83）可得

$$C_1=-F_n\cdot\frac{\mathrm{ch}k_n H}{\mathrm{sh}k_n H}\cdot\mathrm{sh}k_n h_{\mathrm{m}} \tag{3-84}$$

$$C_2=F_n\left[\mathrm{ch}k_n h_{\mathrm{m}}-\frac{\mathrm{ch}k_n H}{\mathrm{sh}k_n H}\cdot\mathrm{sh}k_n h_{\mathrm{m}}\right]=\frac{F_n}{\mathrm{sh}k_n H}\cdot\mathrm{sh}k_n(H-h_{\mathrm{m}}) \tag{3-85}$$

因此，可以得到气隙磁场区域的矢量磁位和磁感应强度分别为

$$A_1=\left(-F_n\mathrm{sh}k_n h_{\mathrm{m}}\frac{\mathrm{ch}k_n H}{\mathrm{sh}k_n H}\cdot\mathrm{ch}k_n y+F_n\mathrm{sh}k_n h_{\mathrm{m}}\cdot\mathrm{sh}k_n y\right)\cdot\sin k_n x$$

$$=-F_n sh k_n x\frac{\mathrm{sh}k_n h_{\mathrm{m}}}{\mathrm{sh}k_n H}\mathrm{ch}k_n(H-y)$$

$$=-\frac{4B_{\mathrm{r}}\tau}{\pi^2}\sum_{n=1}^{\infty}\frac{1}{(2n-1)^2}\sin\frac{(2n-1)\pi w_{\mathrm{m}}}{2\tau}\frac{\mathrm{sh}\left[\frac{(2n-1)\pi}{\tau}h_{\mathrm{m}}\right]}{\mathrm{sh}\left[\frac{(2n-1)\pi}{\tau}H\right]} \tag{3-86}$$

$$\cdot\sin\frac{(2n-1)\pi}{2\tau}x\cdot\mathrm{ch}\left[\frac{(2n-1)\pi}{\tau}(H-y)\right]$$

$$B_{1x}=\frac{\partial A_1}{\partial y}=F_n k_n\frac{\mathrm{sh}k_n h_{\mathrm{m}}}{\mathrm{sh}k_n H}\cdot\sin k_n x\cdot\mathrm{sh}k_n(H-y)$$

$$=\frac{4B_{\mathrm{r}}}{\pi}\sum_{n=1}^{\infty}\frac{1}{2n-1}\sin\frac{(2n-1)\pi w_{\mathrm{m}}}{2\tau}\frac{\mathrm{sh}\left[\frac{(2n-1)\pi}{\tau}h_{\mathrm{m}}\right]}{\mathrm{sh}\left[\frac{(2n-1)\pi}{\tau}H\right]} \tag{3-87}$$

$$\cdot\sin\frac{(2n-1)\pi}{\tau}x\cdot\mathrm{sh}\frac{(2n-1)\pi}{\tau}(H-y)$$

$$B_{1y} = -\frac{\partial A_1}{\partial x} = F_n k_n \frac{\mathrm{sh}k_n h_m}{\mathrm{sh}k_n H} \cdot \cos k_n x \cdot \mathrm{ch}k_n (H-y)$$

$$= \frac{4B_r}{\pi} \sum_{n=1}^{\infty} \frac{1}{2n-1} \sin \frac{(2n-1)\pi w_m}{2\tau} \frac{\mathrm{sh}\left[\dfrac{(2n-1)\pi}{\tau} h_m\right]}{\mathrm{sh}\left[\dfrac{(2n-1)\pi}{\tau} H\right]} \tag{3-88}$$

$$\cdot \cos \frac{(2n-1)\pi}{\tau} x \cdot \mathrm{ch} \frac{(2n-1)\pi}{\tau}(H-y)$$

永磁体区域，得到

$$A_2 = F_n \frac{\mathrm{sh}k_n(H-h_m)}{\mathrm{sh}k_n H} \cdot \sin k_n x \cdot \mathrm{ch}k_n y - F_n \sin k_n x \tag{3-89}$$

$$B_{2x} = \frac{\partial A_2}{\partial y} = F_n k_n \frac{\mathrm{sh}k_n(H-h_m)}{\mathrm{sh}k_n H} \cdot \sin k_n x \cdot \mathrm{sh}k_n y$$

$$= \frac{4B_r}{\pi} \sum_{n=1}^{\infty} \frac{1}{2n-1} \sin \frac{(2n-1)\pi w_m}{2\tau} \frac{\mathrm{sh}\left[\dfrac{(2n-1)\pi}{\tau}(H-h_m)\right]}{\mathrm{sh}\left[\dfrac{(2n-1)\pi}{\tau} H\right]} \tag{3-90}$$

$$\cdot \sin \frac{(2n-1)\pi}{\tau} x \cdot \mathrm{sh} \frac{(2n-1)\pi}{\tau} y$$

$$B_{2y} = -\frac{\partial A_2}{\partial x} = -F_n k_n \frac{\mathrm{sh}k_n(H-h_m)}{\mathrm{sh}k_n H} \cdot \cos k_n x \cdot \mathrm{ch}k_n y + F_n k_n \cos k_n x$$

$$= \frac{4B_r}{\pi} \sum_{n=1}^{\infty} \frac{1}{2n-1} \sin \frac{(2n-1)\pi w_m}{2\tau} \frac{\cos \dfrac{(2n-1)\pi}{\tau} x}{\mathrm{sh}\left[\dfrac{(2n-1)\pi}{\tau} H\right]} \tag{3-91}$$

$$\cdot \left\{ \mathrm{sh}\left[\frac{(2n-1)\pi}{\tau} H\right] - \mathrm{sh}\left[\frac{(2n-1)\pi}{\tau}(H-h_m)\right] \cdot \mathrm{ch} \frac{(2n-1)\pi}{\tau} y \right\}$$

3.3.2 双边平板型直线同步电机的解析分析

1. 双边平板型无铁芯永磁直线同步电机

电机结构如图 3-44 所示，定子由 U 形铁芯和极性交替成对地贴放在上面的永磁体组成。负载连接在运动的线圈上，三相集中绕组由非磁性的环氧树脂灌封在密闭的空间中，所以不存在齿槽力。线圈极距 τ_c 和永磁体极距 τ 之间满足 $\tau_c = 4\tau/3$，定义 $\xi=0$ 时为平衡位置，当一相线圈中通入正电流时，线圈向左运动，ξ 增大。

(1) 泊松方程。

由麦克斯韦方程可知在静磁场情况下

$$\nabla \times \boldsymbol{H} = \boldsymbol{J} \tag{3-92}$$

$$\nabla \cdot \boldsymbol{B} = 0 \tag{3-93}$$

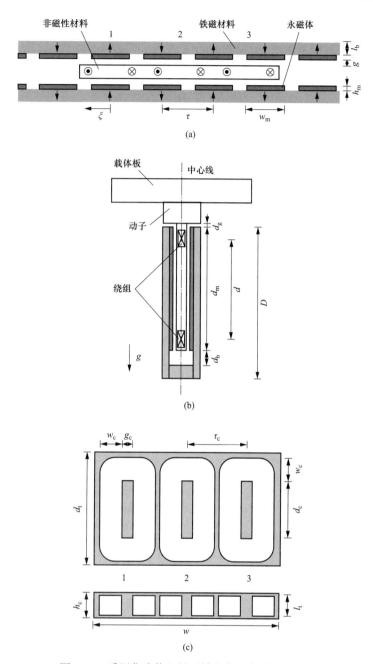

图 3-44 采用集中绕组的无铁芯永磁直线同步电机

（a）不带负载时的俯视图；（b）带负载时的前视图；（c）环氧树脂灌封的集中绕组

式中 **H**——磁场强度；

　　B——磁通量密度；

　　J——电流密度。

B 和 **H** 满足如下关系

$$\boldsymbol{B} = \mu \boldsymbol{H} \tag{3-94}$$

式中 μ ——材料的磁导率。

两个区域之间必须满足如下边界条件

$$\boldsymbol{n} \times (\boldsymbol{H}_1 - \boldsymbol{H}_2) = \boldsymbol{K} \tag{3-95}$$

$$\boldsymbol{n} \times (\boldsymbol{B}_1 - \boldsymbol{B}_2) = 0 \tag{3-96}$$

式中 $\boldsymbol{n}$ ——区域2和区域1之间边界面上的单位法向量；

$\boldsymbol{K}$ ——表面电流密度。

由于任何矢量 $\boldsymbol{A}$ 的旋度的散度都为零，故由式（3-93）可知存在一个被称为矢量磁位的 $\boldsymbol{A}$ 满足

$$\boldsymbol{B} = \nabla \times \boldsymbol{A} \tag{3-97}$$

将式（3-94）和式（3-95）代入式（3-92）可得

$$\nabla \times \left(\frac{1}{\mu} \nabla \times \boldsymbol{A} \right) = \boldsymbol{J} \tag{3-98}$$

如果 $\boldsymbol{J} = \boldsymbol{J}z$，则 $\boldsymbol{A} = \boldsymbol{A}z$，式（3-98）简化为

$$-\nabla \cdot \left(\frac{1}{\mu} \nabla A \right) = J \tag{3-99}$$

也可写成如下展开形式

$$\frac{\partial}{\partial x} \left(\frac{1}{\mu} \frac{\partial A}{\partial x} \right) + \frac{\partial}{\partial y} \left(\frac{1}{\mu} \frac{\partial A}{\partial y} \right) = -J \tag{3-100}$$

方程（3-100）为标量泊松方程。

（2）永磁体的磁场计算。

根据图3-44，永磁阵列所产生的磁场在线圈所处位置近似为一个平面，通过求解式（3-100）可以近似地估计。其中推导过程基于图3-45进行，图3-45（a）中定义了两个区域，图3-45b中利用等效电流建立永磁体的模型，图3-45（c）将等效电流表示为周期脉冲的形式。推导时做如下假设：沿 x 方向定子是无限长的；在 z 方向忽略边端效应；永磁材料的磁导率等于真空磁导率；铁磁材料的磁导率为无穷大。在这些假设的前提下，式（3-100）转化为

$$\frac{\partial^2 A_1}{\partial x^2} + \frac{\partial^2 A_1}{\partial y^2} = 0 \tag{3-101}$$

$$\frac{\partial^2 A_2}{\partial x^2} + \frac{\partial^2 A_2}{\partial y^2} = -\mu_0 J_2 \tag{3-102}$$

其中，下标确定了区域，永磁体的等效电流密度是源，边界条件式（3-95）和式（3-96）转化为

$$\begin{cases} H_{1x} = 0, & y = g_s \\ H_{1x} = H_{2x}, \ B_{1y} = B_{2y}, & y = h_m \\ H_{2x} = 0, & y = 0 \end{cases} \tag{3-103}$$

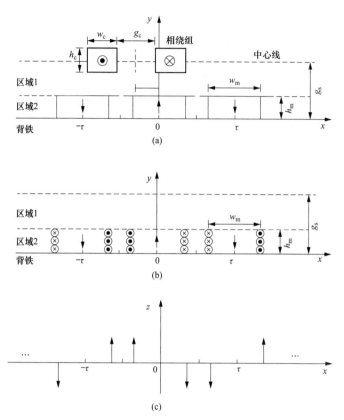

图 3-45　用于推导永磁直线电机力模型的示意图

（a）定义主要问题的两个区域；（b）永磁阵列的等效电流在（x，y）平面分布；

（c）永磁阵列的等效电流在（x，z）平面分布

整个气隙区域将包含运动的线圈所占据的区域，因为它是非磁性的。

永磁阵列的等效电流密度可表示为如下傅里叶级数形式

$$J_2 = \sum_{n=1,3,\cdots}^{\infty} \alpha_n \sin(nkx) \tag{3-104}$$

$$\alpha_n = -\frac{4B_r}{\tau\mu_0}\sin\left(\frac{1}{2}nkw_m\right) \tag{3-105}$$

其中，B_r 为永磁材料的剩余磁通密度；$k = \pi/\tau$ 是空间频率。根据这种激励，可得到满足条件（3-103）的式（3-101）和式（3-102）的解为

$$A_1 = \mu_0 \sum_{n=1,3,\cdots}^{\infty} \frac{\alpha_n}{(nk)^2} \cdot \left[\frac{\sinh(nkh_m)}{\sinh(nkg_s)}\cosh(nk(g_s - y))\right] \cdot \sin(nkx) \tag{3-106}$$

$$A_2 = \mu_0 \sum_{n=1,3,\cdots}^{\infty} \frac{\alpha_n}{(nk)^2} \cdot \left[1 - \frac{\sinh(nk(g_s - h_m))}{\sinh(nkg_s)}\cosh(nky)\right] \cdot \sin(nkx) \tag{3-107}$$

根据式（3-97）、式（3-106）的旋度给出了磁通密度在气隙中的表达式

$$B_{1x} = -\mu_0 \sum_{n=1,3,\cdots}^{\infty} \frac{\alpha_n}{nk} \cdot \frac{\sinh(nkh_m)}{\sinh(nkg_s)} \cdot \sinh[nk(g_s - y)] \cdot \sin(nkx) \qquad (3\text{-}108)$$

$$B_{1y} = -\mu_0 \sum_{n=1,3,\cdots}^{\infty} \frac{\alpha_n}{nk} \cdot \frac{\sinh(nkh_m)}{\sinh(nkg_s)} \cdot \cosh[nk(g_s - y)] \cdot \cos(nkx) \qquad (3\text{-}109)$$

（3）洛伦兹力。

电流密度为 $\boldsymbol{J}$ 的导体在永磁体所产生的磁通密度为 $\boldsymbol{B}$ 的静磁场中所受到的力即为所谓的洛伦兹力 $\boldsymbol{F}$，由下式给出

$$\boldsymbol{F} = \int_v \boldsymbol{J} \times \boldsymbol{B} \, \mathrm{d}v \qquad (3\text{-}110)$$

如果电流为 z 方向，并且沿 x 方向运动，则可转化为

$$F = -\int_v J_z B_y \, \mathrm{d}v \qquad (3\text{-}111)$$

对于电流为 I 的 z 向长度为 L 的 N 匝线圈来说，式（3-111）简化为

$$F = -NILB_{avg} \qquad (3\text{-}112)$$

其中

$$B_{avg} = \frac{1}{A_c} \left(\int_{a^+} B_y \, \mathrm{d}a - \int_{a^-} B_y \, \mathrm{d}a \right) \qquad (3\text{-}113)$$

区域 a^+ 和 a^- 为进行积分的大小为 $A_c = w_c h_c$ 的线圈两边的截面积。通过叠加，式（3-112）～式（3-113）可以扩展到多个线圈，其中 B_{avg} 的计算可以单独从永磁体的磁场进行。虽然线圈电枢反应对永磁体的磁场有所影响，但是它们不会影响到力，所有由电枢反应产生的力的和为零。

结合式（3-109）、式（3-113）第一部分在线圈相对位置 $[\xi_j = \xi - 4\tau(j-1)/3$，其中 $j = 1, 2, 3]$ 处的积分具体形式如下

$$\begin{aligned}
\int_{a^+} B_y \, \mathrm{d}a &= 2 \int_{\left(g_s - \frac{h_c}{2}\right)}^{g_s} \int_{\left(-\frac{g_c}{2} - w_c - \xi_j\right)}^{\left(\frac{g_c}{2} - \xi_j\right)} B_{1y} \, \mathrm{d}x \, \mathrm{d}y \\
&= -2\mu_0 \sum_{n=1,3,\cdots}^{\infty} \frac{\alpha_n}{(nk)^3} \cdot \frac{\sinh(nkh_m)}{\sinh(nkg_s)} \\
&\quad \cdot \left[\sinh(nk(g_s - y_s)) \right]_{\left(g_s - \frac{h_c}{2}\right)}^{g_s} \cdot \left[\sin(nkx_s) \right]_{\left(-\frac{g_c}{2} - w_c - \xi_j\right)}^{\left(-\frac{g_c}{2} - \xi_j\right)} \\
&= -2\mu_0 \sum_{n=1,3,\cdots}^{\infty} \frac{\alpha_n}{(nk)^3} \cdot \frac{\sinh(nkh_m)}{\sinh(nkg_s)} \cdot \left[-\sinh\left(\frac{1}{2} nkh_c\right) \right] \\
&\quad \cdot \left\{ 2\cos\left[\frac{1}{2} nk(g_c - w_c - 2\xi_j) \right] \sin\left(\frac{1}{2} nkw_c\right) \right\} \\
&= 4\mu_0 \sum_{n=1,3,\cdots}^{\infty} \beta_n \cos\left[\frac{1}{2} nk(g_c - w_c - 2\xi_j) \right]
\end{aligned} \qquad (3\text{-}114)$$

其中，$\beta_n = \dfrac{\alpha_n}{(nk)^3} \cdot \dfrac{\sinh(nkh_m)}{\sinh(nkg_s)} \cdot \sinh\left(\dfrac{1}{2} nkh_c\right) \cdot \sin\left(\dfrac{1}{2} nkw_c\right)$。

类似地，式（3-113）第二部分的结果如下

$$\int_{a^-} B_y da = 2\int_{(g_s-\frac{h_c}{2})}^{g_s} \int_{(\frac{g_c}{2}-\xi_j)}^{(\frac{g_c}{2}+w_c-\xi_j)} B_{1y} dx dy = 4\mu_0 \sum_{n=1,3,\cdots}^{\infty} \beta_n \cos\left[\frac{1}{2}nk(g_c+w_c-2\xi_j)\right]$$

(3-115)

由此可见

$$B_{\mathrm{avg}} = 8\mu_0 \sum_{n=1,3,\cdots}^{\infty} \beta_n \sin\left[\frac{1}{2}nk(g_c+w_c)\right] \cdot \sin(nk\xi_j)$$ (3-116)

因此，根据式（3-112）可得每相所产生的力为

$$f_j = -\frac{8\mu_0 Ndi_j}{A_c} \sum_{n=1,3,\cdots}^{\infty} \beta_n \sin\left[\frac{1}{2}nk(g_c+w_c)\right] \cdot \sin(nk\xi_j)$$ (3-117)

最终，通过把三相的力加起来得到总的力函数，即

$$f(\xi,i) = \sum_{j=1}^{3} K_j(\xi) i_j$$ (3-118)

其中，各相的空间特征通过傅里叶形式总结如下

$$K_j(\xi) = \sum_{n=1,3,\cdots}^{\infty} \gamma_n \sin\left\{nk\left[\xi-(j-1)\frac{4}{3}\tau\right]\right\}$$ (3-119)

其中

$$\gamma_n = -\frac{18Nd\tau_c^2 B_r}{w_c h_c (n\pi)^3} \cdot \frac{\sinh(nkh_m)}{\sinh(nkg_s)} \cdot \sinh\left(\frac{1}{2}nkh_c\right) \cdot \sin\left(\frac{1}{2}nkw_m\right)$$
$$\cdot \sin\left(\frac{1}{2}nkw_c\right) \cdot \sin\left[\frac{1}{2}nk(g_c+w_c)\right]$$ (3-120)

符号的改变证实了位移量 ξ 沿 x 负方向增加。从电机设计的观点看，以物理为基础的方法推导出的式（3-118）～式（3-120）有显著的价值，因为在力模型全面地展示了每个重要尺寸和材料特性的影响。

2. 双边动磁式平板型永磁直线同步电机

永磁直线电机的结构如图 3-46 所示，携带开口槽的定子部分采用非导磁性材料，仅仅起到固定线圈的作用。为提供足够的定子磁动势，在机械加工允许的情况下将槽做得尽可能薄，宽度可以较大但深度则应控制。图 3-47（b）所示，为半个极距下的磁场分布的机械结构。

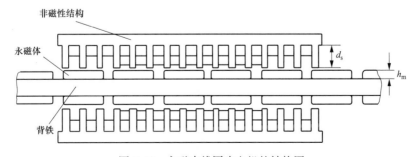

图 3-46　永磁直线同步电机的结构图

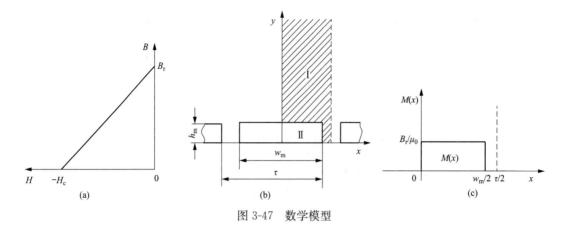

图 3-47 数学模型

这里只考虑采用钐钴或钕铁硼稀土永磁材料，它们拥有较高的矫顽力 H_c 和剩磁 B_r，磁化曲线接近于线性并且相对磁导率基本等于 μ_0，如图 3-47（a）所示。因此，认为永磁体的磁化向量 $M（x）$ 沿永磁体长度呈矩形分布，如图 3-47（b）所示。其分布如图 3-47（c）所示，$M（x）$ 分解为如下谐波形式

$$M(x)=\frac{4}{\pi}\frac{B_r}{\mu_0}\sum_{m=1}^{\infty}\frac{1}{(2m-1)}\sin\frac{(2m-1)\pi w_m}{2\tau}\cos(2m-1)\frac{\pi}{\tau}x \tag{3-121}$$

式中　w_m——永磁体的宽度；

　　　τ——极距。

根据麦克斯韦方程，可以推导出标量磁位的控制方程为

$$\frac{\partial^2\varphi_m}{\partial x^2}+\frac{\partial^2\varphi_m}{\partial y^2}=0 \tag{3-122}$$

根据图 3-47（b），边界条件为

$$\varphi_m\big|_{y=\infty}=0 \tag{3-123}$$

$$H_x=0,\ \frac{\partial\varphi_m}{\partial x}=0,\ y=0\quad\forall\,x \tag{3-124}$$

对称条件为

$$\begin{cases}B_x=0,\ H_x=0,\ \dfrac{\partial\varphi_m}{\partial x}=0,\ x=0\quad\forall\,y\\[2mm]B_y=0,\ H_y=0,\ \dfrac{\partial\varphi_m}{\partial y}=0,\ x=\dfrac{1}{2}\tau\quad\forall\,y\end{cases} \tag{3-125}$$

在区域Ⅰ和区域Ⅱ的交界处

$$\begin{cases}H_{x\,\mathrm{I}}=H_{x\,\mathrm{II}}\\B_{y\,\mathrm{I}}=B_{y\,\mathrm{II}}\end{cases} \tag{3-126}$$

在永磁体内

$$\begin{cases}B_y=\mu_m H_y+\mu_0 M=\mu_0\left[H_y+M(x)\right]\\B_x=\mu_0 H_x\end{cases} \tag{3-127}$$

磁化向量 $M(x)$ 可以表示为

$$M(x) = \frac{4}{\pi} M \sum_{m=1}^{\infty} \frac{1}{(2m-1)} \sin \frac{(2m-1)\pi w_m}{2\tau} \cdot \cos(2m-1) \frac{\pi}{\tau} x \qquad (3\text{-}128)$$

其中

$$M = B_r / \mu_0 \qquad (3\text{-}129)$$

现在假设整个求解区域充满磁性材料（$0 \leqslant x \leqslant \tau/2$，$0 \leqslant y \leqslant h_m$）。但是如式（3-128）所示，永磁体的虚构部分是不充磁的。利用分离变量法，假设磁场的解为

$$\varphi_m = \varphi_{ma}(x)\varphi_{mb}(y) = \sum_{m=1}^{\infty} \left[(C_m \cosh P_m y + D_m \sinh P_m y) \cdot (M_m \cos P_m x + N_m \sin P_m x) \right]$$

$$(3\text{-}130)$$

因此

$$\begin{cases} \dfrac{\partial \varphi_m}{\partial x} = \displaystyle\sum_{m=1}^{\infty} \left[P_m (C_m \cosh P_m y + D_m \sinh P_m y) \cdot (-M_m \sin P_m x + N_m \cos P_m x) \right] \\[3mm] \dfrac{\partial \varphi_m}{\partial y} = \displaystyle\sum_{m=1}^{\infty} \left[P_m (C_m \sinh P_m y + D_m \cosh P_m y) \cdot (M_m \cos P_m x + N_m \sin P_m x) \right] \end{cases}$$

$$(3\text{-}131)$$

在区域 I 中：

将对称条件应用到该区域

$$\begin{cases} \dfrac{\partial \varphi_{m\text{I}}}{\partial x} = 0, \ x = 0, \ \Rightarrow N_{m\text{I}} = 0 \\[3mm] \dfrac{\partial \varphi_{m\text{I}}}{\partial y} = 0, \ x = \dfrac{1}{2}\tau, \ \Rightarrow \dfrac{1}{2} P_m \tau = \dfrac{1}{2}(2m-1)\pi \\[3mm] \varphi_{m\text{I}} = 0, \ y = \infty, \ \Rightarrow (C_{m\text{I}} + D_{m\text{I}})/2 = 0 \\[3mm] \varphi_{m\text{I}} = \displaystyle\sum_{m=1}^{\infty} A_{m\text{I}} e^{-(2m-1)(\pi/\tau)y} \cos(2m-1)\dfrac{\pi}{\tau} x \end{cases} \qquad (3\text{-}132)$$

在区域 II 中：

将对称条件应用到该区域，得到

$$\begin{cases} \dfrac{\partial \varphi_{m\text{II}}}{\partial x} = 0, \ x = 0, \ \Rightarrow N_{m\text{II}} = 0 \\[3mm] \dfrac{\partial \varphi_{m\text{II}}}{\partial y} = 0, \ x = \dfrac{1}{2}\tau, \ \Rightarrow P_m = \dfrac{1}{2}(2m-1)\dfrac{\pi}{\tau} \\[3mm] \dfrac{\partial \varphi_{m\text{II}}}{\partial x} = 0, \ y = 0, \ \Rightarrow C_{m\text{II}} = 0 \\[3mm] \varphi_{m\text{II}} = \displaystyle\sum_{m=1}^{\infty} A_{m\text{II}} \sinh(2m-1)\dfrac{\pi}{\tau} y \cdot \cos(2m-1)\dfrac{\pi}{\tau} x \end{cases} \qquad (3\text{-}133)$$

此外，在 $y = h_m$（永磁体表面处），存在

$$H_{x\text{I}} = H_{x\text{II}} \tag{3-134}$$

得到

$$\sum_{m=1}^{\infty} (2m-1)\frac{\pi}{\tau} A_{m\text{I}} e^{-(2m-1)(\pi/\tau)h_m} \sin(2m-1)\frac{\pi}{\tau}x$$

$$= \sum_{m=1}^{\infty} (2m-1)\frac{\pi}{\tau} A_{m\text{II}} \sinh(2m-1)\cdot\frac{\pi}{\tau}h_m \sin(2m-1)\frac{\pi}{\tau}x \tag{3-135}$$

因此

$$A_{m\text{I}} e^{-(2m-1)(\pi/\tau)h_m} = A_{m\text{II}} \sinh(2m-1)\frac{\pi}{\tau}h_m \tag{3-136}$$

而且，在永磁体内部，得到

$$\begin{cases} B_{y\text{II}} = \mu_0[H_{y\text{II}} + M(x)] \\ B_{y\text{I}} = B_{y\text{II}}, \quad y = h_m \end{cases} \tag{3-137}$$

所以

$$B_{y\text{I}}(x, h_m) = \mu_0[H_{y\text{II}}(x, h_m) + M(x)] \tag{3-138}$$

从而得出

$$H_{y\text{I}}(x, h_m) = H_{y\text{II}}(x, h_m) + M(x)$$
$$H_{y\text{I}}(x, h_m) - H_{y\text{II}}(x, h_m) = M(x) \tag{3-139}$$

$$\sum_{m=1}^{\infty} (2m-1)\frac{\pi}{\tau} A_{m\text{I}} e^{-(2m-1)(\pi/\tau)h_m} \cos(2m-1)\frac{\pi}{\tau}x$$

$$- \sum_{m=1}^{\infty} -(2m-1)\frac{\pi}{\tau} A_{m\text{II}} \cosh(2m-1)\frac{\pi}{\tau}h_m \cos(2m-1)\frac{\pi}{\tau}x \tag{3-140}$$

$$= \frac{4}{\pi} M \sum_{m=1}^{\infty} \frac{1}{2m-1} \sin\left[(2m-1)\frac{\pi}{2}\frac{w_m}{\tau}\right] \cos(2m-1)\frac{\pi}{\tau}x$$

通过简化式(3-140),得到

$$(2m-1)\frac{\pi}{\tau}\left[A_{m\text{I}} e^{-(2m-1)(\pi/\tau)h_m} + A_{m\text{II}} \cosh(2m-1)\frac{\pi}{\tau}h_m\right] = \frac{4}{\pi} M \frac{1}{2m-1} \sin(2m-1)\frac{\pi}{2}\frac{w_m}{\tau} \tag{3-141}$$

同时求解式（3-136）和式（3-141），得到

$$A_{m\text{I}} = 4M\frac{\tau}{\pi^2}\sin(2m-1)\frac{\pi}{2}\frac{w_m}{\tau}\sinh(2m-1)\frac{\pi}{\tau}h_m \tag{3-142}$$

将式（3-142）代入式（3-132）中，磁场的解变为

$$\varphi_{m1} = \sum_{m=1}^{\infty} 4M\frac{\tau}{\pi^2}\frac{1}{(2m-1)^2}\sin(2m-1)\frac{\pi}{2}\frac{w_m}{\tau}\sinh(2m-1)\frac{\pi}{\tau}h_m$$

$$\cdot e^{-(2m-1)(\pi/\tau)y}\cos(2m-1)\frac{\pi}{\tau}x \tag{3-143}$$

此外

$$\begin{cases} B_{x\,\mathrm{I}} = \mu_0 H_{x\mathrm{I}} = -\mu_0 \dfrac{\partial \psi_{m\mathrm{I}}}{\partial x} \\[2mm] B_{x\mathrm{I}} = 4B_r \displaystyle\sum_{m=1}^{\infty} \dfrac{1}{\pi(2m-1)} \sin(2m-1)\dfrac{\pi}{2}\dfrac{w_m}{\tau}\sinh(2m-1)\dfrac{\pi}{\tau}h_m \\[4mm] \qquad \bullet\ e^{-(2m-1)(\pi/\tau)y}\sin(2m-1)\dfrac{\pi}{\tau}x \\[4mm] B_{y\mathrm{I}} = \mu_0 H_{y\mathrm{I}} = -\mu_0 \dfrac{\partial \psi_{m\mathrm{I}}}{\partial y} \\[2mm] B_{y\mathrm{I}} = 4B_r \displaystyle\sum_{m=1}^{\infty} \dfrac{1}{\pi(2m-1)} \sin(2m-1)\dfrac{\pi}{2}\dfrac{w_m}{\tau}\sinh(2m-1)\dfrac{\pi}{\tau}h_m \\[4mm] \qquad \bullet\ e^{-(2m-1)(\pi/\tau)y}\cos(2m-1)\dfrac{\pi}{\tau}x \end{cases} \tag{3-144}$$

B_x 和 B_y 的基波部分为

$$\begin{cases} B_{x\,\mathrm{I}1} = \dfrac{4}{\pi}B_r \sin\left(\dfrac{\pi}{2}\dfrac{w_m}{\tau}\right)\sinh\left(\dfrac{\pi}{\tau}h_m\right)e^{-(\pi/\tau)y}\sin\dfrac{\pi}{\tau}x \\[4mm] B_{y\,\mathrm{I}1} = \dfrac{4}{\pi}B_r \sin\left(\dfrac{\pi}{2}\dfrac{w_m}{\tau}\right)\sinh\left(\dfrac{\pi}{\tau}h_m\right)e^{-(\pi/\tau)y}\cos\dfrac{\pi}{\tau}x \end{cases} \tag{3-145}$$

磁通密度的平均值 $B_{x\,\mathrm{I\,av}}$ 和 $B_{y\,\mathrm{I\,av}}$ 为

$$\begin{cases} B_{y\,\mathrm{I\,av}} = \dfrac{1}{d_s}\displaystyle\int_{h_m+g}^{h_m+g+d_s} B_{y\mathrm{I}}(x,y)\mathrm{d}y \\[4mm] B_{x\,\mathrm{I\,av}} = \dfrac{1}{d_s}\displaystyle\int_{h_m+g}^{h_m+g+d_s} B_{x\mathrm{I}}(x,y)\mathrm{d}y \end{cases} \tag{3-146}$$

$$B_{y\,\mathrm{I\,av}} = \dfrac{1}{d_s}\int_{h_m+g}^{h_m+g+d_s} B_{y\mathrm{I}}(x,y)\mathrm{d}y$$

$$= 4B_r \dfrac{1}{d_s}\sum_{m=1}^{\infty} \dfrac{1}{\pi(2m-1)}\sin(2m-1)\dfrac{\pi}{2}\dfrac{w_m}{\tau}\sinh(2m-1)\dfrac{\pi}{\tau}h_m$$

$$\bullet\ \cos(2m-1)\dfrac{\pi}{\tau}x\int_{h_m+g}^{h_m+g+d_s} e^{-(2m-1)(\pi/\tau)y}\mathrm{d}y \tag{3-147}$$

$$= 4B_r \dfrac{1}{d_s}\sum_{m=1}^{\infty} \dfrac{1}{\pi^2(2m-1)^2}\sin(2m-1)\dfrac{\pi}{2}\dfrac{w_m}{\tau}\sinh(2m-1)\dfrac{\pi}{\tau}h_m$$

$$\bullet\ e^{-(2m-1)(\pi/\tau)(h_m+g)}(1-e^{(2m-1)(\pi/\tau)d_s})\cos(2m-1)\dfrac{\pi}{\tau}x$$

$$B_{x\,\mathrm{I\,av}} = \dfrac{1}{h_s}\int_{h_m+g}^{h_m+g+d_s} B_{x\mathrm{I}}(x,y)\mathrm{d}y$$

$$= 4B_r \dfrac{1}{d_s}\sum_{m=1}^{\infty} \dfrac{1}{\pi(2m-1)}\sin(2m-1)\dfrac{\pi}{2}\dfrac{w_m}{\tau}\sinh(2m-1)\dfrac{\pi}{\tau}h_m$$

$$\bullet\ \sin(2m-1)\dfrac{\pi}{\tau}x\int_{h_m+g}^{h_m+g+d_s} e^{-(2m-1)(\pi/\tau)y}\mathrm{d}y$$

$$= 4B_r \frac{1}{d_s} \sum_{m=1}^{\infty} \frac{1}{\pi^2 (2m-1)^2} \sin(2m-1)\frac{\pi}{2} \frac{w_m}{\tau} \sinh(2m-1)\frac{\pi}{\tau} h_m$$

$$\cdot e^{-(2m-1)(\pi/\tau)(h_m+g)} (1 - e^{-(2m-1)(\pi/2)d_s}) \sin(2m-1)\frac{\pi}{\tau} x \tag{3-148}$$

3. 双边 Halbach 励磁平板型永磁直线同步电机

图 3-48 所示为一个带有 Halbach 永磁阵列的双边空心永磁直线同步电机的结构简图。电机中运动的短初级为一个三相空心绕组，每侧次级由铁轭和面向初级绕组的 Halbach 永磁阵列组成。

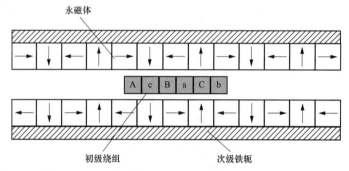

图 3-48　带有 Halbach 永磁阵列的双边空心永磁直线同步电机的结构简图

为建立上述结构电机磁场分布的解析解，做如下假设：

（1）电机的长度延伸到无穷远。

（2）铁芯的磁导率为无穷大。

（3）假设分析的模型为线性的。

（4）永磁材料的磁导率等于真空磁导率。

通常，磁场分析时会定义两个区域，即空气/绕组区域和永磁体区域。图 3-49 所示为电机的简化模型。

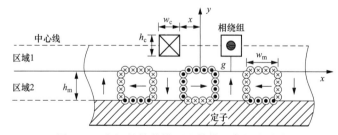

图 3-49　电机的简化模型和等效磁化电流分布

因此，基于矢量磁位的场控制方程可写出如下拉普拉斯方程和泊松方程

$$\begin{cases} \nabla^2 \boldsymbol{A}_1 = 0 \\ \nabla^2 \boldsymbol{A}_2 = -\mu_0 \boldsymbol{J}_m \end{cases} \tag{3-149}$$

其中，$\boldsymbol{J}_m = \nabla \times \boldsymbol{M}$，$M$ 为带有 Halbach 永磁阵列的永磁直线同步电机的磁化矢量，即

$$\boldsymbol{M} = M_x \boldsymbol{a}_x + M_y \boldsymbol{a}_y \tag{3-150}$$

其中，M_x 和 M_y 分别表示 M 在 x 和 y 方向的分量，并可以表示为如下傅里叶级数形式

$$M_x = \sum_{n=1,3,\cdots}^{\infty} P_n \sin\left(\frac{m_n w_m}{2}\right) \cos(m_n x) \tag{3-151}$$

$$M_y = \sum_{n=1,3,\cdots}^{\infty} P_n \sin\left(\frac{m_n w_m}{2}\right) \sin(m_n x) \tag{3-152}$$

其中，$P_n = \dfrac{4B_r}{n\pi\mu_0}$，$m_n = \dfrac{n\pi}{\tau}$。

式（3-149）的解所满足的边界条件为

$$\begin{aligned}
& H_{2x}\big|_{y=0} - H_{1x}\big|_{y=0} = M_x; \quad H_{1x}\big|_{y=-h_m} = -M_x \\
& H_{1x}\big|_{y=g+h_c/2} = 0; \quad\quad\quad\quad B_{1y}\big|_{y=0} = B_{2y}\big|_{y=0}
\end{aligned} \tag{3-153}$$

通过求解式（3-149），永磁体在气隙中产生的磁通密度在切向和法向的分量（B_x 和 B_y）由 $\boldsymbol{A}_2$ 得旋度得到

$$\begin{aligned}
B_{1x}(x,y) &= \sum_{n=1,3,\cdots}^{\infty} m_n (a_{1n} e^{m_n y} - b_{1n} e^{-m_n y}) \cos(m_n x) \\
B_{1y}(x,y) &= \sum_{n=1,3,\cdots}^{\infty} m_n (a_{1n} e^{m_n y} + b_{1n} e^{-m_n y}) \sin(m_n x)
\end{aligned} \tag{3-154}$$

其中，a_{1n} 和 b_{1n} 的计算式为

$$\begin{aligned}
a_{1n} = {}& \left(\frac{P_n \mu_0}{2m_n e^{2m_n(h_m+g+h_c)} + m_n} \right) \cdot \left\{ \left[\sin\left(\frac{m_n w_m}{2}\right) + \cos\left(\frac{m_n w_m}{2}\right) \right] e^{2m_n h_m} + \right. \\
& \left. 2\sin\left(\frac{m_n w_m}{2}\right) e^{m_n h_m} + \sin\left(\frac{m_n w_m}{2}\right) - \cos\left(\frac{m_n w_m}{2}\right) \right\}
\end{aligned} \tag{3-155}$$

$$b_{1n} = e^{2m_n(g+h_c)} \cdot a_{1n} \tag{3-156}$$

3.4 圆筒型直线同步电机

3.4.1 圆筒型直线同步电机的解析分析

圆筒型永磁直线电机的种类有很多种，图 3-50（a）和（b）分别为径向充磁的内磁钢和外磁钢结构，它们既可以是动磁钢也可以是动线圈的。图 3-50（c）所示为一个轴向充磁并由极片间隔永磁体的结构，而图 3-50（d）采用多极 Halbach 充磁。在所有这些结构中，绕组既可以是空心的也可以是有铁芯的，同样既可以是无槽的也可以是有槽的。通常，根据实际应用选择合适的结构，有槽有铁芯的结构通常有较高的推力密

度，但同样也会产生破坏稳定性的齿槽力波动，并且会引起很大的涡流损耗，尤其是在高速运动时；另外，无槽电枢结构消除了齿槽力的影响，从而以降低力性能为代价改善了动态性能和伺服特性，但是若不进行特殊设计，由于绕组铁芯有限长度引起的定位力还是相当大的。

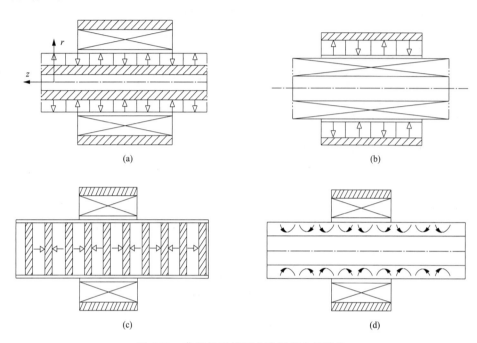

(a)　　　　　　　　　　　　　　(b)

(c)　　　　　　　　　　　　　　(d)

图 3-50　典型的圆筒型永磁同步电机结构

(a) 径向充磁，内永磁体结构；(b) 径向充磁，外永磁体结构；

(c) 轴向充磁，内永磁体结构；(d) Halbach 充磁，内永磁体结构

为建立上述电机结构磁场分布的解析解，现作如下假设：

(1) 电机的轴向长度是无限的，所以在 z 方向磁场是轴对称和周期分布的（见图 3-51），由铁芯有限长引起的边端效应的影响在此不做考虑。

(2) 电枢是无槽的，铁轭的磁导率是无穷大的。但是，如果存在开槽的影响可以通过引入一个卡特系数来考虑。

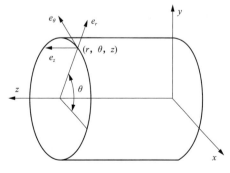

图 3-51　圆柱坐标系

通常，磁场的解析会定义两个区域，即：磁导率为 μ_0 的气隙/绕组区域和磁导率为 $\mu_0\mu_r$ 的永磁体区域。所以

$$B=\begin{cases}\mu_0\boldsymbol{H} & \text{气隙}\\ \mu_0\mu_r\boldsymbol{H}+\mu_0\boldsymbol{M} & \text{永磁体}\end{cases} \quad (3\text{-}157)$$

其中，μ_r 为永磁体的相对磁导率，$\boldsymbol{M}$ 为剩余磁化强度。对于一个具有线性退磁曲线的永磁体，μ_r 为一个常数，剩余磁化强度 $\boldsymbol{M}$ 和剩磁

B_r 有关，$M = B_r / \mu_0$。可以方便建立矢量磁位 A 和磁场分布的关系，$B = \nabla \times A$，以及如图 3-51 所示的圆柱坐标系。满足库仑定律 $\nabla \times A = 0$ 的磁场控制方程为

$$\begin{cases} \nabla^2 A_{\text{I}} = 0 & \text{气隙} \\ \nabla^2 A_{\text{II}} = -\mu_0 \nabla \times M & \text{永磁体} \end{cases} \tag{3-158}$$

由于磁场是轴对称的，所以 A 只存在关于 θ 独立的分量 A_θ，从而得到式（3-159），即

$$\begin{cases} \dfrac{\partial}{\partial z}\left[\dfrac{1}{r}\dfrac{\partial}{\partial z}(rA_{\text{I}\theta})\right] + \dfrac{\partial}{\partial r}\left[\dfrac{1}{r}\dfrac{\partial}{\partial r}(rA_{\text{I}\theta})\right] = 0 \\ \dfrac{\partial}{\partial z}\left[\dfrac{1}{r}\dfrac{\partial}{\partial z}(rA_{\text{II}\theta})\right] + \dfrac{\partial}{\partial r}\left[\dfrac{1}{r}\dfrac{\partial}{\partial r}(rA_{\text{II}\theta})\right] = -\mu_0 \nabla \times M \end{cases} \tag{3-159}$$

在圆柱坐标系中，磁化强度 M 由式（3-160）给出

$$M = M_r e_r + M_z e_z \tag{3-160}$$

其中，M_r 和 M_z 表示磁化矢量 M 在 r 和 z 方向的分量。磁通密度的分量由 A_θ 推导得到

$$B_z = \frac{1}{r}\frac{\partial}{\partial r}(rA_\theta); \quad B_r = -\frac{\partial A_\theta}{\partial z}$$

式（3-159）的解的形式取决于电机的拓扑结构，下面将分别对其进行分析。

1. 径向励磁电机结构

图 3-52（a）和（b）所示为径向励磁的内永磁体和外永磁体的电机结构，其中 $M_z = 0$，M_r 的分布如图 3-52（c）所示，并可以扩展成如下傅里叶级数形式

$$M_r = \sum_{n=1,2,\cdots}^{\infty} 4(B_r / \mu_0) \frac{\sin(2n-1)\dfrac{\pi}{2}\alpha_{\text{p}}}{(2n-1)\pi} \cos m_n z \tag{3-161}$$

其中，α_{p} 为永磁体极长 w_{m} 和极距 τ 的比值，$m_n = (2n-1)\pi/\tau$。

结合式（3-159）～式（3-161）得到式（3-162），即

$$\begin{cases} \dfrac{\partial}{\partial z}\left[\dfrac{1}{r}\dfrac{\partial}{\partial z}(rA_{\text{I}\theta})\right] + \dfrac{\partial}{\partial r}\left[\dfrac{1}{r}\dfrac{\partial}{\partial r}(rA_{\text{I}\theta})\right] = 0 \\ \dfrac{\partial}{\partial z}\left[\dfrac{1}{r}\dfrac{\partial}{\partial z}(rA_{\text{II}\theta})\right] + \dfrac{\partial}{\partial r}\left[\dfrac{1}{r}\dfrac{\partial}{\partial r}(rA_{\text{II}\theta})\right] = \sum_{n=1,2,\cdots}^{\infty} P_n \sin m_n z \end{cases} \tag{3-162}$$

式（3-162）所满足的边界条件为

$$\begin{aligned} &B_{\text{I}z}\big|_{r=R_{\text{s}}} = 0; \quad B_{\text{II}z}\big|_{r=R_{\text{r}}} = 0 \\ &B_{\text{I}z}\big|_{r=R_{\text{m}}} = B_{\text{II}z}\big|_{r=R_{\text{m}}}; \quad H_{\text{I}z}\big|_{r=R_{\text{m}}} = H_{\text{II}z}\big|_{r=R_{\text{m}}} \end{aligned} \tag{3-163}$$

其中，对于内永磁体结构

$$R_{\text{m}} = R_{\text{s}} - (g + h_{\text{c}}) \qquad R_{\text{r}} = R_{\text{s}} - (g + h_{\text{c}} + h_{\text{m}})$$

而对于外永磁体结构

$$R_{\text{m}} = R_{\text{r}} - h_{\text{m}} \qquad R_{\text{s}} = R_{\text{r}} - (g + h_{\text{c}} + h_{\text{m}})$$

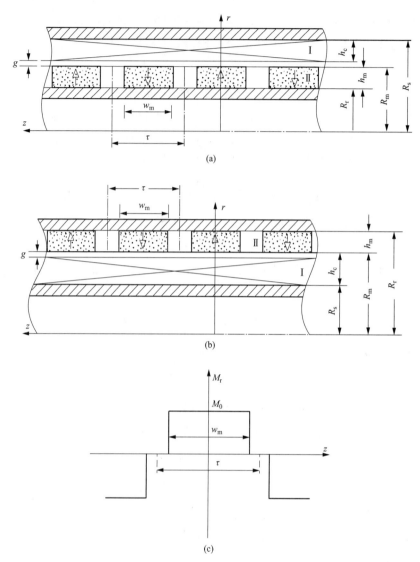

图 3-52 径向充磁的电机结构的磁场区域

（a）内永磁体结构；（b）外永磁体结构；（c）磁化矢量分布

式中 g——气隙长度；

h_c——无槽电枢绕组的厚度；

h_m——永磁体的径向厚度。

根据边界条件式（3-163）解式（3-162）得到如下磁通密度的分量表达式

$$\begin{cases} B_{\mathrm{I}r}(r,z) = -\sum_{n=1,2,\cdots}^{\infty} \left[a_{\mathrm{I}n}BI_1(m_nr) + b_{\mathrm{I}n}BK_1(m_nr) \right]\cos(m_nz) \\ B_{\mathrm{I}z}(r,z) = \sum_{n=1,2,\cdots}^{\infty} \left[a_{\mathrm{I}n}BI_0(m_nr) - b_{\mathrm{I}n}BK_0(m_nr) \right]\sin(m_nz) \end{cases} \tag{3-164}$$

$$\begin{cases} B_{\mathrm{II}r}(r,z) = -\sum_{n=1,2,\cdots}^{\infty}\{[F_{\mathrm{A}n}(m_n r) + a_{\mathrm{II}n}]BI_1(m_n r) + [-F_{\mathrm{B}n}(m_n r) + b_{\mathrm{II}n}]BK_1(m_n r)\}\cos(m_n z) \\ B_{\mathrm{II}z}(r,z) = -\sum_{n=1,2,\cdots}^{\infty}\{[F_{\mathrm{A}n}(m_n r) + a_{\mathrm{II}n}]BI_0(m_n r) + [F_{\mathrm{B}n}(m_n r) - b_{\mathrm{II}n}]BK_0(m_n r)\}\sin(m_n z) \end{cases}$$

$$(3\text{-}165)$$

式中　$BI_0(\ )$，$BI_1(\ )$——第一类改进的贝赛尔方程；

　　　$BK_0(\ )$，$BK_1(\ )$——第二类改进的贝赛尔方程，分别用 0 和 1 来区分。

2. Halbach 励磁电机结构

通过根据旋转电机类推，图 3-52 中所示的径向充磁的永磁体可以由一个 z-r 极化来替代，多极 Halbach 永磁体的磁化矢量 $\boldsymbol{M}$ 由下式给出

对内置永磁体电机来说，即

$$\boldsymbol{M} = M_0\cos(pz)e_r - M_0\sin(pz)e_z$$

对外置永磁体电机来说，即

$$\boldsymbol{M} = M_0\cos(pz)e_r + M_0\sin(pz)e_z$$

其中，$p = \pi/\tau$。基于 A_θ 的磁场控制方程如式（3-148）所示

$$\begin{cases} \dfrac{\partial}{\partial z}\left(\dfrac{1}{r}\dfrac{\partial}{\partial z}(rA_{\mathrm{I}\theta})\right) + \dfrac{\partial}{\partial r}\dfrac{1}{r}\dfrac{\partial}{\partial r}(rA_{\mathrm{I}\theta}) = 0 \\ \dfrac{\partial}{\partial z}\left(\dfrac{1}{r}\dfrac{\partial}{\partial z}(rA_{\mathrm{II}\theta})\right) + \dfrac{\partial}{\partial r}\left(\dfrac{1}{r}\dfrac{\partial}{\partial r}(rA_{\mathrm{II}\theta})\right) = pB_{\mathrm{r}}\sin pz \end{cases}$$

$$(3\text{-}166)$$

满足边界条件［式（3-166）］的磁通密度的分布如下所示，即

$$B_{\mathrm{I}r}(r,z) = -[a_{\mathrm{I}p}BI_1(pr) + b_{\mathrm{I}p}BK_1(pr)]\cos(pz)$$
$$B_{\mathrm{I}z}(r,z) = [a_{\mathrm{I}p}BI_0(pr) - b_{\mathrm{I}p}BK_0(pr)]\sin(pz)$$

$$(3\text{-}167)$$

$$B_{\mathrm{II}r}(r,z) = -\{[F_{\mathrm{A}p}(pr) + a_{\mathrm{II}p}]BI_1(pr) + [-F_{\mathrm{B}p}(pr) + b_{\mathrm{II}p}]BK_1(pr)\}\cos(pz)$$
$$B_{\mathrm{II}z}(r,z) = \{[F_{\mathrm{A}p}(pr) + a_{\mathrm{II}p}]BI_0(pr) + [F_{\mathrm{B}p}(pr) - b_{\mathrm{II}p}]BK_0(pr)\}\sin(pz)$$

$$(3\text{-}168)$$

其中，磁通密度分量关于 z 正弦分布。

众所周知，在旋转电机中应用 r-θ 极化的，空心 Halbach 圆柱体具有自屏蔽性能。但是可能用在直线电机中的 z-r 极化的圆柱体却不存在这种情况。图 3-53 所示的 z-r 极

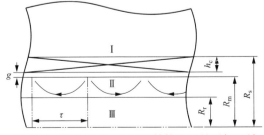

图 3-53　空心 Halbach 圆柱结构电机的磁场区域

化的空心 Halbach 圆柱体的磁场控制方程在式（3-169）中给出

$$
\begin{cases}
\dfrac{\partial}{\partial z}\left(\dfrac{1}{r}\dfrac{\partial}{\partial z}(rA_{\mathrm{I},\mathrm{III}\theta})\right)+\dfrac{\partial}{\partial r}\left(\dfrac{1}{r}\dfrac{\partial}{\partial r}(rA_{\mathrm{I},\mathrm{III}\theta})\right)=0\\[4mm]
\dfrac{\partial}{\partial z}\left(\dfrac{1}{r}\dfrac{\partial}{\partial z}(rA_{\mathrm{II}\theta})\right)+\dfrac{\partial}{\partial r}\left(\dfrac{1}{r}\dfrac{\partial}{\partial r}(rA_{\mathrm{II}\theta})\right)=pB_{\mathrm{r}}\sin pz
\end{cases}
\tag{3-169}
$$

对应的满足如下交界面处的条件式（3-170）的磁通密度表达式为

$$
B_{\mathrm{I}z}\big|_{r=R_{\mathrm{r}}}=B_{\mathrm{II}z}\big|_{r=R_{\mathrm{r}}};\quad H_{\mathrm{I}z}\big|_{r=R_{\mathrm{r}}}=H_{\mathrm{II}z}\big|_{r=R_{\mathrm{r}}}
$$

$$
B_{\mathrm{II}z}\big|_{r=R_{\mathrm{m}}}=B_{\mathrm{III}z}\big|_{r=R_{\mathrm{m}}};\quad H_{\mathrm{II}z}\big|_{r=R_{\mathrm{m}}}=H_{\mathrm{III}z}\big|_{r=R_{\mathrm{m}}}
\tag{3-170}
$$

$$
B_{\mathrm{I}r}(r,z)=-a'_{\mathrm{I}p}BK_1(pr)\cos(pz)
$$

$$
B_{\mathrm{I}z}(r,z)=-a'_{\mathrm{I}p}BK_0(pr)\sin(pz)
\tag{3-171}
$$

$$
B_{\mathrm{II}r}(r,z)=-\{[-F_{\mathrm{A}p}(pr)+a'_{\mathrm{II}p}]BI_1(pr)+[F_{\mathrm{B}p}(pr)+b'_{\mathrm{II}p}]BK_1(pr)\}\cos(pz)
$$

$$
B_{\mathrm{II}z}(r,z)=\{[-F_{\mathrm{A}p}(pr)+a'_{\mathrm{II}p}]BI_0(pr)-[F_{\mathrm{B}p}(pr)+b'_{\mathrm{II}p}]BK_0(pr)\}\sin(pz)
\tag{3-172}
$$

$$
B_{\mathrm{III}r}(r,z)=-a'_{\mathrm{III}p}BI_1(pr)\cos(pz)
$$

$$
B_{\mathrm{III}z}(r,z)=-a'_{\mathrm{III}p}BI_0(pr)\sin(pz)
\tag{3-173}
$$

其中，$a'_{\mathrm{I}p}$，$a'_{\mathrm{II}p}$，$b'_{\mathrm{II}p}$ 和 $a'_{\mathrm{III}p}$ 将在附录 D 中给出。因为这些系数不等于零，所以由 Halbach 圆柱体产生的磁场在三个区域都有分量，也就意味着这个圆柱体没有表现出自封闭的磁场形式。

3. 轴向励磁电机结构

图 3-54（a）所示为轴向励磁结构的电机的磁场区域，其永磁体被极性交替的排列并且由磁导率为无穷大的极片分离。因而磁化矢量的计算式为

$$
\boldsymbol{M}=M_z\boldsymbol{e}_z
\tag{3-174}
$$

M_z 的分布如图 3-54（b）所示，并且可以表示为傅里叶级数形式，即

$$
M_z=\sum_{n=1,2,\cdots}^{\infty}\frac{4B_{\mathrm{r}}}{\mu_0}\frac{\sin(2n-1)\dfrac{\pi}{2}\alpha_{\mathrm{p}}}{\pi(2n-1)}\cos m_n z
\tag{3-175}
$$

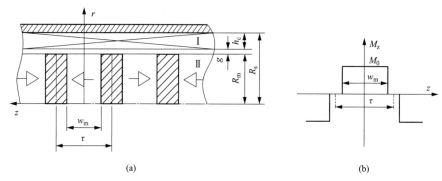

(a)　　　　　　　　　　　　　　　(b)

图 3-54　轴向充磁电机结构的磁场区域

（a）磁场区域；（b）磁化矢量分布

由此得到式（3-176）所示的基于 A_θ 的磁场控制方程，即

$$\begin{cases} \dfrac{\partial}{\partial z}\left(\dfrac{1}{r}\dfrac{\partial}{\partial z}(rA_{\mathrm{I}\theta})\right)+\dfrac{\partial}{\partial r}\left(\dfrac{1}{r}\dfrac{\partial}{\partial r}(rA_{\mathrm{I}\theta})\right)=0 \\[3mm] \dfrac{\partial}{\partial z}\left(\dfrac{1}{r}\dfrac{\partial}{\partial z}(rA_{\mathrm{II}\theta})\right)+\dfrac{\partial}{\partial r}\left(\dfrac{1}{r}\dfrac{\partial}{\partial r}(rA_{\mathrm{II}\theta})\right)=-\mu_0\,\nabla\times\boldsymbol{M} \end{cases} \tag{3-176}$$

式（3-176）的解所满足的边界条件为

$$B_{\mathrm{I}z}\big|_{r=R_{\mathrm{s}}}=0;\quad B_{\mathrm{II}r}\big|_{r=0}=0$$

$$B_{\mathrm{II}r}\big|_{z=\pm w_{\mathrm{m}}/2}=0;\quad B_{\mathrm{I}z}\big|_{w_{\mathrm{m}}/2\leqslant z\leqslant \tau/2}^{r=R_{\mathrm{m}}}=0$$

$$B_{\mathrm{I}r}\big|_{-w_{\mathrm{m}}/2\leqslant z\leqslant w_{\mathrm{m}}/2}^{r=R_{\mathrm{m}}}=B_{\mathrm{II}r}\big|_{-w_{\mathrm{m}}/2\leqslant z\leqslant w_{\mathrm{m}}/2}^{r=R_{\mathrm{m}}}$$

$$H_{\mathrm{I}z}\big|_{-w_{\mathrm{m}}/2\leqslant z\leqslant w_{\mathrm{m}}/2}^{r=R_{\mathrm{m}}}=H_{\mathrm{II}z}\big|_{-w_{\mathrm{m}}/2\leqslant z\leqslant w_{\mathrm{m}}/2}^{r=R_{\mathrm{m}}}$$

$$\int_0^{R_{\mathrm{m}}}2\pi r B_{\mathrm{II}z}\,dr=\int_{w_{\mathrm{m}}/2}^{\tau/2}2\pi R_{\mathrm{m}}B_{\mathrm{I}r}\,dz \tag{3-177}$$

根据边界条件式（3-177）解式（3-176）得到

$$B_{\mathrm{I}r}=\sum_{n=1,2,\cdots}^{\infty}\big[a'_{\mathrm{I}n}BI_1(m_nr)+b'_{\mathrm{I}n}BK_1(m_nr)\big]\sin(m_nz)$$

$$B_{\mathrm{I}z}=\sum_{n=1,2,\cdots}^{\infty}\big[a'_{\mathrm{I}n}BI_0(m_nr)-b'_{\mathrm{I}n}BK_0(m_nr)\big]\cos(m_nz) \tag{3-178}$$

$$B_{\mathrm{II}r}=\sum_{j=1,2,\cdots}^{\infty}\big[a'_{\mathrm{II}j}BI_1(q_jr)\big]\sin(q_jz)$$

$$B_{\mathrm{II}z}=\sum_{j=1,2,\cdots}^{\infty}\big[a'_{\mathrm{II}j}BI_0(q_jr)\big]\cos(q_jz)+B_0 \tag{3-179}$$

其中，$q_j=2\pi j/w_{\mathrm{m}}$，$a'_{\mathrm{I}n}$，$b'_{\mathrm{I}n}$，$a'_{\mathrm{II}j}$，$b'_{\mathrm{II}j}$ 和 B_0 将在附录 E 中给出定义。

3.4.2　圆筒型直线同步电机的等效磁路及参数计算

在圆筒型永磁直线同步电机中，初级三相绕组采用分布式绕组形式，与普通旋转电机相比，由于电机初级铁芯不闭合，在参数计算方面存在一些差异。初级三相绕组和次级励磁之间，初级三相绕组之间都存在着电磁耦合，再加上磁路饱和以及温升对电动机参数产生影响等非线性因素，要建立永磁直线电机的精确模型非常困难，为简化分析，做如下假设：

（1）磁路为线性。

（2）电动机初级铁芯的磁导率为无穷大，忽略磁路饱和、磁滞和涡流的影响，忽略铁损。

（3）对于内嵌永磁体结构，中心轴采用非导磁材料，没有漏磁，相邻永磁体之间的导磁块磁导率为无穷大，没有磁压降。对于表贴永磁体结构，中心轴的采用铁磁材料，磁导率为无穷大。

（4）不考虑端部效应对电机磁场的影响。

由于直线电机气隙较大，铁磁材料的磁导率远远大于空气中的磁导率，磁路一般不饱和，因此以上假设都是合理的。

1. 内嵌永磁体结构圆筒型永磁同步直线电机

内嵌永磁体结构圆筒型永磁同步直线电机（Tubular Linear Interior Permanent Magnet Synchronous Motors——TL-IPM）的

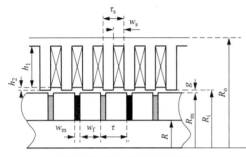

图 3-55　TL-IPM 的结构图

结构如图 3-55 所示。该圆筒型永磁同步直线电机为长初级短次级形式，初级采用圆环开口槽结构，初级槽中嵌入饼形绕组，每个线圈都是有效边，因此没有端部绕组，端部效应影响小；次级中永磁体用钕铁硼材料（NdFeB），内嵌永磁体，NS 极交替排列，永磁体间用导磁材料（DT4）隔离，

中轴采用非导磁材料，这种结构由于加入了中轴，增加了次级的刚度。其中，R 为次级内径，R_m 为次级外径，R_i 为初级内径，R_o 为初级外径，g 为气隙实际长度，τ_s 为槽距，w_s 为槽宽，h_1 为绕组高，h_2 为绕组距齿顶距离，τ 为极距，w_f 为永磁体间导磁体长度，w_m 为永磁体轴向宽度。

建立内嵌永磁体结构圆筒型永磁同步直线电机的等效磁路模型如图 3-56 所示。

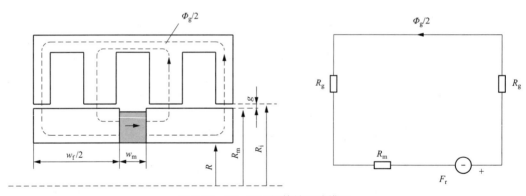

图 3-56　TL-IPM 的等效磁路模型

（1）永磁体的等效磁动势，即

$$F_r = \frac{B_r w_m}{\mu_r \mu_0} \tag{3-180}$$

（2）等效气隙长度：由于初级采用开口槽，等效气隙要比实际气隙长，利用卡特系数计算等效气隙。工程上，开口槽的卡特系数为

$$K_c = \frac{\tau_s(4.4g + 0.75w_s)}{\tau_s(4.4g + 0.75w_s) - w_s^2} \tag{3-181}$$

等效气隙长度为

$$g_e = K_c g \tag{3-182}$$

（3）永磁体磁阻及气隙磁阻：考虑到内嵌永磁结构永磁体发出的磁力线经过导磁体后不是垂直进入气隙，因此在计算气隙磁阻的时候，气隙圆柱面的等效高度为：

$$h = \frac{w_f + 2g}{2} \tag{3-183}$$

永磁体及气隙磁阻为

$$\begin{cases} r_m = \dfrac{w_m}{\mu_r \mu_0 \pi (R_m^2 - R^2)} \\ r_g = \dfrac{g_e}{\mu_0 (w_f + 2g) \pi R_i} \end{cases} \tag{3-184}$$

（4）永磁体发出的磁通量。

$$\Phi_r = B_r \pi (R_m^2 - R^2) \tag{3-185}$$

其中，B_r 为永磁体剩磁，对于内嵌永磁体结构来说，一个导磁体中经过的磁通是由两块相邻永磁体发出的。

（5）气隙中的磁通量：由等效磁路模型和磁通连续性可得

$$F_r = \Phi_r r_m = \frac{\Phi_g}{2}(2r_g + r_m) \tag{3-186}$$

因此，气隙磁通量为

$$\Phi_g = 2\Phi_r \frac{r_m}{r_m + 2r_g} \tag{3-187}$$

（6）气隙磁密：由于 $g_{ac} \ll R_i$，则 $R_m \approx R_i$

$$B_g = \frac{\Phi_g}{\pi D(w_f + 2g)} = \frac{B_r}{2} \frac{4w_m(R_i^2 - R^2)}{4\mu_r g_e(R_i^2 - R^2) + 2R_i w_m(\tau - w_m + 2g)} \tag{3-188}$$

气隙磁密的基波分量

$$B_{g1} = \frac{4}{\pi} B_g \sin\left(\frac{\pi}{2} \frac{w_f}{\tau}\right) \tag{3-189}$$

2. 表贴永磁体结构圆筒型永磁同步直线电机

表贴永磁体结构圆筒型永磁同步直线电机（Tubular Linear Surface-mounted Permanent Magnet Synchronous Motors——TL-SPM）的结构如图 3-57 所示。该圆筒型永磁同步直线电机也为长初级短次级形式，初级部分与内嵌永磁体结构圆筒型永磁同步直线电机相同，采用圆环开口槽结构，初级槽中嵌入饼形绕组，次级中永磁体为径向充磁，NS 极

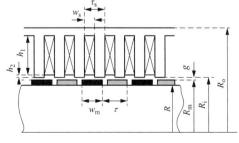

图 3-57　TL-SPM 的结构图

交替排列，此时中心轴作为磁路的一部分，采用导磁材料。图中各个结构参数意义与内嵌永磁体结构的相同。

建立表贴永磁体结构圆筒型永磁同步直线电机的等效磁路模型如图 3-58 所示。

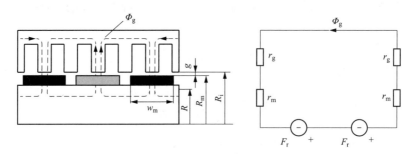

图 3-58 TL-SPM 的等效磁路模型

（1）永磁体的等效磁势：对于表贴永磁体结构，永磁体充磁方向厚度为

$$h_m = R_m - R \tag{3-190}$$

$$F_r = \frac{B_r h_m}{\mu_r \mu_0} \tag{3-191}$$

（2）等效气隙长度：由于初级采用开口槽，等效气隙要比实际气隙长，利用卡特系数计算等效气隙。工程上，开口槽的卡特系数为

$$K_c = \frac{\tau_s(4.4g + 0.75w_s)}{\tau_s(4.4g + 0.75w_s) - w_s^2} \tag{3-192}$$

等效气隙长度为

$$g_e = K_c g \tag{3-193}$$

（3）永磁体磁阻及气隙磁阻：与内嵌永磁体结构不同，永磁体发出的磁力线垂直进入气隙，永磁体及气隙磁阻为

$$\begin{cases} r_m = \dfrac{h_m}{\mu_r \mu_0 \pi (R_m + R) w_m} \\ r_g = \dfrac{g_e}{2\mu_0 \pi R_i w_m} \end{cases} \tag{3-194}$$

（4）永磁体发出的磁通量。

$$\Phi_r = B_r \pi (R_m + R) w_m \tag{3-195}$$

（5）气隙中的磁通量：由等效磁路模型和磁通连续性可得

$$F_r = 2\Phi_r r_m = \Phi_g(2r_g + 2r_m) \tag{3-196}$$

因此，气隙磁通量

$$\Phi_g = \Phi_r \frac{r_m}{r_m + r_g} \tag{3-197}$$

（6）气隙磁密。

$$B_{\mathrm g}=\frac{\Phi_{\mathrm g}}{2\pi R w_{\mathrm m}}=B_{\mathrm r}\left(1-\frac{g_{\mathrm e}}{R}-\frac{w_{\mathrm m}}{2R}\right)\frac{1}{1+\dfrac{\mu_{\mathrm r}g_{\mathrm e}}{w_{\mathrm m}}\left(1-\dfrac{g_{\mathrm e}}{R}-\dfrac{w_{\mathrm m}}{2R}\right)} \tag{3-198}$$

这里 $g_{\mathrm e}\ll R$，$w_{\mathrm m}\ll R$，因此 $g_{\mathrm e}/R\approx0$，$w_{\mathrm m}/R\approx0$，化简后

$$B_{\mathrm g}=B_{\mathrm r}\frac{1}{1+\dfrac{\mu_{\mathrm r}g_{\mathrm e}}{w_{\mathrm m}}} \tag{3-199}$$

对于表贴永磁体结构来说 $w_{\mathrm f}=w_{\mathrm m}$，气隙磁密的基波分量为

$$B_{\mathrm{g1}}=\frac{4}{\pi}B_{\mathrm g}\sin\left(\frac{\pi}{2}\frac{w_{\mathrm m}}{\tau}\right) \tag{3-200}$$

3.5　横向磁通直线同步电机

3.5.1　横向磁通直线同步电机的典型结构

根据励磁形式，横向磁通直线电机有两种显著的结构：

（1）电励磁横向磁通直线电机（TFE-LM）

（2）永磁励磁横向磁通直线电机（TFM-LM）

TFE-LM 的基本结构如图 3-59 所示。运动部分为电次级，磁拉力的产生是基于磁阻最小原理。当初级绕组供电后，初级和次级齿相对排列，为实现磁阻最小，初级和次级之间产生相对运动，即形成横向磁通电励磁直线电机。对于该模型，初级磁通 $\Phi_{\mathrm a}$ 的流动垂直于运动方向，与此同时，初级绕组沿运动方向运动。

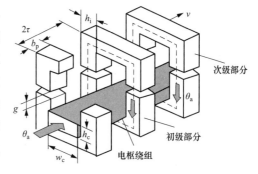

图 3-59　TFE-LM 的基本结构

短初级结构的 TFM-LM 和其推力的产生原理如图 3-60 所示。次级背铁被切断用以展示力的产生原理。动子和定子之间的磁极 N，S，$\mathrm N_1$，$\mathrm N_2$，$\mathrm N_3$，$\mathrm S_1$，$\mathrm S_2$ 和 $\mathrm S_3$ 沿一个方向产生共同的磁拉力 $F_{\mathrm T}$。TFM-LM 利用永磁体励磁，由于永磁体的侧面大于定子磁极在气隙中的宽度，所以气隙中的磁通密度会被放大。短初级的 TFM-LM 的最大优点是永磁体安放于初级部分，而简单的次级背铁安放于长轨道上。由于使用开关磁阻电机驱动器，TFM-LM 具有推力波动，这限制了其在一些方面的应用。通过适当的控制电流的波形可以减小这个推力波动。

图 3-61（a）和图 3-61（b）分别展示了通过 2D 有限元计算出的 TFE-LM 和 TFM-LM 的磁场分布。在图 3-61（a）中，气隙中动子包含两部分磁场，一部分产生磁拉力，

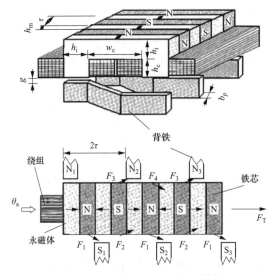

图 3-60　TFM-LM 的短初级结构

另一部分漏磁场产生制动力。相对于 TFE-LM，图 3-61（b）中所展示的 TFM-LM 磁场的最大区别在于开槽区域，因为动子上的永磁体增大了初级绕组所产生的磁场分布在初级铁芯左侧的部分，同时减弱了初级绕组所产生的磁场分布在初级铁芯右侧的部分。

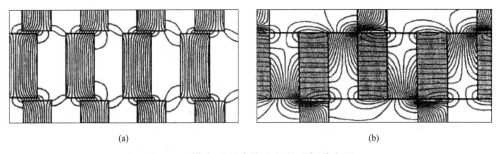

（a）　　　　　　　　　　　　（b）

图 3-61　横向磁通直线电机的磁场分布图

（a）TFE-LM（$\tau=10$mm）；（b）TFM-LM（$\tau=20$mm，$h_m=10$mm）

3.5.2　横向磁通直线同步电机的等效磁路及参数计算

根据 TFM-LM 的结构，建立 TFM-LM 的一维模型和磁通路径的等效磁路如图 3-62 所示。这个未考虑杂散磁场分量和饱和的一维模型是建立磁拉力的解析计算流程的起点。在图 3-62 中，F_m 和 F_a 分别为由永磁体和初级绕组产生的磁动势。

TFM-LM 中产生的磁拉力将利用磁共能来求解。磁场中存储的磁能 W_m 和磁共能 W_{co} 分别为

$$W_m = \iint_{V\,0}^{\quad B} H(B)\,\mathrm{d}B\,\mathrm{d}V \tag{3-201}$$

192

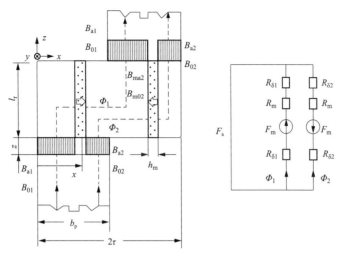

图 3-62　TFM-LM 的一维等效磁路模型

$$W_{co} = \iint_{V} \int_{0}^{H} B(H)\,dH\,dV \tag{3-202}$$

依据磁共能，磁拉力可表示为

$$F_x(x) = \left[\frac{\partial W_{co}}{\partial x}\right] \tag{3-203}$$

根据式（3-202），磁共能 W_{co} 为

$$W_{co} = \frac{2zh_i}{2\mu_0}\left[B_1^2\left(x-\frac{h_m}{2}\right)+B_2^2\left(b_p-x-\frac{h_m}{2}\right)\right]+W_{co1}+W_{co2} \tag{3-204}$$

W_{co1}、W_{co2} 为永磁体中磁共能的成分，即

$$W_{co1} = \frac{B_{m1}^2}{2\mu_0\mu_m}h_m h_i l_r \tag{3-205}$$

$$W_{co2} = \frac{B_{m2}^2}{2\mu_0\mu_m}h_m h_i l_r \tag{3-206}$$

永磁体区域的磁通密度 B_{m1} 和 B_{m2} 分别为

$$B_{m1} = B_1\frac{x-\dfrac{h_m}{2}}{l_r} \tag{3-207}$$

$$B_{m2} = B_2\frac{b_p-x-\dfrac{h_m}{2}}{l_r} \tag{3-208}$$

因此，根据式（3-203）和式（3-204）可得到磁拉力 F_x，即

$$F_x = -\frac{4zB_aB_0}{\mu_0}\cdot h_i \tag{3-209}$$

在式（3-209）中，B_a 为初级绕组在气隙中产生的磁通密度，B_0 为永磁体在气隙中

产生的磁通密度。

通过将式（3-209）除以（$2\tau \cdot 2h_i$）可以得到推力密度 F_{xd}，即

$$F_{xd}=B_0\frac{F_a}{2\tau} \tag{3-210}$$

由式（3-210）可知，推力密度 F_{xd} 跟磁动势 F_a 和气隙中的磁通密度 B_0 成正比，跟极距 τ 成反比。

3.6　直线同步电机的推力波动分析及抑制

永磁直线同步电机的推力波动是其应用方面的一个主要缺陷，严重影响到永磁直线同步电机运行效果和控制精度，特别是在高速、高精度场合。同时，也是机械振动和噪声产生的原因，推力波动引起速度的变化，特别是低速情况，可能引发共振，从而恶化伺服运行特性。

永磁直线同步电机推力波动的主要来源之一是 DF（Detent Force）的产生，DF 类似于永磁同步旋转电机的磁阻（或定位）转矩（Cogging Torque），因此有的学者将永磁直线同步电机的 Detent Force 称为 Cogging Force。但不同的是，Detent Force 不仅来源于与磁阻转矩产生缘由一样的齿槽效应，而且还来源于有限的动子长度引起的边端效应，DF 的产生原理如图 3-63 所示。由于目前尚无与 Detent Force 对应的中文专业名词，但从其产生机理来看，是与边端和齿槽引起的磁阻的变化密切相关，因此暂时称为磁阻力，用符号 DF 表示。

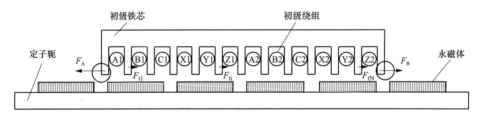

图 3-63　永磁直线同步电机的 Detent Force 分析示意图

从图 3-63 中可以看出，由于有限长初级铁芯两端的开断，端部磁导与永磁体之间作用形成了切向推力分量 F_A 和 F_B，我们将由端部效应引起的这两个分量的合力称之为端部力 F_{end}，即

$$F_{end}=F_A+F_B \tag{3-211}$$

初级铁芯为了嵌放绕组，开有绕组槽，形成了齿槽结构，这种齿槽结构所导致的磁导变化与永磁体磁场作用产生齿槽谐波波动推力 $F_{t1}\sim F_{tN}$，齿槽力即为这些波动推力的和，即

$$F_t=\sum_{i=1}^{N}F_{ti} \tag{3-212}$$

直线电机绕组中通入三相正弦交变电流后，形成一个平行运动的行波绕组磁场。该行波磁场在短初级两端部遇到开断磁路，而且两端部线圈电感量与中部线圈电感量不等，即使伺服系统在电流环作用下通入三相对称电流，三相绕组磁动势相等，但三相绕组的磁通不等，由此而产生的推力波动称之为电磁纹波推力波动，此外还有横向端部效应（及其他电磁纹波）等。

3.6.1 端部效应分析及抑制

1. 产生端部效应的原因

永磁直线同步电机在运行原理上与旋转永磁同步电机并没有什么不同，但由于电枢铁芯的开断和定子绕组边端排列的不连续，便产生了与旋转电机不同的特性问题，即直线电机所特有的端部效应。

端部效应可分为纵向端部效应和横向端部效应，它们又分别有静态和动态之分。仅考虑初级电流时的端部效应称为静态端部效应，当次级与初级之间有相对运动或次级中也有电流时，纵向和横向端部对磁场的影响称为动态端部效应。

横向端部效应是由于边缘磁通端部、连接磁通和次级纵向电流分量相互作用产生的。其主要影响是：使等值的次级电阻率增加；产生侧向不稳定的偏心力作用在次级上。

纵向端部效应是由有限长初级铁芯引起的特殊现象，对于永磁直线电机，纵向端部效应的影响最大，它会增加直线电动机的附加损耗，降低直线电动机的效率，特别会引起直线电机的推力波动。推力波动是影响直线电机应用的主要原因之一，因为推力波动会产生机械振动和噪声，在低速运行时还可能引起共振，还会严重恶化伺服性能，例如定位精度等。由于纵向端部效应的影响，使直线电机的磁场不再是纯粹前行的行波磁场，而是具有前进、后退、脉动三个分量，这种影响将导致电动机工作特性的恶化。

纵向端部效应是由以下原因产生的：

（1）由于直线电机初级绕组不连续，使得各相绕组的互感不相等，即使供给初级绕组的二相电压是对称的，产生的定子电流也是不对称的，这样除产生正序行波磁场外，还会产生逆序和零序磁场，结果会在气隙中产生脉动磁场。另外，即使流过二相绕组的电流是对称的，由于纵向端部的影响，也会在气隙中产生脉动磁场，使电机推力产生波动。

（2）由于直线电机定子铁芯是开断的，使得铁芯端部的气隙磁阻发生了急剧变化，由此产生了一个周期性的推力波动，这和齿槽力的生成机理是类似的。通常，在分析直线电机的推力波动时，常将铁芯开断和开槽引起的磁阻力合称为 Detent Force，因为它们都是由气隙磁阻变化引起永磁励磁磁场严重畸变而产生的。

对于永磁同步直线电机，由于短初级纵向端部及次级永磁体的存在，即使在电机初级绕组不通电流的情况下，也存在着明显的纵向端部效应力，即空载端部效应力。空载端部效应力与短初级铁芯几何尺寸、端部长度、气隙长度、电动机极距、永磁体极宽等诸多因素相关。永磁直线电动机的端部效应是引起推力波动的主要原因，而且是位移的周期性函数，由永磁直线电动机端部效应引起的推力波动的大小和形状，与初级电流的大小及铁芯的饱和程度有关。而且永磁直线电动机端部效应影响的大小，严格说来还与动子运动速度有关，其中空载端部效应占主要成分，这也正是永磁直线电动机的主要特点之一。

2. 边端力分析物理模型

首先仅分析由于有限动子长度引起的边端效应产生的边端力，其物理模型相当于无槽永磁直线同步电机，如图 3-64 所示。边端力是有限长度的动子在开路磁场中受到的推力，一般情况下，动子长度为 2~3 倍极距以上，两端之间基本上无相互影响，因而可以看成是两个半无限长的动子铁芯单端受力的合成结果，如图 3-65 所示。动子在不同的位置受到的推力不一样，是极距的周期函数。两单端受力性质、条件、幅值完全一样，但方向相反，即右端始终为正，而左端始终为负，同时存在相位差，相位差取决于动子长度，但几何相位差与 DF 相位差不一致，单端受力如图 3-66 所示。

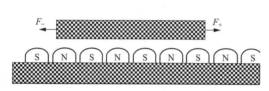

图 3-64 永磁直线同步电机的边端力分析物理模型

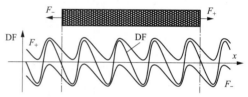

图 3-65 永磁直线同步电机的边端力分析模型

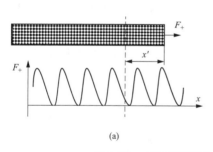

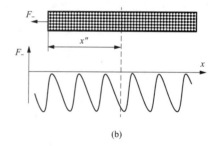

(a) (b)

图 3-66 永磁直线同步电机的单端 DF 分析模型

（a）右端边端力分离模型；（b）左端边端力分离模型

3. 边端力波形分析

依据上述分析得

$$F_-|_{x=x'} = -F_+|_{x=-(x'+\delta)} \tag{3-213}$$

其中，$\delta = k\tau - L_s$，L_s 为动子长度，k 为整数，τ 为极距。将单端边端力展开为如下傅里叶级数形式

$$F_+ = F_0 + \sum_{n=1}^n F_{sn}\sin\frac{2n\pi}{\tau}x + \sum_{n=1}^n F_{cn}\cos\frac{2n\pi}{\tau}x \tag{3-214}$$

由式（3-213）和式（3-214）可得

$$F_- = -F_0 + \sum_{n=1}^{n} F_{sn} \sin \frac{2n\pi}{\tau}(x+\delta) - \sum_{n=1}^{n} F_{cn} \cos \frac{2n\pi}{\tau}(x+\delta) \tag{3-215}$$

因此，对于任意有限长度 $L_s = k\tau - \delta$ 的动子铁芯，其边端力为

$$F_{end} = F_+ + F_- = \sum_{n=1}^{n} F_n \sin \frac{2n\pi}{\tau}\left(x+\frac{\delta}{2}\right) \tag{3-216}$$

其中

$$F_n = 2\left(F_{sn} \cos \frac{n\pi}{\tau}\delta + F_{cn} \sin \frac{n\pi}{\tau}\delta\right) \tag{3-217}$$

由式（3-216）可以看出，短初级永磁直线同步电机端部定位力是电机极距的周期函数，通常通过优化电机动子长度来减小定位力大小。

长初级永磁直线同步电机可以看作是将短初级永磁直线同步电机初级延伸得到的，当初级长度是次级的 2～3 倍时，可认为初级相对无限长，此时初级两端与次级永磁体的距离增大，端部定位力也随之急剧减小，因而纵向端部效应也可忽略。

4. 边端力最小化原理

从上述分析可以得出，合成的边端力幅值与动子长度密切相关。因此可以选择合适的长度减小边端力幅值，使式（3-216）中的 F_n 绝对值最小，即

$$F_n = 2\left(F_{sn} \cos \frac{n\pi}{\tau}\delta + F_{cn} \sin \frac{n\pi}{\tau}\delta\right) = 0 \tag{3-218}$$

优化的 δ 值为

$$\delta_{opt} = \frac{\tau}{n\pi}\arctan\left(-\frac{F_{sn}}{F_{cn}}\right) \tag{3-219}$$

但一般情况下，不可能完全消除边端力，消除边端力基波的优化长度为

$$\delta_{opt} = \frac{\tau}{\pi}\arctan\left(-\frac{F_{s1}}{F_{c1}}\right) \tag{3-220}$$

从上述分析可以看出，选择合适的动子长度可以实现边端力的减小，但优化后边端力依然较大。从根本上讲，边端力产生是由于边端磁导的突变造成的，因此可以考虑采用相对平滑的动子铁芯结构从而进一步降低边端力。可以考虑采用如图 3-67 所示的具有圆角过渡的铁芯结构代替矩形结构，采用该结构能在一定程度上降低边端力，但效果有限，同时与圆弧半径的选取有关；另一种相对简单的方法是将动子两边端的齿降低一定的高度，其结构如图 3-68 所示。

图 3-67　圆弧过渡的动子铁芯结构

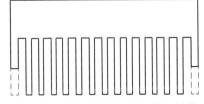

图 3-68　边端齿降低的动子铁芯结构

消除端部效应的措施还有很多种，可以在电动机的端部加专门的补偿绕组，但这会增加电动机的重量和成本，控制上的难度也会增加；可以增加电动机的极数，来减小各绕组间阻抗的不对称，抑制推力波动；可以加补偿电气元件，使三相绕组的阻抗对称，减小推力波动。此外，对于永磁直线电动机，磁路是影响端部效应的主要因素；采用多极方式，齿宽排列不相等方式，改变齿槽宽度，不等极数的方式和改变电动机两端磁导的方式，都将有效地削弱端部效应，减小推力的波动。另外，增加电动机初级两端的齿宽的方法可以削弱端部效应的低频分量影响，减小推力的波动。

3.6.2 齿槽效应分析及抑制

1. 齿槽效应的分析方法

永磁同步直线电机的初级铁芯使用开槽硅钢叠片聚合磁路，导磁介质的不连续使永磁同步直线电机的气隙磁密呈现出明显的开槽效应，这种现象就是齿槽效应。

由齿槽效应引起的推力波动是由于齿槽的缘故使得定子与动子之间气隙磁导发生变化引起的。对于齿槽结构，气隙不同位置的磁导与其相应的磁通路径有关，而对于光滑的电枢结构，气隙磁导均一。气隙磁导的变化与电机齿槽的结构与尺寸有关。

当前永磁直线同步电机的分析研究中，齿槽效应主要有以下几种分析方法：

（1）以光滑的各向异性结构代替动子的齿槽结构。

在该方法中，沿 x 和 y 方向的磁导率可以表示为

$$\mu_x = \frac{\mu_0 \mu_r}{1 + \frac{w_t}{\tau_s}(\mu_r - 1)} \tag{3-221}$$

式中　μ_0——真空磁导率；

　　　μ_r——相对磁导率；

　　　w_t——齿宽；

　　　μ_x——x 轴方向磁导率。

$$\mu_y = \mu_0 \left[\frac{w_t}{\tau_s} + \mu_r \left(1 - \frac{w_t}{\tau_s}\right) \right] \tag{3-222}$$

式中　μ_y——y 轴方向磁导率。

（2）引入卡特系数 K_c。

由齿槽效应引起的推力波动是由于齿槽的缘故使得次级与初级之间气隙磁导发生变化引起的，其原理如图 3-69 所示。对于齿槽结构，不同位置的气隙磁导与其相应的磁通路径有关，显然 $\lambda_{s1} < \lambda_{s2}$；而对于光滑的电枢结构，气隙磁导则均匀一致，即 $\lambda_{m1} = \lambda_{m2}$。

齿槽效应除了影响电机的推力波动外，还会使交链绕组的磁通降低。为了考虑齿槽效应引起的磁通变化，通常引入卡氏系数 K_c 来考虑由于齿槽使得气隙磁阻增大的影响，使气隙增大来平均磁通量。在电枢绕组高度范围内的平均磁通密度按照光滑的电枢结构

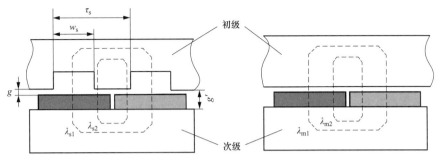

图 3-69　齿槽效应引起的气隙磁导变化示意图

s—有齿槽；m—无齿槽

进行计算，显然要求 $\lambda_{s1} < \lambda_{m1} = \lambda_{m2} < \lambda_{s2}$，但永磁体与气隙的合成高度转化为等效气隙高度 g' 进行计算

$$g_e = K_c g' = K_c \left(g + \frac{h_m}{\mu_r} \right) \tag{3-223}$$

$$K_c = \left[1 - \frac{w_s}{\tau_s} + \frac{4g'}{\pi \tau_s} \ln \left(1 + \frac{\pi \tau_s}{4g'} \right) \right]^{-1} \tag{3-224}$$

（3）首先按照以光滑的电枢结构进行计算，然后分析齿槽引起的沿电枢长度范围内的相对磁导函数，实际磁通密度分布为光滑电枢结构计算结果与相对磁导函数的乘积。实际上，上述卡氏系数就是通过该方法推导并进行平均近似得来的。

（4）虚拟等效电流法的本质是一种镜像法，该方法将永磁磁极的影响等效为镜像电流层，气隙磁场是各个镜像影响的叠加。

2. 降低齿槽力的方法

对于永磁同步直线电机，由齿槽效应引起的齿槽力仅仅与磁场分布和齿槽结构本身相关，与其他的结构形式无关。齿槽力的产生原因与旋转电机的磁阻转矩类似，均是由于存在齿槽的缘故，使得动子与定子之间的气隙磁导在运动过程中发生变化所引起的。气隙磁导的变化与电机齿槽的结构和尺寸密切相关，因此对于齿槽结构的分析优化是削弱因齿槽效应引起的磁阻力的关键。综合国内外研究成果，抑制齿槽效应引起的齿槽转矩（直线电机称为齿槽力）的方法可归纳为三大类：第一，从定子结构考虑，改变电枢参数的方法；第二，从转子结构考虑，改变永磁体磁极参数的方法；第三，从定转子结构配合考虑，即合理选择极数和槽数，也就是通常所说的极槽配合。

（1）定子结构考虑。

从定子结构考虑，改变电枢参数的齿槽转矩最小化方法，主要包括定子斜槽、改变槽口宽度、采用分数槽结构、优化齿槽比率，定子齿上开辅助凹槽、不等槽口宽、定子槽不均匀分布、改变极靴深度等。

1）定子斜槽。

分析可知，齿槽转矩基波周期等于定子槽数 Z 和极数 $2p$ 的最小公倍数 N_c，即一个齿槽转矩基波周期对应的机械角 $\theta_1 = 360°/N_c$。因此，如果定子铁芯斜槽角或转子磁极斜极角 θ_{sk} 和它相等，即可消除齿槽转矩的基波。

$$\theta_{sk} = 360/N_c \qquad (3\text{-}225)$$

以一个整数槽电机为例，一台 $Z=18$、$2p=6$、$q=1$ 的整数槽电机，有 $N_c=Z=18$。按上式，斜槽角度 θ_{sk} 为 $20°$，即定子斜一个槽距，或转子斜极 $20°$，即可消除基波齿槽转矩。但要指出的是，它同时会使反电动势和输出电磁转矩有所下降，而且，定子斜槽或转子斜极在电机绕组通电时，会产生附加的轴向力。轴向力大小与斜槽角度有关。

斜槽角 θ_{sk} 与 q 值关系的一般表达式为

$$\theta_{sk} = \frac{360}{dZ} \qquad (3\text{-}226)$$

式（3-226）表明，对于分数槽电机，采用定子斜槽或转子斜极方法降低齿槽转矩时，定子斜槽角或转子斜极角比整数槽电机小了许多，小于一个定子槽距角，它们和 q 值有关，只需一个定子槽距角的 $1/d$ 即可。所以从斜槽工艺角度看，分数槽也是较好的选择。

由此也可以看出：对于 q 有较大 d 值的分数槽集中绕组电机，定子直槽时的齿槽转矩已经不大，甚至没必要采取定子斜槽角或转子斜极方法就能够适应大多数应用的要求。

2）改变槽口宽度。

定子槽开口是影响齿槽转矩的重要因素之一，开口宽度的不同会对气隙磁导产生不同的影响。直观上来看，减小槽开口宽度、采用磁性槽楔，以及闭口槽的方法，可以减小气隙磁导的变化，改善气隙磁导的谐波频谱，从而降低齿槽转矩。

磁性槽楔就是在定子槽口上涂压一层磁性槽泥，固化成具有一定导磁性能的槽楔，这样就能减小定子槽开口的影响，使得气隙磁导的分布更为均匀，从而抑制齿槽转矩。然而，由于磁性槽楔材料的导磁性能不是很好，因而对于齿槽转矩的削弱程度有限。对于定子槽不开口，即闭口槽的方法，因槽口材料与齿部材料相同，导磁性能较好，所以闭口槽比磁性槽楔能更有效地抑制齿槽转矩。当然，为从根本上消除齿槽转矩，在某些特殊应用场合或对于特殊构造的电机，可采用无槽定子结构。但是，无论是减小槽开口宽度或闭口槽，还是采用磁性槽楔，势必会导致电机定子结构复杂化，尤其是采用闭口槽绕组，给绕组嵌线带来极大不便，此外也会大大增加槽漏抗，增大电路的时间常数，影响电机控制系统的动态特性。

3）采用分数槽结构。

永磁同步直线电机的齿槽力是以齿距 τ_t 为周期变化。因此，利用傅里叶级数，可以将齿槽力 F_{slot} 展开成由每一块永磁体单独作用时产生的齿槽力之和的形式

$$F_{slot} = \sum_{n=1}^{N_p} \sum_{m=1}^{\infty} F_{m,n} \sin\left(m\frac{2\pi x}{\tau_t} + \alpha_{m,n}\right) \qquad (3\text{-}227)$$

式中　N_p——直线电机次级永磁体数；

　　　$F_{m,n}$——第 m 块永磁体单独作用时产生的齿槽力的第 n 次谐波分量幅值；

$\alpha_{m,n}$——相对应的谐波分量的初始相位角。

对于永磁直线同步电机，削弱齿槽力的影响也可采用分数槽的技术。式（3-227）中的初始相位角 $\alpha_{m,n}$ 计算式为

$$\alpha_{m,n}=\alpha_{m,1}+2\pi nq_p \tag{3-228}$$

其中，$q_p=\tau/\tau_t$ 表示一个极距范围内的齿距数。

当 q_p 为整数时，齿槽结构为整数槽，则永磁直线同步电机的齿槽力为单个永磁体所产生的齿槽力的 N_p 倍。

$$F_{slot}=\sum_{n=1}^{N_p}\sum_{m=1}^{\infty}F_{m,n}\sin\left(m\frac{2\pi x}{\tau_t}+\alpha_{m,n}\right)=N_p\cdot\sum_{m=1}^{\infty}F_{m,n}\sin\left(m\frac{2\pi x}{\tau_t}+\alpha_{m,n}\right) \tag{3-229}$$

当 q_p 为分数时，齿槽结构为分数槽，当次级磁极数一定时，初级采用分数槽来提高槽数和极数的最小公倍数，即提高了齿槽力基波的频率，而减小了其基波幅值。此时，各个极对下的齿和槽不能分别重合，各个齿槽间的磁导波有一空间位移，所以由齿槽影响所引起的齿谐波间有相位差，各对极下的齿谐波就由代数和变成矢量和而被大大削弱。

4）优化齿槽比率法。

齿槽比率是指定子槽宽度与齿距的比值。采用合理的齿槽比率能有效抑制齿槽转矩。

5）辅助槽法。

辅助槽法是在定子齿上设置辅助凹槽，提高齿槽转矩的最低次谐波频率，从而降低齿槽转矩的幅值，达到抑制齿槽转矩的目的。此外，辅助槽法相当于增加了有效气隙长度，也有利于减小磁阻转矩，但会导致电机输出转矩的降低。针对不同的极数可适当选择定子齿开槽数目。研究表明加辅助凹槽时应使每对极的槽数为奇数，使得相邻 N、S 极下的齿槽转矩相位差为 180°而相互抵消；若加辅助凹槽后每对极的槽数为偶数，则相邻 N、S 极下的齿槽转矩相位相同则合成齿槽转矩加倍。辅助槽法尤其适用于每极每相槽数较小的永磁电机。

6）不等槽口宽法。

通常情况下，电枢槽的槽口宽度都是相同的。不等槽口宽配合是指相邻两槽的槽口宽度不同，而相距两个齿距的两槽槽口宽度相同。采用不等槽口宽配合时研究表明，若使得 $n=Z/(4p)$（其中 Z、p 分别为槽数和极对数）为最小整数的 n 为偶数时，采用不等槽口配合的方法抑制齿槽转矩十分有效；但若 n 为奇数时，采用此方法齿槽转矩不但不能降低，反而会增加。另外，有一点必须说明，不等槽口宽法只适合于偶数槽的永磁电机。在实际应用中，选择槽口宽度受很多因素的影响，如线径、下线方式等，不能仅为了削弱齿槽转矩而改变槽口宽度。此外，对于许多永磁电机而言，很难得到结构上十分合理的槽口宽度。因此，对于不等槽口宽法的实施，应综合考虑多方面的因素。

7）定子槽不均匀分布法。

该方法的基本思想是，对于一个定子槽均匀分布的电机，将每间隔的槽移动一定的距离，从而将总槽数分为相等的两个部分，然后，利用叠加的思想把两部分产生的齿槽

转矩合成，使得一部分谐波可以相互抵消掉，从而达到抑制齿槽转矩的目的。

8) 改变极靴深度。

对于有极靴的永磁电机而言，合理的极靴深度同样可以在一定程度上降低齿槽转矩。这是因为磁通进入铁磁材料是垂直其表面进入的，而定子齿极靴部分的电磁力的切向分量最大，不同的极靴深度，就改变了电磁力的切向分量的分布，从而改变了齿槽转矩的幅值。

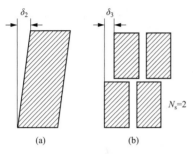

图 3-70　永磁直线同步电机永磁体斜极及错磁排列的示意图

（2）转子结构考虑。

从转子结构考虑，改变永磁体磁极参数的齿槽转矩最小化方法，主要包括斜极、优化极弧系数、磁极偏移、永磁体形状优化、调整永磁体宽度、改变永磁体磁化方向，以及降低永磁体剩磁强度等。

1) 次级永磁体采用斜极或分段错磁排列方式。

为削弱齿槽力的影响，可以采用如图 3-70（a）所示的斜极方式，次级永磁体倾斜尺寸为 δ_2，因此可以根据式（3-227）分析斜极方式下的齿槽力为

$$F_{\text{slot}}^{\text{skew1}} = \frac{1}{\delta_2} \int_0^{\delta_2} F_{\text{slot}}(x)\,\mathrm{d}x = \frac{1}{\delta_2} \sum_{n=1}^{N_p} \sum_{m=1}^{\infty} \int_0^{\delta_2} F_{m,n} \sin\left(m\,\frac{2\pi}{\tau_t}x + \alpha_{m,n}\right)\mathrm{d}x \quad (3\text{-}230)$$

显然，当 $\delta_2 = \tau_t$ 时，上式等于零。因此，在次级永磁体采用斜极方式排列的情况下，倾斜一个齿距时，齿槽力将会减弱为 0。

然而，采用斜磁排列方式将会对永磁体的加工和贴片安装等实际工作带来麻烦，可以利用如图 3-70（b）所示的分段错磁排列方式：永磁体排列成 N_s 段，段间错开距离为 δ_3。根据式（3-227），分析分段错磁方式下的齿槽力为

$$F_{\text{slot}}^{\text{skew2}} = \frac{1}{N_s} \sum_{i=0}^{N_s-1} F_{\text{slot}}(x + i\delta_3) = \frac{1}{N_s} \sum_{n=1}^{N_p} \sum_{m=1}^{\infty} \sum_{i=0}^{N_s-1} F_{m,n} \sin\left[m\,\frac{2\pi}{\tau_t}(x + i\delta_3) + \alpha_{m,n}\right]$$

$$(3\text{-}231)$$

因此，当 $N_s\delta_3 = \tau_t$，即 $\delta_3 = \tau_t/N_s = \delta_2/N_s$ 时，上式齿槽力为 0。

2) 优化极弧系数。

极弧系数是影响永磁电机齿槽转矩的重要因素之一，改变极弧系数对于齿槽转矩的幅值和波形都有重要的影响。对于某一台永磁电机而言，存在一个最优的极弧系数，当增加或减小极弧系数时，都会导致齿槽转矩的增加。应该指出的是，实际中极弧系数的选择受诸多的因素的限制，应综合考虑永磁体的合理利用，以及极弧系数对齿槽转矩和电磁转矩的影响。

3) 磁极偏移法。

一般情况下，永磁电机各磁极的形状相同且在圆周上均匀分布，而磁极偏移是指磁极不均匀分布。通过磁极偏移可以改变对齿槽转矩起作用的磁场谐波的幅值，进而削弱

齿槽转矩。对于多极永磁电机而言，当磁极偏移后，气隙磁导不变，磁场分布由于励磁不再是对称方式，而是对称分量和不对称分量的结合，将要发生改变，进而影响齿槽转矩。研究表明，当每极槽数不为整数时磁极偏移会引入新的齿槽转矩谐波，因此要通过磁极偏移减小齿槽转矩除了减小永磁体对称时存在的齿槽转矩谐波外，还要减小新引入的低次谐波。

4）永磁体形状优化。

在表贴式永磁电机和无刷直流电机中，瓦片形磁极应用非常广泛。对于瓦片形永磁体而言，可以通过改变永磁磁极的形状，如永磁体削角、将瓦片形永磁体由原来的内外同心改为内外径不同心，即永磁体不等厚等，来改善气隙磁密的分布，达到削弱齿槽转矩的目的。

5）调整永磁体宽度。

利用有限元法仿真计算，可以发现通过调整永磁体的宽度也可以减小齿槽力。在变化的情况下，齿槽力呈有规律的周期性变化，同时在永磁体宽度 $\tau_p=(n+0.25)\tau_t$，n 为正整数的情况下，齿槽力有最小值。

6）改变永磁体磁化方向。

如同改变极弧一样，改变永磁体磁化方向对齿槽转矩的形状和幅值都有影响。提供了一对永磁体分别采用径向磁化和平行磁化，而尺寸相同的电机，磁钢平行磁化比径向磁化齿槽转矩峰值降低了 20%。此外，在国外的一些研究文献中，Halbach 永磁磁化方式也越来越多地应用于一些特殊结构永磁电机的设计中，提高电机的性能。

7）降低永磁体剩磁强度。

齿槽转矩和磁场强度相关，通过研究不同磁场强度下的齿槽转矩，结果显示减小永磁体剩磁强度，将会降低齿槽转矩的峰值。同时，由于电机的结构几何形状不改变，降低永磁体剩磁强度并不影响齿槽转矩的波形。但是，电磁转矩直接与永磁体产生的磁通量成正比，磁场剩磁强度的降低，产生的磁通量越少，势必会减小电机的输出转矩，因此这种方法只能用于优化后输出转矩的减低不影响整个系统正常运行的情况下使用。

（3）气隙长度影响。

气隙磁密是齿槽转矩的重要影响因素之一，而气隙长度会影响气隙磁密的分布。指出改变气隙长度将会使磁通饱和处的切向力发生变化。气隙长度太大或者太小，都会导致齿槽转矩变大。因此，对于某一台永磁电机而言，一定存在一个最佳的气隙长度，也就是说，存在一个最佳的气隙长度，使得转子的切向力达到很好的平衡，从而达到齿槽转矩最小的目的。但是，改变气隙长度不仅会影响齿槽转矩，同时也会影响电磁转矩，因此在对电机的气隙长度进行优化时，应综合考虑其对齿槽转矩和电机输出转矩的影响。

（4）极槽配合。

通过前面对齿槽转矩产生的机理的分析，可知齿槽转矩可以表示为以转子极数和定子槽数的最小公倍数为基本周期的频谱函数。依据频谱函数的特性，各种频谱成分中，以基波成分的幅值为最大，其他高次成分一般以频率的平方成反比例缩小，若基波的频率较高，其幅度同样也较低。因此，对于齿槽转矩而言，可通过合理选择电机的极数和槽数，提高定子槽和转子磁极数的最小公倍数，即提高齿槽转的基波频率，从而达到抑制齿槽转矩的目的。

3.6.3 纹波及其他扰动因素分析

1. 纹波扰动分析

在理想状况下，永磁直线同步电机的电磁力正比于初级电流幅值，基本无推力波动，但实际上电机电枢电流和初级反电动势波形不是正弦波，而是含有高次谐波的。考虑最简单的情况，假设永磁直线同步电机为三相、两极、整距，次级无限长，忽略齿槽效应和端部效应，同时做如下假设：

（1）电机的三相绕组通入三相对称正弦交流电流

$$\begin{cases} i_a = I\sin(\omega t + \theta_0) \\ i_b = I\sin(\omega t + \theta_0 - 2\pi/3) \\ i_c = I\sin(\omega t + \theta_0 - 4\pi/3) \end{cases} \tag{3-232}$$

式中　I——相电流幅值；

　　　ω——角频率；

　　　θ_0——A 相电流初始相位。

（2）气隙磁密按正弦规律变化。

$$B(x) = B_m\cos\left(\frac{\pi x}{\tau}\right) \tag{3-233}$$

式中　B_m——气隙磁密幅值；

　　　τ——电机极距。

（3）在假设（2）的基础上，三相绕组的空载电动势、电枢反应电动势均为正弦波形。推导如下，设 A 相初始位置为 x_0，在时刻 t 时 A 相位置为 x_t，则 A 相反电动势为

$$e_a = -\frac{\partial}{\partial t}\left\{\left[\int_{x_t+x_0-\frac{\tau}{2}}^{x_t+x_0+\frac{\tau}{2}} N_1 K_{w1} B_m l_i \cos\left(\frac{\pi x}{\tau}\right)\right] + N_1 K_{w1}(L_a + M_{ab} + M_{ac})i_a\right\} = E_{fa} + E_{la} \tag{3-234}$$

其中，E_{fa} 为 A 相空载电动势，E_{la} 为 A 相电枢反应电动势，L_a 为 A 相自感，M_{ab} 和 M_{ac} 为 A 相与 B 相、C 相线圈之间的互感，并有

$$\begin{cases} E_{fa} = E_m\sin\left[\frac{\pi}{\tau}(x_t + x_0)\right] \\ E_m = 2N_1 K_{w1} B_m l_i \frac{dx_t}{dt} = 2N_1 K_{w1} B_m l_i v_s \\ E_{la} = K_{la} i_a \\ K_{la} = N_1 K_{w1}(L_a + M_{ab} + M_c) \end{cases} \tag{3-235}$$

同理可得类似的 B、C 两相的反电动势 e_b、e_c 为

$$\begin{cases} e_b = E_{fb} + E_{lb} \\ e_c = E_{fc} + E_{lc} \end{cases} \tag{3-236}$$

其中，E_{fb}、E_{fc} 与 E_{fa} 幅值相同，相位分别滞后 $2\pi/3$ 和 $4\pi/3$；E_{lb}、E_{lc} 与 E_{la} 幅值相同，相位分别滞后 $2\pi/3$ 和 $4\pi/3$。

电机推力可表示为

$$F = \frac{e_a i_a + e_b i_b + e_c i_c}{v_s} = \frac{E_{fa} i_a + E_{fb} i_b + E_{fc} i_c}{v_s} \tag{3-237}$$

如果将三相电流转换在 $d\text{-}q$ 轴上，并保持直轴电流为零，上式可变为

$$F = K_f I_q \tag{3-238}$$

式中　K_f——电机的推力常数。

从上式可以看出，在任意位置，只要控制适当的交轴电流，推力是完全一致的，基本无推力波动。但实际上，电机绕组三相电流与反电动势均不是标准的正弦波形，含有高次谐波。如果气隙励磁磁密波形是严格的正弦波形，则空载电动势（励磁电动势）将为标准的正弦函数；三相绕组输入电流（相电压）可以控制为严格的正弦函数，依据电路原理，电枢稳态电流及电枢反应电动势都将是严格的正弦函数。因此，最关键的是气隙励磁磁密波形。

目前，改善气隙磁密波形的方法主要包括：①采用合理的极弧系数设计与分数槽或分布绕组相结合的方法；②采用 Halbach 永磁阵列。

2. 导致推力波动的其他因素

（1）负载阻力扰动。

为使电动机带动负载做直线运动，必须克服负载阻力。在电动机运行时，负载的变化会改变负载阻力的大小，造成电动机运动速度的波动，从而导致系统伺服性能下降。

（2）摩擦扰动。

对于永磁直线同步电机来说，其所受的摩擦阻力很小，但在高精度的伺服系统中也必须考虑其影响。按照摩擦的起因不同，可将其分为静摩擦、滑动摩擦和粘滞摩擦。

1）静摩擦扰动。静摩擦力的最大值称为最大静摩擦力，用 F_{rmax} 表示。F_{rmax} 的大小与动子作用在直线电机导轨上的正压力 N 成正比，即

$$F_{rmax} = \mu_s N \tag{3-239}$$

其中，比例系数 μ_s 称为静摩擦系数。

2）滑动摩擦扰动。滑动摩擦力与动子作用在直线电机导轨上的正压力 N 成正比，即

$$F_h = \mu_h N = |F_h| \, \text{sign}(v) \tag{3-240}$$

其中，系数 μ_h 称为滑动摩擦系数，sign 表示符号函数，其值决定于直线电机动子的运动方向。

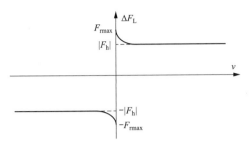

图 3-71 实际的摩擦力模型

图 3-71 中的曲线表明，在直线电机低速运行时，随着速度的增大，静摩擦力由最大值 F_{rmax} 按照指数形式下降到滑动摩擦力 F_h。基于这一事实，等效负载阻力扰动增量 ΔF_L 的模型可如下给出

$$\Delta F_L(v) = F_h + (F_{rmax} - |F_h|)e^{-a|v|} \operatorname{sign}(v) \tag{3-241}$$

F_{rmax} 可以通过测试直线电动机的静态特性获取。当输入为斜坡推力指令时，直线电动机从零速度变为非零速度的瞬时输入推力值即对应于 F_{rmax} 值。

3）粘滞摩擦扰动。粘滞摩擦力 F_b 与负载（动子驱动的）线速度 v 成正比，即

$$F_b = Dv \tag{3-242}$$

其中，比例系数 D 为粘滞摩擦系数，一般认为是常值系数。显然由上式可以看到，粘滞摩擦力 F_b 随速度 v 的增加而增大。因此在电动机高速运行时，粘滞摩擦力 F_b 作为一个变化的扰动量将影响电动机推力。

（3）电抗变化扰动。

在永磁直线同步电机实际运行时，温度的变化与磁场的饱和会导致永磁直线同步电机参数（动子电枢电阻、动子电枢自感、动子电枢互感）发生变化。这样，依据永磁直线同步电机额定参数并按照经典控制理论设计的调节器会因参数变化而导致无法实现所需的零、极点对消，从而造成电流闭环控制性能降低。这不仅影响永磁直线同步电机的动态解耦效果，同时也不利于永磁直线同步电动机速度闭环控制性能的提高。

（4）磁阻推力波动。

这是由永磁直线同步电机动子绕组电流激励磁场与定子磁阻变化相互作用而产生的推力波动。在凸极永磁直线同步电机中定子磁阻变化明显，表现为动子绕组自感随转子位置变化，而对于采用表贴凸装式磁极永磁直线同步电机，其磁阻推力波动对推力平稳性的影响较小。

（5）动子质量（m）变化。

根据牛顿第二定律，可以得到永磁直线同步电机推力与永磁直线同步电机动子质量 m 间的关系为

$$F = ma \tag{3-243}$$

其中，a 为动子的加速度。显然在永磁直线同步电机推力恒定的条件下，动子质量 m 变化时，动子的加速度 a 也将发生变化，从而影响永磁直线同步电机的运行速度，导致系统伺服性能降低。

（6）永磁体磁链谐波扰动。

因为温度的变化、永磁体充磁的不均匀性、电流过载饱和时的电枢反应等等都会改变永磁体特性，从而导致永磁直线同步电机实际运行中 Φ_f 是一个时变量。其影响反映在

d 轴电压方程式中，即磁链 $\mathrm{d}\Phi_\mathrm{f}/\mathrm{d}t \neq 0$。永磁体磁链的变化将直接影响到永磁直线同步电机输出推力的平稳性，产生谐波扰动。

（7）时滞扰动。

在高性能伺服系统中，逆变器传输滞后造成的控制量传输滞后和转速测量滞后造成的被控量反馈滞后会使控制作用不能及时得到响应，扰动作用不能及时发现与补偿，从而导致系统超调、振荡、性能降低，甚至不稳定。

3.6.4　抑制推力波动的控制策略

理论上电动机优化设计可以减小甚至完全消除永磁直线同步电机的推力波动。但实际中由于优化设计方法的局限性，加工手段、成本及应用环境的制约，经优化设计的永磁直线同步电机仍存在推力波动，需采用相应的控制技术来进一步提高其推力性能。目前常用的措施有：

（1）改善功率逆变器的性能。

永磁直线同步电机一般采用电流调节电压源功率逆变器，其正常工作依赖于对永磁直线同步电机定子位置及动子电流的精确实时检测。检测信号的误差和噪声会导致动子激励电流波形失真以及相间不平衡。功率逆变器工作于 PWM 调制方式，为了避免短路而引入的死区效应会导致电流谐波成分增加。电流闭环调节器一般具有参数敏感性，电动机工作状况及转速的变化会导致电流调节器失调，产生电流滞后、甚至饱和而失去电流调节能力。这些现象均会引起永磁直线同步电机产生推力波动。常用的改进措施有选用高性能传感器，采用合理的滤波技术，选用低谐波 PWM 调制方式，提高 PWM 调制频率。

（2）优化电流波形。

该方法以"永磁直线同步电机每一相产生的瞬时推力正比于相电流与反电势的乘积"为理论依据，采用谐波合成技术构造永磁直线同步电机每一相的优化电流波形，以消除推力波动中的特定成分谐波。目前通过数值优化技术不仅可求取消除任意次谐波推力的优化电流波形，而且可以确保电动机的效率最优。为了实现对推力波动实时准确的观测，可通过实验对某些推力波动（如摩擦力）进行建模，并利用在线自适应辨识算法对推力波动进行无差估计。为了克服系统参数摄动对观测精度的影响，可设计具有强鲁棒性的自适应推力观测器来实现对推力波动的精确观测。

（3）实现对推力的闭环控制。

这种方法是以永磁直线同步电机的瞬时推力作为被控量，根据获取的推力反馈信号及相应的控制策略，直接控制瞬时推力快速跟踪复现指令推力的变化。永磁直线同步电机瞬时推力检测可采用直接检测与间接检测两类方法。推力直接检测法通常需要在电动机上加装位移或应变传感器。推力间接检测法一般根据永磁直线同步电机的模型及参数设计适当的推力观测器，通过检测直线电动机的电压、电流、速度，经参数估计算法来计算电动机的瞬时推力。

（4）速度外环的控制策略。

在高精度微进给的数控机床伺服驱动系统中，除了直接针对推力波动进行补偿和控制外，还在直线伺服系统的速度外环采取一些有效的控制策略来抑制推力波动对速度伺服性能的影响。常见的控制策略有：

1）预见控制。Smith 预估器与传统的 PID 反馈控制器并联，可以使控制对象的时间滞后得到完全的补偿，这样在设计控制器时就不必考虑对象的时滞影响。对解决伺服系统时滞扰动影响是十分有效的。应用最优预见控制也可对直线伺服系统的时滞扰动进行有效的消除。

2）自适应控制。自适应控制大体可分为模型参考自适应和自校正控制两种类型。自适应机构的输出可以改变控制器的参数或对控制对象产生附加的控制作用，使伺服电动机的输出（如速度）和参考模型的输出保持一致。

3）变结构控制。变结构控制本质上是一类特殊的非线性控制，其非线性表现为控制的不连续性，能有效地消除永磁直线同步电机的推力波动对系统伺服性能的影响。但其抖振的消除问题仍是很有意义的研究方向。

4）H_∞ 鲁棒控制。针对控制对象模型的不确定性设法保持稳定性和品质的鲁棒性。主要方法有代数方法和频域方法。频域方法是从系统的传递函数矩阵出发设计系统，H_∞ 控制是其中较为成熟的方法。其实质是通过使系统由扰动至偏差的传递函数矩阵的 H_∞ 范数取极小，据此来设计直线伺服系统的速度控制器，对抑制推力波动具有良好的效果。

5）神经网络控制。人工神经网络从结构上模拟人的大脑神经系统，具有自学习能力，可通过在线不断修正网络权值来调节网络输出，最终获得所要求的期望输出。

3.7 直线同步电机的电磁设计

电机设计是一个复杂的过程，需要考虑的因素和确定的尺寸、数据很多。其任务就是根据用户提出的产品规格、技术要求，结合生产技术条件和国家的有关方针政策，正确处理设计过程中遇到的各种矛盾，从而设计出符合用户要求的电机。虽然国内外对永磁直线同步电机研究的时间已经不短，但目前仍没有提出像旋转电机那样较为完备的设计理论和方法。因此，设计理论和方法的研究对永磁直线同步电机的进一步发展有重要的意义。

3.7.1 直线同步电机的设计流程

永磁直线电机的电磁设计一般主要包括以下内容：①确定永磁材料的尺寸；②确定电机的主要尺寸；③确定磁路其他各部分的尺寸；④绕组设计，计算和确定初级电枢绕组数据；⑤磁路计算；⑥阻抗计算；⑦工作特性计算。

在设计普通电励磁电机时，通常先根据电机的技术经济性能要求和设计经验，选择合适的电磁负荷 A、B_g 值，而后计算确定电机的主要尺寸。但是，永磁电机的气隙磁通密度 B_g 是由永磁材料性能、磁路结构形式、永磁体体积和尺寸以及外磁路的材质和尺寸决定的，因而设计永磁电机时，在选择永磁体牌号和磁路结构形式后要先确定永磁体的体积和尺寸。进行永磁直线同步电机的初始设计时，首先要满足推力 F 和同步速度 v_s 的要求，同时还要满足电源系统的要求，如额定电压 U、频率 f、相数 m 等。以此作为出发点，确定电机的主要尺寸和定子绕组匝数。最后，在利用有关公式对初始设计方案进行性能校核的基础上，调整电机的某些设计参数，直到电磁设计方案符合技术指标要求。综上所述，永磁直线同步电机的设计流程图可概括如图 3-72 所示。

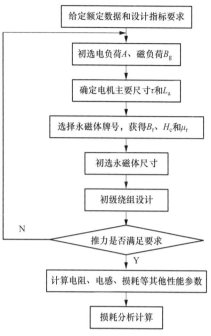

图 3-72　永磁直线同步电机设计流程图

3.7.2　电磁负荷的选取和主要尺寸确定

1. 电磁负荷的选取

所谓电负荷或线负荷 A，是指在额定负载下初级表面沿纵向单位长度的安培导体数，即每米的总安培数。所谓磁负荷 B_g 是指气隙中等效基波磁通密度的幅值，电磁负荷 A，B_g 的值不仅决定电机的利用参数，直接影响电机的有效材料用量，而且与电机的运行参数和性能密切相关，提高电磁负荷乘积，可提高有效材料的利用率，但电磁负荷的选择也受到各种条件的限制。如铜和永磁的价格，应用场所的实际尺寸大小，散热的条件等。

在永磁直线同步电机中，电负荷的选择，应视初级绕组的散热条件及运行状态而定。对于散热条件较好或间歇运行的电机，A 可以取较大的值，对于散热条件较差或连续运行的电机，A 应取较小的值。对于平板型同步直线电机散热条件比较好，A 可取 $500 \sim 1000(\text{A/cm})$。

由于直线电机的电磁气隙比旋转电机大，为了减小永磁的损耗，提高功率因数，磁负荷 B_g 通常选用较低的值，电磁气隙越大，B_g 值越低。永磁电机的磁负荷基本上由永磁材料的性能和磁路结构尺寸决定，主要由所选永磁材料的剩余磁密 B_r 决定，通常为 $(0.6 \sim 0.8)B_r$。

2. 主要尺寸的确定

众所周知，普通旋转电机的主要尺寸是电枢直径 D 和铁芯有效长度 L，按直线电机与旋转电机的拓扑结构关系可以得到，短初级直线电机的主要尺寸是初级长度 $2p\tau$ 和初

级铁芯宽度 L_a。尽管长初级直线同步电机具有与短初级电机不同的纵向边端效应，但是，从能量转化的角度来看，两种电机都是由初级传递给气隙电磁功率，再通过气隙磁场将电磁能量转化为次级的非电磁能。因此，从能量守恒的角度，短初级电机与长初级电机真正实现能量转化的只有初级、次级相对的那段有效部分。常见的短初级电机设计过程中就没有考虑次级长度的影响，只计算初级尺寸，默认次级无限长，实际上此时只有与初级相对的那部分次级受气隙磁场影响产生感应电流。相似地，长初级直线电机的能量转化受次级长度的影响。

根据电负荷的定义，可以得到

$$A = \frac{2mNI}{2p\tau} \tag{3-244}$$

则电枢电流可以表示为

$$I = \frac{p\tau A}{mN_{ph}} \tag{3-245}$$

式中　　N_{ph}——电枢绕组每相串联匝数；

　　　　　I——电枢绕组相电流。

根据磁负荷的定义，可以得到每极磁通与磁负荷的关系如下

$$\Phi = B_{gav}\tau L_a = B_g \alpha_i \tau L_a \tag{3-246}$$

式中　　B_g——气隙磁通密度的最大值，通常简称为气隙磁密，即磁负荷；

　　　　　α_i——计算极弧系数，$\alpha_i = B_{gav}/B_g$，其中 B_{gav} 为气隙平均磁密，当电机气隙内磁场为正弦分布时，$\alpha_i = 2/\pi$；

　　　　　L_a——初级铁芯宽度。

永磁直线电机主要尺寸公式与电机功率的关系为

$$2p\tau^2 L_a = \frac{(1-\xi_L)P_2}{2K_{Nm}\alpha_i f k_{w1} B_g A \eta \cos\phi} \tag{3-247}$$

式中　　K_{Nm}——气隙磁场的波形系数，当气隙磁场为正弦分布时等于 1.11；

　　　　　ξ_L——反电动势系数，$\xi_L = E/U$，其中 U 为电枢绕组输入相电压，E 为电枢绕组相电动势；

　　　　　f——电流频率；

　　　　　k_{w1}——电枢的绕组的基波绕组系数；

　　　　　η——电机的额定效率；

　　　　　$\cos\phi$——电机的功率因数。

由式（3-247）可见，对于一定的电磁功率，A 和 B_g 选得越大，则电机的尺寸就越小。但是 A 和 B_g 并不能无限地提高，因为 B_g 太高，会增加永磁体体积，提高电机成本；A 太高，则会导致用铜量和电阻损耗增加、效率下降、发热严重。

将 $P_2 = Fv_s$ 及 $v_s = 2f\tau$ 代入式（3-247），可得电机主要尺寸和推力的关系如下

$$2p\tau L_a = \frac{\sqrt{2}(1-\xi_L)F}{k_{w1}B_gA\eta\cos\phi} \tag{3-248}$$

即在 A 和 B_g 一定的条件下，直线电机的有效面积 $2p\tau L_a$ 与电磁推力 F 成正比。

对于永磁直线电机的设计，一般取决峰值力矩 F_p、均方力矩 F_{RMS} 和运行速度 v_s。一般来说，可以根据这些条件按照下列步骤来确定电机的主要尺寸。

（1）根据用户要求确定电机的运行方式的，计算出电机的最大运行速度、平均速度和最大加速度以及所需要的最大推力；

（2）选取电负荷 A 和磁负荷 B_g；

（3）初步选取（1-ξ_L）；

（4）计算极距 τ

$$\tau = \frac{v_s}{2f} \tag{3-249}$$

速度的选择取决于控制对象所实施运动的类型和驱动系统的机械结构，一般的驱动对象运动方式有：恒速运动、加速运动和点-点定位运动。

（5）预设计算基波绕组系数 k_{w1}，效率和功率因数；

（6）根据式（3-248）计算初级铁芯有效长度。

3. 气隙长度的选择

气隙是电机的一个重要参数，它会影响电机的特性及运行状态，因此气隙长度的确定是电机设计中非常关键的一个环节。

气隙会影响电机的功率因数、效率、热负荷等参数，其中功率因数和热负荷与气隙长度呈正比例关系，而效率与其呈反比例关系。同时，对于相同的永磁材料，气隙长度大小直接影响电机的推力和磁阻力，气隙小的电机推力较大，但是磁阻力和法向吸力也较大，对加工工艺要求较高，电机安装难度较大。但是若气隙长度过大，直线电机的推力也会严重降低。

因此，要综合考虑各种因素来选取合理的直线电机气隙长度，一般选取在 $0.8\sim$ 1.5mm 之间。

3.7.3 次级永磁体的设计和尺寸确定

与电励磁电机不同，永磁直线同步电机的磁场主要由永磁体产生，因此永磁体尺寸的确定非常重要。永磁体的尺寸设计与电机的磁路有关，并且剩磁密度 B_r 也影响磁路参数和永磁体的空载工作点 b_{m0}。永磁体尺寸设计不合理、漏磁系数过小、电枢反应过大，所选用永磁材料的内禀矫顽力过低等因素都可导致永磁体的失磁。永磁体的尺寸主要包括永磁体的横向长度 l_m，纵向宽度 w_m 和磁化方向长度（高度）h_m。

（1）永磁材料的选择。

永磁材料的种类多种多样，性能相差很大，因而在设计电机时，首先要选择适宜的永磁材料和具体的性能指标，选择原则为：

1）应能保证电机气隙中有足够大的气隙磁场和规定的电机性能指标。

2）在规定的环境条件、工作温度和使用条件下，应保证磁性能的稳定性。

3）有良好的机械性能，以方便加工和装配。

4）经济性要好，价格便宜。

目前，永磁直线同步电机主要采用钕铁硼材料的永磁体。

（2）永磁体横向长度。

为了改善横向边缘效应，一般永磁体的宽度 l_m 都比动子叠厚大，如果从节省材料以及稀土永磁材料的价格考虑，一般取 $l_m = L_a$，但是由于绕组的实际长度要比动子的叠厚要大，永磁体宽度 $l_m > L_a$ 时，可以提高水平推力弥补斜极等消除磁阻力后引起的推力。因此，可结合具体的需要设计永磁体横向长度。

（3）永磁体纵向宽度。

永磁体纵向宽度不但影响电机的气隙磁密波形，而且对电机推力的大小也有影响。对于三相电机而言，为了节约成本，在设计时永磁体纵向宽度一般在（0.6～0.9）τ 范围内选取。但是对于定位精度要求高的永磁直线伺服同步电机，由于极弧系数对电机的磁阻力的影响很大，一般在预选 w_m 后采用有限元法对其进行适当的优化。

（4）永磁体磁化方向长度。

永磁体磁化方向长度 h_m 是决定电枢电抗和励磁电动势的一个重要因素，而电枢电抗又影响电机的许多性能。同时 h_m 与气隙 g 大小有关，由于永磁体是电机的磁动势源，因此应从电机的磁动势平衡关系出发，预估一初值，再根据具体的电磁性能计算进行调整。

永磁体磁化方向长度初选值为

$$h_m = \frac{k_s k_\delta b_{m0} \mu_r}{\sigma_0 (1 - b_{m0})} g \tag{3-250}$$

式中　k_s——饱和系数；

　　　σ_0——空载漏磁系数；

　　　g——气隙长度；

　　　k_δ——气隙系数；

　　　b_{m0}——预估永磁体空载工作点。

3.7.4　初级绕组的设计及槽形尺寸的确定

1. 绕组型式的选择

采用整数槽时，在任何时刻磁极与电枢齿槽的相对位置对所有磁极来说都是一样的。因此，磁极磁通的脉动对所有磁极来说也是一样的，由磁极磁通的脉动所产生的动子绕组的各相串联线圈中的齿谐波电动势在时间上是同相的，它们直接相加，使在相电动势中产生很强的齿谐波。

采用分数槽绕组后情况就不一样了，由于 q 为分数，每极所占的槽数为分数，任一时刻，相邻两磁极相对于动子齿槽位置必有位移，各磁极磁通的脉动情况不一致，由其所产生的动子绕组的各相串联线圈中的齿谐波电动势在时间上并不同相，必须采用向量相加，这样使各相串联线圈中的齿谐波电动势大部分相互抵消，使每相的齿谐波电动势大为削弱，对减小齿槽力的波动起到很大的作用。

使用分数槽集中绕组有如下诸多好处：

（1）平均每对极下的槽数大为减少，以较少数目的大槽代替数目较多的小槽，可减少槽绝缘占据的空间，有利于提高槽满率，进而提高电动机性能；同时，较少数目的元件数，可简化嵌线工艺和接线，有助于降低成本。

例如，对于三相整数槽电动机，每极每相槽数 q 最小取值是 1，即每对极槽数 Z/p 至少是 6。常用的三相集中绕组分数槽电机，可选择的 Z/p 组合的 q 在 $1/4\sim1/2$ 范围之内，即平均每对极槽数 Z/p 在 $1.5\sim3$ 之间，和 $q=1$ 的三相整数槽电动机相比，槽数大约只有它的 $1/4\sim1/2$。

（2）增加绕组的短（长）距和分布效应，改善反电动势波形的正弦性。

例如，$p=4$、$q=1$ 的三相整数槽电动机，定子槽数 $Z=24$，每相绕组只有以线圈两个元件边的短距效应来改善反电动势波形。如果拿 $Z=9$，$p=4$，$q=3/8$ 的三相分数槽无刷直流电动机来比较，它的绕组分布系数和 $q=3$ 整数槽电机相同，这样，其反电动势波形明显好于 $q=1$。而 $q=3$ 整数槽电机的定子槽数为 $Z=72$。

（3）分数槽集中绕组每个线圈只绕在一个齿上，缩短了线圈周长和绕组端部伸出长度，减低用铜量；各个线圈端部没有重叠，不必设相间绝缘。

（4）分数槽集中绕组便于使用专用绕线机，直接将线圈绕在齿上，取代传统嵌线工艺，提高工效。

（5）提高电动机性能。槽满率的提高、线圈周长和绕组端部伸出长度的缩短，使电动机绕组电阻减小，铜损随之也减低，进而提高电动机效率和降低温升，同时又能降低时间常数，提高快速性，增加功率密度等。

（6）分数槽的齿槽效应转矩由于每转次数较多，幅值通常比整数槽绕组小，定子铁芯无须斜槽，有利于降低振动和噪声。

2. 初级槽数的选择

对于三相永磁直线同步电机来说，存在很多可行的槽极配合。槽数和极数的选择不仅会影响电机的性能、绕组因数，还会影响齿槽力矩的大小。所以在设计时，需要慎重选择。

如果分数槽绕组的槽数 Z 和极对数 p 存在最大公约数 t，即 $Z/p=Z_0/p_0$。其中，$Z=Z_0t$，$p=p_0t$，则每极每相槽数 q 可以表示为

$$q=Z_0/2mp_0 \tag{3-251}$$

这里称由 Z_0 和 p_0 组成的电机为单元电机，原电机由 t 个单元电机组成，原电机的绕组图是 t 个单元电机的组合。

分数槽电机的 Z_0 和 p_0 组合不是可以任意选择的，需要满足一定的条件才行。在节距 $y=1$ 的单元电机中，若以电角度为单位，有 $y=\alpha$ （α 为槽距角）。通常，为了得到较高的绕组因数，希望线圈的两个元件边电动势相差接近 $180°$，即 $\alpha \approx 180°$，也就是 $2p_0/Z_0 \approx 1$，或 $Z_0 \approx 2p_0$。为了使 α 尽可能接近 $180°$，需取 Z_0 与 $2p_0$ 之差尽可能小。

下面借助槽电动势相量星形图来进行分析，如图 3-73～图 3-75 所示。其中，绕在一个齿上线圈元件的第一元件边电动势相量为 1 号相量，在 $+Y$ 轴上，跨过槽距角 α 为第 2 元件边，电动势向量为 2 号相量，如图 3-75 所示。这两个相量之间的夹角即两槽之间的槽距角 α 为

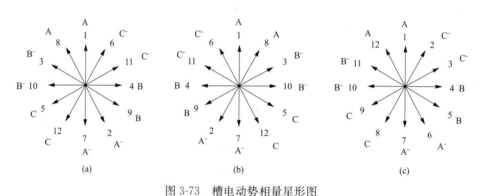

图 3-73　槽电动势相量星形图

(a) $Z_0=12$，$p_0=5$；(b) $p_0=7$；(c) 虚拟电机

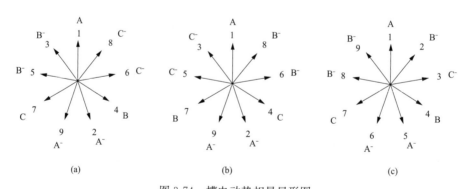

图 3-74　槽电动势相量星形图

(a) $Z_0=9$，$p_0=4$；(b) $p_0=5$；(c) 虚拟电机

$$\alpha = \frac{360 p_0}{Z_0} \tag{3-252}$$

它的余角 β 就是 2 号相量和 -Y 轴之间的夹角，$\beta = 180 - \alpha = 180 - 360 p_0/Z_0$，即

$$\beta = 180(1 - 2p_0/Z_0) \tag{3-253}$$

节距因数 k_p 与余角 β 相关，其计算式为

$$k_p = \cos(\beta/2) \qquad (3\text{-}254)$$

（1）当 Z_0 为偶数时。

在 Z_0 为偶数的槽电动势相量星形图［见图 3-73（a）和（b）］中，相邻相量之间角度是 $360/Z_0$，β 取为该角度的 N 倍，即：$\beta = N \times 360/Z_0$，（$N=1, 2, 3\cdots$）。由式（3-253）可得 $N \times 360/Z_0 = 180(1 \pm 2p_0/Z_0)$，即

$$Z_0 = 2p_0 \pm 2N, \quad N = 1, 2, 3\cdots \qquad (3\text{-}255)$$

（2）当 Z_0 为奇数时。

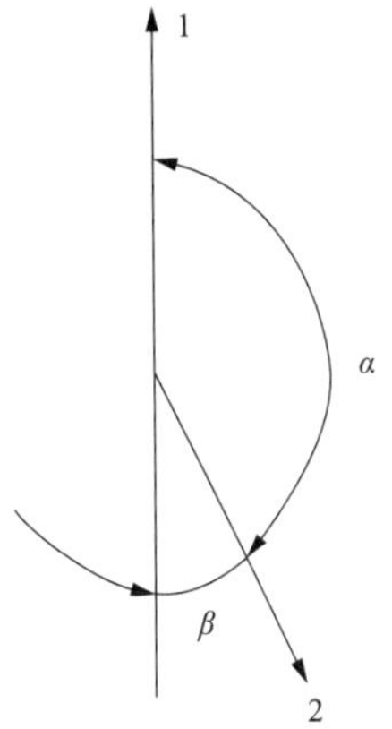

在 Z_0 为奇数的槽电动势相量星形图［见图 3-74（a）和（b）］中，相邻相量之间角度为 $360/Z_0$，此时 β 取值表示为 $\beta = 0.5N \times 360/Z_0 = N \times 180/Z_0$，（$N=1, 3, 5\cdots$）。由式（3-253）可得 $N \times 180/Z_0 = 180(1 \pm 2p_0/Z_0)$，即

$$Z_0 = 2p_0 \pm N, \quad N = 1, 3, 5\cdots \qquad (3\text{-}256)$$

可以将式（3-255）和式（3-256）合并表示为

$$Z_0 = 2p_0 \pm N, \quad \beta = N \times 180/Z_0, \quad N = 1, 2, 3\cdots \qquad (3\text{-}257)$$

图 3-75　槽距角

式（3-257）中，符合式（3-257）关系的 Z_0 和 p_0 可能构成 $y=1$ 的分数槽绕组。

对于分数槽集中绕组，采用单层绕组还是双层绕组和 Z 的选择有关。对于单层绕组，每个槽只放一个线圈边，三相电机最低限度有 6 个线圈边，其槽数必须是 6 的倍数；而双层绕组，每个槽放 2 个线圈边，其槽数是 3 的倍数就可以。所以，分数槽集中绕组电机的 Z 需满足为 3 的倍数。

1）当 Z 为偶数时，每相平均槽数 $Z/3$ 必为偶数，可以连接成单层绕组，也可以连接成双层绕组。

2）当 Z 为奇数时，每相平均槽数 $Z/3$ 必为奇数，不能连接成单层绕组，只能连接成双层绕组，所以能够连接成单层绕组的 Z/p 组合较少。

对于 $Z_0 = 12$，$p_0 = 5$ 的单元电机，由于它的 Z 为偶数，所以即可连接成单层绕组也可以连接成双层绕组，如图 3-76 所示。连接成单层绕组时，A 相绕组是由 1-2、8-7 两个线圈组成，每个线圈元件边占一个槽。同样，B 相绕组是由 9-10、4-3 两个线圈组成；C 相绕组由 5-6、12-11 两个线圈组成，这里的数字代表槽号。连接成双层绕组时，A 相绕组是由 1-2、3-2、8-7、8-9 四个线圈组成，每个线圈元件边占半个槽。

实际上，当研究的对象是集中绕组时，将槽电动势相量星形图看成是齿电动势相量星形图更加方便，每个相量就是一个齿上线圈的电动势相量，这样做对画出绕组展开图要容易得多。如图 3-76 所示，画在小方框外的数字为槽号，画在小方框内的数字为齿号，也就是线圈号。这样，单层绕组就是只取单数齿上绕有的线圈。在图 3-76 的单层绕组，A 相绕组是由 1 和 -7 两个线圈组成（负号表示反绕），单层绕组排列可表示为 A，b，C，a，B，c（大写表示正绕，小写表示反绕）。双层绕组则是每个齿都绕有线圈。图 3-76 的

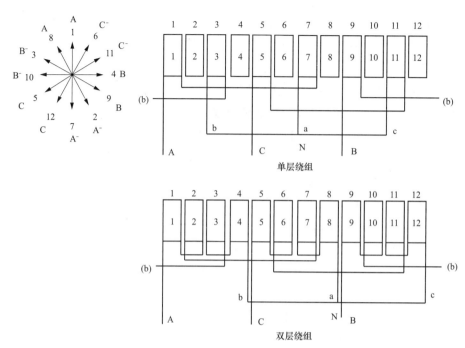

图 3-76 Z 为偶数时的单层绕组和双层绕组

双层绕组，A 相绕组是由 1、—2、—7、8 四个线圈组成，双层绕组排列可表示为 A，a，b，B，C，c，a，A，B，b，c，C。

此外，在永磁同步旋转电机中，通常采用齿槽转矩谐波次数 γ 来衡量齿槽效应，对于永磁直线同步电机该方法同样适用。其中 γ 跟定子槽数 Z 和极数 $2p$ 的最大公约数 GCD $(Z，2p)$ 和最小公倍数 LCM $(Z，2p)$ 有关

$$\gamma = \frac{2pZ}{GCD(Z,2p)} = LCM(Z,2p) \tag{3-258}$$

通常认为齿槽力谐波次数越大，其幅值就越小，所以在设计电机时宜选择最小公倍数较大的定子槽数 Z 和极数 $2p$ 的组合。

3. 槽形和尺寸的确定

在确定槽形尺寸时，应考虑以下因素：

（1）要有一定大小的槽面积，以便合理放置导线和绝缘。槽满率要适中，如果人工绕一般在 0.75 左右选择，机绕可以选择在 0.95 左右；

（2）控制齿部磁密 $B_t \leqslant 1.8 \text{Wb/m}^2$；

（3）为了便于下线，槽口应有一定的宽度；

（4）槽深与槽宽之比对电机的漏抗有较大的影响，可以通过改变槽形来调整。

在永磁直线同步电机中，开口槽制造简单，嵌线方便，但是其抑制齿槽力波动的能力较弱；半闭口槽可以有效地减小齿槽力，但是嵌线困难，工艺复杂，同时还会增加齿顶漏磁。所以，在永磁直线同步电机设计时应综合考虑，根据实际情况选择槽形。

假设所讨论电机采用双层绕组,初级槽形如图 3-77 所示。电机的槽数和极数确定后,每极每相槽数 q 也就随之确定。极距 τ 已知,则槽距 τ_{s} 为

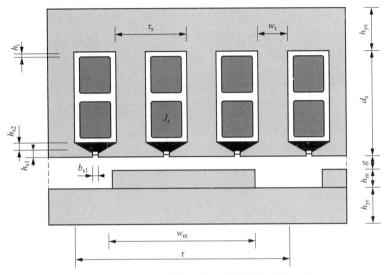

图 3-77 采用双层绕组排列时槽形结构及参数

$$\tau_{\mathrm{s}} = \frac{\tau_{\mathrm{p}}}{mq} \tag{3-259}$$

槽宽 w_{s} 可以通过槽距 τ_{s} 和齿宽 w_{t} 来计算

$$w_{\mathrm{s}} = \tau_{\mathrm{s}} - w_{\mathrm{t}} \tag{3-260}$$

初级铁芯等效宽度可以近似为

$$L_{\mathrm{a}} = l + 2g \tag{3-261}$$

式中 l——初级铁芯宽度;

  g——气隙长度。

初级铁芯有用长度为

$$l_{\mathrm{u}} = K_{\mathrm{Fe}} l \tag{3-262}$$

式中 K_{Fe}——铁芯叠压系数。

初级铁轭厚度,次级铁轭厚度和初级铁芯齿宽分别为

$$h_{\mathrm{ys}} = \frac{B_{\mathrm{g0}} w_{\mathrm{m}} L_{\mathrm{a}}}{2 B_{\mathrm{ys}} l_{\mathrm{u}}} \tag{3-263}$$

$$h_{\mathrm{yr}} = \frac{B_{\mathrm{g0}} w_{\mathrm{m}} L_{\mathrm{a}}}{2 B_{\mathrm{yr}} l_{\mathrm{u}}} \tag{3-264}$$

$$b_{\mathrm{t}} = \frac{B_{\mathrm{g0}} \tau L_{\mathrm{a}}}{B_{\mathrm{t0}} l_{\mathrm{u}}} \tag{3-265}$$

式中 B_{g0}——空载时气隙磁通密度的峰值;

  B_{t0}——空载时齿磁通密度的峰值。

4. 每相串联匝数和电阻

（1）电枢绕组每相串联匝数。

电机空载运行时，每相的反电动势 E_0 可以表示为

$$E_0 = 4.44 f N_{ph} k_{w1} \Phi_{\delta 0} \tag{3-266}$$

式中　$\Phi_{\delta 0}$——空载时的磁通量。

则电枢绕组每相串联匝数 N_{ph} 为

$$N_{ph} = \frac{E_0}{4.44 f k_{w1} \Phi_{\delta 0}} \tag{3-267}$$

（2）绕组线圈电阻。

绕组线圈电阻的计算如下

$$r = \frac{2(L_a k_{1R} + 1.3 \sim 1.6\tau) N_{ph}}{\sigma S \alpha_p a} \tag{3-268}$$

式中　σ——电导率，铜线、铝线在 20℃ 的电导率；

N_{ph}——每相串联匝数；

S——导线截面积；

α_p——导线并绕根数；

a——并联支路数；

k_{1R}——集肤效应系数；

L_a——电枢铁芯计算宽度。

3.7.5　直线同步电机的损耗分析

永磁直线电机的损耗从产生的部位划分可分为以下几种：①铁芯损耗，包括铁芯中的磁滞损耗和涡流损耗。②绕组损耗，主要是指初级绕组中的铜耗。③永磁体损耗，永磁体中的涡流损耗。④机械损耗，主要是指摩擦损耗。⑤附加损耗，电机总损耗中除掉定子铜耗、铁耗、机械损耗以及电刷损耗之外的其他损耗的统称。

1. 铁芯损耗

在铁芯中产生的损耗包括铁芯中的基本损耗和附加损耗。基本铁耗是主磁场在铁芯中交变时产生的，而附加损耗则是由于铁芯开槽而引起的气隙磁导谐波磁场在铁芯中引起的损耗（即空载附加损耗），以及电机带负载后，由于存在漏磁场和谐波磁场而产生的损耗（即负载附加损耗）。

（1）传统铁耗计算模型。

铁芯的基本损耗由于产生原因不同，可分为磁滞损耗和涡流损耗。但两者同时发生在铁芯中，没有必要将两者分开计算，基本铁耗的表达式为

$$p_{Fe} = K p_{Fe1} m_{Fe} \tag{3-269}$$

式中　K——由于硅钢片加工、磁通密度分布不均以及磁场不随时间正弦变化等原因而

引起的损耗增加的修正系数；

p_{Fe1}——单位质量的损耗，也称比损耗；

m_{Fe}——铁芯质量。

根据相关推导硅钢片的损耗系数计算得到

$$p_{Fe1} = \sigma_h f B^2 + \sigma_e (fB)^2 \tag{3-270}$$

式中　f——磁场交变频率；

　　　σ_h——取决于材料规格及性能的常数；

　　　σ_e——取决于材料规格及性能的常数；

　　　B——磁场强度。

由式（3-270）可以看出影响损耗系数的因素，为了便于计算常采用如下的数值计算式，即

$$p_{Fe1} \approx p_{10/50} B^2 \left(\frac{f}{50}\right)^{1.3} \tag{3-271}$$

其中，$p_{10/50}$ 为当 $B=1\text{T}$，$f=50\text{Hz}$ 时，硅钢单位质量内的损耗，其值可按硅钢片型号查取。

计算轭中的损耗系数时，B 应选取定子轭中的最大磁通密度值 $B_{\max}$，得如下数值关系

$$p_{y1} = p_{10/50} B_{\max}^2 \left(\frac{f}{50}\right)^{1.3} \tag{3-272}$$

轭中的基本铁耗即为

$$p_y = K p_{y1} m_y \tag{3-273}$$

式中　m_y——轭部铁芯的重量。

计算齿中的损耗系数时，B 采用齿磁路长度上磁通密度平均值，即

$$p_{t1} = p_{10/50} B_t^2 \left(\frac{f}{50}\right)^{1.3} \tag{3-274}$$

式中　B_t——齿部磁通密度的平均值。

齿中的基本铁耗即为

$$p_t = K p_{t1} m_t \tag{3-275}$$

式中　m_t——齿部铁芯的重量。

（2）分立铁耗计算模型。

实践证明，传统铁耗模型在频率接近工频的正弦波供电条件下应用时很准确，但是在高频条件下计算时却会出现较大的误差，不适用于新型电机的铁耗计算。在国外，已经有学者提出了一些新的铁耗计算方法。其中 Bertotti 分立铁耗计算模型应用最为广泛，其表达式为

$$p_{Fe} = p_e + p_h + p_a \tag{3-276}$$

式中　p_e——涡流损耗；

p_h——磁滞损耗;

p_a——附加损耗。

由于 PWM 变频器的影响,磁密将出现一系列的谐波分量,此时,涡流损耗、磁滞损耗和附加损耗可通过下式计算得到

$$
\begin{cases}
p_e = \sum_{k=1}^{N} p_{ek} = \sum_{k=1}^{N} K_e (B_k f_k)^2 \\
p_h = \sum_{k=1}^{N} p_{hk} = \sum_{k=1}^{N} K_h B_k^2 f_k \\
p_a = \sum_{k=1}^{N} p_{ak} = \sum_{k=1}^{N} K_a (B_k f_k)^{\frac{3}{2}}
\end{cases}
\tag{3-277}
$$

式中　K_e——涡流损耗系数;

　　　K_h——磁滞损耗系数;

　　　K_a——附加损耗系数;

　　　B_k——定子铁芯中 k 次谐波磁密的幅值;

　　　f_k——k 次谐波磁密的频率;

　　　N——计算的谐波次数。

2. 绕组损耗

绕组中的损耗是由于导体中通过的电流而产生的,主要包括基本铜耗及附加损耗。此外,准确计算电机铜耗需要考虑集肤效应的影响。

(1) 基本铜耗。

根据焦耳-楞次定律,此损耗等于绕组电流的二次方与电阻的乘积。如果电机具有多个绕组,则应分别计算各绕组基本铜耗相加而得

$$
p_{Cu} = \sum (I_x^2 r_x)
\tag{3-278}
$$

式中　I_x——绕组 x 中的电流;

　　　r_x——换算到基准工作温度绕组 x 的电阻。

由此可见,电机绕组阻值的获得是准确计算铜耗的关键,通常可通过实验的方法直接测量。对于具有高电密的电机,电机工作过程中铜耗较大,绕组的温升较快,温度的升高对电机绕组阻值产生的影响不容忽视。式(3-279)表示了绕组电阻值随绕组温升变化的关系,实际计算时,将该式代入到式(3-278)中,可计算得到考虑电机绕组温升变化的铜耗:

$$
r = r_a [1 + \alpha_a (\theta - \theta_a)]
\tag{3-279}
$$

式中　θ_a——试验开始时环境温度;

　　　r_a——温度为 θ_a 时的绕组电阻;

　　　r——温度为 θ 下绕组电阻值;

　　　α_a——温度为 θ_a 时绕组的电阻温度系数。

（2）集肤效应的影响。

导体处于交变电磁场中时，除了负载电流以外，导体内还有涡流。涡流使导体中电流趋于表面，导致导体交流电阻增大，漏抗变小。这种现象称之为集肤效应。由于集肤效应的作用，谐波电流在导线中产生的磁场在导线的中心区域感应最大的电动势。由于感应的电动势在闭合电路中产生感应电流，在导线中心的感应电流做大。因为感应电流总是在减小原来电流的方向，它迫使电流只限于靠近导体外表面处。这样，导体内部实际上没有任何电流，电流集中在临近导线表面的一薄层内。

电磁场在导电媒介中是按指数规律衰减的。通常定义电磁波进入导体内场量衰减到表面值的 $1/e$（即 36.8%）时的深度为透入深度，或称为集肤深度

$$\delta_c = \sqrt{\dfrac{2}{\omega\mu\sigma}} \qquad (3\text{-}280)$$

式中　μ——磁导率。

可以看出，集肤深度和频率的平方根成反比。图 3-78 为铜导线的集肤深度随频率变化。

集肤效应使导体的有效截面减小，不同谐波频率下，导体阻抗不同，频率越高，

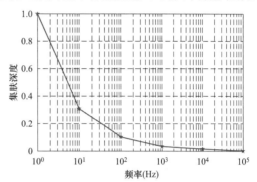

图 3-78　铜导线的集肤深度随频率变化曲线

导体的阻抗越大。考虑集肤效应的绕组电阻计算公式为

$$r = \dfrac{r_a}{\delta_c} \qquad (3\text{-}281)$$

3. 永磁体损耗

在永磁同步旋转电机中通常忽略转子损耗，这是由于仅考虑定子基波磁动势时，转子与定子磁动势同步旋转，不会在转子和永磁体上感应出涡流。但是由于气隙中空间谐波和时间谐波的影响，永磁体上将会产生涡流损耗。

永磁体导体区域中涡流损耗密度的瞬时值 p_m 为

$$p_m = \dfrac{J_m^2}{\sigma_m} \qquad (3\text{-}282)$$

式中　J_m——永磁体内涡旋电流密度的瞬时值，可以通过有限元计算得到；

　　　σ_m——永磁体的电导率。

故体积 V 内涡流损耗的平均值为

$$p_{mav} = \dfrac{1}{T_2 - T_1} \int_{T_1}^{T_2} \int_V p_m \, dV \, dt \qquad (3\text{-}283)$$

式中　T_1——计算涡流损耗的起始时刻；

　　　T_2——计算涡流损耗的终止时刻。

4. 机械损耗

自然冷却的永磁直线同步电机，其机械损耗主要包括导轨摩擦损耗和风损耗两部分，这些损耗在大多数情况下，均难以准确计算，一般工厂采用简单的经验公式或根据已造电机的实验数据来确定。

3.7.6 直线同步电机的优化设计

1. 永磁直线同步电机优化设计的数学模型

由于永磁直线同步电机的分析数学模型复杂、函数形态差，某些设计变量如初级冲片的尺寸、每槽导体数等又有一定的离散要求，因而可以说，永磁直线同步电机的最优设计问题是一个混合离散的优化问题。永磁直线同步电机的最优化数学模型包括设计优化变量、约束函数以及目标函数。永磁直线同步电机优化数学模型可以描述为

$$\begin{cases} \max F(X) \\ g_i(X) \end{cases} \quad i=1,2,\cdots,m \tag{3-284}$$

式中 $F(X)$——目标函数；

$g_i(X)$——约束条件；

X——设计变量。

（1）目标函数。

建立目标函数是优化设计一项决策设计变量性的工作，直接影响优化方案的理论价值和实用价值。在保证电机性能的前提下，尽量降低电机成本，使单位体积或质量的永磁直线同步电机的推力最大，具有实际意义。目标函数的表达式为

$$\max F(X)=F(F_e,V)=\frac{F_e}{V} \tag{3-285}$$

式中 F_e——电机的电磁推力；

V——电机的体积。

（2）约束条件。

同旋转电机优化设计类似，直线电机的优化设计约束条件可分为 4 类，即电机性能约束，电机参数约束，结构参数约束，成本约束等。对永磁同步直线电机来说，性能约束包括功率因数和效率、电磁推力等；电磁参数约束包括初级齿部磁密 B_t，轭部磁密 B_y 和初级绕组电密 J 等；结构参数的约束包括初级叠厚、冲片高度、槽宽、槽满率、导线线径、机械气隙等。约束条件如下

$$G(X)=\frac{X_0-X}{X_0}\geq0$$

$$G(X)=\frac{X-X_{max}}{X_{max}}\geq0 \tag{3-286}$$

$$G(X)=\frac{X_{min}-X}{X_{min}}\geq0$$

其中，下标"0"表示被约束变量的设计规定值，下标"max"表示被约束变量的设计最大值，下标"min"表示被约束变量的设计最小值。

（3）优化设计变量。

在影响永磁直线同步电机推力力能指标和体积的诸多因素，可选取永磁直线同步电机的极对数 p，气隙长度 g，初级槽高度 d_s，初级槽宽度 w_s，电枢绕组电流密度 J_s，永磁体磁化方向长度 h_m，永磁体宽度 l_m，永磁体纵向长度 w_m，每槽导体数 Z 共 9 个变量作为永磁直线同步电机最优化设计的优化变量。

$$X = \{x_1, x_2, x_3, x_4, x_5, x_6, x_7, x_8, x_9\} \tag{3-287}$$

2. 优化算法

（1）遗传算法。

遗传算法是以达尔文的生物进化论为基础的一种基于生物自然选择与遗传机理的随机搜索算法，遵循适者生存的原则，合适的个体被保留，不合适的个体被淘汰。和传统搜索算法不同，遗传算法是从一组随机产生的初始解，称为"种群（Population）"，开始搜索过程。种群中的每个个体是问题的一个解，称为"染色体（Chromosome）"。染色体是一串符号，比如一个二进制字符串。这些染色体在后续迭代中不断进化，称为遗传。在每一代中用"适值（Fitness）"来衡量染色体的好坏。生成的下一代＋染色体，称为"后代（Offspring）"。后代是由前一代染色体通过交叉（Crossover）或者变异（Mutation）运算形成的。新一代形成中，根据适值的大小选择部分后代，淘汰部分后代，从而保持种群大小是常数。适值高的染色体被选中的概率较高。这样，经过若干代之后，算法收敛于最好的染色体，它可能就是问题的最优解或次优解。

由此可见，遗传算法主要有两类基本运算：

1）进化运算：选择。

2）遗传运算：交叉和变异。

遗传运算模拟了基因在每一代中创造新后代的繁殖过程，进化运算则是种群逐代更新的过程。

标准遗传算法的过程：

1）置 $k=0$，随机产生初始种群，即

$$X(0) = [X_1(0), \cdots, X_N(0)] \in S_N \tag{3-288}$$

2）独立地从当前种群中选取 N 对母体。

3）独立地对 N 个母体进行交叉得到 N 个中间个体。

4）独立地对 N 个交叉后的个体进行变异，得到下代种群

$$X(k+1) = [X_1(k+1), \Lambda, X_N(k+1)] \in S_N \tag{3-289}$$

5）检验停止准则。若满足则停止，否则 $k=k+1$ 并返回到 2）。

与传统优化算法相比，遗传算法的优点主要体现在：

1）由于遗传算法直接以目标函数为搜索信息，故可以处理任意形式的目标函数和约束。

2）传统算法采用的是确定性的搜索算法，这种确定性可能会导致陷入局部最优解的问题。而遗传算法采用概率意义下的全局搜索，可以避免这个问题。

3）遗传算法通过保持一个潜在解的种群进行多方向搜索，从而具有较好的全局搜索能力，减少陷入局部最优解的风险，同时提高搜索效率。

其具体算法流程由图 3-79 给出。

（2）随机搜索法。

设在 N 个被计算的方案中，有 M 个最优方案。从 N 个方案中挑出一个较优方案的频率为 $f = M/N$，连续地 n 次从 N 个方案中任挑一个方案，可找出一个较优方案的概率为

$$p(f) = 1 - (1-f)^* \tag{3-290}$$

其中，计算次数 n 是由频率 f 来决定的，f 越大，则计算次数越小。只要 n 充分的大，不管 f 如何小，总可以找到较优方案。随机搜索法分为两个阶段：一是统计实验法，为获得较好的搜索基本点；二是随机方向法，随机搜索方向及步长进行选优。其算法流程图如图 3-80 所示。

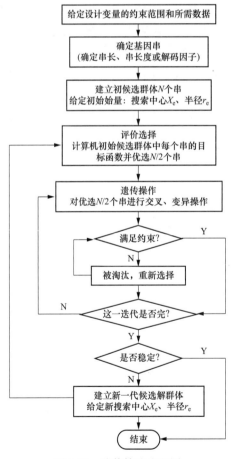

图 3-79　遗传算法流程图

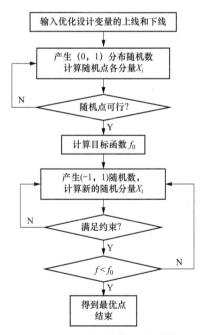

图 3-80　随机搜索法流程图

（3）模拟退火算法。

设 $S=\{X_1,X_2,\Lambda,X_N\}$ 为所有可能的组合所构成的集合。$F：S→R$ 为非负目标函数，即 $F(X_i)\geqslant 0$ 反映取状态 X_i 为解的代价（亦称目标函数），则组合优化问题可以表述为寻找 $X^*\in S$，使对任何 $X_i\in S$，有 $F(X^*)=\min F(X_i)$。

模拟退火算法求解组合优化问题的基本思想是：把每一种组合状态 X_i 看成某一物质体系的微观状态，而 $F(X_i)$ 看成该物质体系在状态 X_i 下的内能，并用控制参数 T 类比温度。让温度 T 从一个足够高的值慢慢下降。对于每个 T，用 Metropolis 抽样法在计算机上模拟该体系在此温度下的热平衡，即对当前状态 X_i 随机扰动产生一个新状态 X_i'，计算增量 $\Delta F'=F(X_i')-F(X_i)$，并以概率 $\exp(-\Delta F'/kT)$ 接受 X_i' 为新的当前状态。当重复此随机扰动足够多次后，各状态 X_i 出现为当前状态的概率将服从 Boltzmann 分布，即

$$f=Z(T)e^{-F(X_i)/kT} \tag{3-291}$$

其中，$Z(T)=1/\sum_i e^{-F(X_i)/kT}$，$k$ 为玻尔兹曼常数。

（4）遗传模拟退火算法。

遗传模拟退火算法是模拟退火算法和遗传算法相结合而构成的一种优化算法。遗传算法的全局搜索能力强，但局部搜索能力较差；模拟退火算法具有较强的局部搜索能力，并能使搜索过程避免陷入局部最优解，但对整个搜索空间的了解不多，不便于使搜索过程进入最有希望的搜索区域，从而使得模拟退火算法的运算效率不高。所以两者结合，可以取长补短，获得优良的性能。

（5）差异进化算法。

差异进化算法（DE）是基于实数编码的用于优化最小值函数的进化算法，它的整体结构类似于遗传算法，与遗传算法的主要区别在变异操作上，差异进化的变异操作是基于染色体的差异向量进行的。一组待优化的设计变量称为一个向量，在一次迭代过程中产生的向量总称为一个群。DE 算法所需的参数很少，主要有停止条件（目标函数值，最大迭代数）、缩放因子 F、交叉概率因子 CR 以及每组群中的向量个数 NP 和向量的取值范围。

对于 D 个参数的优化问题，DE 算法利用 NP 个 D 维向量：$X_{i,G}$（$i=0$，1，2，…，$NP-1$）作为个体，其中 G 代表该个体为第 G 代，i 代表其为第 i 个个体。

1）始种群的产生。

始种群是随机产生的，但应该尽可能地均匀分布于整个参数空间。在初始种群产生后，对各个体进行计算求出目标值。由于是对最小化函数进行优化，所以目标值越小越好。找出目标值最小的个体为 X_{best}，其目标值记为 V_{best}。

2）进化过程。

① 变异。对第 G 代的每个向量 $X_{i,G}$ 都产生一个扰动向量 $V_{i,G+1}=X_{best}+F\cdot$

$(X_{r1,G}-X_{r2,G})$。其中随机产生的整数 r_1，$r_2 \in [0, NP-1]$，且 $i \neq r_1 \neq r_2$。X_{best} 为当前最优个体，缩放因子 $F \in [0, 2]$，其作用是控制变量 $(X_{r1,G}-X_{r2,G})$ 的放大倍数。这里 $V_{i,G+1}$ 的产生和 $X_{i,G}$ 是无关的，因为 $X_{r1,G}$、$X_{r2,G}$ 是在当代种群中随机抽取的。

② 交叉。为了提高种群中个体的多样性，需要对 $X_{i,G}$ 和 $V_{i,G+1}$ 进行交叉操作产生向量

$$U_{i,G+1}=(U_{0\,i,G+1}, U_{1\,i,G+1}, \cdots, U_{D-1\,i,G+1}) \tag{3-292}$$

式中

$$U_{j\,i,G+1}=\begin{cases} V_{j\,i,G+1}, \; if\, rand < CR\; or\; j=R(i) \\ X_{j\,i,G+1}, \; otherwise \end{cases} \tag{3-293}$$

其中，$j=0$，1，$\cdots$，$D-1$，$rand \in [0, 1]$ 是一个均匀分布的随机数；$R(i)$ 是 $[0, D-1]$ 之间的随机整数；交叉概率 $CR \in [0, 1]$。采用这种交叉策略可以确保下一代个体中至少有 1 个染色体来源于中间个体 $V_{i,G+1}$。

③ 选择。在产生一个新的个体 $U_{i,G+1}$ 后，为决定其是否成为第 $G+1$ 代种群的新个体 $X_{i,G+1}$，需要将它和 $X_{i,G}$ 进行比较：如果 $U_{i,G+1}$ 的目标函数值比 $X_{i,G}$ 的目标函数值大，则 $X_{i,G+1}=X_{i,G}$；反之，$X_{i,G+1}=U_{i,G+1}$，同时如果 $U_{i,G+1}$ 的目标函数值比当前 X_{best} 的目标函数值小，就对 X_{best} 进行更新：$X_{best}=U_{i,G+1}$。这样对当前代种群的每个个体进行如上操作后，即完成一次进化。

3. 永磁直线同步电机优化设计方案的比较分析

在前面分析的基础上，用 C 语言以遗传算法和随机搜索法分别编制永磁直线同步电机的优化程序，优化设计程序由主程序和多个子程序组成，各个程序的功能如表 3-4 所示，各模块的调用示意图如图 3-81 所示。

表 3-4　　　　　　　　　　　　　各模块的功能

编号	功能	程序名
模块 1	遗传算法寻优	Youhua1. cpp
模块 2	随机搜索法寻优	Youhua2. cpp
模块 3	读入初始数据，打印优化结果	shuju. cpp
模块 4	适应度计算，包括适应度的缩放计算	Syd. cpp
模块 5	电磁校核子程序	Jiaoh. cpp
模块 6	槽型尺寸校核及自动线规子程序	Xxg. cpp
模块 7	程序中曲线查找和各校正系数计算	Qx. cpp

利用遗传算法和随机搜索法对一台单边型永磁直线同步电机进行优化设计，结果如表 3-5 所示。

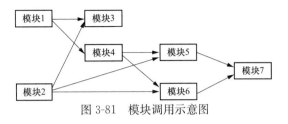

图 3-81　模块调用示意图

表 3-5　　　　　　　　　　　　　　　　　优化结果比较

比较项	原机	遗传算法	随机搜索法
气隙	0.005m	0.005m	0.005m
同步速度	0.312m/s	0.312m/s	0.312m/s
极对数	3	5	4
初级槽高	0.028m	0.063m	0.042m
初级槽宽	0.008m	0.01m	0.009m
初级槽数	20	32	26
初级叠厚	0.114m	0.085m	0.093m
每槽导体数	90	76	70
导线直径	1.06mm	1.33mm	1.20mm
永磁体横宽	0.12m	0.09m	0.095m
电枢电流	6.07A	10.2A	8.25A
永磁体高	0.007m	0.009m	0.008m
永磁体体积	$2.27 \times 10^{-5}\,\mathrm{m}^3$	$2.19 \times 10^{-5}\,\mathrm{m}^3$	$2.05 \times 10^{-5}\,\mathrm{m}^3$
电机体积	$2.2 \times 10^{-3}\,\mathrm{m}^3$	$2.6 \times 10^{-3}\,\mathrm{m}^3$	$2.48 \times 10^{-3}\,\mathrm{m}^3$
功率因数	0.97	0.98	0.97
效率	0.23	0.25	0.34
电磁功率	80W	153W	144W
最大推力	399N	490N	460N
最大推力/体积	$1.81 \times 10^5\,\mathrm{N/m}^3$	$1.88 \times 10^5\,\mathrm{N/m}^3$	$1.86 \times 10^5\,\mathrm{N/m}^3$

从表 3-5 中可以看出：

（1）在保证电机的机械气隙和同步速度不变的前提下，两种优化算法都使永磁体的体积有了较大的降低，虽然电机的体积有所增大，单电机的推理和单位体积的推力有了很大的提高，实现了优化的目标。

（2）遗传算法是一种新型的优化算法，其优化结果比随机搜索法的优化结果令人满意，但随机搜索法的算法简单，编程实现相对容易。同时遗传算法属于启发式搜索法，故有较大概率求得优化问题的最优解，遗传算法对所求解问题要求较低，算法的可靠性与稳定性好。

3.7.7 无铁芯直线同步电机的设计特点

无铁芯直线同步电机是直线同步电机中的一种，广泛用于精密机加领域，尤其适用于半导体光刻、晶片处理加工、离子注入、电子装配及坐标测量等精密伺服领域。相对于其他直线同步电机，无铁芯直线同步电机具有以下优势：①零齿槽效应，没有定位力；②动子与定子之间没有吸引力，安装便捷；③调速范围宽，通常可以实现超过 6m/s 或低于 1μm/s 的运行速度；④动态性能好，由于运行仅受支撑装置的限制，所以在轻载时很容易实现超过 10g 的加速度或减速度，机械带宽大；⑤运行平稳性好，由于消除了齿槽定位力和边端定位力，因此推力和速度波动很低；⑥定位精度高，理想情况下其定位精度仅受反馈分辨率的限制，通常可以实现微米级以下的分辨率；⑦振动噪声小，铁芯齿槽是产生电磁噪声的根源，齿槽效应使电磁转矩产生脉动导致较大的振动噪声，而无铁芯直线同步电机不存在类似问题。

虽然无铁芯直线同步电机具有很多优点，但它也同时存在推力密度偏小、永磁体用量大、散热困难等问题。为了尽可能地发挥其优势，规避其缺点，所以，无铁芯直线同步电机的电磁设计相对于普通的直线同步电机在某些方面需要做特别考虑，具有一定的特殊性。

1. 初级绕组的选择

直线同步电机的绕组型式主要有双层短距分布绕组、单层绕组、双层分数槽绕组等。双层短距分布绕组可以选择最有利的节距，并采用分布的方法来改善电动势和磁动势波形，但其端部效应比较严重；单层绕组能最大限度地克服端部效应的影响，嵌线方便，槽利用率高，但其电动势和磁动势波形要比双层短距绕组差，无法消除 5、7 次谐波；采用双层分数槽绕组可以增加电机的极数，减少电机的边端效应，但会带来齿谐波的影响。

对于无铁芯直线同步电机而言，初级绕组一般采用分数槽集中绕组形式，又分为非重叠绕组和重叠绕组两类。若忽略绕组端部的影响，非重叠绕组的电机单位铜损耗出力约为重叠绕组的电机单位铜损耗出力的 80%；若考虑绕组端部，非重叠绕组的电机单位铜损耗出力比重叠绕组的电机单位铜损耗出力要高。在设计时，可根据实际需求选用不同的绕组类型。若无铁芯直线同步电机以最大推力密度为设计指标，可总结非重叠和重叠两种无槽集中绕组的最佳极槽配比的设计准则如下：

（1）若采用非重叠集中绕组形式，当分数槽集中绕组选用多极少槽的极槽比时（如 8 极 6 槽、10 极 9 槽等），无铁芯直线同步电机可获得更大的电磁推力、推力体积密度和推力质量密度。

（2）若采用重叠集中绕组形式，当分数槽集中绕组选用少极多槽的极槽比时（如 8 极 12 槽、10 极 15 槽等），无铁芯直线同步电机可获得更大的电磁推力、推力体积密度和推力质量密度。

（3）相比较多极少槽极槽比的非重叠绕组形式，少极多槽极槽比的重叠集中绕组形式无铁芯直线同步电机的电磁推力、推力体积密度有显著提高（与 8 极 6 槽非重叠绕组电机相比，8 极 12 槽重叠绕组电机推力体积密度增大约 37%），但推力质量密度变化不大（与 10 极 9 槽非重叠绕组电机相比，10 极 15 槽重叠绕组电机推力质量密度增大仅 4.7%）。

（4）若仅考虑推力体积密度、推力质量密度，无铁芯直线同步电机选用重叠绕组比非重叠绕组更占优势。

在无铁芯直线同步电机中，铁损耗占总损耗的比例极小，主要表现为铜损耗。电机常数是推力与铜损耗的平方根的比值，表征单位铜损耗下电机的出力大小，与电流的大小无关，与电枢绕组的结构、形状及尺寸直接相关，它作为直线电机的重要参数，是电机电磁设计和热设计水平的综合体现。

对于选用非重叠和重叠两种绕组形式无铁芯直线同步电机而言，当次级永磁体极弧系数大于 0.8 时，继续增大极弧系数对于提高电机常数的影响将不再明显；只有合理地选择永磁体厚度、折中和平衡永磁体厚度与初级绕组厚度，才可实现电机常数的最大化。但在同等条件下，即相同的的永磁体厚度和永磁体宽度，相比较非重叠绕组，采用重叠绕组的无铁芯直线同步电机的最大电机常数增大约 17%。

综上所述，虽然重叠绕组在推力密度和电机常数方面具有一定的优势，但非重叠绕组可显著降低无铁芯直线同步电机的推力波动，并且非重叠线圈容易成型，制造工艺简单。因此，非重叠和重叠两种绕组形式各有利弊，需要根据实际的应用场合、线圈绕制工艺的难度、制造成本等因素综合考虑抉择。

2. 次级永磁阵列的选择

无铁芯直线同步电机由于初级为空心结构，没有导磁材料，所以气隙磁密较小，导致推力密度远小于同体积的有铁芯直线同步电机。为了提高电机的推力密度，通常从两方面入手，一方面从电枢绕组入手，如采用端部重叠的分布绕组来提高线圈的绕组系数、改善加工工艺提高线圈密度等，但采用重叠绕组会导致绕组端部结构非常复杂、增大端部空间、加工困难；另一方面就是从永磁体入手，选择合理的永磁体截面形状和排列方式来增大气隙磁密。

无铁芯直线同步电机中永磁体的排列方式有凸极式、隐极式、Halbach 式等。与常规磁体结构的电机相比，Halbach 磁体结构的电机具有一系列的优势，Halbach 永磁阵列可以有效改善电机气隙磁密波形的正弦性，提高气隙磁密的幅值，降低次级轭部磁密，从而减小次级轭板厚度，提高无铁芯直线同步电机的推力密度。因此，在设计无铁芯直线同步电机时，经济允许的情况下次级永磁体结构多选用 Halbach 永磁阵列形式。

3. 冷却结构的考虑

无铁芯直线同步电机的应用领域往往具有一定的特殊性，而且电机的本体结构及其运行方式也导致其通常没有强制通风冷却装置。此外，分数槽集中绕组使得此类电机的结构更加紧凑，导致发热问题也愈发严重，当温升超过允许的工作温度时，会造成永磁材料的退磁，引起电机电气、机械特性的改变，从而影响电机的性能及寿命。所以，在设计无铁芯直线同步电机时，必须要考虑配套的冷却装置。

冷却装置通常是无铁芯直线同步电机动子的重要组成部分，而为了提高电机气隙磁密、降低电机成本，无铁芯直线同步电机动子的厚度要尽量小，这就给冷却结构的设计带来很大的困难，所以，冷却结构必须要配合绕组进行统筹设计。此外，冷却装置还必须尽量降低自身所产生的涡流制动力对电机推力波动的影响。

4. 电磁参数的计算

电磁参数的计算是电机设计的基础。无铁芯永磁直线同步电机和普通永磁直线同步电机的结构存在差异，很多电机参数的计算公式无法通用。因此，需要单独推导无铁芯永磁直线同步电机主要参数的计算公式。

槽漏抗的分析计算对电机的运行性能、起动性能设计计算影响很大。传统三相电机槽漏抗的计算已经非常成熟，但对于无铁芯永磁直线同步电机而言，由于采用无槽结构，在分析和计算时需要引入"虚槽"的概念，即把它看成具有若干个槽宽等于槽距，齿宽等于零的有齿槽电机。无齿槽直线电机的齿部相当于气隙，不能完全忽略齿部磁阻，因而有必要分析其槽漏抗的计算方法。

无铁芯的直线电机的槽形等效为矩形开口槽（虚槽，下同），每相绕组串联匝数为 N，每槽导体数为 N_s，导体中通入按正弦变化的电流，其有效值为 I，绕组形式为双层短距。计算时作如下假设：①电流在导体截面上均匀分布；②忽略铁芯磁阻不计；③槽内漏磁力线与槽底平行；④每个槽内的导体只受其相邻的上下线圈边导体、相邻的槽内线圈边导体和对角方向上槽内线圈边导体产出的漏磁通的影响。

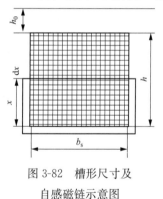

图 3-82　槽形尺寸及
自感磁链示意图

无铁芯永磁直线同步电机各个槽（虚槽）内的双层绕组上下层线圈边既可采用左右放置，也可采用上下放置。此处只分析无铁芯直线电机上下放置的双层绕组形式。

（1）自感的计算。

对于如图 3-82 所示的单层绕组而言，高度 h_0 范围内由全部"槽"中电流产生的漏磁链为

$$\Psi_{s1} = N_s (N_s \sqrt{2} I) \frac{\mu_0 h_0 l_{ef}}{2 b_s + 2h} = N_s^2 \sqrt{2} I \frac{\mu_0 h_0 l_{ef}}{2 b_s + 2h} \tag{3-294}$$

式中　h_0——气隙长度；

l_{ef}——电枢计算长度；

b_s——槽宽；

h——槽高。

对于高度 h 上的漏磁通，先取距离线圈底部 x 距离处的一根高度为 $\mathrm{d}x$ 的磁力管来看，其中的磁通 $\mathrm{d}\Phi_x = \left(N_s \dfrac{x}{h} \sqrt{2} I \right) \dfrac{\mu_0 l_{ef} \mathrm{d}x}{2 b_s + 2x}$，这些磁通与 $N_s x/h$ 跟导体匝链，因此

$$\mathrm{d}\Psi_x = (N_s \frac{x}{h})\mathrm{d}\Phi_x = (N_s \frac{x}{h})^2 \sqrt{2} I \mu_0 \frac{l_{ef}\mathrm{d}x}{2b_s+2x} \qquad (3\text{-}295)$$

高度 h 范围内由槽中电流产生的漏磁链

$$\Psi_{s2} = \int_0^h \mathrm{d}\Psi_x = \sqrt{2} I \frac{N_s^2 \mu_0 l_{ef}}{h^2}\int_0^h \frac{x^2 \mathrm{d}x}{2x+2b_s} = N_s^2 \sqrt{2} I \frac{\mu_0 l_{ef}}{4h^2}\left(h^2-2b_s h+2b_s^2 In\frac{h+b_s}{b_s}\right)$$
$$(3\text{-}296)$$

槽漏磁链总和

$$\Psi_s = \Psi_{s1}+\Psi_{s2} = N_s^2 \sqrt{2} I \frac{\mu_0 l_{ef}}{4h^2}\left(\frac{4h^2 h_0}{2b_s+2h}+h^2-2b_s h+2b_s^2 In\frac{h+b_s}{b_s}\right) \qquad (3\text{-}297)$$

每槽漏感

$$L_s' = \frac{\Psi_s}{\sqrt{2} I} = N_s^2 \frac{\mu_0 l_{ef}}{4h^2}\left(\frac{4h^2 h_0}{2b_s+2h}+h^2-2b_s h+2b_s^2 In\frac{h+b_s}{b_s}\right) \qquad (3\text{-}298)$$

每槽漏抗

$$X_s' = 2\pi f L_s' = 2\pi f N_s^2 \frac{\mu_0 l_{ef}}{4h^2}\left(\frac{4h^2 h_0}{2b_s+2h}+h^2-2b_s h+2b_s^2 In\frac{h+b_s}{b_s}\right) \qquad (3\text{-}299)$$

如果绕组每相并联支路数为 a，则每一条支路中有 $2pq/a$ 个槽中的导体互相串联，故每一支路的槽漏抗等于 $\frac{2pq}{a}X_s'$。每相中有 a 条支路并联，因此每相槽漏抗

$$X_s = \frac{2pq}{a^2}X_s' \qquad (3\text{-}300)$$

将式（3-299）代入式（3-300），并考虑到 $N_s = Na/(pq)$，得每相槽漏抗

$$X_s = 4\pi f \mu_0 \frac{N^2}{pq}l_{ef}\lambda_s \qquad (3\text{-}301)$$

$$\lambda_s = \frac{h_0}{2b_s+2h}+\frac{h-2b_s}{4h}+\frac{b_s^2}{2h^2}In\frac{h+b_s}{b_s} \qquad (3\text{-}302)$$

式中　λ_s——自感的槽比漏磁导。

对于双层绕组，矩形开口槽中安放有上下层两个线圈边。双层绕组及其槽形尺寸如图 3-83 所示。

令上下层线圈边串联的导体数为 $N_s/2$，则上层线圈边的自感 L_a，下层线圈边的自感 L_b，上下层线圈边的互感 $M_{ab}(=M_{ba})$ 分别等于

$$L_a = \left(\frac{N_s}{2}\right)^2 \mu_0 l_{ef}\lambda_a \qquad (3\text{-}303)$$

$$L_b = \left(\frac{N_s}{2}\right)^2 \mu_0 l_{ef}\lambda_b \qquad (3\text{-}304)$$

$$M_{ab} = M_{ba} = \left(\frac{N_s}{2}\right)^2 \mu_0 l_{ef}\lambda_{ab} \qquad (3\text{-}305)$$

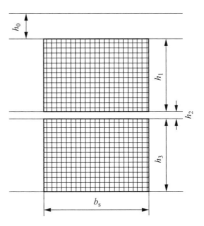

图 3-83　双层绕组及其槽形尺寸

式中　λ_a——相应于上层线圈边自感的比漏导；

　　　λ_b——相应于下层线圈边自感的比漏导；

　　　λ_{ab}——相应于上下层线圈边间互感的比漏导。

每个槽内漏感

$$L_s'=L_a+L_b+L_{ab}=\left(\frac{N_s}{2}\right)^2\mu_0 l_{ef}(\lambda_a+\lambda_b+\lambda_{ab}) \tag{3-306}$$

每相槽漏抗 $X_s=\dfrac{2pq}{a^2}2\pi f L_s'$，并考虑到 $N_s=Na/(pq)$，得到

$$X_s=4\pi f\mu_0\frac{N^2}{pq}l_{ef}\cdot\frac{1}{4}(\lambda_a+\lambda_b+\lambda_{ab})=4\pi f\mu_0\frac{N^2}{pq}l_{ef}\lambda_s \tag{3-307}$$

式中 $\lambda_s=\dfrac{1}{4}(\lambda_a+\lambda_b+\lambda_{ab})$。

根据上面的推导结果，可以得到

$$\lambda_a=\frac{h_0}{2b_s+2h_1}+\frac{h_1-2b_s}{4h_1}+\frac{b_s^2}{2h_1^2}In\frac{h_1+b_s}{b_s} \tag{3-308}$$

$$\lambda_b=\frac{h_0+h_1+h_2}{2b_s+2h_3}+\frac{h_3-2b_s}{4h_3}+\frac{b_s^2}{2h_3^2}In\frac{h_3+b_s}{b_s} \tag{3-309}$$

上下层线圈绕组高度可认为相等，即 $h_1=h_3$，令 $h_2=0$ 且 $h_1=h_3=h$，可得

$$\lambda_a'=\frac{h_0}{2b_s+2h}+\frac{h-2b_s}{4h}+\frac{b_s^2}{2h^2}In\frac{h+b_s}{b_s} \tag{3-310}$$

$$\lambda_b'=\frac{h_0+h}{2b_s+2h}+\frac{h-2b_s}{4h}+\frac{b_s^2}{2h^2}In\frac{h+b_s}{b_s} \tag{3-311}$$

（2）相邻线圈互感的计算。

对于上层线圈边的相邻两槽，如图 3-84 所示，通过槽 2 顶部高度 h_0 范围内的磁通是由槽 1 的全部电流产生

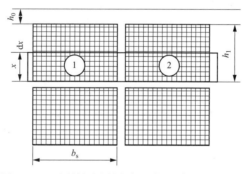

图 3-84　上层线圈边的相邻两槽互感磁链示意图

$$\Psi_{12}'=\left(\frac{N_s}{2}\right)^2\sqrt{2}I\mu_0 l_{ef}\frac{h_0}{4b_s+2h_1} \tag{3-312}$$

在离开槽 2 底部 x 距离处，有槽 1 中导体的电流 I 在 $\mathrm{d}x$ 高度内的磁通为

$$\mathrm{d}\Phi_x = \left(\frac{N_\mathrm{s}}{2}\right) \cdot \frac{x}{h_1} \sqrt{2}\, I\, \frac{\mu_0 l_\mathrm{ef} \mathrm{d}x}{4b_\mathrm{s}+2x} \tag{3-313}$$

这些磁通所匝链的槽 2 中的导体数为 $\left(\dfrac{N_\mathrm{s}}{2}\right) \cdot \dfrac{x}{h_1}$，则在 h_1 范围内由槽 1 产生的磁通对槽 2 线圈的磁链为

$$\begin{aligned}\Psi''_{12} &= \int_0^{h_1} \mathrm{d}\Psi_x = \int_0^{h_1} \left(\frac{N_\mathrm{s}}{2}\right)^2 \cdot \left(\frac{x}{h_1}\right)^2 \sqrt{2}\, I\, \frac{\mu_0 l_\mathrm{ef} \mathrm{d}x}{4b_\mathrm{s}+2x} \\ &= \left(\frac{N_\mathrm{s}}{2}\right)^2 \sqrt{2}\, I \mu_0 l_\mathrm{ef} \left(\frac{h_1-4b_\mathrm{s}}{4h_1} + \frac{2b_\mathrm{s}^2}{h_1^2} \ln \frac{2b_\mathrm{s}+h_1}{2b_\mathrm{s}}\right)\end{aligned} \tag{3-314}$$

因此，总的磁链为

$$\Psi_{12} = \Psi'_{12} + \Psi''_{12} = \left(\frac{N_\mathrm{s}}{2}\right)^2 \sqrt{2}\, I \mu_0 l_\mathrm{ef} \left(\frac{h_1-4b_\mathrm{s}}{4h_1} + \frac{2b_\mathrm{s}^2}{h_1^2} \ln \frac{2b_\mathrm{s}+h_1}{2b_\mathrm{s}} + \frac{h_0}{4b_\mathrm{s}+2h_1}\right) \tag{3-315}$$

由此得到上层线圈边的相邻两槽互感的比磁导为

$$\lambda_d = \frac{h_1-4b_\mathrm{s}}{4h_1} + \frac{2b_\mathrm{s}^2}{h_1^2} \ln \frac{2b_\mathrm{s}+h_1}{2b_\mathrm{s}} + \frac{h_0}{4b_\mathrm{s}+2h_1} \tag{3-316}$$

对于下层线圈边的相邻两槽，如图 3-85 所示，与计算上层线圈边的相邻两槽互感的比磁导的推导过程一样，相当于将式（3-316）中的 h_1 改成 h_3，h_0 改成 $h_0+h_1+h_2$。

$$\lambda_c = \frac{h_3-4b_\mathrm{s}}{4h_3} + \frac{2b_\mathrm{s}^2}{h_3^2} \ln \frac{2b_\mathrm{s}+h_3}{2b_\mathrm{s}} + \frac{h_0+h_1+h_2}{4b_\mathrm{s}+2h_3} \tag{3-317}$$

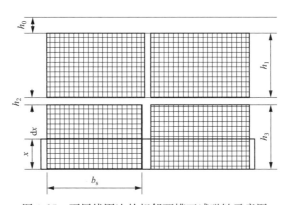

图 3-85　下层线圈边的相邻两槽互感磁链示意图

上下层线圈绕组高度可认为相等，即 $h_1=h_3$，令 $h_2=0$ 且 $h_1=h_3=h$，可得：

上层线圈边的相邻两槽互感的比磁导为

$$\lambda'_\mathrm{d} = \frac{h-4b_\mathrm{s}}{4h} + \frac{2b_\mathrm{s}^2}{h^2} \ln \frac{2b_\mathrm{s}+h}{2b_\mathrm{s}} + \frac{h_0}{4b_\mathrm{s}+2h} \tag{3-318}$$

下层线圈边的相邻两槽互感的比磁导为

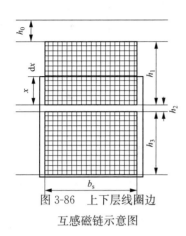

图 3-86　上下层线圈边
互感磁链示意图

$$\lambda'_c = \frac{h-4b_s}{4h} + \frac{2b_s^2}{h^2}\ln\frac{2b_s+h}{2b_s} + \frac{h_0+h}{4b_s+2h} \quad (3-319)$$

（3）上下层线圈互感的计算。

如图 3-86 所示，上下层线圈边互感磁链示意图。

一个矩形开口槽中安放有上下层两个线圈边，上下层线圈边串联的导体数为 $N_s/2$，则上下层线圈边的互感 M_{ab} 等于

$$M_{ab} = M_{ba} = \left(\frac{N_s}{2}\right)^2 \mu_0 l_{ef}\lambda_{ab} \quad (3-320)$$

求 λ_{ab}，可以如下推导：在离开上层线圈底部 x 距离处，由下层线圈中的电流 I 在 dx 高度内产出的磁通为 $d\Phi_x = \frac{N_s}{2}\sqrt{2}\,I\frac{\mu_0 l_{ef}dx}{2b_s+2x}$，这些磁通所匝链的上层线圈边的导体数为 $N_s x/(2h_1)$，则在 h_1 范围内所有磁通对上层线圈边的磁链为

$$\Psi'_{ab} = \int_0^{h_1} d\Psi_x = \left(\frac{N_s}{2}\right)^2 \sqrt{2}\,I\frac{\mu_0 l_{ef}}{h_1^2}\int_0^h \frac{x\,dx}{2x+2b_s+2h_3}$$
$$= \left(\frac{N_s}{2}\right)^2 \sqrt{2}\,I\mu_0 l_{ef}\left(\frac{1}{2} - \frac{b_s+h_3}{2h_1}In\frac{h_1+b_s+h_3}{b_s+h_3}\right) \quad (3-321)$$

下层线圈边中的电流 I 在 h_0 范围内所产生的磁通对上层线圈边的磁链为

$$\Psi''_{ab} = \left(\frac{N_s}{2}\right)^2 \sqrt{2}\,I\mu_0 l_{ef}\frac{h_0}{2b_s+2h_3+2h_1} \quad (3-322)$$

因此，总的互感磁链

$$\Psi_{ab} = \Psi'_{ab} + \Psi''_{ab} = \left(\frac{N_s}{2}\right)^2 \sqrt{2}\,I\mu_0 l_{ef}\left(\frac{1}{2} - \frac{b_s+h_3}{2h_1}In\frac{h_1+b_s+h_3}{b_s+h_3} + \frac{h_0}{2b_s+2h_3+2h_1}\right)$$

$$(3-323)$$

相应于上下层线圈边间互感的比漏导为

$$\lambda_{ab} = \frac{1}{2} - \frac{b_s+h_3}{2h_1}In\frac{h_1+b_s+h_3}{b_s+h_3} + \frac{h_0}{2b_s+2h_3+2h_1} \quad (3-324)$$

上下层线圈绕组高度可认为相等，即 $h_1=h_3$，令 $h_2=0$ 且 $h_1=h_3=h$，可得

$$\lambda'_{ab} = \frac{1}{2} - \frac{b_s+h}{2h}In\frac{2h+b_s}{b_s+h} + \frac{h_0}{2b_s+4h} \quad (3-325)$$

（4）对角线方向线圈互感的计算。

如图 3-87 所示，对角方向上的两槽互感磁链示意图。分析线圈边导体 5 对线圈边导体 1 产出的漏磁通的影响。

在离开上层线圈 1 底部 x 距离处，由下层线圈 5 中的电流 I 在 dx 高度内产出的磁通为 $d\Phi_x = \frac{N_s}{2}\sqrt{2}\,I\frac{\mu_0 l_{ef}dx}{4b_s+2x}$，这些磁通所匝链的上层线圈边 1 的导体数为 $N_s x/(2h_1)$，则

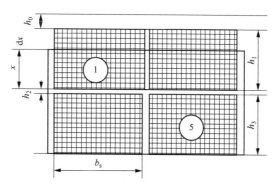

图 3-87 对角方向上的两槽互感磁链示意图

在 h_1 范围内所有磁通对上层线圈边 1 的磁链为

$$\Psi_{51}' = \int_0^{h_1} \mathrm{d}\Psi_x = \left(\frac{N_s}{2}\right)^2 \sqrt{2}\, I\, \frac{\mu_0 l_{ef}}{h_1^2} \int_0^h \frac{x\,\mathrm{d}x}{2x + 4b_s + 2h_3}$$

$$= \left(\frac{N_s}{2}\right)^2 \sqrt{2}\, I\mu_0 l_{ef} \left(\frac{1}{2} - \frac{2b_s + h_3}{2h_1} In\frac{h_1 + 2b_s + h_3}{2b_s + h_3}\right) \tag{3-326}$$

下层线圈边 5 中的电流 I 在 h_0 范围内所产生的磁通对上层线圈边 1 的磁链为

$$\Psi_{51}'' = \left(\frac{N_s}{2}\right)^2 \sqrt{2}\, I\mu_0 l_{ef} \frac{h_0}{4b_s + 2h_3 + 2h_1} \tag{3-327}$$

因此，总的互感磁链

$$\Psi_{51} = \Psi_{51}' + \Psi_{51}'' = \left(\frac{N_s}{2}\right)^2 \sqrt{2}\, I\mu_0 l_{ef} \left(\frac{1}{2} - \frac{2b_s + h_3}{2h_1} In\frac{h_1 + h_3 + 2b_s}{2b_s + h_3} + \frac{h_0}{4b_s + 2h_3 + 2h_1}\right)$$

$$\tag{3-328}$$

相应于上下层线圈边 1 与 5 间互感的比漏导为

$$\lambda_e = \frac{1}{2} - \frac{2b_s + h_3}{2h_1} In\frac{2b_s + h_1 + h_3}{2b_s + h_3} + \frac{h_0}{4b_s + 2h_3 + 2h_1} \tag{3-329}$$

上下层线圈绕组高度可认为相等，即 $h_1 = h_3$，令 $h_2 = 0$ 且 $h_1 = h_3 = h$，可得

$$\lambda_e' = \frac{1}{2} - \frac{2b_s + h}{2h} In\frac{2h + 2b_s}{2b_s + h} + \frac{h_0}{4b_s + 4h} \tag{3-330}$$

（5）双层短距绕组的槽漏抗。

交流电机一般采用双层短距绕组。设每极每相有 q 个槽，则每极每相共有 q 个上层线圈边和 q 个下层线圈边。β 表示绕组节距比，在 $2/3 < \beta < 1$ 的情况下，以三相电机而论，在一个极距范围内，每相有 $(1-\beta)3q$ 个上层线圈边中电流，和其同槽的下层线圈边中，不属于同一相。同时，也有 $(1-\beta)3q$ 个下层线圈边电流，和其同槽的上层线圈边中电流，亦不属于同一相。其他的 $q(3\beta-2)$ 个上层线圈边中电流，与其同槽的下层线圈边电流，属于同一相。双边动磁钢夹定子的无齿槽无铁芯直线电机的定子双层短距绕组各相导体在槽中的分布情况，如图 3-88 所示。

在一个极距范围内，其中一相绕组（以直线电机 A 相为例）的总磁链为

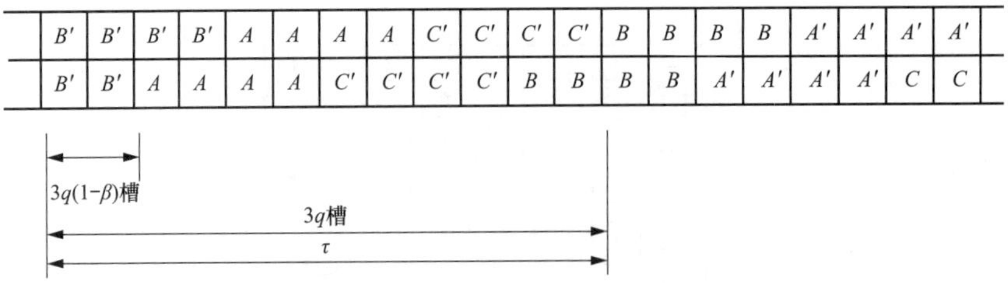

B'	B'	B'	B'	A	A	A	A	C'	C'	C'	C'	B	B	B	B	A'	A'	A'	A'
B'	B'	A	A	A	A	C'	C'	C'	C'	B	B	B	B	A'	A'	A'	A'	C	C

图 3-88 双层短距绕组各相导体在槽中的分布情况

$$
\begin{aligned}
\dot{\Psi} = &\sqrt{2}\mu_0\left(\frac{N_s}{2}\right)^2 l_{ef}\left[3q(1-\beta)(\dot{I}_A\lambda_a + \dot{I}'_B\lambda_{ab})\right] + \sqrt{2}\mu_0\left(\frac{N_s}{2}\right)^2 l_{ef}\left[3q(1-\beta)(\dot{I}_A\lambda_b + \dot{I}'_C\lambda_{ba})\right] \\
&+ \sqrt{2}\mu_0\left(\frac{N_s}{2}\right)^2 l_{ef}\left[q(3\beta-2)(\dot{I}_A\lambda_a + \dot{I}_A\lambda_{ab})\right] + \sqrt{2}\mu_0\left(\frac{N_s}{2}\right)^2 l_{ef}\left[q(3\beta-2)(\dot{I}_A\lambda_b + \dot{I}_A\lambda_{ba})\right] \\
&+ \sqrt{2}\mu_0\left(\frac{N_s}{2}\right)^2 l_{ef}\dot{I}'_B\lambda_d + \sqrt{2}\mu_0\left(\frac{N_s}{2}\right)^2 l_{ef}(2q-2)\dot{I}_A\lambda_d + \sqrt{2}\mu_0\left(\frac{N_s}{2}\right)^2 l_{ef}\dot{I}'_C\lambda_d \\
&+ \sqrt{2}\mu_0\left(\frac{N_s}{2}\right)^2 l_{ef}\dot{I}'_B\lambda_c + \sqrt{2}\mu_0\left(\frac{N_s}{2}\right)^2 l_{ef}(2q-2)\dot{I}_A\lambda_c + \sqrt{2}\mu_0\left(\frac{N_s}{2}\right)^2 l_{ef}\dot{I}'_C\lambda_c \\
&+ \sqrt{2}\mu_0\left(\frac{N_s}{2}\right)^2 l_{ef}\left[2\cdot 3q(1-\beta)\right]\dot{I}'_B\lambda_e + \sqrt{2}\mu_0\left(\frac{N_s}{2}\right)^2 l_{ef}\left[2\cdot 3q(1-\beta)\right]\dot{I}'_C\lambda_e \\
&+ \sqrt{2}\mu_0\left(\frac{N_s}{2}\right)^2 l_{ef}\left[4\cdot q(3\beta-2)\right]\dot{I}_A\lambda_e
\end{aligned}
\tag{3-331}
$$

式中 $\dot{I}_A$——A 相线圈边电流;

$\dot{I}'_B$——与 A 相线圈边处于同槽的 B 相线圈边中电流;

$\dot{I}'_C$——与 A 相线圈边处于同槽的 C 相线圈边中电流。

上式中的第一项、第二项、第三项、第四项为上、下层线圈边自感和互感相对应的磁链;第五项、第六项、第七项为电机上层线圈边的相邻两槽线圈边的互感相对应的磁链;第八项、第九项、第十项为电机下层线圈边的相邻两槽线圈边的互感相对应的磁链;第十一项、第十二项、第十三项为电机中对角方向上的两槽线圈边的互感相对应的磁链。

在一般绕组为 60°相带的三相电机中,$\dot{I}_A$,$\dot{I}'_B$,$\dot{I}'_C$ 之间的相位关系为

$$\dot{I}'_B = \dot{I}_A e^{i\frac{\pi}{3}} = \dot{I}_A(\cos 60° + i\sin 60°) \tag{3-332}$$

$$\dot{I}'_C = \dot{I}_A e^{-i\frac{\pi}{3}} = \dot{I}_A(\cos 60° - i\sin 60°) \tag{3-333}$$

式 (3-332) 和式 (3-333) 可得

$$\dot{I}_A = \dot{I}'_B + \dot{I}'_C \tag{3-334}$$

将式 (3-332) 和式 (3-333) 代入式 (3-331),并考虑到 $\lambda_{ab} = \lambda_{ba}$,可得

$$\dot{\Psi} = \sqrt{2}\mu_0\left(\frac{N_s}{2}\right)^2 l_{ef}\dot{I}_A\left[q(\lambda_a + \lambda_b) + q(3\beta-1)\lambda_{ab} + (2q-1)\lambda_c + (2q-1)\lambda_d + 2q(3\beta-1)\lambda_e\right] \tag{3-335}$$

若各极极距范围内的线圈互相串联，则 A 相绕组的槽漏磁电感 $L_s = \dfrac{2p\Psi}{\sqrt{2}\,I_A}$，设绕组并联支路数为 a，则每支路的槽漏感应等于 $L_s = \dfrac{2p\Psi}{\sqrt{2}\,I_A} \cdot \dfrac{1}{a}$，再除以 a，即得绕组每相槽漏磁电感为

$$L_s = \frac{2p\Psi}{\sqrt{2}\,I_A} \cdot \frac{1}{a^2} \tag{3-336}$$

式（3-336）代入式（3-335），并且考虑到 $N_s = \dfrac{Na}{pq}$，得到

$$L_s = 2\mu_0\, \frac{N_s^2}{pq} l_{ef}\, \frac{1}{4}\left[(\lambda_a + \lambda_b) + (3\beta - 1)\lambda_{ab} + \left(2 - \frac{1}{q}\right)\lambda_c + \left(2 - \frac{1}{q}\right)\lambda_d + 2(3\beta - 1)\lambda_e\right] \tag{3-337}$$

每相槽漏抗为

$$X_s = 4\pi f\mu_0\, \frac{N_s^2}{pq} l_{ef}\, \frac{1}{4}\left[(\lambda_a + \lambda_b) + (3\beta - 1)\lambda_{ab} + \left(2 - \frac{1}{q}\right)\lambda_c + \left(2 - \frac{1}{q}\right)\lambda_d + 2(3\beta - 1)\lambda_e\right] \tag{3-338}$$

由此双层短距绕组的槽比漏磁导为

$$\lambda_s = \frac{1}{4}\left[(\lambda_a + \lambda_b) + (3\beta - 1)\lambda_{ab} + \left(2 - \frac{1}{q}\right)\lambda_c + \left(2 - \frac{1}{q}\right)\lambda_d + 2(3\beta - 1)\lambda_e\right] \tag{3-339}$$

其中，

$$\begin{cases} \lambda_a = \dfrac{h_0}{2b_s + 2h_1} + \dfrac{h_1 - 2b_s}{4h_1} + \dfrac{b_s^2}{2h_1^2}\ln\dfrac{h_1 + b_s}{b_s} \\[2mm] \lambda_b = \dfrac{h_0 + h_1 + h_2}{2b_s + 2h_3} + \dfrac{h_3 - 2b_s}{4h_3} + \dfrac{b_s^2}{2h_3^2}\ln\dfrac{h_3 + b_s}{b_s} \\[2mm] \lambda_{ab} = \dfrac{1}{2} - \dfrac{b_s + h_3}{2h_1}\ln\dfrac{h_1 + b_s + h_3}{b_s + h_3} + \dfrac{h_0}{2b_s + 2h_3 + 2h_1} \\[2mm] \lambda_c = \dfrac{h_3 - 4b_s}{4h_3} + \dfrac{2b_s^2}{h_3^2}\ln\dfrac{2b_s + h_3}{2b_s} + \dfrac{h_0 + h_1 + h_2}{4b_s + 2h_3} \\[2mm] \lambda_d = \dfrac{h_1 - 4b_s}{4h_1} + \dfrac{2b_s^2}{h_1^2}\ln\dfrac{2b_s + h_1}{2b_s} + \dfrac{h_0}{4b_s + 2h_1} \\[2mm] \lambda_e = \dfrac{1}{2} - \dfrac{2b_s + h_3}{2h_1}\ln\dfrac{2b_s + h_1 + h_3}{2b_s + h_3} + \dfrac{h_0}{4b_s + 2h_3 + 2h_1} \end{cases} \tag{3-340}$$

4 直线直流电机

直线直流电机是为适应计算机外围设备存储容量增大的需要而发展起来的一种高精度直线定位电机，它是根据扬声器中"音圈"通以音频电流，振动纸盆原理演化而来的，因此早期也称作"音圈电机"。直线直流电机具有结构简单、体积小、质量轻、频响高、加速度大、力特性平滑、无滞后、控制方便以及在理论上具有无限分辨率等优点，在医疗、半导体、航空、汽车、自动化等工业领域得到广泛应用。

直线直流电机具有良好的静、动态性能和控制特性，与闭环控制系统相结合，可实现精密的位置伺服控制。因此，直线直流电机不仅被广泛应用在硬盘、激光唱片定位等精密定位系统中，而且在许多短行程、高频往复运动的特殊应用场合，采用高频响直线直流电机直驱系统可充分发挥其响应快、精度高的特点，如，光学、微电子及测量领域的光学扫描、定位、瞄准、跟踪和稳定，对透镜或反射镜进行精密的运动控制；振镜式激光扫描系统；半导体加工设备中的 XY 精密定位工作台；振动平台及主动式隔振减振系统；非圆数控加工（如凸轮、中凸变椭圆活塞以及波瓣形轴承外环滚道的加工）中的非圆生成伺服机构；医学装置中精密电子管、真空管控制；柔性机器人末端执行器的振动抑制。

4.1 直线直流电机的结构、原理及分类

直线直流电机的工作原理可归结为：线圈电流与气隙磁场相互作用，线圈受力推动动子移动，实现电能或电讯号转换成可动部件的直线机械运动。因此，气隙磁场的存在是电机工作的基本条件，它是永磁体与线圈电流共同在气隙中产生的负载磁场，随着线圈电流的变化或线圈与次级相对位置的变化而变化。图 4-1 为直线直流电机的结构示意图，直线直流电机主要由

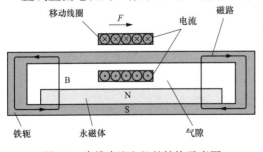

图 4-1 直线直流电机的结构示意图

线圈、永磁体和次级铁芯三部分组成，永磁体与线圈分别位于次级及初级上。当线圈通电时，位于磁场中的载流导体就会受到电磁力的作用，推动电机动子运动，电磁力的方向可由 Fleming 左手定则确定。随着线圈中电流大小和方向的变化，动子受力的大小和运动方向发生相应的变化。电磁推力的表达式为

$$F=NBlI_a=K_fI_a \tag{4-1}$$

式中　B——线圈所在空间的磁通密度；

$\quad\quad N$——线圈匝数；

$\quad\quad l$——线圈导体在磁场中的平均有效长度；

$\quad\quad I_a$——线圈导体中的电流；

$\quad\quad K_f$——推力常数。

只要动子所受到的电磁推力大于动子支撑导轨上存在的静摩擦阻力，就可以使动子产生直线运动，这就是直线直流电机的基本工作原理。式（4-1）表明，直线直流电机产生推力的大小正比于气隙磁通密度、线圈的安匝数以及每匝线圈的平均有效长度，其中气隙磁通密度是由永磁体的工作点来决定的。

当线圈在磁场内运动时，会在线圈内产生与线圈运动速度、磁通密度和导线长度成正比的感应电压，即感应电动势。感应电动势的表达式为

$$E=NBlv=K_vv \tag{4-2}$$

式中　v——动子运动速度；

$\quad\quad K_v$——反电动势常数。

根据结构特点和运行方式，直线直流电机可以有不同的分类方法。

根据运动部件的不同，直线直流电机可分为动圈型和动磁型。动圈型直线直流电机的运动部分为通电线圈，电枢质量轻、反应灵敏，适合快速控制。定子永磁体的体积、质量没有限制，允许永磁体的用量大，因而能够获得较强的磁场。这种结构的缺点是电机绕组引线处于运动状态，容易出现断线故障。另外，由于线圈是运动部件，线圈的冷却难度大，线圈产生的热量会使运动部件的温度升高，因而线圈中所允许的最大电流较小。与此相反，对于动磁型直线直流电机，线圈散热较为容易，线圈允许的最大电流较大。但是，为了减小运动部分的质量，一般采用体积较小的永磁体，因此磁场较弱。另外，对于动磁型直线直流电机，通常采用一个固定的长电枢，电枢绕组用铜量多，消耗功率大。动磁型直线直流电机的优点是电机行程较长，并且可以实现动子无接触运行。图 4-2 为动圈型直线直流电机和动磁型直线直流电机的基本结构。

根据结构型式的不同，直线直流电机可分为平板型和圆筒型，其中平板型有单边型和双边型两种。图 4-3（a）为平板型直线直流电机的结构示意图。这类电机采用矩形永磁体，结构简单，制作工艺性好，平板结构比圆筒结构更能充分利用空间，使整机结构更为合理、紧凑。但是线圈存在无效端部，电枢绕组没有得到充分利用。在小气隙中，运动系统较难定位，漏磁通较大，永磁体未充分利用。图 4-3（b）为圆筒型直线直流电

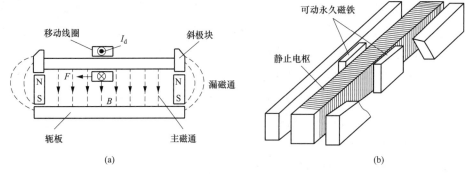

图 4-2　直线直流电机的结构示意图

（a）动圈型直线直流电机；（b）动磁型直线直流电机

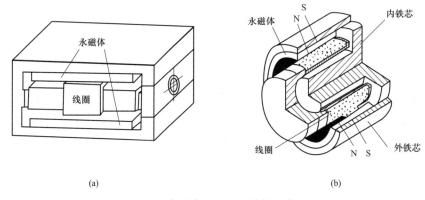

图 4-3　直线直流电机的结构示意图

（a）平板型直线直流电机；（b）圆筒型直线直流电机

机的结构示意图。在这种结构中，线圈均匀缠绕在一个圆筒形骨架上，线圈导体中电流与环形永磁体产生的磁场相互作用，使线圈可在圆柱型磁轭与环形永磁体之间的气隙中沿轴向自由移动。这类电机的主要优点是推力密度高，永磁体与线圈导体都得到了充分利用。

　　根据线圈相对于工作气隙的运动方向长度不同，直线直流电机可分为长初级直线直流电机和短初级直线直流电机，如图 4-4 所示。长初级结构的线圈长度要大于工作气隙长度与最大行程长度之和，这种结构充分利用了气隙磁密，工作行程长且电机体积小。但对于整个通电线圈来说，只有位于工作气隙的部分线圈有效，因而存在线圈利用率低、损耗大、电感大以及电功率利用不充分等缺点。短初级直线直流电机的特点是线圈利用率高、损耗小、行程长。由于线圈短、质量轻，因而在相同电磁力的作用下，其快速响应性能优于长初级直线直流电机。另外，短初级直线直流电机的电感较小，有利于提高控制系统的动态稳定性。其缺点是磁极较长，永磁体用量较多，体积偏大；在线圈通电时，其去磁作用也比长初级结构明显。

　　根据磁路结构的不同，直线直流电机可分为闭磁路和开磁路两种类型。图 4-5（a）

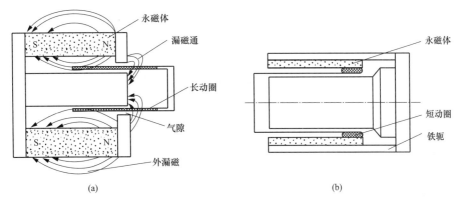

图 4-4　直线直流电机的结构示意图
（a）长初级直线直流电机；（b）短初级直线直流电机

为闭磁路直线直流电机的结构示意图，线圈缠绕在定子铁芯上，产生的磁通在定子铁芯中闭合，动子永磁体与定子铁芯之间存在着永磁体产生的磁场，载流导体在该磁场作用下产生电磁力，推动动子产生直线运动。这种电机的缺点是平均推力低，推力大小随动子位置变化而变化。产生这一现象的原因是定子采用闭合铁芯磁路，磁阻较小，而线圈和永磁体产生的磁通都经过定子铁芯闭合，使定子铁芯饱和；另一个原因是动子两侧的定子铁芯磁通密度不等。增加定子磁路磁阻可避免定子磁路饱和，有效措施是去掉定子铁芯的两个端部，这就形成了开磁路直线直流电机，其结构如图 4-5（b）所示。开磁路结构允许的定子电流比闭磁路电机大得多，因此开磁路电机的出力也比闭磁路电机大。

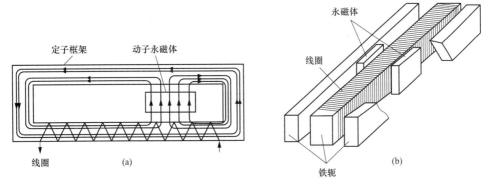

图 4-5　直线直流电机的结构示意图
（a）闭磁路直线直流电机；（b）开磁路直线直流电机

根据永磁体所处位置的不同，直线直流电机可分为内磁式和外磁式两种结构。图 4-6（b）和（d）为两种外磁式直线直流电机。这类电机的漏磁较大，实际应用中一般需采用磁屏蔽处理。与外磁式结构相比，内磁式结构的磁路较短，漏磁小，如图 4-6（a）和（c）所示。在光学镜头调焦系统中，由于激光束要穿过直线直流电机，因此在电机中间

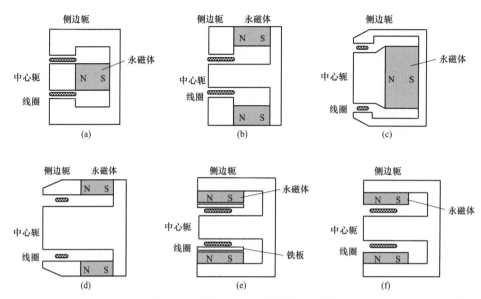

图 4-6 直线直流电机的结构示意图

必须预留一个通光孔，故这种应用场合不宜采用内磁式结构。

按照永磁体充磁方向的不同，直线直流电机还可分为轴向充磁和径向充磁两类。对于轴向充磁结构［见图 4-6（a）～（d）］，永磁体通过铁芯和特殊形状的极靴形成闭合磁路，动线圈在铁芯和极靴之间的气隙中沿轴向移动。尽管线圈导体完全得到利用，但这种结构的电机体积较大。原因是为保证在气隙中产生辐射方向的磁通，极靴铁芯必须做成特殊的形状，另外这种结构的电机漏磁较大。对于径向充磁结构［见图 4-6（e）、(f)］，永磁体通过外铁芯和内铁芯形成闭合磁路。同样，线圈可在中心轭和永磁体之间的气隙中沿轴向移动。径向充磁的优点是电机结构简单、外形尺寸小，无需采用结构复杂的导磁轭。

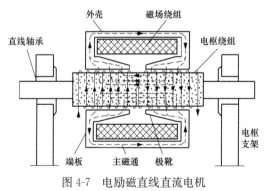

图 4-7 电励磁直线直流电机

直线直流电机的励磁方式大多采用高性能的稀土永磁体，除此之外，也可以采用电励磁方式。图 4-7 为电励磁直线直流电机。电机的电枢由两个匝数相同、绕向相反的线圈组成，励磁部分由低碳钢外壳、两个端板以及环形励磁绕组成。当励磁绕组通电时，在电枢铁芯里产生主磁通，它经过气隙、极靴、端板以及外壳形成闭合回路。气隙磁通的径向分量与电枢电流相互作用，产生单方向的轴向力，改变励磁绕组电流方向或电枢电流方向均可改变动子受力方向。电励磁直线直流电机的优点是气隙磁密幅值可以通过改变励磁电流的大小进行调节，缺点是电机结构复杂、损耗大、推力密度低。

4.2 直线直流电机的分析方法

4.2.1 直线直流电机的磁场分析

1. 负载线法

负载线法是一种初步估算气隙磁通密度和永磁体尺寸的方法。永磁体的动态运行点必须处于退磁曲线的线性部分。从能量优化的角度来讲，应使永磁体工作在最大磁能积点附近，此时磁通密度约为剩磁的一半。实际情况中，由于电枢反应和温度升高造成的不可逆退磁，使永磁体不能始终处于最优状态。永磁体的工作点由退磁曲线和磁路的负载线共同确定，并应保证动态运动时的磁场强度不能低于永磁体退磁曲线的膝点。由于导磁材料的磁导率远大于空气磁导率，在简化分析时，假设导磁材料的磁导率为无穷大，即铁轭部分磁压降为零，永磁体产生的磁动势全部作用在气隙上。双磁路结构平板型直线直流电机的结构示意图见图 4-8。电机的磁通分布见图 4-9。

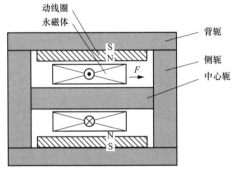

图 4-8 双磁路结构平板型直线直流电机

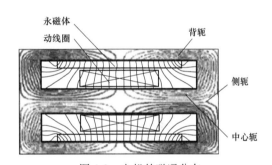

图 4-9 电机的磁通分布

考虑直线直流电机的上半部分，永磁体产生的磁动势等于气隙中的磁压降，忽略漏磁通影响，有下列各式成立

$$H_g g + H_m h_m = 0 \tag{4-3}$$

$$B_m A_m = B_g A_g \tag{4-4}$$

$$B_g = \mu_0 H_g \tag{4-5}$$

式中　H_m——永磁体磁场强度；

　　　　B_m——永磁体磁通密度；

　　　　h_m——永磁体磁化方向的厚度；

　　　　A_m——永磁体提供每极磁通的面积；

　　　　H_g——气隙磁场强度；

　　　　B_g——气隙磁通密度；

　　　　g——气隙长度；

A_g——每极气隙有效面积。

将式（4-4）、式（4-5）代入式（4-3）中，可推导出永磁体磁通密度的表达式为

$$B_m = -\mu_0 \frac{A_g h_m}{A_m g} H_m \tag{4-6}$$

式（4-6）表明了永磁体磁通密度与磁场强度之间的关系，称为磁路的负载线（或磁导线）。另外，电机在运行过程中，永磁体的动态运行点必须处于退磁曲线的线性部分，退磁曲线的表达式为

$$B_m = B_r + \mu_0 \mu_r H_m \tag{4-7}$$

式中 B_r——剩余磁通密度；

μ_r——相对回复磁导率。

联立式（4-6）与式（4-7），可以计算出永磁体的工作点为

$$\begin{cases} B_m = \dfrac{A_g l_m}{A_g l_m + \mu_r A_m g} \cdot B_r \\[3mm] H_m = -\dfrac{\mu_r A_m g}{\mu_0 A_g l_m + \mu_0 \mu_r A_m g} \cdot B_r \end{cases} \tag{4-8}$$

将 B_m 代入式（4-4），即可推导出气隙磁密的表达式为

$$B_g = \frac{A_m l_m}{A_g l_m + \mu_r A_m g} \cdot B_r \tag{4-9}$$

2. 磁路法

在上一种磁场计算方法中，假设导磁材料的磁导率为无穷大，并忽略了漏磁通的影响。原因是磁路结构比较简单，导磁材料自身形成闭合路径，漏磁较少。然而，对于动磁型直线直流电机，为了不使铁芯饱和，往往将导磁轭两端断开，形成开磁路结构，如图 4-10 所示。这种情况下，电机磁路由永磁体、空气隙和导磁材料组成，其等效磁路分为永磁体和外磁路两部分，需要采用磁路法对其气隙磁场进行分析。

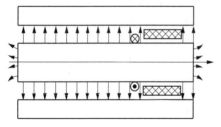

图 4-10　开磁路动磁型直线直流电机

不考虑电枢绕组磁动势产生的磁场，将永磁体产生的总磁通分割成许多容易计算的支路磁场，如图 4-11 所示。这些支路磁场分别是：

（1）Φ_m 为永磁体向外磁路提供的总磁通；

（2）Φ_{MS} 为永磁体周围的漏磁通；

（3）Φ_E 为永磁体和内铁芯之间气隙中的有效磁通；

（4）Φ_G 为铁芯之间的返回磁通；

（5）Φ_{GS} 为横向端部漏磁通；

（6）Φ_{GE} 为纵向端部漏磁通。

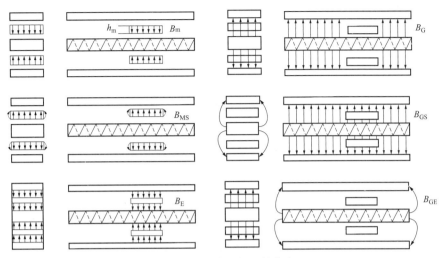

图 4-11　支路磁场及其分布

电机的等效磁路如图 4-12 所示，永磁体等效成恒压源和内电阻的串联形式，外磁路的各部分磁压降可利用等值电阻表示。永磁体磁动势的表达式为

$$F_m = H_c h_m \tag{4-10}$$

式中　H_c——矫顽力。

对于均匀磁路对应磁导的表达式为

$$\Lambda = \mu_0 \mu A / l \tag{4-11}$$

如图 4-11 所示，磁导 Λ_E，Λ_G 和 Λ_m 可利用式（4-11）计算出来。磁导 Λ_{MS}，Λ_{GS} 和 Λ_{GE} 可由理想化的圆弧磁力线路径进行计算，如图 4-13 所示。

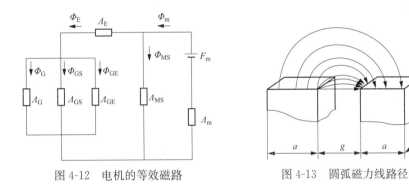

图 4-12　电机的等效磁路　　　　　图 4-13　圆弧磁力线路径

图 4-12 中磁动势和所有磁导均为已知量，因此可建立多组未知磁通的方程，并以此计算有效磁通密度 Φ_E。根据等效磁路，得到

$$\Phi_E = \Phi_G + \Phi_{GS} + \Phi_{GE} \tag{4-12}$$

$$\Phi_m = \Phi_E + \Phi_{MS} \tag{4-13}$$

$$\frac{\Phi_{MS}}{\Lambda_{MS}} = \frac{\Phi_E}{\Lambda_E} + \frac{\Phi_G + \Phi_{GS} + \Phi_{GE}}{\Lambda_G + \Lambda_{GS} + \Lambda_{GE}} = \Phi_E \left(\frac{1}{\Lambda_E} + \frac{1}{\Lambda_G + \Lambda_{GS} + \Lambda_{GE}} \right) \tag{4-14}$$

$$\frac{\Phi_{MS}}{\Lambda_{MS}}=F_m-\frac{\Phi_m}{\Lambda_m} \tag{4-15}$$

将式（4-15）变形，并将式（4-14）代入，可得

$$\Phi_m=F_m\Lambda_m-\frac{\Phi_{MS}}{\Lambda_{MS}}\Lambda_m=F_m\Lambda_m-\Phi_E\left(\frac{1}{\Lambda_E}+\frac{1}{\Lambda_G+\Lambda_{GS}+\Lambda_{GE}}\right)\Lambda_m \tag{4-16}$$

由式（4-14）可得

$$\Phi_{MS}=\Phi_E\left(\frac{1}{\Lambda_E}+\frac{1}{\Lambda_G+\Lambda_{GS}+\Lambda_{GE}}\right)\Lambda_{MS} \tag{4-17}$$

故

$$\begin{aligned}\Phi_m&=\Phi_E+\Phi_{MS}\\&=\Phi_E\left[1+\left(\frac{1}{\Lambda_E}+\frac{1}{\Lambda_G+\Lambda_{GS}+\Lambda_{GE}}\right)\Lambda_{MS}\right]\\&=F_m\Lambda_m-\Phi_E\left(\frac{1}{\Lambda_E}+\frac{1}{\Lambda_G+\Lambda_{GS}+\Lambda_{GE}}\right)\Lambda_m\end{aligned} \tag{4-18}$$

由式（4-18）可得

$$F_m\Lambda_m=\Phi_E\left[1+\left(\frac{1}{\Lambda_E}+\frac{1}{\Lambda_G+\Lambda_{GS}+\Lambda_{GE}}\right)(\Lambda_m+\Lambda_{MS})\right] \tag{4-19}$$

为简化分析，设气隙面积近似等于永磁体面积，即

$$\Phi_E=B_EA_g\approx B_EA_M \tag{4-20}$$

永磁体虚拟内禀磁通的表达式为

$$\Phi_r=F_m\Lambda_m=B_rA_m \tag{4-21}$$

将式（4-20）和式（4-21）代入式（4-19），进一步推导，可得气隙中有效磁通密度的表达式为

$$B_E=\frac{B_r}{\left(\dfrac{1}{\Lambda_G+\Lambda_{GS}+\Lambda_{GE}}+\dfrac{1}{\Lambda_E}\right)(\Lambda_m+\Lambda_{MS})+1} \tag{4-22}$$

若忽略漏磁场，令 $\Lambda_{MS}\approx\Lambda_{GS}\approx\Lambda_{GE}\approx0$，式（4-22）可简化为

$$B_E=\frac{B_r}{\left(\dfrac{1}{\Lambda_G}+\dfrac{1}{\Lambda_E}\right)\Lambda_m+1} \tag{4-23}$$

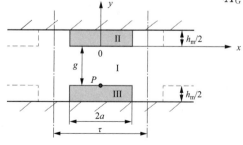

图 4-14 双边永磁体结构

3. 微分方程法

直线直流电机结构简单、无齿、无槽，且具有一定的对称性，故还可采用求解微分方程的方法对其气隙磁场进行解析。直线直流电机一般采用双边永磁体结构或单边永磁体结构，图 4-14 为双边永磁体结构。基于永磁电机气隙磁场的分析方法，为求解气隙

中任意一点 P 的磁场，可先作如下假设：

(1) 气隙磁场为平面场，不考虑 z 轴分量；

(2) 永磁体沿 y 轴均匀平行充磁；

(3) 导磁材料的磁导率为无穷大；

(4) 不考虑任何外界磁场的干扰。

由于气隙磁场是一个无旋场，标量磁位满足拉普拉斯方程，即

$$\frac{\partial^2 \varphi}{\partial x^2} + \frac{\partial^2 \varphi}{\partial y^2} = 0 \tag{4-24}$$

线性情况下，双边永磁体结构的气隙磁场等于上下两块永磁体（Ⅱ和Ⅲ）分别产生的气隙磁场之和。下面首先计算永磁体Ⅱ单独作用时的气隙磁场。

永磁体Ⅱ单独作用时，气隙部分Ⅰ的边界条件为

$$\begin{cases} \varphi_{\mathrm{I}}(x,y)\big|_{y=-\left(g+\frac{h_{\mathrm{m}}}{2}\right)} = 0 \\ \varphi_{\mathrm{I}}(x,y)\big|_{y=0} = \varphi_{\mathrm{I}}(x,0) = \varphi_{\mathrm{II}}(x,0) \\ \varphi_{\mathrm{I}}(x,y)\big|_{x=-\frac{\tau}{2}} = 0 \\ \varphi_{\mathrm{I}}(x,y)\big|_{x=\frac{\tau}{2}} = 0 \end{cases} \tag{4-25}$$

永磁体Ⅱ部分的边界条件为

$$\begin{cases} \varphi_{\mathrm{II}}(x,y)\big|_{y=\frac{h_{\mathrm{m}}}{2}} = 0 \\ \varphi_{\mathrm{II}}(x,y)\big|_{y=0} = \varphi_{\mathrm{I}}(x,0) = \varphi_{\mathrm{II}}(x,0) \\ \varphi_{\mathrm{II}}(x,y)\big|_{x=-\frac{\tau}{2}} = 0 \\ \varphi_{\mathrm{II}}(x,y)\big|_{x=\frac{\tau}{2}} = 0 \end{cases} \tag{4-26}$$

利用分离变量法求解，式（4-24）的通解为

$$\varphi(x,y) = X(x) \cdot Y(y) \tag{4-27}$$

式中 $X(x) = \cos\frac{n\pi x}{\tau}$，$Y(y) = C_1 \mathrm{sh}\frac{n\pi}{\tau}y + C_2 \mathrm{ch}\frac{n\pi}{\tau}y$。

令 $x^* = \frac{x}{\tau}$，$y^* = \frac{y}{\tau}$，$g^* = \frac{g}{\tau}$，$h_{\mathrm{m}}^* = \frac{h_{\mathrm{m}}}{\tau}$，$a^* = \frac{a}{\tau}$，则式（4-27）可以写成

$$\varphi(x,y) = \sum_{1,3,5\cdots}^{\infty} C_1 \mathrm{sh}n\pi y^* \cos n\pi x^* + C_2 \mathrm{ch}n\pi y^* \cos n\pi x^* \tag{4-28}$$

由边界条件式（4-25），可以计算气隙部分Ⅰ的标量磁位为

$$\varphi_{\mathrm{I}}(x,y) = \sum_{n=1,3,5\cdots}^{\infty} \frac{\mathrm{sh}n\pi\left(g^* + \frac{h^*}{2} + y^*\right)\cos n\pi x^*}{\mathrm{sh}n\pi\left(g^* + \frac{h^*}{2}\right)} \times \frac{4}{\tau}\int_0^{\frac{\tau}{2}} \varphi_{\mathrm{I}}(x,0)\cos n\pi x^* \,\mathrm{d}x^*$$

$$\tag{4-29}$$

同理，可计算永磁体Ⅱ部分的标量磁位为

$$\varphi_{\text{Ⅱ}}(x,y) = \sum_{n=1,3,5\cdots}^{\infty} \frac{\text{sh}n\pi\left(\dfrac{h^*}{2}-y^*\right)\cos n\pi x^*}{\text{sh}n\pi\dfrac{h^*}{2}} \times \frac{4}{\tau}\int_0^{\frac{\tau}{2}}\varphi_{\text{Ⅰ}}(x,0)\cos n\pi x^*\,\mathrm{d}x^* \quad (4\text{-}30)$$

永磁体Ⅱ部分的磁密表达式为

$$B = \mu_0 H + J \tag{4-31}$$

式中　J——永磁体的磁极化强度。

对于一维分布的永磁阵列，可将 J 用级数形式表示

$$J = \sum_{1,3,5\cdots}^{\infty} \frac{4B_{\text{r}}}{n\pi}\sin n\pi a^*\cos n\pi x^* \tag{4-32}$$

根据交界面上磁密法线方向连续性原理可知

$$-\mu_0\frac{\partial\varphi_{\text{Ⅰ}}}{\partial y}\bigg|_{y=0} = -\mu_0\frac{\partial\varphi_{\text{Ⅱ}}}{\partial y}\bigg|_{y=0} + J \tag{4-33}$$

由式（4-29）、式（4-33）可求得

$$\frac{4}{\tau}\int_0^{\frac{\tau}{2}}\varphi_{\text{Ⅰ}}(x,0)\cos n\pi x^*\,\mathrm{d}x^* = \frac{4B_{\text{r}}}{\mu_0 n^2\pi^2}\frac{\sin n\pi a^*\,\text{sh}n\pi\left(g^*+\dfrac{h^*}{2}\right)\text{sh}n\pi\dfrac{h^*}{2}}{\text{sh}n\pi(g^*+h^*)} \tag{4-34}$$

将式（4-34）代入式（4-29），得到在永磁体Ⅱ单独作用下，气隙中的标量磁位为

$$\varphi_{\text{Ⅰ}}(x,y) = \sum_{n=1,3,5\cdots}^{\infty} \frac{4B_{\text{r}}}{\mu_0 n^2\pi^2}\frac{\cos n\pi x^*\sin n\pi a^*\,\text{sh}n\pi\dfrac{h^*}{2}\text{sh}n\pi\left(g^*+\dfrac{h^*}{2}+y^*\right)}{\text{sh}n\pi(g^*+h^*)}$$

$$\tag{4-35}$$

气隙磁通密度表达式为

$$B_{\text{gs}}(x) = -\mu_0\frac{\partial\varphi_{\text{Ⅰ}}}{\partial y}\bigg|_{y=-g} \tag{4-36}$$

永磁体Ⅱ表面的磁通密度表达式为

$$B_{\text{Ⅱ}}(x) = -\mu_0\frac{\partial\varphi_{\text{Ⅰ}}}{\partial y}\bigg|_{y=0} \tag{4-37}$$

由磁场对称性可知，永磁体Ⅲ表面的磁密分布与永磁体Ⅱ表面的磁密分布相同，即 $B_{\text{Ⅲ}}(x)=B_{\text{Ⅱ}}(x)$，所以当永磁体Ⅱ和永磁体Ⅲ共同作用时，气隙磁通密度的表达式为

$$B_{\text{g}}(x) = B_{\text{Ⅲ}}(x) + B_{\text{gs}}(x)$$

$$= \frac{4B_{\text{r}}}{\pi}\sum_{n=1,3,5\cdots}^{\infty}\cos n\pi x^*\sin n\pi a^*\frac{\text{sh}n\pi h^* + 2\text{sh}n\pi\dfrac{h^*}{2}\text{ch}n\pi\left(g^*+\dfrac{h^*}{2}\right)}{2n\,\text{sh}n\pi(g^*+h^*)} \tag{4-38}$$

当电机采用图 4-15 所示的单边永磁体结构时，可以根据相同的计算过程，推导出气隙磁通密度的表达式为

$$B_{\mathrm{g}}(x) = \frac{4B_{\mathrm{r}}}{\pi} \sum_{n=1,3,5\cdots}^{\infty} \frac{\cos n\pi x^* \sin n\pi a^* \mathrm{sh} n\pi h^*}{n \mathrm{sh} n\pi(g^* + h^*)} \tag{4-39}$$

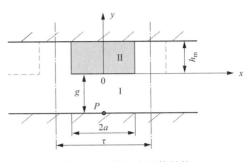

图 4-15 单边永磁体结构

4.2.2 直线直流电机的推力计算

直线直流电机的主要技术指标包括电磁推力、加速度、平动行程、动态响应时间、推力波动以及最大温升等，其中最为重要的指标是电磁推力。根据洛伦兹原理，直线直流电机的推力表达式为

$$F = NBlI_{\mathrm{a}} \tag{4-40}$$

气隙磁密 B 可以利用上一小节磁场分析推导出的表达式。对于线圈导体在磁场中的平均有效长度 l，一般可令其与永磁体沿导线方向上的宽度相等。

多极平板型直线直流电机的推力表达式为

$$F = NpBlI_{\mathrm{a}} \tag{4-41}$$

式中 N——有效磁场范围内的线圈匝数；

p——磁极对数。

圆筒型直线直流电机的推力表达式为

$$F = 2\pi NBr_{\mathrm{cm}}I_{\mathrm{a}} \tag{4-42}$$

式中 r_{cm}——环形线圈的平均半径。

图 4-16 为直线直流电机横截面示意图，线圈安匝数的表达式为

$$NI_{\mathrm{a}} = Jw_{\mathrm{c}}h_{\mathrm{c}} \tag{4-43}$$

式中 J——线圈截面电流密度；

w_{c}——线圈截面宽度；

h_{c}——线圈截面高度。

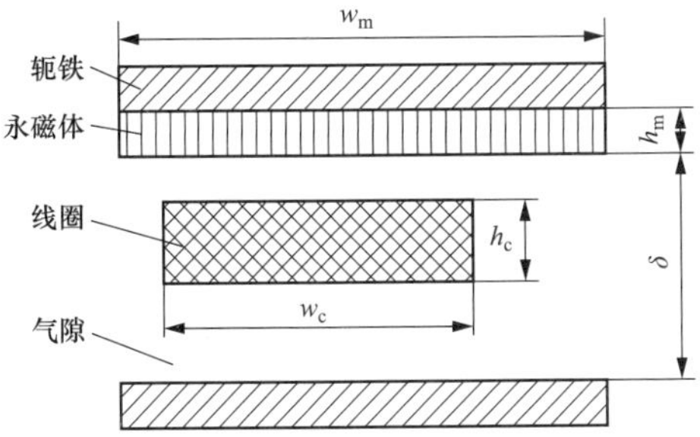

图 4-16 直线直流电机截面图

将式（4-43）代入式（4-40），可以得到用电流密度表示的推力表达式

$$F = w_{\mathrm{c}}h_{\mathrm{c}}JBl = JBV_{\mathrm{c}} \tag{4-44}$$

式中 V_{c}——线圈体积。

对于式（4-44），适用于短初级结构直线直流电机，即线圈全部位于恒定气隙磁场范围内。对于长初级直线直流电机，应将 V_{c} 替换为线圈的有效体积。

4.2.3 直线直流电机的数学模型

直线直流电机将输入的电能转换为直线运动的机械能。由线圈两端的输入电压在线圈中产生电流，电流与磁场相互作用产生电磁推力，从而实现动子的直线运动。图 4-17

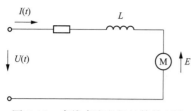

图 4-17　直线直流电机的等效电路

为直线直流电机的等效电路，线圈回路的电压平衡方程式为

$$U(t)=E+RI(t)+L\frac{\mathrm{d}I(t)}{\mathrm{d}t} \tag{4-45}$$

式中　　R——线圈电阻；

　　　　L——线圈电感；

　　　　E——线圈反电动势。

反电动势的大小与磁通密度及动子运动速度成正比

$$E=NBlv=K_vv \tag{4-46}$$

直线直流电机的动力学模型可分为两大类：一类是质量-弹簧-阻尼型，即 MFK 型；另一类是质量-阻尼型，即 MF 型。MFK 型直线直流电机由于有弹簧的作用，使得系统的控制易于实现。但正是由于弹簧的约束，使得直线直流电机的输出位移受到了限制，无法满足一些大行程应用场合的需求。同时，系统需要消耗大部分有用功来产生弹簧的弹性变形，因此输出效率比较低。MF 型直线直流电机由于结构上去掉了弹簧的束缚，克服了 MFK 型电机的诸多缺点，受到了工业上日益广泛的重视。

图 4-18 为直线直流电机的动力学模型，电机的推力平衡方程为

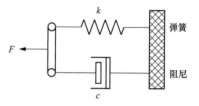

图 4-18　直线直流电机的动力学模型

$$m\frac{\mathrm{d}^2x(t)}{\mathrm{d}t^2}+c\frac{\mathrm{d}x(t)}{\mathrm{d}t}+kx(t)=F(t) \tag{4-47}$$

式中　　m——电机动子总质量；

　　　　c——阻尼系数；

　　　　k——弹簧的弹性刚度。

电磁推力的表达式

$$F(t)=NBlI(t)=K_fI(t) \tag{4-48}$$

将以上各式消去中间变量 $F(t)$、$I(t)$、E，可以得到以 $x(t)$ 为输出量、$U(t)$ 为输入量的微分方程

$$\frac{Lm}{K_f}\frac{\mathrm{d}^3x(t)}{\mathrm{d}t^3}+\left(\frac{Lc+Rm}{K_f}\right)\frac{\mathrm{d}^2x(t)}{\mathrm{d}t^2}+\left(\frac{Lk+Rc}{K_f}+k_v\right)\frac{\mathrm{d}x(t)}{\mathrm{d}t}+\frac{Rk}{K_f}x(t)=U(t) \tag{4-49}$$

从而得到直线直流电机位移与控制电压之间的传递函数为

$$G_u(s)=\frac{X(s)}{U(s)}=\frac{1}{\dfrac{Lm}{K_f}s^3+\left(\dfrac{Lc+Rm}{K_f}\right)s^2+\left(\dfrac{Lk+Rc}{K_f}+K_v\right)s+\dfrac{Rk}{K_f}} \tag{4-50}$$

当线圈电感较小时，在低频时可忽略其影响，上式变为

$$G_u(s)=\frac{X(s)}{U(s)}=\frac{1}{\dfrac{Rm}{K_f}s^2+\left(\dfrac{Rc}{K_f}+K_v\right)s+\dfrac{Rk}{K_f}} \tag{4-51}$$

对于质量-阻尼系统，$k=0$，式（4-51）进一步简化为

$$G_u(s) = \frac{X(s)}{U(s)} = \frac{1}{\frac{Rm}{K_f}s^2 + \left(\frac{Rc}{K_f} + K_v\right)s}$$ (4-52)

当电机采用电流源驱动时，只需考虑机械过渡过程，不用考虑电气过渡过程。由式（4-47）可以得到位移与控制电流之间的传递函数关系为

$$G_i(s) = \frac{X(s)}{I(s)} = \frac{K_f}{ms^2 + cs + k}$$ (4-53)

若用阻尼比和固有频率表示，上式可整理为

$$G_i(s) = \frac{\frac{K_f}{m}}{s^2 + \frac{c}{m}s + \frac{k}{m}} = \frac{K\omega_n^2}{s^2 + 2\xi\omega_n s + \omega_n^2}$$ (4-54)

其中，$\xi = \dfrac{c}{2\sqrt{mk}}$，$\omega_n = \sqrt{\dfrac{k}{m}}$，$K = \dfrac{K_f}{k}$。

4.2.4 直线直流电机的动态特性

直线直流电机在控制系统中通常处于动态运行情况下，因此有必要了解电机在动态过程中的工作情况。本小节分析讨论电机的速度、推力、电流、位移等物理量在过渡过程中随时间的变化规律以及过渡过程时间和电机参数的关系。产生过渡过程的原因，主要是电机中存在两种惯性，即机械惯性和电磁惯性。当电枢电压突然变化时，由于电机动子和负载有质量存在，所以速度 v 不能突变，而需要一个渐变的过渡过程，才能达到新的稳定状态，因此动子质量是造成机械过渡的主要因素。另外，由于电枢绕组有电感存在，使得电枢电流也不能突变，也需要一个过渡过程，故电感是造成电磁过渡过程的主要因素。电机的电磁过渡过程和机械过渡过程是相互影响的，这两种过渡过程交织在一起形成了电机总的过渡过程，一般来说电磁过渡过程要比机械过渡过程短得多。

若忽略系统的阻尼系数及弹性刚度，直线直流电机的推力平衡方程可以简化为

$$m\frac{d^2 x(t)}{dt^2} = F(t)$$ (4-55)

电机推力、速度及位移的表达式为

$$\begin{cases} F = K_f \cdot i \\ v = \frac{1}{m}\int_0^t F dt \\ x = \int_0^t v dt \end{cases}$$ (4-56)

当系统采用电流源供电时，电机推力、速度及位移曲线如图 4-19 所示。

当系统采用电压源供电时，电流、速度及位移满足如下微分方程

$$\begin{cases} \dfrac{\mathrm{d}i}{\mathrm{d}t}=-\dfrac{R}{L}i-\dfrac{K_v}{L}v+\dfrac{1}{L}U \\[2mm] \dfrac{\mathrm{d}v}{\mathrm{d}t}=\dfrac{K_f}{m}i \\[2mm] \dfrac{\mathrm{d}x}{\mathrm{d}t}=v \end{cases} \tag{4-57}$$

由式（4-57）可以推导出电压源驱动时，电流满足的解析表达式

$$i=\frac{U}{L(s_1-s_2)}(e^{s_1 t}-e^{s_2 t})+Ae^{s_1 t}-Be^{s_2 t} \tag{4-58}$$

其中

$$s_1,s_2=-\frac{1}{2\tau}\left[1\pm\sqrt{1-4(\tau\omega)^2}\right]$$

$$A=\frac{1}{s_1-s_2}\left[s_1 i(0)+i'(0)+\frac{1}{\tau}i(0)\right]$$

$$B=\frac{1}{s_1-s_2}\left[s_2 i(0)+i'(0)+\frac{1}{\tau}i(0)\right]$$

$$\tau=\frac{L}{R},\quad \omega=\sqrt{\frac{K_f\cdot K_v}{m\cdot L}}$$

当系统采用电压源供电时，电压、电流、速度及位移曲线如图 4-20 所示。

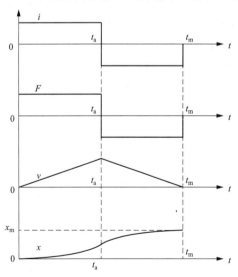 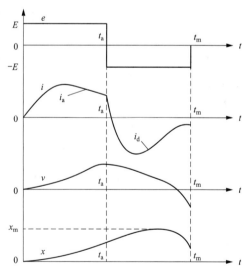

图 4-19　电流源供电时的推力、速度及位移曲线　　图 4-20　电压源供电时的电压、电流、速度及位移曲线

4.2.5　直线直流电机的最佳参数控制

要使电机动子能够在最短时间内精确、平稳（不发生振荡）地到达要求位置，而且

功耗最小，最佳控制过程为：首先在线圈两端加上一个正极性电压 U，使动子在一定时间 T_1 内以最大的加速度前进；然后改变电压极性，使动子在另一段时间 T_2 内以最大的加速度减速，最终当动子在到达行程终点时，动子速度恰好等于零。电机的最佳运动曲线如图 4-21 所示。

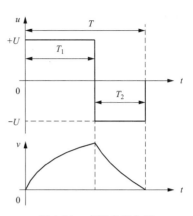

图 4-21 直线直流电机
最佳运动曲线

由 $U(t)=E+RI(t)+L\dfrac{\mathrm{d}I(t)}{\mathrm{d}t}$，$E=NBlv=K_v\cdot v$

及 $\dfrac{\mathrm{d}v}{\mathrm{d}t}=\dfrac{K_f}{m}i$ 可以推导出

$$\frac{\mathrm{d}^2 v}{\mathrm{d}t^2}+\frac{R}{L}\frac{\mathrm{d}v}{\mathrm{d}t}+\frac{K_v K_f}{Lm}v=\frac{K_f}{Lm}U \tag{4-59}$$

$$T_m T_a \frac{\mathrm{d}^2 v}{\mathrm{d}t^2}+T_m \frac{\mathrm{d}v}{\mathrm{d}t}+v=U_m \tag{4-60}$$

式中　T_m——机械时间常数，$T_m=mR/K_v K_f$；

　　　T_a——电气时间常数，$T_a=L/R$；

　　　U_m——理想稳态速度，$U_m=U/K_f$。

一般情况下，机械时间常数远大于电气时间常数，此时 T_a 可以忽略不计，于是上式可简化为一阶微分方程，即

$$T_m \frac{\mathrm{d}v}{\mathrm{d}t}+v=U_m \tag{4-61}$$

其解为

$$v(t)=U_m\left(1-e^{-\frac{t}{T_m}}\right)+v(0)\cdot e^{-\frac{t}{T_m}} \tag{4-62}$$

在正脉冲电压控制下（$0<t<T_1$），电机动子开始加速，令初始条件为

$$v(0)=0 \tag{4-63}$$

将初始条件代入式（4-62）中，可得加速段内的速度表达式为

$$v_1(t)=U_m\left(1-e^{-\frac{t}{T_m}}\right) \tag{4-64}$$

当 $t=T_1$ 时刻，动子具有最大速度

$$v_{\max}=U_m\left(1-e^{-\frac{T_1}{T_m}}\right) \tag{4-65}$$

加速段动子位移量为

$$S_1=\int_0^{T_1} v_1(t)\mathrm{d}t=U_m\left[T_1-T_m(1-e^{-\frac{T_1}{T_m}})\right] \tag{4-66}$$

在负脉冲电压控制下（$T_1<t<T_2$），电机动子从最大速度开始减速运行，速度表达

式为

$$v_2(t') = -U_m\left(1 - e^{-\frac{t'}{T_m}}\right) + v_{max} \cdot e^{-\frac{t'}{T_m}} \tag{4-67}$$

最佳控制要求 $v_2(T_2) = 0$，可推得

$$2e^{-\frac{T_2}{T_m}} - e^{-\frac{T}{T_m}} - 1 = 0 \tag{4-68}$$

设 $T_2 = KT$，则动子行程为

$$\begin{aligned}
l_{stroke} &= \int_0^{T_1} v_1(t)\,dt + \int_0^{T_2} v_2(t')\,dt' \\
&= U_m(T_1 - T_2) \\
&= U_m T(1 - 2K)
\end{aligned} \tag{4-69}$$

4.3 直线直流电机的电磁设计

直线直流电机的主要设计任务是确定电机的主要尺寸，包括选择永磁材料和磁路结构，计算永磁体尺寸以及确定绕组参数。

4.3.1 直线直流电机的设计原则

由于直线直流电机多采用无槽无铁芯结构，所以设计方法相对简单，但为了满足不同需求，设计过程具有较大弹性，一般来说应遵循以下基本原则：

（1）作为一种永磁电机，应尽量保证永磁体能够工作在最大磁能积点附近，以最少的永磁材料产生最大的气隙磁密，提高永磁体的利用率并减小电机体积。

（2）在满足其它设计指标的前提下，尽量增大推力常数，降低允许的最大电流，提高单位电流产生的推力。这样不仅可以降低线圈发热和功率损耗，避免电机与其他设备之间的交叉影响，并且可以减小电枢反应的退磁作用。

（3）在满足推力要求的前提下，尽量减小直线直流电机运动部分的质量，使之具有更高的加速度和快速响应能力。

（4）合理设计磁路结构，降低磁路的饱和程度，尽量减小磁路的漏磁，从而产生尽可能大的电磁推力。

（5）合理设计定子和动子的运动方向长度，降低推力波动，得到平滑的推力特性曲线。

4.3.2 直线直流电机的主要技术指标

直线直流电机的主要技术指标包括最大推力、最大加速度、最大速度、运动行程、额定电流以及电机最大温升等，主要时间常数包括机械时间常数、电气时间常数、推力常数以及反电动势常数等。作为在不同场合下应用的直线驱动装置，直线直流电机的设

计应具有不同的侧重点。例如应用在数码摄像机中的直线直流电机,有三个主要技术指标:①上升时间 t_r;②电池耗电量 E_o;③效率 η。其中,上升时间可以反映摄像机的对焦时间,电池损耗可以反映电池使用时间,效率可以估算出直线直流电机的铜耗。例如在光盘驱动器中,应尽量增大电机的推力常数,减小额定电流,降低线圈的发热,避免引起用来检测光学位置的光学二极管的交叉影响。又如在高精度快速机电控制系统中,应尽量减小推力常数的波动,因为推力常数的波动直接带来整个环路开环增益的波动,从而带来系统定位精度的波动。在电机工作过程中,推力常数的波动相当于设定曲线的波动,这必然影响到快速定位过程中的稳定性与准确性。对于某些特定场合,还会按照其他一些设计指标进行电机设计和电机优化,如实现电机推力/损耗比最大、推力/质量比最大、推力/体积比最大等等。

一般在设计或选择直线直流电机时,需要重点考虑以下几个参数:

(1)最大推力。

最大推力 $F_{\max}$ 为负载力 F_L、摩擦力 F_F 以及使物体产生加速度的作用力 F_M 的总和,即:$F_{\max}=F_L+F_F+F_M$。负载引起的力 F_L 持续作用在电机上;摩擦力 F_F 由运动副决定;质量加速度引起的力 F_M 由电机质量和负载加速度 a 决定。

(2)额定电流。

(3)运动行程。

运动行程反映电机的运动范围,指电机从一端运行到另一端的总位移,或以运行距离的中点为基准的正负位移,一般从几微米至几百毫米。

(4)均方根推力。

也称为平均连续推力,是所有作用力的均方根值,表达式为

$$F_{\mathrm{RMS}}=\sqrt{\frac{F_{\max}^2 t_1+(F_L+F_F)^2 t_2+(F_M-F_L-F_F)^2 t_3}{t_1+t_2+t_3+t_4}} \tag{4-70}$$

式中　t_1——加速时间;

$\qquad t_2$——匀速时间;

$\qquad t_3$——减速时间;

$\qquad t_4$——停滞时间。

(5)速度。

在需要恒定推力的场合,只需要较低的额定速度。对于点到点定位运动的场合,额定速度必须大于平均速度,它们之间的关系和速度曲线的类型有关,电机运动的速度曲线如图 4-22 所示。对于梯形曲线,$v_{\max}=1.5 v_{\mathrm{trap}}$,对于三角形速度曲线,$v_{\max}=2 v_{\mathrm{tri}}$。其中,$v_{\max}$ 为额定速度,v_{trap}、v_{tri} 分别为梯形速度曲线和三角形速度曲线的平均速度。

4.3.3　圆筒型直线直流电机的设计

圆筒型直线直流电机是一种比较典型的直线直流电机,图 4-23 为这种电机的结构示

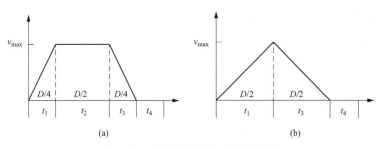

图 4-22 直线直流电机的速度曲线

（a）梯形曲线；（b）三角形曲线

意图。电机由圆柱形永磁体、环形线圈以及构成闭合磁路的铁轭组成。电机的运动部分为环形线圈，由于动子质量较小，这种电机具有较快的动态响应。

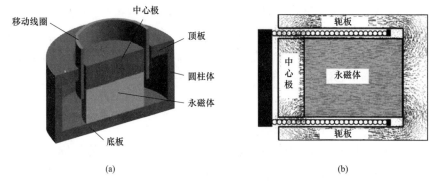

图 4-23 圆筒型直线直流电机

（a）三维图；（b）侧视图

圆筒型直线直流电机通常包括以下几个设计指标：①推力 F。②额定电流 I_N。③线圈轴向运动行程 $l_{stroke}=\pm d_m$。④线圈电阻 r。⑤温升 ΔT。

对于设计人员来说，关键问题是确定出满足给定指标的线圈尺寸和永磁体尺寸。由于涉及很多工程问题，因此可能会有很多组满足指标的解。设计时，需要根据一些尺寸约束或者条件约束，并依据不同的侧重点进行合理选择，确定出满足其他因素的最优解，如永磁材料用量少、推力线性度好以及漏磁场小等。

1. 推力常数

图 4-24 为线圈和永磁体尺寸。由于存在边缘磁场，环形线圈的有效宽度要大于顶部导磁材料的厚度。在线圈的有效宽度范围内，气隙磁场可近似为一理想恒定磁场，当超出气隙长度的距离范围时，边缘磁场衰减较快，因此，环形线圈有效宽度可以定义为

$$d_a=d_{tp}+2l_g \tag{4-71}$$

式中 d_{tp}——顶部铁轭的厚度；

l_g——气隙总长度。

单匝环形线圈的有效长度为

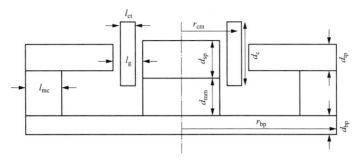

图 4-24　线圈和永磁体尺寸

$$l = 2\pi r_{cm} \tag{4-72}$$

式中　r_{cm}——环形线圈的平均半径。

假设环形线圈中导体按图 4-25 所示的排布方式规则分布，线圈由 N_1 层直径为 d_o（包括绝缘层的厚度）的圆铜线组成，则每层的有效匝数为 d_a/d_o，处于恒定磁场中的线圈有效匝数为

$$N_a = \frac{N_1 d_a}{d_o} \tag{4-73}$$

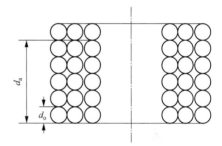

图 4-25　环形线圈横截面

线圈总匝数为

$$N_c = \frac{N_1 d_c}{d_o} \tag{4-74}$$

式中　d_c——环形线圈轴向宽度。

铜线导体线径与漆包线线径之间的关系为

$$d_o = k_i d_w \tag{4-75}$$

式中　k_i——占空系数。

将式（4-75）代入式（4-74）中，可得

$$N_c = \frac{N_1 d_c}{k_i d_w} \tag{4-76}$$

将式（4-72）和式（4-73）代入到推力常数的定义式中，可以推导出推力常数的表达式为

$$K_f = \frac{F}{I_m} = N_a B l = \frac{2\pi r_{cm} N_1 d_a B}{k_i d_w} \tag{4-77}$$

2. 线圈电阻

环形线圈电阻表达式为

$$r = \frac{\rho l_c}{a_c} = \rho \frac{2\pi r_{cm} N_c}{\pi d_w^2/4} = \frac{8\rho r_{cm} N_1 d_c}{d_o d_w^2} = \frac{8\rho r_{cm} N_1 d_c}{k_i d_w^3} \tag{4-78}$$

式中　ρ——导体电阻率；

l_c——环形线圈导线总长度；

a_c——导线横截面积。

其中，电阻率与线圈温度有关，表达式为

$$\rho = \rho_0[1+\alpha(T_c-20)] \tag{4-79}$$

式中　ρ_0——20℃时的导体电阻率；

　　　T_c——线圈工作温度；

　　　α——电阻率的温度系数。

3. 温升计算

电流在线圈中流过会以热量形式产生功率损耗，并使线圈的温度升高。由于冷却条件复杂，所以准确的温升计算比较困难。温升的估算表达式为

$$\Delta T = k_c p/S \tag{4-80}$$

式中　p——线圈的功率损耗；

　　　S——线圈与空气的接触面积；

　　　k_c——冷却系数，典型值为 $0.04 \mathrm{Km^2/W}$。

上式可进一步写成

$$\Delta T = \frac{k_c I^2 r}{4\pi r_{cm} d_c} \tag{4-81}$$

式中　I——线圈电流的有效值。

将线圈电阻的表达式代入式（4-81）可以得到

$$\Delta T = \frac{2\rho k_c I^2 N_1}{\pi k_i d_w^3} = \frac{\rho k_c I_m^2 N_1}{\pi k_i d_w^3} \tag{4-82}$$

式中　I_m——线圈电流的幅值。

由上式可以看出，对于给定线圈电流，温升由线圈层数和导线直径决定。与线圈厚度和线圈半径无关。因此，一旦选定线圈层数，就可以计算出导线直径。如允许的最大温升为 ΔT_m，则最小导线直径的表达式为

$$d_{wm} = \left(\frac{\rho k_c I_m^2 N_1}{\pi k_i \Delta T_m}\right)^{1/3} \tag{4-83}$$

4. 动子行程

当线圈的运动行程非常小时（微米级），最小的线圈宽度等于线圈的有效宽度 d_a。当线圈的运动行程较大时（毫米级），线圈需要从它的静止位置沿轴向运动 $\pm d_m$。若要保证在这一运动之后，线圈仍然处于气隙磁场的有效范围内，那么最小线圈宽度的表达式为

$$d_{cm} = d_a + 2d_m = d_{tp} + 2l_g + 2d_m \tag{4-84}$$

一般情况下，线圈的静止位置相对于顶部铁轭对称。然而，通过一些具体设计发现，这种布置方式下的推力-位移特性并不是对称的，原因是气隙磁场相对于顶部铁轭不是完

全的中心对称，可以通过将线圈从对称位置向一边平移 d_{po} 来改进电机的推力特性，故最小线圈宽度表达式应加入平移项

$$d_{cm}=d_a+2d_m+d_{po}=d_{tp}+2l_g+2d_m+d_{po} \tag{4-85}$$

当线圈从平衡位置向下平移时，偏移量 d_{po} 为正，所以处于顶部铁轭下半部分的线圈要多于上半部分的线圈。

为保证线圈具有足够的运动空间，永磁体和中心铁轭不仅能够提供所需的气隙磁场，还需要满足一定尺寸约束条件。如果线圈处于中心位置，没有偏移量，上下两部分相对于顶部铁轭对称。可以计算，线圈中心与顶部铁轭上表面之间的距离为 $d_{tp}/2$，线圈底部与顶部铁轭上表面的距离为 $d_c/2+d_{tp}/2$。为保证动子行程与偏移量，永磁体与中心铁轭的最小厚度和为

$$d_{pm}=\frac{d_{cm}+d_{tp}}{2}+d_m+d_{po} \tag{4-86}$$

实际上，由于线圈不能与底部铁轭接触，永磁体与中心铁轭的最小厚度和必须要大于该值。

5. 气隙长度

环形线圈径向厚度的表达式为

$$l_{ct}=N_1d_o=N_1k_id_w \tag{4-87}$$

气隙总长度 l_g 等于线圈径向厚度与两个机械气隙长度 l_m 之和，最小的气隙长度表达式为

$$l_{gmin}=l_{ct}+2l_m=N_1k_id_w+2l_m \tag{4-88}$$

实际上，线圈通常缠绕在一个圆筒形支架上，所以支撑结构的厚度必须加以考虑，这样，线圈与中心铁轭之间的气隙要比气隙与顶部铁轭之间的气隙稍大。但是，这一结构上的不对称性不会对设计造成很大的影响，所以可以忽略不计。

通过观察可以发现，大多数方程包含线圈层数 N_1 这一变量，所以一开始需要假设 N_1 的初始值。其他一些由 N_1 决定的变量可以由此计算，并可验证初始设计是否合理。如果不合理，重选 N_1 值并重新计算。另外，任何一组设计除需满足以上方程，还包含气隙磁通密度与永磁体的尺寸之间的关系，初始设计可以基于一些典型的永磁体规格的制表结果确定，最终设计需要利用磁场解析或电磁场仿真软件研究改变永磁体尺寸对设计的影响。

5　直线磁阻电机

直线磁阻电机通常具有双凸极结构，初级绕组仅布置在动子或定子其中一侧，一般采用简单的集中绕组，另一侧完全由铁芯或硅钢片等高导磁材料加工而成。直线磁阻电机的动子运动时，磁路的磁阻要有尽可能大的变化，以产生更高的电磁推力。与直线感应电机和直线同步电机相比，直线磁阻电机具有结构简单、可靠性高、容错能力强、制造成本低等特点，适合应用在环境较为恶劣的场合。由于磁阻电机自身所具有的凸极结构，其内部电磁关系较为复杂，具有高度的非线性，电机的推力波动与振动噪声较大。

5.1　直线磁阻电机的工作原理与分类

直线磁阻电机的结构和工作原理与传统的交、直流电机有着本质的区别。电机的运行遵循"磁阻最小原理"——即磁通总要沿着磁阻最小的路径闭合。当初级的某相绕组通入激励电流时，在初级和次级之间将产生横向磁拉力，试图将距离通电初级最近的次级吸引至二者中心线对齐位置（即磁阻最小的位置），该磁拉力就是直线磁阻电机的电磁驱动力。通过检测动子位置信号，控制功率变换单元进行换相，适时通断功率开关，按一定顺序对各相初级绕组通电，就可以产生电机需要的推力或制动力，使电机动子连续运动。

直线磁阻电机的种类较多，对应有多种不同的分类方法。按电机结构型式可分为平板型和圆筒型，其中平板型又可分为单边结构、双边结构以及多边结构；按电机驱动方式（或按初级绕组磁链极性）可分为单极性驱动电机和双极性驱动电机；按初级有无永磁体可分为初级无永磁体结构和初级含永磁体结构，其中直线开关磁阻电机和直线反应式步进电机属于前一类，而直线混合式步进电机、直线磁通反向电机、直线磁通切换电机则属于后一类；按磁通路径方向不同可分为纵向磁通直线磁阻电机和横向磁通直线磁阻电机。

图 5-1 为平板型直线磁阻电机。图 5-1（a）为单边结构，图 5-1（b）为双边结构。与单边结构相比，双边结构具有两个优点：①在单边结构的基础上增加了一个励磁边，

使电机产生的有效电磁推力增加一倍；②单边磁拉力能够相互抵消，轴承仅需承载动子质量和相应的负载，降低了支撑系统设计难度。

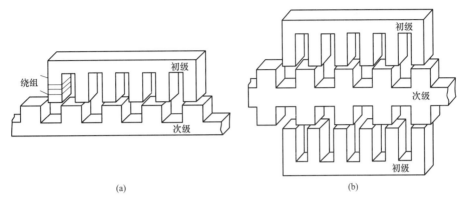

图 5-1 平板型直线磁阻电机

(a) 单边结构；(b) 双边结构

图 5-2 为圆筒型横向磁通直线磁阻电机。图 5-2 (b) 给出了当定子极与动子极处于对齐位置时的磁通路径。与平板型结构相比，圆筒型结构具有较为均匀的气隙磁场，磁场沿周向均匀分布，无横向边缘效应。由于初级线圈是圆环形的，没有端部，因而绕组利用率高。另外，圆筒型结构径向磁拉力互相抵消，原理上不存在单边磁拉力的问题。

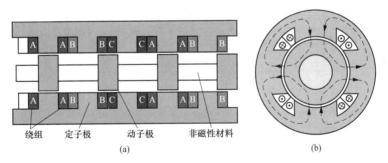

图 5-2 圆筒型直线磁阻电机

(a) 正视图；(b) 侧视图

图 5-3 (a) 和 (b) 分别为纵向磁通直线磁阻电机和横向磁通直线磁阻电机的结构示意图，图中给出了主磁通的流通路径。图 5-3 (a) 所示的纵向磁通结构是由径向磁通旋转磁阻电机演变而来，磁通方向与动子运动方向相同。这种结构整体结构强度较高，易于加工。图 5-3 (b) 所示的横向磁通结构，其磁通方向与动子运动方向垂直。各极磁路之间相互独立，实现了磁路与电路结构上的解耦，具有模块化特点。另外，横向磁通电机的定子铁芯和动子铁芯均可由若干个独立的横向叠片柱构成，动子与定子无需导磁轭板，其运动质量要小于纵向磁通结构，同时也增加了电机设计的灵活性。

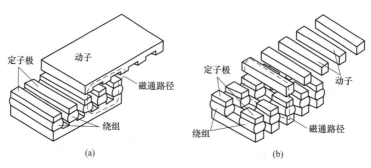

图 5-3　直线磁阻电机

（a）纵向磁通结构；（b）横向磁通结构

对于磁阻类直线电机，根据动子运动一个齿距范围内绕组磁链的极性来判断，有单极性电机和双极性电机之分。图 5-1～图 5-3 所示结构均属于单极性电机。图 5-4 给出了两种双极性电机，这两种电机的共同特点是初级含有永磁体，只是永磁体所在位置不同。图 5-4（a）为直线磁通反向电机，极性相反的两块永磁体并排粘贴固定在初级齿表面，永磁体法向充磁。图 5-4（b）为直线磁通切换电机，永磁体固定在两个初级铁芯齿之间，切向充磁。与单极性电机相比较，这两种电机的每相电枢绕组匝链的磁通均为双极性，反电动势常数和输出推力高于磁链为单极性的电机，具有广泛的工业应用前景。

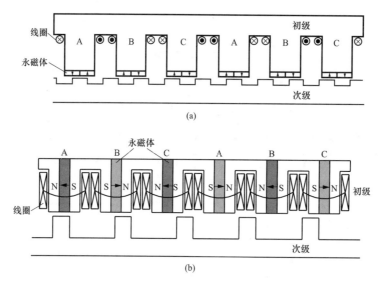

图 5-4　双极性直线磁阻电机

（a）直线磁通反向电机；（b）直线磁通切换电机

本章主要对四种典型的磁阻类直线电机进行介绍，包括直线开关磁阻电机、直线步进电机、直线磁通反向电机以及直线磁通切换电机。

5.2 直线开关磁阻电机

5.2.1 基本结构与工作原理

直线开关磁阻电机（Linear Switched Reluctance Motor，LSRM）是由传统的旋转开关磁阻电机（SRM）演变而来的，如图5-5所示。它相当于沿圆周方向将SRM的定、转子展开，转子部分对应LSRM的次级，定子部分对应LSRM的初级。由于制造工艺方面的限制，LSRM初、次级之间的气隙一般比SRM定、转子间的气隙大。根据

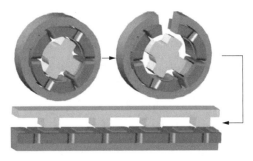

图 5-5　直线开关磁阻电机的演变过程

不同的应用场合，LSRM可采用动初级或动次级结构。对用于有轨驱动的LSRM来说，其次级长度一般远大于初级长度。

图5-6为三相6/4极（初级极数6，次级极数4）LSRM的结构示意图。其中，电机的定子极上分别绕制A、B、C三相绕组，每相绕组包含两组线圈。电机次级为整体式铁芯，由硅钢片叠压而成。图中所示位置，A相与动子极正对，磁阻最小，不产生驱动力。当关断A相、开通B相时，由于动子极轴线与B相磁场轴线不重合，根据"磁阻最小原理"，初级与次级之间必然会产生吸引力，直到动子极轴线与B相磁场轴线重合。如按照A-B-C-A的顺序对绕组连续通电，电机动子将向左连续运动；相反，如按照A-C-B-A的顺序通电，电机动子将向右连续运动。因此，改变导通相的顺序，就可以改变驱动力的方向，且与相电流的极性无关，这一点也是LSRM与其他种类电机的重要区别。增加相数可以减小推力波动并降低电磁噪声，但是相数的增加会使得功率变换器开关管的个数增加，单相保护电路也要增加，造成控制电路复杂化。通常，需要根据设计的总体要求，综合考虑成本和可靠性等方面的要求，合理选择电机相数。

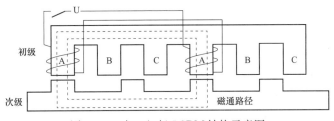

图 5-6　三相6/4极LSRM结构示意图

LSRM不能直接利用直流电源或交流电源进行供电，必须通过功率变换器对输入电能进行控制。电机运行过程中，需实时检测动子位置，以便在适当时刻对绕组进行激励。

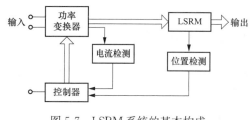

图 5-7 LSRM 系统的基本构成

因此，LSRM 需要有动子位置传感器，或者利用其他方法实现动子位置的计算。LSRM 及其驱动控制系统主要由开关磁阻直线电机、功率变换器、控制器及传感器四部分构成，如图 5-7 所示。

LSRM 的特点主要体现在以下几个方面：

（1）电机结构简单、坚固，制造工艺简单，制造和维护成本低。

（2）初级采用集中绕组，嵌线容易，工作可靠，能够适应各种恶劣环境。

（3）电机损耗主要产生在初级，易于冷却；次级无永磁体，允许有较高温升。

（4）电磁力的方向与电流方向无关，功率变换器所用开关器件少，成本低，而且功率变换器不会出现直通故障，可靠性高。

（5）启动推力大，低速性能好，过载能力强。

（6）可控参数多，包括功率开关开通位置、关断位置、相电流幅值及直流电源电压等，调速性能好。

上述特点使 LSRM 成为直线传动领域中有力的竞争者。但是由于采用双凸极结构，LSRM 驱动力不可避免地会出现波动，存在较大噪声。近年来的研究表明，采用合理的设计、制造工艺和控制技术，LSRM 完全可以达到与 LIM 和 LSM 相同的噪声水平。

5.2.2 直线开关磁阻电机的线性数学模型

LSRM 的凸极结构使电机磁场存在局部饱和、涡流等现象，加上边端效应和功率开关电路的非线性因素，导致整个系统具有严重的非线性，这使得对系统性能的精确分析和计算较为困难。为定性研究 LSRM 的电机特性，一般建立其线性数学模型进行分析，即假设电机磁路不饱和、功率开关为理想开关器件、铁芯磁导率无穷大，忽略磁滞、涡流和边端效应的影响，则电机相绕组的电感 L 与相电流 i 的大小无关，而只与动子和定子的相对位置有关。当动子凸极轴线与定子凸极轴线重合时该相绕组电感最大，记为 $L_{\max}$；当动子凸极轴线与定子槽轴线重合时该相绕组电感最小，记为 $L_{\min}$。图 5-8 为线性电感特性曲线。

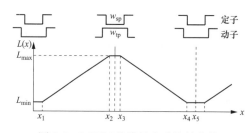

图 5-8 LSRM 的线性电感特性曲线

确定该电感曲线需明确 5 个动子位置，分别为

$$\begin{cases} x_1 = \dfrac{w_{ts} - w_{sp}}{2} \\[2mm] x_2 = x_1 + w_{sp} = \dfrac{w_{ts} + w_{sp}}{2} \\[2mm] x_3 = x_2 + (w_{tp} - w_{sp}) = w_{tp} + \dfrac{w_{ts} - w_{sp}}{2} \\[2mm] x_4 = x_3 + w_{sp} = w_{tp} + \dfrac{w_{ts} + w_{sp}}{2} \\[2mm] x_5 = x_4 + \dfrac{w_{ts} - w_{sp}}{2} = w_{tp} + w_{ts} \end{cases} \tag{5-1}$$

式中　w_{tp}——动子极宽度；

$\qquad w_{ts}$——动子槽宽度；

$\qquad w_{sp}$——定子极宽度。

当动子位移 x 位于 $[x_2, x_3]$ 区间内，定子极与动子极完全重叠，电感值在这一区间内保持最大值不变。由于磁链值无变化，故当绕组通电时，不产生推力。即便如此，这一电感值呈现恒值的区间仍非常重要，可为相绕组换流提供足够时间，阻止电机产生反向推力。这一区间范围由动子极宽度与定子极宽度的差值决定。另外，在 x 位于 $[0, x_1]$ 和 $[x_4, x_5]$ 区间内，定子极与动子极无重叠部分，区间内的电感保持最小值不变。电感变化率为零，故这两个区间同样不产生电磁推力。

设 LSRM 的相电压为 u，相电阻为 R，相电流为 i，则相电压方程为

$$u = Ri + \frac{d\Psi}{dt} = Ri + L\frac{di}{dt} + i\frac{dL}{dx}\frac{dx}{dt} \tag{5-2}$$

式中　Ψ——相绕组磁链；

$\qquad L$——相绕组电感。

将相电压方程两端同时乘以相电流，可以推导出功率方程为

$$\begin{aligned} P_e &= ui \\[2mm] &= Ri^2 + Li\frac{di}{dt} + i^2\frac{dL}{dx}\frac{dx}{dt} \\[2mm] &= Ri^2 + \frac{d}{dt}\left(\frac{1}{2}Li^2\right) + \frac{1}{2}i^2\frac{dL}{dx}\frac{dx}{dt} \\[2mm] &= Ri^2 + \frac{dW_f}{dt} + Fv \end{aligned} \tag{5-3}$$

式中　W_f——相绕组的磁场储能；

$\qquad v$——动子运动速度。

由式（5-3）可以推导出电机的推力表达式为

$$F = \frac{1}{2}i^2\frac{dL}{dx} \tag{5-4}$$

由式（5-4）可知，LSRM 的电机推力是由动子运动时电感变化产生的。当电流不变时，电感的变化率越大，推力越大。因此，设计电机时，应使磁路磁阻有尽可能大的变化。由于推力与电流的平方成正比，而与电流的方向无关，故可采用单极性供电。如在电感上升区间给绕组通电，将产生正向推力；如在电感下降区间给绕组通电，将产生反向制动力。

5.2.3 直线开关磁阻电机的结构及分类

与旋转开关磁阻电机一样，直线开关磁阻电机在相数、极数、磁路结构上都可以有多种选择，具有多种分类方法。根据电机相数划分，LSRM 有三相、四相、五相等结构；根据初级与次级极数配合划分，LSRM 有 6/4 极和 8/6 极等结构；根据磁通路径方向划分，LSRM 可分为纵向磁通结构和横向磁通结构；根据次级边数划分，LSRM 有单边、双边、四边等结构；根据电机结构型式划分，LSRM 可分为平板型结构和圆筒型结构；根据电机运动部件来划分，LSRM 可分为动初级结构和动次级结构。

图 5-9（a）和（b）分别为三相纵向磁通 LSRM 和三相横向磁通 LSRM，其绕组均位于定子上，动子为无源结构。与之相对应，图 5-10（a）和（b）分别为四相纵向磁通 LSRM 和四相横向磁通 LSRM，其绕组均位于动子上，定子为无源结构。定子有源、动子无源的动次级结构的优点是动子结构简单、运动质量小，电力供应和功率变换均处于静止状态，系统可靠性高。这种结构的缺点是需要沿轨道布置多台功率变换器，使得整个驱动系统的价格较高。另外，定子无源、动子有源的动初级结构仅需要一台功率变换

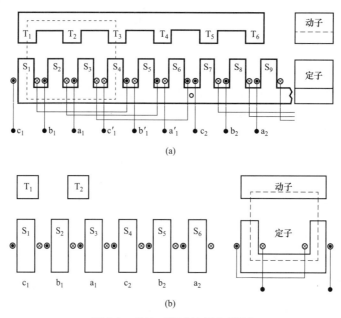

图 5-9 单边三相动次级 LSRM

（a）纵向磁通结构；（b）横向磁通结构

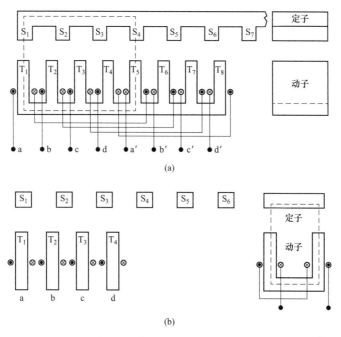

图 5-10 单边四相动初级 LSRM

（a）纵向磁通结构；（b）横向磁通结构

器，系统造价相对较低，但是需要通过拖线电缆或接触电刷实现对动子的电力供应，因此不适合应用于高速场合。

以上结构均为单边型式，其缺点是法向力较大。图 5-11 为几种典型的双边结构纵向磁通 LRSM。对于图 5-11（b）所示的改进型 1，电机动子仅由矩形极和绕组构成，去除了用于连接动子极的轭部铁芯，大大减轻了动子质量。由于位于两个动子中间的定子极需要在整个定子长度范围内进行独立安装，独立部件较多，因此这种结构在安装时，较难保证定子与动子之间的四个气隙都保持足够均匀。对于图 5-11（c）所示的改进型 2，其动子结构与改进型 1 中的动子结构相似，都是由矩形极和绕组构成。然而与改进型 1 相比，这种结构的极数和绕组数减半，而且没有中间定子。因此，便于制造和安装，比较容易实现气隙的均匀性。

图 5-12 为两种四边结构动次级横向磁通 LSRM。集中绕组绕制在定子极轭部上，绕组的厚度由相邻两相定子极之间的空间决定。对于四边电机，定子极设计保持不变，四个动子共用一个轭部铁芯。图 5-12（b）为圆形次级结构（图中仅画出一个动子极和一组定子极），除了与动子相邻的定子极边缘具有圆形轮廓外，定子极的其他边仍保持矩形结构。

5.2.4 直线开关磁阻电机的电磁设计

本小节介绍一种单边纵向磁通直线开关磁阻电机的设计方法。这种设计方法的设计

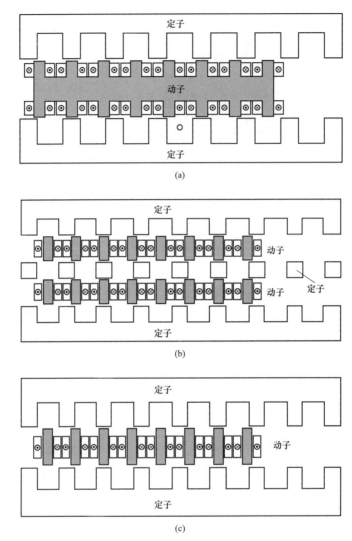

图 5-11　双边结构 LSRM

（a）传统型；（b）改进型 1；（c）改进型 2

思路为：首先将 LSRM 的设计指标转换成等效旋转 SRM 的设计指标，然后对相同规格的旋转 SRM 进行设计，最后将旋转 SRM 的电机尺寸转换为 LSRM 的电机尺寸，完成 LSRM 的设计。下面以三相 6/4 极单边动次级 LSRM 为例介绍电机的设计方法。

1. 设计指标

LSRM 的设计指标一般包括：初级长度 L_s，最大速度 v_{max}，上升至最大速度所需时间 t_a、动子质量 m_t。电机动子的最大加速度为

$$a = \frac{v_{max}}{t_a} \tag{5-5}$$

电机推力可由下式计算

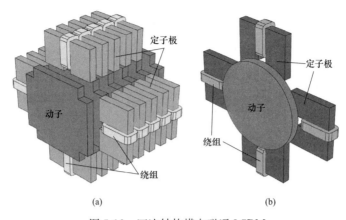

图 5-12　四边结构横向磁通 LSRM

（a）方形次级；（b）圆形次级

$$F = m_t a \tag{5-6}$$

LSRM 的输出功率为

$$P = F v_{\max} \tag{5-7}$$

2. 旋转 SRM 的设计

下面对功率等级与 LSRM 相等的 6/4 极旋转 SRM 电机进行设计。旋转 SRM 的转速表达式为

$$n = \frac{v_{\max}}{D/2} \cdot \frac{60}{2\pi} \tag{5-8}$$

式中　D——旋转 SRM 的定子内径。

旋转 SRM 的功率方程为

$$P = k_d k_1 k_2 \eta B_g A D^2 l n \tag{5-9}$$

式中　k_d——电流导通角占空比；

$\quad\quad k_1$——常数，$k_1 = \pi^2/120$；

$\quad\quad k_2$——由工作点确定的系数；

$\quad\quad \eta$——电机效率；

$\quad\quad B_g$——气隙磁密；

$\quad\quad A$——电负荷；

$\quad\quad l$——电机轴向长度。

假设电机轴向长度 l 与定子内径 D 的关系为

$$l = kD \tag{5-10}$$

将式（5-10）代入式（5-9），并将转速转换为线速度，可以得到

$$P = k_d k_1 k_2 k \eta B_g A D^2 v_{\max} \frac{60}{\pi} \tag{5-11}$$

由功率方程可推导出旋转 SRM 定子内径的表达式为

$$D = \sqrt{\frac{P\pi}{60 k_\mathrm{d} k_1 k_2 k \eta B_\mathrm{g} A v_\mathrm{max}}} \tag{5-12}$$

由式（5-12）可知，当给定 LSRM 的功率指标和速度指标，就可以根据其计算出与其相对应的旋转 SRM 的定子内径。

LSRM 的气隙长度通常比旋转 SRM 的气隙长度大，在对齐位置，铁磁材料的 $B\text{-}H$ 曲线呈线性。与对齐位置时的气隙磁阻相比，铁芯磁路的磁阻可以忽略。电机磁通计算式为

$$\varPhi = B_\mathrm{g} A_\mathrm{g} \tag{5-13}$$

式中 A_g——气隙有效面积。

当动子极与定子极对齐时，A_g 的表达式为

$$A_\mathrm{g} = \left(\frac{D}{2} - g \right) \left(\frac{\beta_\mathrm{r} + \beta_\mathrm{s}}{2} \right) l \tag{5-14}$$

式中 β_r——转子极弧角度；

β_s——定子极弧角度；

g——气隙长度。

气隙磁场强度为

$$H_\mathrm{g} = \frac{B_\mathrm{g}}{\mu_0} \tag{5-15}$$

所需绕组安匝数的计算式为

$$NI = H_\mathrm{g} g \tag{5-16}$$

式中 N——相绕组匝数；

I——相绕组电流峰值。

假设绕组峰值电流确定，则由上式可以计算出旋转 SRM 的相绕组匝数为

$$N = \frac{H_\mathrm{g} g}{I} \tag{5-17}$$

绕组导体横截面积计算式为

$$a_\mathrm{c} = \frac{I}{J \sqrt{m}} \tag{5-18}$$

式中 J——电流密度；

m——绕组相数。

忽略漏磁通，定子极面积 A_sp、定子极磁通密度 B_sp、定子轭面积 A_sy、定子极高度 h_sy 可分别由下列各式进行计算，即

$$A_\mathrm{sp} = \frac{D l \beta_\mathrm{s}}{2} \tag{5-19}$$

$$B_\mathrm{sp} = \frac{\varPhi}{A_\mathrm{sp}} \tag{5-20}$$

$$A_{sy} = h_{sy}l = \frac{A_{sp}B_s}{B_{sy}} \tag{5-21}$$

$$h_{sp} = \frac{D_o}{2} - \frac{D}{2} - h_{sy} \tag{5-22}$$

式中 h_{sy}——定子轭高度；

B_{sy}——定子轭部磁通密度；

D_o——定子外径。

转子极面积计算式为

$$A_{rp} = \left(\frac{D}{2} - g\right)l\beta_r \tag{5-23}$$

如转子轭对应的半径与转子极宽度相等，则转子轭高度与转子极高度计算式为

$$h_{ry} = \frac{A_{rp}}{l} \tag{5-24}$$

$$h_{rp} = \frac{D}{2} - g - h_{ry} \tag{5-25}$$

以上各式给出了设计旋转 SRM 时的所有尺寸关系。

3. LSRM 尺寸的确定

在旋转 SRM 转换为 LSRM 的过程中，旋转 SRM 定子内径将展开并形成 LSRM 的一个单元节。LSRM 的初级单元节数为

$$N_{sc} = \frac{L_s}{\pi D} \tag{5-26}$$

式中 L_s——初级总长度。

对于定子极数为 N_s 的旋转 SRM，转换为 LSRM 后的定子总极数为

$$N_{sl} = N_s N_{sc} \tag{5-27}$$

定子极宽度和定子槽宽度的表达式分别为

$$w_{sp} = \frac{A_{sp}}{l} = \frac{D}{2}\beta_s \tag{5-28}$$

$$w_{ss} = \frac{(\pi D - N_s w_{sp})}{N_s} \tag{5-29}$$

动子极宽度和动子槽宽度由忽略气隙长度后的转子极面积转换得到

$$w_{tp} = \frac{D}{2}\beta_r \tag{5-30}$$

$$w_{ts} = \frac{(\pi D - N_t w_{tp})}{N_t} \tag{5-31}$$

式中 N_t——旋转 SRM 的转子极数。

LSRM 的基本尺寸确定后，还需对相绕组填充系数进行校核，判断定子槽是否有足够空间嵌放相绕组。填充系数的定义式为

$$K_{fill} = \frac{绕组截面积}{槽面积} \tag{5-32}$$

如采用圆导线，则导体线径表达式为

$$d = \sqrt{\frac{4a_c}{\pi}} \tag{5-33}$$

为固定绕组，定子槽中需放入槽楔。假设槽楔高度为 w，则线圈垂向层数为

$$N_y = k_f\left(\frac{h_{sp} - w}{d}\right) \tag{5-34}$$

式中　k_f——绝缘层比例系数。

线圈的横向层数为

$$N_x = \frac{N}{N_y} \tag{5-35}$$

定子线圈横截面积为

$$A_{wi} = \frac{a_c N_x N_y}{k_f} \tag{5-36}$$

绕组填充系数为

$$K_{fill} = \frac{a_c N_x N_y}{k_f w_{ss}(h_{sp} - w)} \tag{5-37}$$

考虑到每个槽中需要嵌放相邻两相绕组，故填充系数的范围在 $0.2 \leqslant K_{fill} < 0.5$。填充系数过低，说明定子槽空间没有充分利用；填充系数高于 0.5，说明绕组不能完全嵌放到定子槽中，需适当增大槽形尺寸或减小绕组截面积。

对于 6/4 极动次级 LSRM，动子长度可由下式计算

$$L_t = 4w_{tp} + 3w_{ts} \tag{5-38}$$

LSRM 的铁芯叠厚与旋转 SRM 的轴向长度相等，即

$$h = l = kD \tag{5-39}$$

另外，LSRM 的定子、动子极数与极宽、槽宽之间需满足下式条件

$$N_s(w_{sp} + w_{ss}) = N_t(w_{tp} + w_{ts}) \tag{5-40}$$

5.3　直线步进电机

直线步进电机（Linear Stepping Motor）是将输入的电脉冲信号转换成相应直线位移的驱动装置。当这种电机外加一个电脉冲时，动子就会沿直线运动一步。因为其运动形式是步进式的，因而称为直线步进电机。动子运动的速度由输入脉冲的频率决定，移动的距离由脉冲的个数和步进位移的乘积决定。直线步进电机在开环伺服控制条件下，能够提供一定精度的位置和速度控制，具有结构简单、成本低、容易实现数字化控制、无累积定位误差、互换性强和可靠性高等优点，在绘图仪、计算机设备、机器人、精密

仪表、传输设备、自动开门以及检测控制等领域已得到广泛的应用。

直线步进电机有多种结构类型，按其电磁推力产生的原理主要可分为反应式和混合式两种。反应式直线步进电机的优点是结构简单、成本低。缺点是无定位力、不宜微步驱动、推力密度偏小、推力波动较大。混合式直线步进电机在加入永磁体以后，即使在断电的情况下，永磁体也能够产生一定的定位力，并可保持动子在期望的步距位置上。通常混合式直线步进电机采用微步驱动技术可减小振荡、提高平稳性、降低推力波动。

下面分别对这两种类型的直线步进电机进行介绍。

5.3.1　反应式直线步进电机

图 5-13 为一台三相反应式直线步进电机的结构原理图。它的定子铁芯和动子铁芯均由硅钢片叠压而成，定子上、下表面都有均匀的齿，动子极上套有三相控制绕组，每个极面上也有均匀的齿，动子与定子的齿距相同。为了避免槽中积聚异物，一般在槽中填满非磁性材料（如塑料或环氧树脂等），使定子和动子表面保持平滑。反应式直线步进电机的工作原理与旋转步进电机完全相同。当某相控制绕组通电时，该相绕组对应的动

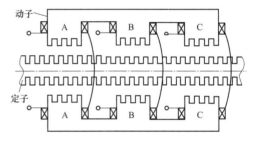

图 5-13　三相反应式直线步进电机

子齿与定子齿对齐，使磁路的磁阻最小，相邻相的动子齿轴线与定子齿轴线错开 1/3 齿距。显然，当控制绕组按 A-B-C-A 的顺序轮流通电时，动子将以 1/3 齿距的步距移动。当通电顺序改为 A-C-B-A 时，动子则向相反方向步进移动。若通电拍数由三拍变为六拍，步距将减小一半。

反应式直线步进电机仅由绕组和铁芯构成，无永磁体，故电机结构和加工工艺简单。在控制方面，只需要单极性驱动电源，控制电路简单、系统成本低、可靠性高。因此，在不需要微步距的场合，通常要优先考虑采用成本低廉的反应式直线步进电机。

5.3.2　混合式直线步进电机

1. 混合式直线步进电机的基本结构

混合式直线步进电机的电磁推力不仅与各相控制绕组通入的脉冲电流大小有关，而且还与永磁体所产生磁场的大小有关。当各相控制绕组中的电流按某一规律变化时，各极下合成磁场将随之发生变化，从而产生电磁推力，使步进电机的动子在某个方向上产生直线运动。

两相平板型混合式直线步进电机的结构如图 5-14 所示。定子由开有等距齿槽的叠片铁芯组成，齿距（或槽距）为 τ_t。动子由永磁体和两个 π 形的电磁铁 A、B 组成。电磁

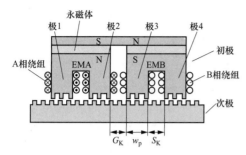

图 5-14 两相平板型混合式直线步进电机

铁 A 上包括磁极 1 和磁极 2，电磁铁 B 上包括磁极 3 和磁极 4。每个磁极上一般都开有若干小齿（图中每极上有三个齿），且要求动子齿距与定子齿距相等。根据设计要求，磁极 1 与 2（或 3 与 4）之间的距离 S_K 为

$$S_K = \left(M + \frac{1}{2}\right)\tau_t - w_p \tag{5-41}$$

式中　M——任意正整数；

　　　w_p——极宽。

式（5-41）可以保证当磁极 1 的齿和定子的齿对齐时，磁极 2 的齿正好对齐定子槽。另外，电磁铁 A 和电磁铁 B 之间的间距 G_K 应满足

$$G_K = \left(K + \frac{1}{4}\right)\tau_t - w_p \tag{5-42}$$

式中　K——任意正整数。

式（5-42）可以保证当磁极 1 的齿与定子齿对齐时，磁极 3 和磁极 4 的齿处在定子齿和定子槽之间的过渡位置，为电机下一步步进运动做好准备。

2. 混合式直线步进电机的运行原理

图 5-15 为混合式直线步进电机的工作原理图。

当电磁铁绕组不通电时，永磁体向所有磁极提供大致相等的磁通，即 $\Phi_m/2$（Φ_m 是永磁体的总磁通），其磁通的方向如图 5-15（a）中的虚线所示。此时动子上没有水平推力，动子可以稳定在任意随机位置上。当 A 相绕组中通入正向电流 I_A 时，电流方向和磁通路径如图 5-15（a）中的实线所示。这时在磁极 1 中的绕组磁通和永磁体磁通方向相同，使磁极 1 的磁通为最大。而在磁极 2 中的绕组磁通和永磁体磁通方向相反，二者相互抵消，接近于零。显然，此时磁极 1 所受的电磁力最大，磁极 2 所受的电磁力几乎为零。由于 B 相绕组没有通电流，磁极 3 和磁极 4 在水平方向的分力大小相等、方向相反，相互抵消。因此，动子的运动由磁极 1 所受的电磁力决定。最终，磁极 1 必然要运动到与定子齿 1' 对齐的位置，如图 5-15（b）所示。当 A 相绕组断电、B 相绕组通入正向电流 I_B 时，磁极 4 的磁通为最大，磁极 3 中的磁通接近于零，使磁极 4 对准定子齿 6'。动子由图 5-15（b）所示的位置移动到 5-15（c）所示的位置，即动子在水平电磁力的作用下向右移动了 1/4 齿距。当 B 相绕组断电、A 相绕组通入反向电流 I_A 时，如图 5-15（d）所示。这时磁极 2 的磁通为最大，磁极 1 中的磁通接近于零，使磁极 2 对准定子齿 3'，动子沿水平方向向右又移动 1/4 齿距。同理，当 A 相绕组断电、B 相绕组通入反方向电流 I_B 时，动子沿水平方向再向右移动 1/4 齿距，使磁极 3 与定子齿 5' 对齐，如图 5-15（e）所示。以此类推，每经过四拍，动子将向右移动一个定子齿距。若要使动子沿水平方向向左移动，只要将上述四个阶段的通电顺序相反即可。

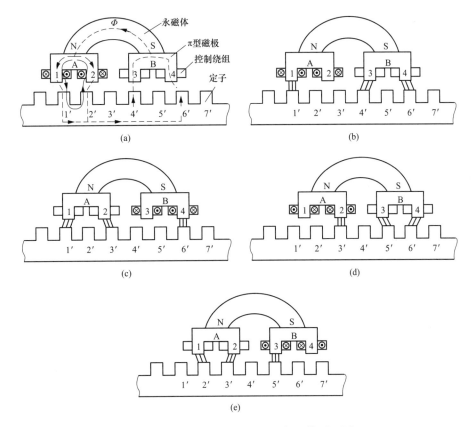

图 5-15　混合式直线步进电机的工作原理图

（a）绕组不通电流；（b）A 相通正向电流；（c）B 相通正向电流；（d）A 相通反向电流；（e）B 相通反向电流

混合式直线步进电机虽然结构要复杂一些，但是这种结构可以实现微步驱动，细分电路简单，在需要高分辨率定位的场合，混合式直线步进电机具有较大优势。在相同体积的情况下，混合式结构产生的最大推力比反应式结构大。可见，在空间有限制的条件下，在需要小步距、大推力、高精度的应用场合中，混合式直线步进电机是必须的选择。除此之外，混合式直线步进电机在不加控制电流的情况下，永磁体磁通产生一定的锁定力（定位力），能够使动子静止在所希望的步距位置上，这在需要失电保护的应用场合中是一种很实用的特性。

3. 混合式直线步进电机的常见结构型式

图 5-16 所示为一种单边平板型结构。这种结构的定子是一块开有平行槽的矩形铁芯平板，动子一般是由一块矩形永磁体和两个 π 形电磁铁装配而成的矩形滑块。铁芯均可采用硅钢片叠压而成，铁芯损耗小，但漏磁比较大。要保证定子与动子之间的气隙小而且均匀比较困难。由于结构是单边型，定、

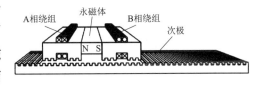

图 5-16　单边平板型结构

动子之间存在较大的单边磁拉力，通常比水平推力的 10 倍还要大，因而会造成较大的阻力、振动和噪声。这种结构型式的主要优点是结构简单、零部件少、动子惯性小、高速能力强。

图 5-17 为双边平板型结构。两个相同的单边动子结构，对称安装在双边开有均匀等距平行槽的定子铁芯的两边。双边结构理论上可以消除单边磁拉力，结构性能好，但零部件数约为单边型的两倍，成本比较高。

图 5-18 为圆筒型结构。这种结构的磁路对称性好，理论上不存在单边磁拉力，漏磁少，铁芯和线圈的利用率高，所以推力密度较高。圆筒型结构的平行槽用普通车床就可以加工成形，不像平板型结构必须要用铣床铣槽，加工成本降低。

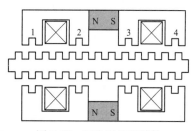

图 5-17　双边平板型结构

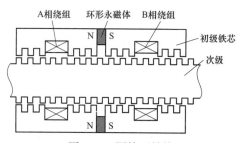

图 5-18　圆筒型结构

图 5-19（a）是将图 5-16 中的永磁体用直流电励磁的方式来代替，图 5-19（b）是将图 5-18 中的永磁体用环形线圈通以直流电来取代，它们都称为电励磁型混合式直线步进电机。这类步进电机通过改变励磁电流来调节励磁磁场，从而可以灵活地改变步进电机的机械特性，不受永磁体磁性能的限制。

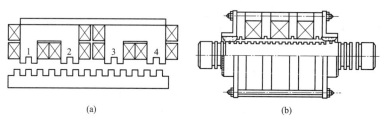

(a)　　　　　　　　　　　(b)

图 5-19　电励磁型混合式直线步进电机

（a）平板型；（b）圆筒型

图 5-20 为图 5-18 的改进型，是一种内嵌永磁体圆筒型混合式直线步进电机。对于图 5-18 的结构，由于永磁体磁通沿轴向分布不均匀，靠近永磁体的铁芯磁密高，磁路易发生饱和；而远离永磁体的铁芯磁密低，从而造成永磁体磁场的利用率低，限制了电机的输出推力。对于图 5-20 的结构，条形的永磁体沿轴向嵌入次级的铁芯中，充磁方向与运动方向垂直。因此，永磁体磁场沿轴向分布均匀，从而可以提高电机的输出推力。

图 5-21 为日本神钢电机公司制造的一种 HD（High Density）平板型混合式直线步

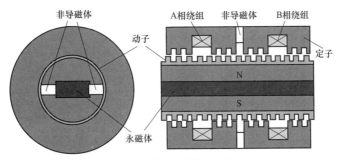

图 5-20　圆筒型结构改进型

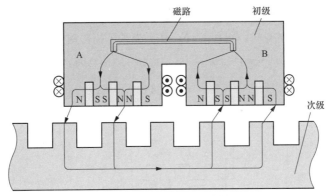

图 5-21　HD 平板型结构

进电机。该电机通过采用新型磁路结构，大大提高了电机的推力/体积比。在电机初级侧的大极上等间距地开槽，槽中嵌入永磁体，永磁体沿电机运动方向充磁，相邻槽中永磁体的极性相反。当绕组中没有励磁电流时，由于永磁体被嵌入铁芯中，因此永磁体产生的磁通几乎都被短路，磁通仅在铁芯中闭合，气隙中的漏磁很少。若给绕组通电，如图中所示，初级产生一个逆时针方向的励磁磁通，则永磁体磁通的路径就会发生如下变化：极 A 永磁体产生的磁通中，与励磁磁通方向相同的部分被加强，方向相反的部分被削弱，对于极 B 同样如此。最终，主磁通就会在图中所示的磁路中通过，在动子上产生一个向左的推力。HD 平板型混合式直线步进电机采用了新型磁路结构，具有发热低、效率高、能够连续输出大推力等特点，可以实现高精度、高刚度、高可靠性的直接驱动。

图 5-22 是一种新型电磁式螺旋形直线步进电机。这种电机的结构特点是用普通的车床就可以连续加工成形，不需要像平行槽结构那样断续逐条地加工槽形，加工成本低，而电机性能还可以得到改善。

5.3.3　直线步进电机的静态运行特性

直线步进电机在某种固定励磁状态下所具有的运行特性，称为静态运行特性。在实际工作过程中，直线步进电机几乎总是处在动态情况下运行。但是静态运行特性对于步进电机的运行性能有决定性的影响，是了解和分析步进电机一切运行性能的基础。

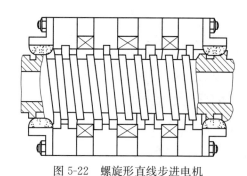

图 5-22 螺旋形直线步进电机

1. 直线步进电机的静态力移特性和静稳定区

在不改变某相通电状态时，动子所受的水平磁拉力 F_e 和动子位置 x 之间的关系 $F_e = f(x)$ 称为力移特性。

如果动子每个极靴上不止一个齿，如图 5-23 所示，则动子的位置可利用动子左端第一个齿的中心线和定子齿中心线之间的距离 x 来表示，或者用电角度 x_e 表示。一个齿距相当于 2π 电角度，F_e 的正方向取 x_e 增大的方向。图 5-23 表明：当动子齿与定子齿对齐时，$x_e = 0$，$F_e = 0$。当动于齿正对定子槽时，相当于 $x_e = \pm\pi$，此时 F_e 也等于零。当 $0 < x_e < \pi$ 时，$F_e < 0$；当 $-\pi < x_e < 0$ 时，$F_e > 0$。

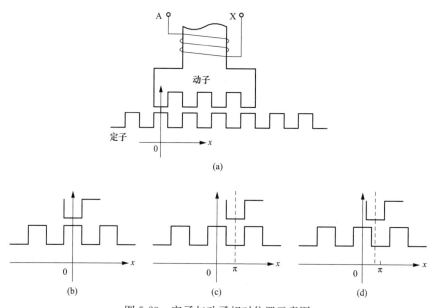

图 5-23 定子与动子相对位置示意图

(a) 初始位置；(b) $x=0$，$F_e=0$；(c) $x=\pm\pi$，$F_e=0$；(d) $0<x<\pi$，$F_e<0$

由以上分析可知，F_e 随 x_e 作周期性的变化，变化的周期是一个齿距，即为 2π 电角度。F_e 的变化波形比较复杂，与气隙、动子和定子的齿形、槽形以及磁路的饱和程度有关。假定铁芯部分的磁导率为无穷大，则力移特性 $F_e = f(x_e)$ 仅与气隙磁导有关。实验表明：通常直线步进电机的静态力移特性 $F_e = f(x_e)$ 接近于正弦波形。因此在许多问题分析中，常常把直线步进电机的静态力移特性用等值正弦

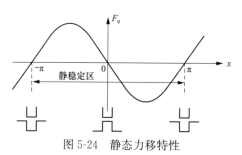

图 5-24 静态力移特性

波形来表示，如图 5-24 所示。

在静态情况下，如果受外力作用使动子偏离它的稳定平衡位置，但没有超出 $x_e = \pm\pi$ 范围，则当外力消除后动子仍回到原来的位置上，这种平衡点就称作稳定平衡点。如果上述外力消除后动子不能回复到原来位置就称为不稳定平衡点。分析表明，在 $x_e = 0$，$\pm 2\pi$，$\pm 4\pi\cdots$等点上时，动于处在稳定平衡点；在 $x_e = \pm\pi$，$\pm 3\pi$，$\pm 5\pi\cdots$等点时，动子处在不稳定平衡点。

从静态力移特性上看，一个稳定平衡点总是处在两个不稳定平衡点之间，而相邻的两个不稳定平衡点之间的区域构成了动子的静态稳定区，如图 5-24 所示。很显然，如果外力的作用使动子偏离平衡点，但只要不超过它的静态稳定区，当外力消除后，动子会回复到原来位置。如果动子偏离超出了静态稳定区，当外力除去后，动子就不能回到原来的稳定平衡点，而将处在别的稳定平衡点上，与原来的位置相差的距离为齿距的整数倍或电角度 2π 的整数倍。

2. 直线步进电机的力移特性与气隙磁导的关系

直线步进电机水平推力 F_e 的产生与其气隙磁导变化率直接相关。动子稳定平衡的位置，总是与气隙磁导的最大值相对应。因此直线步进电机气隙磁导的分析计算与力移特性的确定有密切关系。

（1）气隙磁导分析。

设动子在一个极下的气隙总磁导为 Λ，一个齿距范围内单位铁芯长度的气隙磁导称为比磁导，用 g 表示。则有下式成立

$$\Lambda = Z_d l g \tag{5-43}$$

式中 l——铁芯计算长度；

Z_d——动子一个极上的齿数（图 5-25 中，$Z_d = 4$）。

气隙比磁导 g 的值与初、次级齿中心线之间的距离 x 有关，是 x 的周期性函数。设齿距为 τ_t（相当于 2π 电角度），当 $x = 0$ 时，$x_e = 0$，$g(0) = g_{max}$；当 $x = \tau_t/2$ 时，$x_e = \pi$，$g(\tau_t/2) = g_{min}$。气隙比磁导的表达式为

$$g = g_0 + g_1 \cos x_e + g_2 \cos 2x_e + \cdots \tag{5-44}$$

对于工程计算来说，可近似认为

$$g = g_0 + g_1 \cos x_e \tag{5-45}$$

$$\begin{cases} g_0 = \dfrac{1}{2}(g_{max} + g_{min}) \\ g_1 = \dfrac{1}{2}(g_{max} + g_{min}) \end{cases} \tag{5-46}$$

比磁导 g 与位移 x 之间的关系如图 5-26 所示。只考虑恒定分量和基波分量时，一个极下的气隙总磁导为

$$\Lambda = Z_d l (g_0 + g_1 \cos x_e) = Z_d l \left(g_0 + g_1 \cos \frac{2\pi x}{\tau_t}\right) \tag{5-47}$$

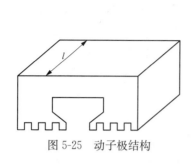

图 5-25 动子极结构

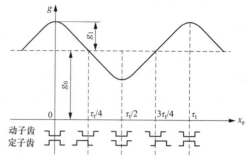

图 5-26 比磁导随动子位置的变化曲线

参照图 5-15，可以求得各极下气隙磁导的表达式为

$$\begin{cases} \Lambda_1 = Z_d l \left(g_0 + g_1 \cos \dfrac{2\pi x}{\tau_t} \right) \\[2mm] \Lambda_2 = Z_d l \left(g_0 - g_1 \cos \dfrac{2\pi x}{\tau_t} \right) \\[2mm] \Lambda_3 = Z_d l \left(g_0 + g_1 \sin \dfrac{2\pi x}{\tau_t} \right) \\[2mm] \Lambda_4 = Z_d l \left(g_0 - g_1 \sin \dfrac{2\pi x}{\tau_t} \right) \end{cases} \qquad (5\text{-}48)$$

（2）力移特性。

直线电机的推力等于电机的磁场储能对位移的微分，即

$$F_e = \frac{\partial W_m}{\partial x} \qquad (5\text{-}49)$$

其中磁场储能为

$$W_m = \frac{1}{2} F_g \Phi_g = \frac{1}{2} \Phi_g^2 R_g = \frac{1}{2} F_g^2 \Lambda_g \qquad (5\text{-}50)$$

式中 F_g——磁动势；

  Φ_g——气隙磁通；

  R_g——气隙磁阻；

  Λ_g——气隙磁导。

将式（5-50）代入式（5-49），可以推导出一个极下产生的电磁推力为

$$F_e = -\frac{\pi}{\tau_t} l Z_d F_g^2 g_1 \sin \frac{2\pi x}{\tau_t} \qquad (5\text{-}51)$$

式（5-51）即为单相绕组通电时，不计二次谐波以上气隙磁导的电磁推力表达式。它是动子位置 x 的函数，称为静态力移特性。

式（5-51）可简化为

$$F_e = -F_{em} \sin \frac{2\pi x}{\tau_t} \qquad (5\text{-}52)$$

$$F_{em} = \frac{\pi}{\tau_t} l Z_d F_g^2 g_1 \qquad (5\text{-}53)$$

式中 F_{em}——电机最大的静态电磁推力，称为峰值静态电磁推力。

对于反应式直线步进电机，气隙磁动势 F_g 正比于控制绕组的励磁电流 I_m，即 $F_g^2 \propto (I_m N)^2$。可见反应式步进电机的电磁推力 F_{em} 正比于绕组电流平方 I_m^2。

对于混合式步进电机，由于它的气隙磁通是由永磁体和控制绕组的磁动势共同产生，因此问题比较复杂，现分析如下：

两相混合式直线步进电机各极下的气隙磁导可表示为

$$
\begin{cases}
极 1 \quad \Lambda_{1p} = \Lambda_0 + \sum_{n=1}^{\infty} \Lambda_n \cos \frac{2\pi}{\tau_t} nx \\[2mm]
极 2 \quad \Lambda_{2p} = \Lambda_0 + \sum_{n=1}^{\infty} (-1)^n \Lambda_n \cos \frac{2\pi}{\tau_t} nx \\[2mm]
极 3 \quad \Lambda_{3p} = \Lambda_0 + \sum_{n=1}^{\infty} \Lambda_n \cos \frac{2\pi}{\tau_t} n \left(x - \frac{\tau_t}{4} \right) \\[2mm]
极 4 \quad \Lambda_{4p} = \Lambda_0 + \sum_{n=1}^{\infty} (-1)^n \Lambda_n \cos \frac{2\pi}{\tau_t} n \left(x - \frac{\tau_t}{4} \right)
\end{cases}
\tag{5-54}
$$

式中 Λ_0——每极气隙磁导的平均值；

Λ_n——每极气隙磁导 n 次谐波的幅值。

设各极下气隙磁通的参考正方向都是由动子指向定子。由永磁体产生的各极磁通为

$$
\begin{cases}
极 1 \quad \Phi_{1p} = \Phi_p + \sum_{n=1}^{\infty} \Phi_{p(n)} \cos \frac{2\pi}{\tau_t} nx \\[2mm]
极 2 \quad \Phi_{2p} = \Phi_p + \sum_{n=1}^{\infty} (-1)^n \Phi_{p(n)} \cos \frac{2\pi}{\tau_t} nx \\[2mm]
极 3 \quad \Phi_{3p} = -\Phi_p - \sum_{n=1}^{\infty} \Phi_{p(n)} \cos \frac{2\pi}{\tau_t} n \left(x - \frac{\tau_t}{4} \right) \\[2mm]
极 4 \quad \Phi_{4p} = -\Phi_p - \sum_{n=1}^{\infty} (-1)^n \Phi_{p(n)} \cos \frac{2\pi}{\tau_t} n \left(x - \frac{\tau_t}{4} \right)
\end{cases}
\tag{5-55}
$$

式中 Φ_p——永磁体在各极下产生的磁通平均值；

$\Phi_{p(n)}$——气隙磁通中的 n 次谐波幅值。

各相励磁磁动势在各极下产生的磁通为

$$
\begin{cases}
极 1 \quad \Phi_{1A} = \Phi_A + \sum_{n=1}^{\infty} \Phi_{A(n)} \cos \frac{2\pi}{\tau_t} nx \\[2mm]
极 2 \quad \Phi_{2A} = -\Phi_A - \sum_{n=1}^{\infty} (-1)^n \Phi_{A(n)} \cos \frac{2\pi}{\tau_t} nx \\[2mm]
极 3 \quad \Phi_{3B} = \Phi_B + \sum_{n=1}^{\infty} \Phi_{B(n)} \cos \frac{2\pi}{\tau_t} n \left(x - \frac{\tau_t}{4} \right) \\[2mm]
极 4 \quad \Phi_{4B} = -\Phi_B - \sum_{n=1}^{\infty} (-1)^n \Phi_{B(n)} \cos \frac{2\pi}{\tau_t} n \left(x - \frac{\tau_t}{4} \right)
\end{cases}
\tag{5-56}
$$

式中 Φ_A、Φ_B——电流 I_A、I_B 所产生的气隙磁通的平均值；

$\Phi_{A(n)}$、$\Phi_{B(n)}$——该气隙磁通中的 n 次谐波幅值。

在电机磁路不饱和的条件下，可认为各极下的气隙总磁通分别为

$$\begin{cases} 极 1 \quad \Phi_1 = \Phi_{1p} + \Phi_{1A} \\ 极 2 \quad \Phi_2 = \Phi_{2p} + \Phi_{2A} \\ 极 3 \quad \Phi_3 = \Phi_{3p} + \Phi_{3B} \\ 极 4 \quad \Phi_4 = \Phi_{4p} + \Phi_{4B} \end{cases} \tag{5-57}$$

当 A 相绕组单独通电时，电磁铁 A 在动子运动过程中磁场储能表达式为

$$W_{mA} = \frac{1}{2} F_g \Phi_g \approx \frac{1}{2} N I_A (\Phi_1 - \Phi_2) \tag{5-58}$$

式中 N——每极线圈的匝数。

A 相电磁铁所受到的电磁推力为

$$F_A = \frac{\partial W_{mA}}{\partial x} \approx \frac{2\pi I_A N}{\tau_t} \left[\Phi_{p(1)} \sin \frac{2\pi}{\tau_t} x + 2\Phi_{A(2)} \sin \frac{2\pi}{\tau_t} 2x \right] \tag{5-59}$$

式中 $\Phi_{p(1)}$——永磁体产生磁通的基波分量；

$\Phi_{A(2)}$——A 相电流产生磁通的二次谐波分量。

如果只考虑气隙磁通中的基波分量，则上式还可以进一步简化为

$$\begin{aligned} F_A &= -\frac{2\pi I_A N}{\tau_t} \Phi_{p(1)} \sin \frac{2\pi}{\tau_t} x \\ &= -\frac{\pi}{\tau_t} N_A I_A \Phi_{p(1)} \sin \frac{2\pi}{\tau_t} x \\ &= -F_{em} \sin \frac{2\pi}{\tau_t} x \end{aligned} \tag{5-60}$$

式中 N_A——A 相绕组的总匝数；

I_A——A 相绕组中的电流。

由式（5-60）可以看出，混合式直线步进电机的电磁推力正比于相电流 I_A。

设永磁体产生的磁通为 Φ_m，则极 1 下分得的磁通为（只考虑基波分量）

$$\Phi_{1p} = \Phi_m \frac{\Lambda_{1p}}{\Lambda_{1p} + \Lambda_{2p}} = \Phi_m \frac{\Lambda_0 + \Lambda_1 \cos \frac{2\pi}{\tau_t} x}{2\Lambda_0} = \frac{\Phi_m}{2} + \frac{\Lambda_1}{2\Lambda_0} \Phi_m \cos \frac{2\pi}{\tau_t} x \tag{5-61}$$

可见

$$\Phi_{p(1)} = \frac{\Lambda_1}{2\Lambda_0} \Phi_m \tag{5-62}$$

$$\Phi_m = B_m A_m \tag{5-63}$$

式中 A_m——永磁体横截面积；

B_m——永磁体工作点上的磁通密度，它是根据永磁体的去磁曲线和磁导系数 μ 来

求取的。

$$\mu = \frac{B_m}{H_m} = \frac{h_m}{A_m}\Lambda_m = \frac{h_m}{A_m}\Lambda_0 \tag{5-64}$$

式中 Λ_0——电机气隙磁导的平均值。

在忽略铁芯部分的磁阻时，永磁体外磁路的磁导为

$$\Lambda_m = \frac{(\Lambda_{1p} + \Lambda_{2p})(\Lambda_{3p} + \Lambda_{4p})}{\Lambda_{1p} + \Lambda_{2p} + \Lambda_{3p} + \Lambda_{4p}} = \Lambda_0 \tag{5-65}$$

同理，当 B 相绕组单独通电时，B 相电磁铁所受到的电磁推力为

$$F_B = -\frac{\pi N_B I_B}{\tau_t}\Phi_{p(1)}\cos\frac{2\pi}{\tau_t}x = -F_{em}\cos\frac{2\pi}{\tau_t}x \tag{5-66}$$

3. 两相混合式直线步进电机的定位力分析

在讨论两相混合式直线步进电机电磁推力时，不考虑气隙磁导高次谐波，故当控制绕组断电时，定、动子之间的电磁力为零。实际上在有高次谐波气隙磁导存在的情况下，即使没有控制电流，永磁体产生的磁场仍然可能在定、动子之间产生作用力，这种力称为电机的定位力。定位力对电机的定位精度会产生一定的影响，现定性分析如下：

假设我们把气隙磁导四次谐波全部考虑进去，则各极下的磁导表达式为

$$\begin{cases} \Lambda_{1p} = \Lambda_0 + \sum_{n=1}^{4}\Lambda_n\cos\frac{2\pi}{\tau_t}nx \\[2mm] \Lambda_{2p} = \Lambda_0 + \sum_{n=1}^{4}(-1)^n\Lambda_n\cos\frac{2\pi}{\tau_t}nx \\[2mm] \Lambda_{3p} = \Lambda_0 + \sum_{n=1}^{4}\Lambda_n\cos\frac{2\pi}{\tau_t}n\left(x - \frac{\tau_t}{4}\right) \\[2mm] \Lambda_{4p} = \Lambda_0 + \sum_{n=1}^{4}(-1)^n\Lambda_n\cos\frac{2\pi}{\tau_t}n\left(x - \frac{\tau_t}{4}\right) \end{cases} \tag{5-67}$$

对于永磁体来说，其总的外磁路磁导为

$$\Lambda_\Sigma = \frac{(\Lambda_{1p} + \Lambda_{2p})(\Lambda_{3p} + \Lambda_{4p})}{\Lambda_{1p} + \Lambda_{2p} + \Lambda_{3p} + \Lambda_{4p}} \approx \Lambda_0 + \Lambda_4\cos 4 \cdot \frac{2\pi x}{\tau_t} \tag{5-68}$$

控制绕组断电时的力移特性为

$$F_{e4} = \frac{1}{2}F_m^2\frac{\partial\Lambda_\Sigma}{\partial x} = -\frac{1}{2}F_m^2\Lambda_4\frac{8\pi}{\tau_t}\sin 4 \cdot \frac{2\pi x}{\tau_t} = -F_{em4}\sin 4 \cdot \frac{2\pi x}{\tau_t} \tag{5-69}$$

图 5-27 表示控制绕组断电时，电机的力移特性曲线。从该力移特性曲线上可以看到，动子只能在有限的不连续的各点上稳定地定位。如图中 $x = \tau_t/4$、$\tau_t/2$、$3\tau_t/4$ … 为稳定平衡点。两稳定平衡点之间的距离至少相距 $\tau_t/4$，大大降低了微步驱动控制步进电机原有的定位分辨率。因此，如果不采取改进措施，当控制绕组断电时，就会影响原来

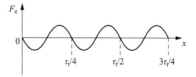

图 5-27 定位力曲线

细分电路所取的定位精度。

5.4 直线磁通反向电机

磁通反向电机（flux reversal motor，FRM）是一种新型双凸极永磁电机（double salient permanent magnet motor，DSPM），是磁阻电机和永磁电机的有机结合体，既是在结构和性能上改良了的双凸极永磁电机，也是开关磁阻电机的又一创造性发展。

5.4.1 磁通反向电机的提出

由 5.1 节的分析可知，开关磁阻电机结构简单、运行可靠，电机推力仅与绕组电流大小及绕组电感随动子位置的变化率有关，而与电流方向无关，从而可采用单极性供电，简化了功率变换器。但是，随着研究的深入，开关磁阻电机的一些固有缺点也显现出来：①只有在绕组电感随动子位置增大时给相绕组通电才能产生正向推力。因此，一个极距范围内，可能用来产生推力的两个区域中只有其中之一可以利用，运行效率和材料利用率相对较低；②开关磁阻电机本质上是一种单边励磁电机，绕组电流中不仅包含推力分量，还有励磁分量，这样不仅增大了绕组和功率变换器的容量，还会产生额外的附加损耗；③绕组电感较大，关断后电流衰减较慢，为避免绕组关断后电流延续到制动力区域，必须将绕组提前关断，因此降低了电机推力。如果能在绕组电感下降区也产生正向推力，使定子绕组的整个开关周期都得到利用，必将大大提高电机的功率密度。

为了解决开关磁阻电机存在的上述问题，充分利用双凸极结构的特点，一些学者将永磁体引入到开关磁阻电机中，提出双凸极永磁电机。图 5-28 为 6/4 极 DSPM 的结构示意图，其基本结构与开关磁阻电机相同，即定、转子均为凸极结构，定子齿上绕有集中绕组，径向相对齿上的绕组串联构成一相，转子上无永磁体和绕组。与开关磁阻电机的不同之处在于，DSPM 在定子铁芯中放置了两块（或多块）永磁体，永磁体采用切向充磁，是定子主磁路的一部分。DSPM 实现了在一个绕组通电周期的正、负半周内均可产生同向转矩的目的，从原理上克服了开关磁阻电机材料利用率较

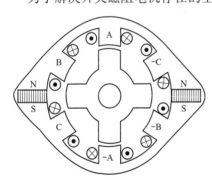

图 5-28 6/4 极双凸极永磁电机
结构示意图

低的缺点。近年来，DSPM 电机的研究日益受到重视，DSPM 电机的结构也有一定的改进，但由于永磁体放在定子轭部，不仅永磁体安装困难，且在给定磁动势下产生的转矩较低。

为了从根本上改变 DSPM 电机磁通脉振式变化的本质，产生了磁通反向电机。与DSPM 相比，它把高性能的永磁体由定子铁芯内部移到定子极表面，且每个极上并排布

置两块充磁方向相反的永磁体。随着转子的旋转，定子绕组所交链的永磁磁通发生双极性变化。这意味着 FRM 将比 DSPM 产生更大的磁通变化，因此会产生更大的电磁转矩，且永磁体易于安装。图 5-29（a）为 6/8 极 FRM 的结构示意图，图 5-29（b）为其样机图。

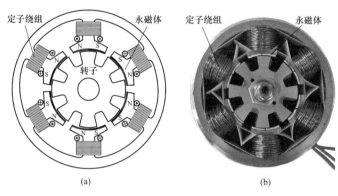

(a)   (b)

图 5-29   6/8 极磁通反向电机

（a）结构示意图；（b）样机图

下面利用图 5-30 所示简化模型来分析磁通反向电机的运行原理。当转子位于图 5-30（a）所示位置时，绕组磁链为正向最大。随着转子顺时针旋转，绕组磁通逐渐减小。直到转子运行到图 5-30（b）所示位置时，由于永磁体产生的磁通被定子铁芯和转子铁芯短路，故此时绕组不匝链永磁磁通。若转子继续顺时针旋转，由于与转子极对应的永磁体极性改变，故绕组匝链的磁通反向并逐渐增大，当转子运行到图 5-30（c）所示位置时，绕组磁链达到反向最大值。

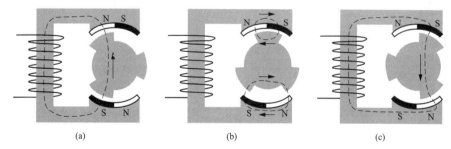

(a)   (b)   (c)

图 5-30   磁通反向电机运行原理图

（a）磁链正向最大；（b）磁链为零；（c）磁链反向最大

由上述分析可知，FRM 电机的磁通由定子极上的永磁体产生，由于每个定子极表面贴有两块极性相反的永磁体，故每当转子转过一个转子极距时，定子上的集中绕组所匝链的永磁磁通就产生一个周期的变化，因此，FRM 的极对数为转子极数，例如 6/8 极 FRM 的极对数为 8，每 45° 为一个电周期。理想情况下，相绕组磁链呈双极性线性变化，会感应出矩形的电动势波形，如图 5-31 所示。因此，磁场虽然是永磁体激励的，但电枢

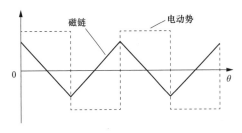

图 5-31　磁链和电动势随转子
位置的变化曲线

绕组的磁链是随转子磁路磁阻的变化而变化的。这样，永磁体没有转动而感应了双极性的电动势，当电机外接负载时，定子绕组磁动势与永磁体建立的磁场相互作用而实现能量转换，机械能就转化为了电能。同样，FRM 也可以作为电动机运行，用作电动机时，给绕组通以方波电流，与开关磁阻电机不同，在永磁磁链增加时给绕组通入正电流，在永磁磁链减小时给绕组通入负电流，电机在正、负半拍均产生正向转矩，这一特点使 FRM 的单位体积出力比开关磁阻电机成倍增加。转矩的大小可以通过控制电流大小或导通区间来实现，改变电流的极性和导通顺序，即可改变转矩方向，因此 FRM 可以方便地实现四象限运行，控制十分灵活。

FRM 具有以下几个特点：

（1）由于永磁体固定在定子齿表面上，安装简单且适于高速旋转；

（2）结构简单，机械强度好，转子上无绕组，转子惯量小，反应迅速；

（3）随转子旋转，定子集中绕组的磁链呈双极性变化，功率密度高；

（4）永磁体的存在大大减小了绕组电感及电感变化率，故电气时间常数小，电流换相迅速。

与其他旋转电机相似，磁通反向电机同样具有直线电机形式，称为直线磁通反向电机（linear flux reversal machine，LFRM）。按照电机相数不同，LFRM 可分为单相电机和三相电机两类，其中前者多用于实现短行程直线运动的场合，而后者一般用于长行程场合。下面分别对这两种 LFRM 进行介绍。

5.4.2　单相直线磁通反向电机

单相直线磁通反向电机的结构如图 5-32（a）所示，其磁路如图 5-32（b）和（c）所示。定子铁芯与电励磁直流旋转电机的定子铁芯结构类似，通常做成 2 极或 4 极结构。在主极的内表面上，贴有瓦片形的稀土永磁体，每极永磁体沿轴向平均分成两段，永磁体为径向充磁，两段永磁体的充磁方向相反。绕组为集中绕组，绕在定子铁芯主极上，空间相对位置主极上的绕组正向串联在一起。动子铁芯为圆筒形，可由硅钢片叠压而成。

在不通电状态，永磁体产生的磁通使动子静止在电机轴向的中间位置上；当线圈中通入电流时，永磁体产生的磁通与线圈产生的磁通在电机轴向的一侧方向相同，二者相互增强，在另一侧方向相反，二者相互削弱，使与动子交链的合成磁通方向产生偏移，从而产生磁阻推力。改变电流的方向，可以改变合成磁通的偏移方向，从而使推力方向发生改变。因此，电机的推力与线圈电流大小成正比，推力方向则由电流方向决定。

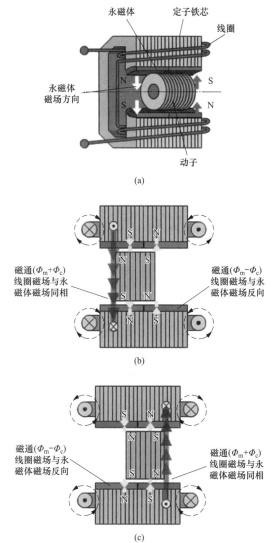

永磁体　定子铁芯

线圈

永磁体
磁场方向

动子

(a)

磁通($\Phi_m + \Phi_c$)
线圈磁场与永
磁体磁场同相

磁通($\Phi_m - \Phi_c$)
线圈磁场与永
磁体磁场反向

(b)

磁通($\Phi_m - \Phi_c$)
线圈磁场与永
磁体磁场反向

磁通($\Phi_m + \Phi_c$)
线圈磁场与永
磁体磁场同相

(c)

图 5-32　单相直线磁通反向电机的结构和磁路

（a）电机的结构示意图；（b）电流方向为正时的磁路；（c）电流方向为负时的磁路

图 5-33 为高频响、短行程单相直线磁通反向电机产品的外观。

高频响、短行程单相直线磁通反向电机具有如下特点：

（1）动子部分只有铁芯，机械强度高，即使在恶劣环境中运行，也能保证可靠性，并且不需要给动子部分供电，不会产生断线故障。

（2）动子采用板簧支撑，不存在轴承的摩擦与磨损，不需要润滑，因此绿色环保且寿命长。

（3）电机采用独特的磁路结构，产生的推力与电流的大

图 5-33　高频响、短行程
单相直线磁通反向电机

小成正比，通过改变电流的方向，能够产生双向推力。

（4）定子铁芯可采用硅钢片叠压而成，电机损耗小、效率高。

（5）动子铁芯为中空结构，电机的推力/质量比大，动态特性好。

5.4.3　三相直线磁通反向电机

图 5-34 为三相直线磁通反向电机的结构示意图。电机初级由三相集中绕组、永磁

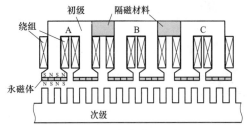

图 5-34　三相直线磁通反向电机

体、铁芯以及隔磁材料等部分构成，其中永磁体位于初级铁芯表面。电机次级为齿槽均匀分布的长铁芯，电枢主磁通受次级齿调制。为使电机正常运行，还需要有位置传感器，用于检测永磁体与次子齿之间的相对位置。与无刷直流电机工作原理相似，根据从传感器得到的动子位置控制电枢电流，即可产生电机推力。

图 5-35 为电机的单极局部放大图。根据洛伦兹力定律，推力由磁通密度、导体长度以及电流的乘积决定（$F=BLI$）。

假设永磁体磁动势可用其等效电流 I_m 代替，永磁体的等效电流表达式为

$$I_m = 2H_c \cdot h_m = 2\frac{B_r}{\mu_0} \cdot h_m \tag{5-70}$$

式中　H_c——永磁体矫顽力；

　　　B_r——永磁体剩磁。

不考虑谐波，电枢绕组产生的随动子位置变化的气隙磁通密度表达式 B、B_{max} 和 B_{min} 分别为

$$B = B_0 + B_1 \cos\frac{2\pi x}{\tau_t} \tag{5-71}$$

$$B_{max} = B_0 + B_1 = ni_a \cdot \mu_0/\delta \tag{5-72}$$

$$B_{min} = B_0 - B_1 \tag{5-73}$$

$$k = B_1/B_0 \tag{5-74}$$

式中　B_0——平均气隙磁密；

　　　B_1——气隙磁密基波分量；

　　　n——每极线圈匝数；

　　　i_a——电枢绕组瞬态电流；

　　　δ——等效气隙长度（$\delta = h_m + g$）；

　　　τ_t——齿距；

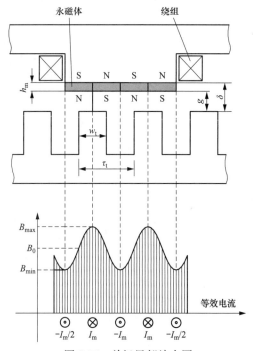

图 5-35　单极局部放大图

k——磁场调制系数。

根据洛伦兹力定律，单极下的推力 F_1 计算式为

$$F_1 = 2B_{\max}LI_{\mathrm{m}} - 2B_{\min}LI_{\mathrm{m}} = 2(B_{\max} - B_{\min})LI_{\mathrm{m}} = 4B_1LI_{\mathrm{m}} \tag{5-75}$$

一般，式（5-75）可写为

$$F_1 = 2B_1 I_{\mathrm{m}} Z L \tag{5-76}$$

式中　Z——每极下对应的次级齿数；

　　　L——铁芯长度。

综合以上各式，可得电机总推力表达式为

$$F_2 = 2F_1 = 4B_1 I_{\mathrm{m}} Z L = 4n i_{\mathrm{a}} \beta \frac{L_{\mathrm{m}}}{\delta} B_{\mathrm{r}} Z L \tag{5-77}$$

式（5-77）中，系数 β 的表达式为

$$\beta = \frac{2k}{k+1} \tag{5-78}$$

在这种三相直线磁通反向电机中，每个极表面上布置了多对永磁体。除了这种结构，目前较为常见的结构是在每个大极上布置一对永磁体。图 5-36 给出了三种典型结构的三相 LFRM。当电机行程较长时，一般将包含绕组和永磁体的初级作为动子，开槽铁芯次级作为定子，这样可以大大减少永磁体的用量，降低电机成本。

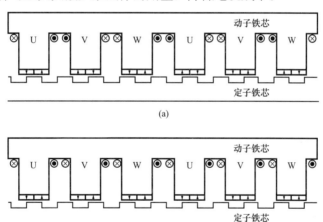

图 5-36　三相磁通反向电机结构示意图

(a) 基本结构；(b) 改进型 1；(c) 改进型 2

图 5-36（a）为三相 LFRM 的基本结构；图 5-36（b）为改变永磁体排列方式和绕组通电方向的 LFRM 改进型 1；图 5-36（c）为试图减少永磁体的 LFRM 改进型 2。在图 5-36（c）所示的电机结构中，每个初级大极上仅布置一块永磁体，且各极上永磁体的极性相同。这种结构的优点是永磁体的加工和安装过程简单，可以先将未充磁的永磁体固定在初级上，再进行充磁。

图 5-37 为与图 5-36 对应的三相 LFRM 的空载磁通分布图。从图 5-37（a）中可以看出，由于属于同一相的两个相邻极下永磁体的充磁方向相反，至少需要 6 个初级大极来构成三相电机。因此，第一种结构的磁通并不是按每三个极一个单元呈周期性变化。除了漏磁通稍有不同，改进型 1 和改进型 2 的磁通分布基本一致，并且均是按照每三个极一个单元呈周期性变化。由于具有周期性的磁通分布，两种改进型在极数选择和绕组连接方式等方面灵活性更高。

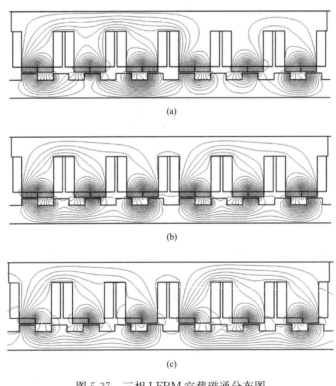

图 5-37　三相 LFRM 空载磁通分布图
(a) 基本结构；(b) 改进型 1；(c) 改进型 2

通过初级斜槽或次级斜槽，可以有效降低定位力和反电动势高次谐波。图 5-38 为斜槽后的 U 相空载反电动势波形。从图中可以看出，改进型 2 的反电动势有效值比其他两种结构大 30%。为计算电机推力，绕组中通入三相正弦交流电流。图 5-39 为额定电流时的推力波形。可以看出，改进型 2 能够产生的最大推力较高，但是由于定位力较大，造成其推力波动明显高于其他两种结构。采用斜槽可以减小推力波动，如图 5-40

所示。

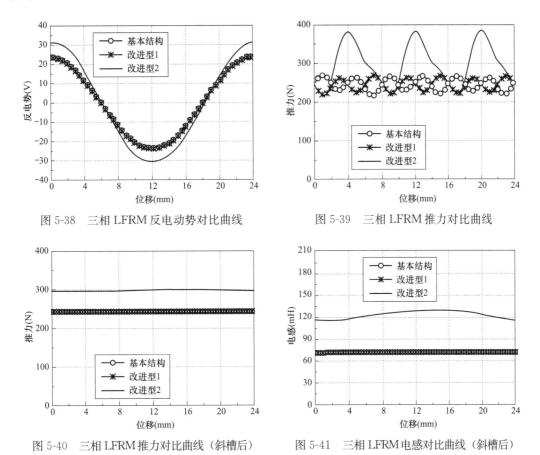

图 5-38　三相 LFRM 反电动势对比曲线　　　　图 5-39　三相 LFRM 推力对比曲线

图 5-40　三相 LFRM 推力对比曲线（斜槽后）　　图 5-41　三相 LFRM 电感对比曲线（斜槽后）

通过对额定电流时的仿真结果分析后可以看出，基本结构和改进型 1 两种结构在推力方面表现出几乎相同的特性。由于改进型 2 的定位力较大，不可避免地会产生推力波动，因此其推力波形与前两种结构相差较大，但是通过斜槽可以有效地降低推力波动。与其他两种结构相比，改进型 2 产生的平均推力提高 22％，而且永磁材料用量减半。

图 5-41 为斜槽后的相电感变化曲线。基本结构和改进型 1 的相电感基本保持不变，波动仅为 2％。由于磁路的磁阻发生变化，改进型 2 的相电感波动约为 11％。另外，由于磁链增大，改进型 2 的平均电感值比其他两种结构大。

5.5　直线磁通切换电机

磁通切换电机（flux switching motor，FSM）的概念在 1955 年由学者 Rauch 和 Johnson 首次提出，之后较长时间内对这种电机的研究较少。1992 年 Lipo 和 Liao 等学者提出了在定子轭部嵌入永磁体的双凸极永磁电机 DSPM，并进行了电机性能的分析研究。由于 DSPM 的绕组磁链是单极性的，而 FSM 的绕组磁链是双极性的，因此后者具有较高的输出能力。随着永磁材料的发展，部分学者在 1997 年后重新将研究转向 FSM，随后在国际上引起了广泛关注。

直线磁通切换电机（linear flux switching motor，LFSM）可以看成是一种内嵌永磁体式直线磁通反向电机，其同时具有直线永磁电机和直线开关磁阻电机的优点。由于鲁棒性和可控性较好，直线磁通切换电机适合应用在高精度直驱场合。研究表明，直线磁通切换电机的磁链和反电动势基本上呈正弦规律变化，并且推力密度较高。与直线磁通反向电机相比，直线磁通切换电机的电枢反应磁场与永磁体充磁方向垂直，降低了永磁体不可逆退磁的风险。

5.5.1　直线磁通切换电机的工作原理

图 5-42 为直线磁通切换电机的结构示意图。短初级作为动子，长次级作为定子。定子由硅钢片叠压而成，其气隙面开有齿槽。动子由三相绕组、永磁体及铁芯组成，其中铁芯部分共包含 12 个 U 型铁芯（左右端部视为一个铁芯），每个 U 型铁芯槽中均嵌放相邻相绕组的两个线圈边。永磁体位于相邻两个 U 型铁芯之间，充磁方向与动子运动方向平行，且相邻两块永磁体的充磁方向相反。

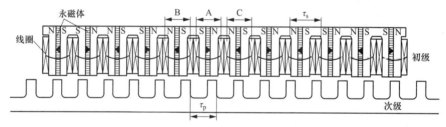

图 5-42　直线磁通切换电机的结构示意图

图 5-43 为直线磁通切换电机原理示意图。图 5-43（a）为动子的初始位置，此时定子齿与动子永磁体的右侧齿对齐，该相绕组所匝链的永磁磁通方向是从动子穿过气隙进入到定子。当动子向右运动到图 5-43（b）所示位置时，定子齿与动子永磁体左右两侧齿对称分布，永磁磁通被定子齿和动子齿短路，此时该相绕组不匝链永磁磁通。当动子继续向右运动到图 5-43（c）所示位置时，定子齿与动子永磁体左侧齿对齐，该相绕组所匝链永磁磁通的方向是从定子穿过气隙进入到动子。因此，动子从图 5-43（a）位置运动到图 5-43（c）位置时，绕组匝链的磁通大小并没有变，但是方向相反，这就实现了所谓的磁通切换。与直线磁通反向电机（LFRM）相同，直线磁通切换电机（LFSM）的相绕组磁链也是双极性的。

在直线磁通切换电机中，永磁体磁通始终存在，且永磁体内部磁通方向固定。当动子位置发生变化时，永磁磁通切换路径，使得与线圈匝链磁通的幅值和方向发生变化，从而

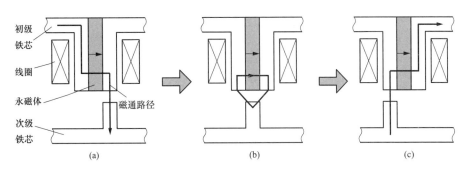

图 5-43　磁通切换电机的工作原理

(a) 磁通正向最大位置；(b) 磁通为零；(c) 磁通负向最大位置

在线圈中感应出电动势。当线圈中通入合适的电流时，动子在电磁力作用下产生运动。例如，在图 5-43 (b) 所示的位置，当线圈电流方向为左进右出时，永磁体右边的磁场增加，而左边的磁场减弱，故将推动动子向左运动到位置 a。当电流反向时，动子将向右运动到位置 c。

由于 LFSM 自身的结构特点，使得电机每相绕组的永磁磁链在一个动子极距内呈正弦变化，因此电机每相绕组的感应电动势也接近于正弦波形。根据绕组中磁链或电动势的变化规律，通入相应的交流电流，就可产生连续的电磁推力。

与旋转磁通切换电机类似，直线磁通切换电机的次级极数（次级齿数）N_p 和初级槽数（初级 U 型铁芯数）N_s 可以有多种有效组合，均可构成三相电机。如果忽略初级端部效应，当次级移动一个极距 τ_p 时，磁场分布和相绕组磁链则变化一个周期。如果动子的直线速度为 v，则磁链和感应电动势波形的基本周期为 τ_p/v，基本频率为 v/τ_p。

从图 5-42 可以看出，直线磁通切换电机中相邻两相绕组之间的相位差与初级槽距 τ_s 以及次级极距 τ_p 相关，其表达式为

$$\theta_s = (\tau_s/\tau_p) \times 2\pi + \pi \tag{5-79}$$

式 (5-79) 中，π 是由位于相邻初级铁芯之间的永磁体产生的 180° 相移。另外，初级槽距与次级极距需满足下式

$$N_p \tau_p = N_s \tau_s \tag{5-80}$$

将式 (5-80) 代入式 (5-79)，可以得到

$$\theta_s = (2N_p/N_s + 1)\pi \tag{5-81}$$

对于三相电机，应满足

$$\theta_s = k\pi \pm 2\pi/3, \quad k = 1,2\cdots \tag{5-82}$$

由式 (5-81) 和式 (5-82)，可进一步推导出 N_s 与 N_p 之间的关系为

$$N_s = 6N_p/[3(k-1)\pm2] \tag{5-83}$$

另外，必须保证初级槽数 N_s 可被 3 整除。因此，对于给定次级极数 N_p，需满足下式

$$2N_p/[3(k-1)\pm2] = 正整数 \tag{5-84}$$

表 5-1 直线磁通切换电机的极槽配合

初级槽数 N_s	次级极数 N_p
3	2、4、5
6	4、5、7、8、10、11
9	6、12、15
12	8、10、14、16、20、22
15	10、20、25
18	12、15、21、24、30、33

为保证所有初级和次级在电磁能量转换过程中均有效，N_s 与 N_p 的比值应介于 $0.5 \sim 2$ 之间，即 $0.5 < N_s/N_p < 2$。表 5-1 给出了最大初级槽数 $N_s = 18$ 以内的所有可能的电机极、槽数配合。从表中可以看出，对于给定槽数，有多种可行的极数配合。然而，由于电机出力能力与磁链的变化率相关，而且定位力与 N_s 和 N_p 的最小公倍数成反比，因此不同的极槽配合会使电机性能发生较大变化。

可以发现，对于 $N_s > 6$ 的极槽配合，均是 $N_s = 3$ 和 $N_s = 6$ 两种基本组合的整数倍。例如，对于 $N_s = 12$ 对应的极数（8，10，14，16，20，22），可以通过将 $N_s = 6$ 对应极数（4，5，7，8，10，11）乘以 2 得到。

5.5.2 直线磁通切换电机的结构及分类

直线磁通切换电机按其相数可分为单相电机和三相电机；按其初级铁芯结构可分为多齿结构、U 型结构、E 型结构以及模块化结构；按其结构型式可分为平板型和圆筒型两类，其中平板型又包括单边和双边两种结构；按其励磁方式可分为永磁体励磁、电励磁以及混合励磁。

图 5-44 为圆筒型单相直线磁通切换电机。外磁轭与动子铁芯均为圆筒形，内磁轭为圆柱形，线圈为圆环形，永磁体也为圆环形，轴向充磁，与线圈一起均位于定子上。主磁路由定子磁极、外气隙、动子铁芯、内气隙、内磁轭、端盖以及外磁轭构成。当线圈不通电时，永磁体产生的磁通主要沿外磁轭及动子铁芯等漏磁路闭合，在漏磁通的作用下，动子停止在轴向中间平衡位置上；当线圈通电时，永磁体磁动势与线圈磁动势串联，永磁体产生的磁通主要沿上述主磁路闭合，根据磁力线沿磁阻最小路径闭合原理，在动子铁芯上会产生一个沿轴向的电磁力。分析可知，改变电流的方向，电磁力的方向也会随之改变。这种单相电机的行程较短，主要应用于需要直线往复振荡运动以及高频响伺服驱动场合。

图 5-45 为单边多齿结构三相直线磁通切换电机。与常规结构相比，当电负荷较低时，多齿结构磁通切换电机能够产生较高的推力。另外，多齿结构所需要的永磁体、线圈以及叠片铁芯模块均较少，因此，材料和加工费用大大降低。图 5-46 为两种双边多齿结构三相直线磁通切换电机。双边结构理论上不存在定子与动子之间的法向吸力，排除了单边结构中存在的法向力扰动问题，设计时无需对轴承支撑系统做特殊考虑。对于

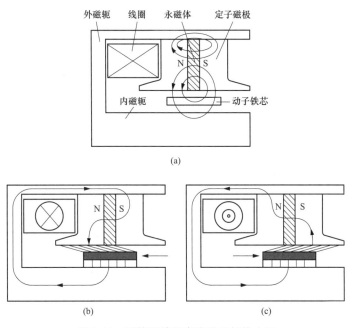

图 5-44　圆筒型单相直线磁通切换电机

(a) 不通电状态；(b) 通正向电流；(c) 通负向电流

图 5-46（a）所示结构，由于 A 相绕组与 C 相绕组均有一部分处于电机的纵向端部，A_1 相左端与 C_2 相右端无相邻永磁体，磁场较 B 相绕组弱。因此，A、C 两相的感应电动势幅值要小于 B 相，造成三相电动势幅值和相角不对称，使电机推力波动较大。图 5-46（b）为图 5-46（a）的改进结构，通过增加端部齿槽和端部永磁体，可以获得对称的电动势波形。通过对端部齿槽形状和定子齿宽度进行优化，可以保证在电动势正弦对称的基础上进一步减小电机的定位力。

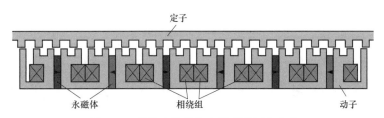

图 5-45　单边多齿结构直线磁通切换电机

图 5-47 为模块化直线磁通切换电机。电机初级由若干模块单元构成，每个模块单元由两个 U 型叠片铁芯、一块永磁体和一个集中线圈组成。两个相邻模块单元之间利用隔磁板进行间隔，隔磁板为非磁性材料。常规结构中，永磁体位于 U 型铁芯之间，相邻永磁体充磁方向相反，每个 U 型槽内嵌放有异相的两个线圈边。而在模块化结构中，将常规结构的一半永磁体利用隔磁板取代，剩余的永磁体按面对面的方式重新进行排列，每间隔一个初级齿，绕制一个集中线圈。这种结构不仅具有传统直线磁通切换电机的优点，

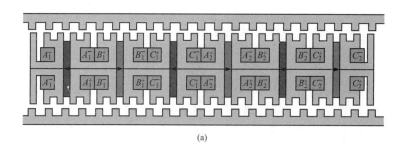

(a)

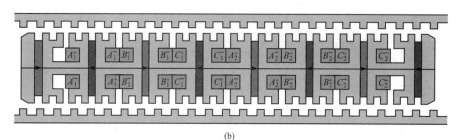

(b)

图 5-46 双边多齿结构直线磁通切换电机

（a）基本结构；（b）改进结构

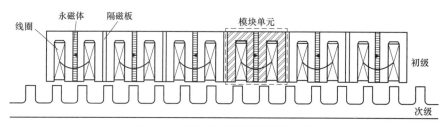

图 5-47 模块化直线磁通切换电机

还具有一些新特点，如永磁体利用率高、容错能力强、电机装配简单。图 5-48 分别给出了传统结构与模块化结构的初级实物图。

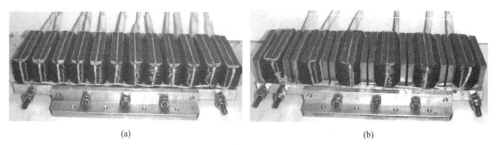

(a)   (b)

图 5-48 直线磁通切换电机初级样机

（a）传统结构；（b）模块化结构

在模块化结构电机中，辅助齿上无绕组，内部夹有隔磁板，可以显著降低相间磁场耦合。因此，相绕组在电磁、热交换和位置方面基本上是独立的，容错能力和安全性提高。除此之外，预成型线圈可以非常容易地嵌放在模块单元的开口槽中，且模块单元之间的装配也非常简单，使得这种电机适合于低造价批量生产。成型绕组可以实现相对较高的槽满率，提高了电机的功率密度。

图 5-49 为 E 型铁芯结构直线磁通切换电机。电机初级铁芯包含 2 个 U 型铁芯和 5 个 E 型铁芯。2 个 U 型铁芯处于初级的两个端部，5 个 E 型铁芯位于初级中部。研究表明，E 型铁芯结构可以对减小定位力有所帮助。

图 5-50 为 10 极 12 槽圆筒型直线磁通切换电机。电机为动初级结构，初级由 13 个环

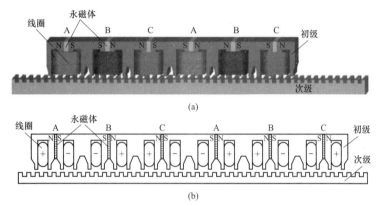

图 5-49　E 型铁芯直线磁通切换电机

（a）3D 结构；（b）2D 结构

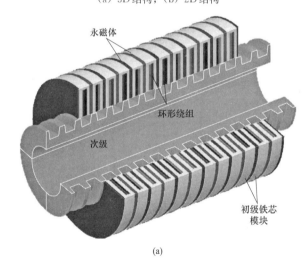

（a）

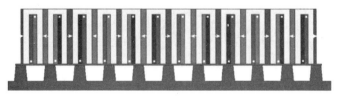

（b）

图 5-50　10 极 12 槽圆筒型直线磁通切换电机

（a）3D 结构；（b）2D 结构

形永磁体、24组环形线圈以及12个带有凹槽的环形铁芯组成。与传统的圆筒型永磁直线电机永磁体布置在次级表面并径向充磁的方式不同，这种电机的永磁体采用轴向充磁的方式，相邻永磁体充磁方向相反，永磁体处于两个初级模块之间，初级模块内嵌放有环形线圈。由于该电机为圆筒型结构，绕组无端部，无径向单边磁拉力，可在恶劣环境中运行。

以上结构电机均采用永磁体励磁方式，尽管这类电机具有推力密度高、效率高等优势。然而，目前稀土永磁体价格较为昂贵，并属于稀缺资源；另外，永磁体的不可逆退磁制约了工作环境温度、限制了电机的应用场合。为此，各国学者开始研究利用电励磁取代永磁体励磁。

电励磁直线磁通切换电机可以直接利用对应的永磁体励磁磁通切换电机得到，如图5-51所示。图5-51（a）中，利用直流励磁线圈取代永磁体。需要注意的是：直流励磁线圈中间存在一段叠片铁芯，用于减小直流励磁磁阻，并起到连接铁芯的作用。然而，

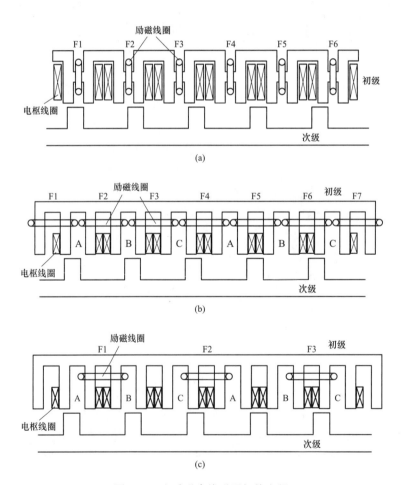

图 5-51　电励磁直线磁通切换电机

（a）结构 1；（b）结构 2；（c）结构 3

在初级外表面处，由直流产生的励磁磁场仅通过初级外部，并不流向次级。因此，可以移除初级外表面附近的直流导体，增大用于产生主磁通的气隙附近的导体槽面积，如图 5-51（b）所示。为减少线圈数量，可以将直流励磁线圈间隔布置，如图 5-51（c）所示。与永磁体励磁磁通切换电机相似，一个直流励磁线圈的槽中线圈边与其相邻的两个初级齿组成一个极。

直线磁通切换电机除了单独采用永磁体励磁或电励磁，还可以将二者结合起来，即采用混合励磁方式。混合励磁直线磁通切换电机可以根据励磁线圈在初级上的位置以及永磁体磁场与电励磁磁场的磁路结构（串联或并联）进行分类。

图 5-52 为三种混合励磁直线磁通切换电机。在图 5-52（a）所示结构中，部分永磁体被直流励磁线圈取代。这种结构较为复杂，电枢绕组与励磁线圈相重叠。在图 5-52（b）所示结构中，励磁线圈与电枢绕组不会发生重叠。然而，为了提供励磁线圈摆放

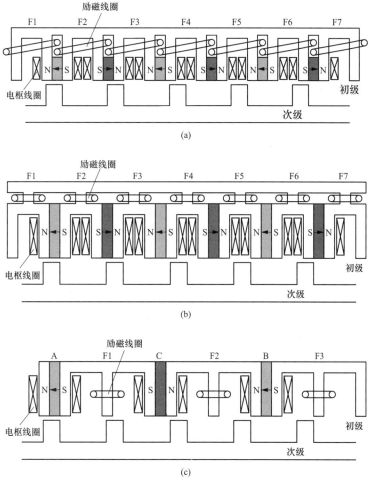

图 5-52　混合励磁直线磁通切换电机

（a）结构 1；（b）结构 2；（c）结构 3

空间，初级高度需增大，降低了电机的推力密度。图 5-52（c）所示结构克服了以上两种结构的缺点。这种结构采用 E 型铁芯，电机结构简单，励磁线圈与电枢绕组不发生重叠，与传统结构直线磁通切换电机相比，在提高推力密度的同时，永磁材料用量减半。

6　直　线　发　电　机

直线发电机是一种能够将直线动能直接转换为电能的装置，其类型、结构以及特点与直线电动机相似，只是能量转换方向相反。直线发电机直接从原动机获得直线动能，省去了用于将原动机的直线运动转换为旋转运动的曲轴传动装置，使系统结构更加紧凑、减少了运动部件并且有效降低了摩擦损耗，消除了高速旋转运动带来的离心力的影响，系统运行可靠。

本章围绕目前直线发电机的主要应用领域，分别对斯特林直线发电机、直驱式波力发电机、磁悬浮列车直线发电机以及汽车悬架用直线发电机进行介绍。

6.1　直线发电机的工作原理与分类

直线发电机可以认为是传统旋转发电机在结构方面的一种演变，它可以看作是将一台旋转电机沿径向剖开，然后将电机的圆周展成直线，转子的旋转运动变为了动子的往复直线运动。直线发电机较旋转式发电机磁路结构容易改变，因此，其结构型式比旋转感应发电机和旋转同步发电机更加多样。直线发电机按其结构型式的不同，可分为平板型直线发电机、圆筒型直线发电机、圆盘型直线发电机，其中平板型和圆筒型直线发电机最有代表性，且应用最为广泛；按照磁路结构，可分为纵向磁通直线发电机和横向磁通直线发电机；按照励磁方案，可以分为电励磁直线发电机和永磁直线发电机；按照电机相数分类，可以分为单相、两相、三相及多相直线发电机。

直线发电机工作时，是将发电机动子通过传动部件与原动机相连而带动动子做往复运动，动子运动的速度和频率则与原动机的速度和频率相同。由于直线发电机在结构上相当于从传统的旋转式发电机演变过来的，故其在工作原理上也和旋转发电机相似。以永磁直线发电机为例简述其运行原理，永磁直线发电机的次级永磁体会在其气隙中建立磁场，在原动机的拖动下，当永磁直线发电机的初级与次级产生相对运动时，由于气隙磁场发生变化，初级电枢绕组所匝链的磁通将发生变化，基于法拉第电磁感应定律，进而产生的电枢绕组感应电动势。当电枢绕组外接上用电负载时，初级绕组中将产生电流，此时直线发电机向负载输出电功率，完成将原动机机械能向负载电能的转换。

直线发电机和普通的旋转发电机一样，有异步、同步、步进、开关磁阻、有刷直流、无刷直流等各种类型。随着永磁材料的迅速发展、电力电子和微机控制技术的进步，尤其是纳米复合材料的出现，将永磁发电机的研究与发展推向一个新的阶段。最初直线发电机一般只限于直线感应发电机和直线同步发电机。而现在，已研究出各种各样的直线发电机。目前，作为一种高效的机电能量装换装置，直线发电机已经应用在各个领域，如斯特林直线发电机、直驱式波力发电机、磁悬浮列车直线发电机，以及汽车悬架用直线发电机，下面针对不同领域的应用特点分别对相应的直线发电机进行介绍。

6.2　斯特林直线发电机

斯特林发动机（Stirling Engine）是一种外燃式封闭循环活塞式发动机，其对燃烧方式或外燃系统的特性无特殊要求，只要外燃温度高于闭式循环中的工质温度即可。例如，各种可燃物的燃烧装置、太阳能、原子能、废热、蓄热装置以及化学反应生成热装置等均可成为斯特林发动机的外部加热热源。斯特林发动机的工质被密封在气缸里，受热膨胀后推动活塞，使发动机对外输出功率。燃料在气缸外的燃烧室内连续燃烧，通过加热器将热量传给工质，工质不参与燃烧，因此它具有燃料适应性强、低排放与低噪声等特点。

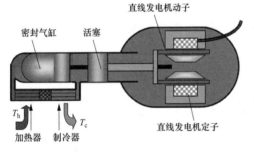

图 6-1　斯特林发电系统

将斯特林机作为原动机，与直线发电机结合，构成斯特林发电系统，如图 6-1 所示。这种基于 Stirling 循环的直线发电系统具有能源种类多、寿命长、效率高和可靠性高等优势，在许多应用领域有取代传统发电系统的潜力和广泛的应用前景，尤其在深空探测和军事领域具有不可替代的优势。

斯特林原动机的活塞运动具有短行程和高频率的特点，由于多相发电机在改变运动方向时会改变相序，因此斯特林发电系统中通常采用单相发电机。为便于分析，通常假设单相直线发电机的动子做简谐运动，其位移表达式为

$$x = x_{\max}\sin\omega t \tag{6-1}$$

根据法拉第电磁感应定律，线圈反电动势表达式为

$$e(t) = -\frac{\partial \Psi_{PM}}{\partial x}\frac{dx}{dt} \tag{6-2}$$

式中　Ψ_{PM}——线圈磁链。

将式（6-1）代入式（6-2）中，可得

$$e(t) = -\frac{\partial \Psi_{PM}}{\partial x}x_{\max}\omega\cos\omega t = E_m\cos\omega t \tag{6-3}$$

由式（6-3）可知，为产生一个按正弦规律变化的反电动势波形，需满足

$$\frac{\partial \Psi_{PM}}{\partial x} = C \qquad (6\text{-}4)$$

式（6-4）说明正弦波反电动势的产生条件为：与发电机绕组匝链的永磁体磁通随动子位移呈线性变化规律，如图 6-2（a）所示。实际情况下，由于存在边缘效应，永磁体产生的磁场在动子

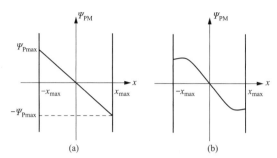

图 6-2 线圈磁链随动子位置变化曲线
（a）理想情况；（b）实际情况

行程边缘处的变化会趋于平缓，如图 6-2（b）所示，造成奇次谐波反电动势的存在。

单相直线发电机的电磁推力表达式为

$$F_e(t) = \frac{e(t) \cdot i(t)}{\mathrm{d}x/\mathrm{d}t} = -\frac{\partial \Psi_{PM}}{\partial x} i(t) \qquad (6\text{-}5)$$

由式（6-5）可知，理想条件下的推力与电流变化规律相同，且当 $e(t)$ 与 $i(t)$ 同相位时，单位电流产生的推力最大。由式（6-2）可知，此时 $e(t)$ 与线速度同相位，因此，电流与线速度也同相位。

单相发电机的电压方程为

$$\boldsymbol{V}_1 = -(r + \mathrm{j}\omega L)\boldsymbol{I}_1 + \boldsymbol{E}_1 \qquad (6\text{-}6)$$

式（6-6）中，反电动势与电压的表达式分别为

$$\boldsymbol{E}_1 = E_m e^{\mathrm{j}\omega t} \qquad (6\text{-}7)$$

$$\boldsymbol{V}_1 = \sqrt{2} V_1 e^{\mathrm{j}(\omega t - \delta_v)} \qquad (6\text{-}8)$$

式中 δ_v——相电压与反电动势之间的相角。

图 6-3 为单相直线发电机的向量图。与同步发电机相似，复功率表达式为

$$\boldsymbol{S} = \boldsymbol{V}_1 \cdot \boldsymbol{I}_1^* = P_1 + \mathrm{j}Q_1 \qquad (6\text{-}9)$$

有功功率 P_1 的表达式为

$$P_1 = \mathrm{Real}(\boldsymbol{V}_1 \cdot \boldsymbol{I}_1^*) = \frac{E_m}{\sqrt{2}} I_1 \cos\delta_1 - rI_1^2 \qquad (6\text{-}10)$$

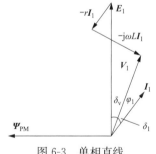

图 6-3 单相直线
发电机向量图

按照运动部件划分，直线发电机可分为动圈型、动磁型和动铁型三类。下面分别对这三种类型直线发电机进行介绍。

6.2.1 动圈型直线发电机

图 6-4 为单极式动圈型直线发电机的结构示意图。发电机初级沿轴向与原动机动力输出端相连，并同时通过谐振弹簧与发电机定子中心轭部相连。环形永磁体位于外定子内圆周表面，线圈均匀分布在永磁体和中心轭部之间，利用绝缘保持架支撑，可沿轴向

在气隙中往复运动。当线圈在永磁体磁场下往复运动时，导体切割磁场，将产生与线速度、气隙磁密、匝数以及导体平均长度成正比的感应电动势，其表达式为

$$e(t) = -\frac{\mathrm{d}x}{\mathrm{d}t} \cdot N_{\mathrm{c}}' \cdot l_{\mathrm{av}} \cdot B_{\mathrm{g}} \tag{6-11}$$

式（6-11）中 N_{c}' 为线圈有效匝数，表达式为

$$N_{\mathrm{c}}' = N_{\mathrm{c}} \frac{w_{\mathrm{m}}}{l_{\mathrm{stroke}} + w_{\mathrm{m}}} \tag{6-12}$$

式中　　N_{c}——线圈总匝数；

　　　　w_{m}——永磁体宽度；

　　　　l_{stroke}——动子行程，$l_{\mathrm{stroke}} = 2x_{\mathrm{max}}$。

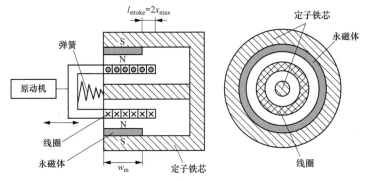

图 6-4　单极式动圈型直线发电机

式（6-12）说明，对于图 6-4 所示的长初级、短次级结构，并不是全部导体同时参与产生感应电动势。这种结构的优点是永磁体磁场得到充分利用，缺点是绕组电阻和电感比短初级、长次级结构大。

由于单极直线发电机需提供永磁体磁通闭合回路，因此定子铁芯较大，弹簧安装不方便。为提高输出功率，一般采用多极结构，将相邻极下的线圈反向串联，如图 6-5 所示。当需要较大推力时，既可以增大电机外径，又可增加电机极对数。在这种结构中，运动部分不仅包含初级线圈，还增加了动子铁芯，其结构更加坚固，但动子质量会相应增加，对振荡频率的限制增大。永磁体宽度与动子行程之比 $w_{\mathrm{m}}/l_{\mathrm{stroke}}$ 越大，线圈利用率越高，但定子轭部厚度会相应增加。设计这类发电机时，需综合考虑效率、成本以及动子质量等关键指标。

图 6-6 给出了多极直线发电机的各部分尺寸。由磁路法可以确定气隙磁通密度，估算表达式为

$$B_{\mathrm{g}} \approx \frac{B_{\mathrm{r}} \cdot h_{\mathrm{m}} \cdot \mu_{\mathrm{r}}}{h_{\mathrm{m}} + (g + h_{\mathrm{c}}) \cdot \mu_{\mathrm{r}}} \cdot \frac{1}{(1 + k_{\mathrm{fringe}}) \cdot (1 + K_{\mathrm{s}})} \tag{6-13}$$

式（6-13）中，k_{fringe} 为边缘系数，用于考虑相邻永磁体之间漏磁的影响，由 $[1 + (g + h_{\mathrm{c}})/h_{\mathrm{m}}]$ 和 $l_{\mathrm{stroke}}/h_{\mathrm{m}}$ 决定；K_{s} 为饱和系数，由动子铁芯以及定子轭部铁芯的饱和

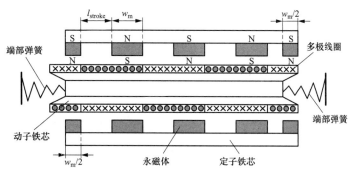

图 6-5 多极式动圈型直线发电机

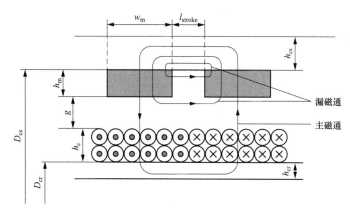

图 6-6 多极式发电机尺寸

程度决定。对于一个合理的设计方案，一般 $k_{fringe} < 0.3 - 0.5$，$K_s < 0.05 - 0.15$。

$2p$ 组线圈串联后产生的感应电动势为

$$E(t) = B_g \cdot \pi \cdot D_{av} \cdot 2p \cdot N_c \cdot \frac{w_m}{l_{stroke} + w_m} \cdot v(t) \quad (6\text{-}14)$$

式中 D_{av}——线圈平均直径。

电磁推力表达式为

$$F(t) = B_g \cdot \pi \cdot D_{av} \cdot 2p \cdot N_c \cdot \frac{w_m}{l_{stroke} + w_m} \cdot i(t) \quad (6\text{-}15)$$

绕组电感和电阻表达式分别为

$$L \approx \frac{1}{8} \cdot 2p \cdot \mu_0 \cdot N_c^2 \cdot \pi \cdot D_{av} \cdot \frac{w_m + l_{stroke}}{h_m + g + h_c} \quad (6\text{-}16)$$

$$r = \rho_c \cdot \pi \cdot D_{av} \cdot 2p \cdot \frac{N_c}{I_N / J_c} \quad (6\text{-}17)$$

式中 I_N——额定电流；

J_c——导体电流密度，对于强制风冷，$J_c = 6\text{-}10 A/mm^2$。

由于气隙相对较长，动圈型直线发电机的电感较小，并且理论上不存在定位力。这类发电机最大的缺点是：刚度较低的端部连接容易造成运动线圈的损坏，特别是对于大功率电机；另外，这类发电机铜耗较大。

6.2.2 动磁型直线发电机

动磁型直线发电机具有功率密度大、效率高和动子质量轻等优点，适合于多种应用场合，图 6-7 和图 6-8 给出几种典型结构的动磁型直线发电机。图 6-7 为圆筒型双定子结构直线发电机，内定子由 8 个线圈以及定子铁芯构成，外定子为导磁圆环，与每极线圈对应的动子上轴向分布两块极性相反的永磁体，动子共包含 16 块永磁体。图 6-8（a）为平板型动子结构，为减小法向力，定子采用双边结构，每边定子均由两组线圈和一个 E型铁芯组成。图 6-8（b）为圆筒型 C 型铁芯结构，这种发电机为单绕组动次级结构，磁场均匀性好、推力密度较大、漏磁通较小。图 6-8（c）为圆筒型 E 型铁芯结构，这种发电机为双绕组动次级结构，即次级永磁体运动、而次级铁芯固定不动，因此，动子质量较轻。与图 6-7 中的集中绕组相比，图 6-8（b）和图 6-8（c）中的直线发电机定子采用环形绕组，结构更加简单。图 6-9 为动磁型直线发电机的永磁体与次级铁芯的两种结合方案。

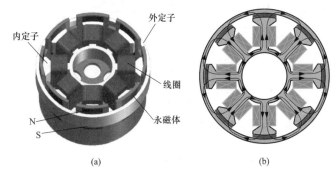

(a)   (b)

图 6-7 双定子结构动磁型直线发电机

（a）外形结构；（b）磁通路径

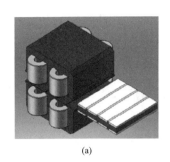 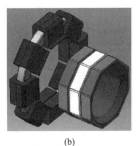 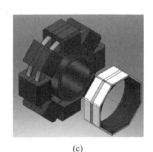

(a)   (b)   (c)

图 6-8 动磁型直线发电机

（a）平板型动子结构；（b）C 型铁型结构；（c）E 型铁芯结构

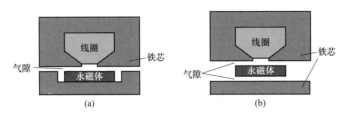

图 6-9 永磁体与次级铁芯的两种结合方案

(a) 次级铁芯运动；(b) 次级铁芯固定

为便于分析，给出动磁型直线发电机的简化结构，如图 6-10 所示。图中的直线发电机为圆筒型结构，定子由内外两组铁芯以及两个线圈构成，线圈嵌放在 U 型铁芯槽内。内外定子铁芯之间为环形空间，环形的次级永磁体可在环形空间内沿轴向自由移动。当永磁体在原动机的作用下做轴向往复运动时，定子铁芯中的磁通，或者说是与定子线圈相匝链的磁通会根据永磁体的位置在正负最大值之间不断变化，变化的磁通会在线圈内产生电动势。

为尽量增大线圈利用率并使结构更加紧凑，这种圆筒型直线发电机的外径与轴向长度之比一般较大。对于单极动磁型直线发电机，动子处于中心位置时不稳定，机械弹簧的引入能够保证动子复位。

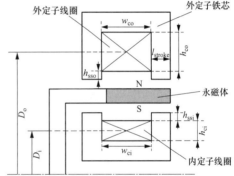

图 6-10 动磁型直线发电机简化结构

在图 6-10 中，永磁体处于行程最右端的位置，根据磁路法，可推导出永磁体产生的气隙磁通密度的表达式为

$$B_g \approx \frac{B_r \cdot h_m \cdot \mu_r}{h_m + (4g + h_m) \cdot \mu_r} \cdot \frac{1}{(1 + k_{\text{fringe}}) \cdot (1 + K_s)} \tag{6-18}$$

为产生合理的气隙磁场，永磁体厚度一般较大。

假设动子位移随时间按正弦规律变化，并且线圈磁链随动子位移线性变化，则反电动势表达式为

$$E(t) = -2\pi f_1 \cdot B_g \cdot l_{\text{stroke}} \cdot \pi \cdot D_{\text{av}} \cdot (N_o + N_i) \cdot \cos(2\pi f_1 t) \tag{6-19}$$

式中　D_{av}——动子平均直径；

N_o——外定子线圈匝数；

N_i——内定子线圈匝数。

发电机电感由主电感 L_m 和漏电感 L_l 两部分构成，根据主磁通和漏磁通路径，可得主电感和漏电感表达式分别为

$$L_m \approx \frac{\mu_0 \pi D_{\text{av}} (N_o + N_i)^2 l_{\text{stroke}}}{(1 + K_s)[4g + h_m(1 + \mu_r)]} \tag{6-20}$$

$$L_l = \mu_0 N_i^2 \left(\frac{h_{ci}}{3w_{ci}} + \frac{h_{ssi}}{w_{ci}}\right)\pi D_i + \mu_0 N_o^2 \left(\frac{h_{co}}{3w_{co}} + \frac{h_{sso}}{w_{co}}\right)\pi D_o \tag{6-21}$$

电感表达式为

$$L = L_m + L_1 \tag{6-22}$$

发电机总电阻表达式为

$$r = \rho_c \frac{(\pi D_i N_i + \pi D_o N_o)}{I_N / J_c} \tag{6-23}$$

动磁型直线发电机具有以下缺点：

（1）动子的高速往复振动可能会导致永磁材料性能下降并更易损坏，永磁体安装工艺较为复杂。

（2）随着发电机内部温度的升高，永磁体性能变差，而且由于永磁体位于内外定子之间，很难采取冷却措施。

（3）在故障条件下，电枢短路会使永磁体产生不可逆退磁。

6.2.3　动铁型直线发电机

图 6-11 为动铁型直线发电机的典型结构，这种电机结构简单、易于加工。如图所示，定子由线圈、永磁体以及定子铁芯组成，定子铁芯由硅钢片叠压而成，其上均匀分布 4 个凸极，凸极内表面上贴有永磁体，永磁体径向充磁，圆周方向每相邻两极永磁体的极性相反。沿发电机轴向，每个定子凸极包含 4 块极性 N、S 交替的永磁体。发电机 4 个凸极上的 4 个线圈串联连接。动子由两个叠片铁芯单元组成，两个铁芯单元相距一个极距并通过轻质非导磁材料进行连接。在实际应用中，定子铁芯沿圆周方向的凸极数以及沿轴向的单元个数均可以根据设计需要进行增加或减少。

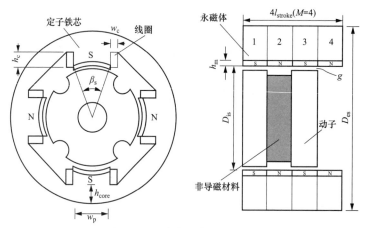

图 6-11　动铁型直线发电机

当发电机动子相对于定子做行程为 l_s 的往复运动时，轴向分布的永磁体在各自对应的 4 个定子叠片铁芯单元中产生的磁通都分别在最小值（Φ_{min}）与最大值（Φ_{max}）之间进行变化。如图 6-11 所示，第 1 个极与第 3 个极对应 S 极永磁体，而第 2 个极与第 4 个极对应 N 极永磁体。当动子运行到最左端的位置时，1、3 两极建立最大正向磁通，同时，2、

4 两极建立最小反向磁通；当动子运行到最右端的位置时，1、3 两极建立最小正向磁通，而此时 2、4 两极建立最大反向磁通。在忽略饱和并假设磁通线性变化的前提下，可以得到 1、3 两极的合成磁通和 2、4 两极的合成磁通随动子位置的变化规律，如图 6-12 所示。

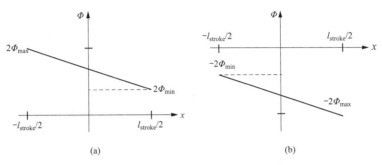

图 6-12　定子磁通随动子位置的变化曲线

（a）1、3 两极合成磁通；（b）2、4 两极合成磁通

把 4 个定子叠片铁芯单元作为一个定子极考虑，将图 6-12（a）和（b）进行叠加，即为每极线圈磁通的变化规律，如图 6-13 所示。

由图 6-13 中可以看出，在动子从最左端运行到最右端的过程中，每极磁通由 $2(\Phi_{max}-\Phi_{min})$ 变化到 $-2(\Phi_{max}-\Phi_{min})$。当动子运行到中间位置时，线圈总磁链为零。

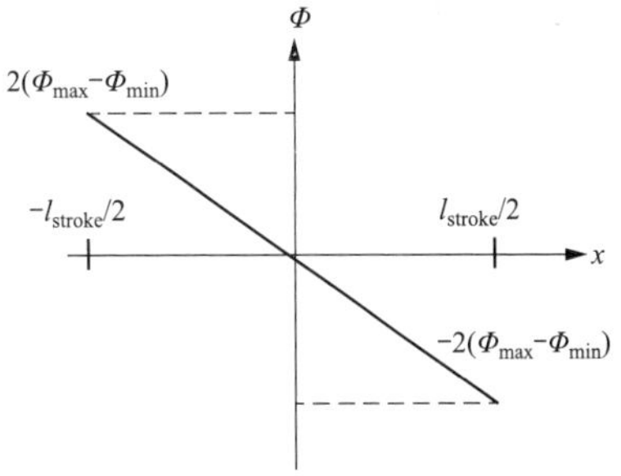

假设发电机动子的运动位移为正弦函数

$$x=\frac{1}{2}l_{stroke}\sin\omega t \qquad (6-24)$$

式中　l_{stroke}——行程或极距；

　　　ω——动子振荡角频率。

图 6-13　每极线圈绕组磁通随动子位置的变化曲线

动子的瞬时速度表达式为

$$v=\frac{1}{2}l_{stroke}\omega\cos\omega t \qquad (6-25)$$

对于包含 P 组串联线圈、每个线圈匝数为 N_c，定子包含 M 个定子叠片铁芯单元的直线发电机，感应电动势的表达式为

$$
\begin{aligned}
E(t)&=-PN_c\frac{\mathrm{d}\Phi}{\mathrm{d}t}=-PN_c\frac{\mathrm{d}\Phi}{\mathrm{d}x}\frac{\mathrm{d}x}{\mathrm{d}t}\\
&=-PN_c\left[\frac{-M/2\cdot(\Phi_{max}-\Phi_{min})}{l_{stroke}/2}\right]\frac{l_{stroke}}{2}\omega\cos\omega t \qquad (6-26)\\
&=\frac{1}{2}PN_cM\omega(\Phi_{max}-\Phi_{min})\cos\omega t
\end{aligned}
$$

引入磁导函数 G 来确定 Φ_{max} 和 Φ_{min}，磁通路径和磁导函数如图 6-14 所示。

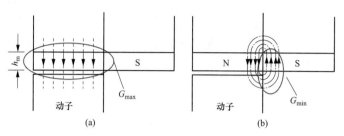

图 6-14 磁通路径和磁导函数

(a) $\Phi_{\max}$ 磁通路径；(b) $\Phi_{\min}$ 磁通路径

假设磁通密度和磁场强度在永磁体和气隙内均匀分布，根据磁导定义可分别确定磁导函数 $G_{\max}$ 和 $G_{\min}$，表达式如下

$$G_{\max}=\mu_0\pi(D_{re}+g+h_m)\frac{l_{stroke}}{g+h_m}\frac{\beta_s}{360} \tag{6-27}$$

$$G_{\min}=G_{\min1}+G_{\min2} \tag{6-28}$$

$$G_{\min1}=1.76\mu_0(D_{re}+g+h_m)\frac{\beta_s}{360} \tag{6-29}$$

$$G_{\min2}=4\mu_0\left[\frac{1}{2}D_{is}-\sqrt{\frac{1}{2}l_{stroke}(g+h_m)}\right]\ln\left[\frac{l_{stroke}}{2(g+h_m)}\right]\frac{\beta_s}{360} \tag{6-30}$$

注：当 $l_{stroke}\leqslant2(g+h_m)$ 时，$G_{\min2}=0$。

式中 D_{re}——动子外径；

D_{is}——定子内径；

β_s——每极跨距角。

由 $G_{\max}$ 和 $G_{\min}$ 即可计算 $\Phi_{\max}$ 和 $\Phi_{\min}$，考虑饱和影响时，表达式如下

$$\Phi_{\max}=\frac{G_{\max}I_{PM}}{1+K_s} \tag{6-31}$$

$$\Phi_{\min}=\frac{G_{\min}I_{PM}}{1+K_s} \tag{6-32}$$

式（6-31）和式（6-32）中，I_{PM} 为永磁体的等效磁动势

$$I_{PM}=\frac{B_rh_m}{\mu_0\mu_r}=H_ch_m \tag{6-33}$$

图 6-15 为动铁型直线发电机的定子线圈示意图，其中每个线圈共绕 N_c 匝。

由图 6-15（b）可知，单匝线圈长度为

$$l_c=2(l_{cs}+l_{ec}) \tag{6-34}$$

式中 l_c——每匝线圈总长度；

l_{cs}——槽中导体长度，$l_{cs}=2nl_s$；

l_{ec}——导体端部长度，$l_{ec}=w_p+\pi w_c/2$。

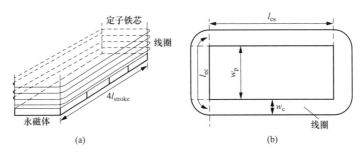

图 6-15　定子线圈绕组

(a) 3D 结构；(b) 2D 结构

发电机绕组电阻表达式为

$$r = P \frac{\rho_c N_c l_c}{I_N / J_c} \tag{6-35}$$

发电机绕组主电感和漏电感的表达式分别为

$$L_m = \frac{1}{2} PM (\Phi_{max} + \Phi_{min}) N_c^2 \tag{6-36}$$

$$L_l = 2P (\lambda_s l_{cs} + \lambda_e l_{ec}) N_c^2 \tag{6-37}$$

式中　λ_s——槽漏磁导，$\lambda_s = h_c / 3 w_c$；

　　　λ_e——端部漏磁导，$\lambda_e = \lambda_s / 2$。

由于永磁体固定在定子上，因此动铁型结构较容易进行冷却，并且较好保护了永磁体，避免其受到动子运动的影响，使得动铁型发电机结构坚固且可靠性高。由于动子铁芯与定子铁芯均采用径向叠片，动铁型直线发电机容易加工与维修。

动铁型结构的缺点是动子质量较大，因此振荡频率受限。这种结构直线发电机的功率密度要比动磁型小，而且由于漏磁较大，造成永磁体的利用率较低。

6.3　直驱式波力发电机

波浪能是指海洋表面波浪所具有的动能和势能。波浪能与波高的平方、波浪的运动周期以及迎波面的宽度成正比。研究波浪能发电技术的目的，是将海洋波浪的动能，通过相关中间环节转化为更加易于利用的电能。

传统的波浪能转换装置都是采集波浪低速往复运动的能量，转化为发电机高速的旋转运动，其转换过程一般可分为三个环节：①采集波浪能量；②传递能量；③发电机发电。其中第二个环节是将低速低压的波浪能转化为高速高压的机械能，这个环节一般通过液压传动机构或是水轮机完成，在有些情况下还存在能量的远距离传输、稳压、稳速和储能过程，因此这一环节必然会增加系统的复杂性以及能量损耗，降低了系统的转换效率和可靠性。此外，这些装置的安装要求海上施工的工程量较大，后期维护也存在一定的困难。

为了克服现有波浪能转换装置的各种缺陷，直线发电机开始被应用到波浪能发电系统中。此时，波浪的直线运动直接传递到发电机的运动部件上，去掉了中间的能量传递环节。使用直线发电机的波浪能发电装置由两级转换系统构成：①吸收波浪的动能转化为机械能。②将机械能直接通过发电机转换为电能。采用两级转化装置，为简化系统结构、提高系统转换效率、降低系统成本创造了有利条件。直线发电机作为能量转换的主要机构，在波浪发电系统中起着至关重要的作用。本节对目前波浪发电系统中常用的几种直线发电机进行介绍。

6.3.1 双边永磁同步直线发电机

荷兰代尔夫特理工大学在 2004 年研制了直驱式波力发电系统（archimedes wave swing，AWS)，其运行原理与测试平台如图 6-16 所示。

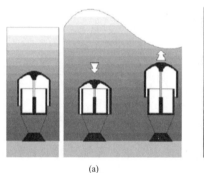

(a)　　　　　　　　　　　　　(b)

图 6-16　AWS直驱式波力发电装置

（a）运行原理；（b）AWS测试平台

如图 6-16（a）所示，AWS 系统由一个充满空气的圆柱腔体组成，腔体上盖称为浮子，与直线发电机动子连接，可相对于底部沿垂直方向移动。腔体底部固定到海底上，与直线发电机定子连接。当海浪波峰位于 AWS 的上方时，由于海水的重力作用使腔体体积减小，当海浪波谷位于 AWS 的上方时，由于腔体内部的空气压力大于上方水的压力，腔体体积会增大。利用腔体上盖在海浪周期内的往复直线运动，能量可以被收集并转化为电能输出。

AWS 系统采用永磁同步直线发电机，电机结构及样机如图 6-17 所示。为平衡动子与定子之间的吸力，采用双边结构，其中动子由永磁体与导磁轭组成，定子由电枢铁芯与三相电枢绕组组成。如图 6-17（a）所示，发电机的每极每相槽数为 1，当保持极距不变而增多槽数时，每槽中线圈的有效截面积相应减小，且定子齿呈细长形；当同时增大极距和槽数时，会使电机电感增大，增加了永磁体退磁的风险。

电机有效气隙长度的表达式为

$$g_e = g_1 K_c \tag{6-38}$$

$$g_1 = g + \frac{h_m}{\mu_r} \tag{6-39}$$

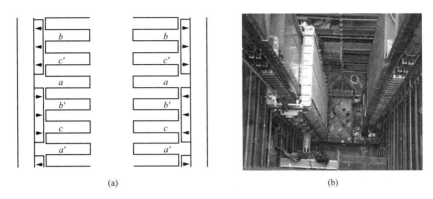

图 6-17 双边永磁同步直线发电机

(a) 电机结构示意图；(b) 样机

$$K_c = \frac{w_s + w_t}{w_s + w_t - \gamma g_1} \tag{6-40}$$

$$\gamma = \frac{4}{\pi}\left[\frac{w_s}{2g_1}\arctan\frac{w_s}{2g_1} - \log\sqrt{1+\left(\frac{w_s}{2g_1}\right)^2}\right] \tag{6-41}$$

式中　K_c——卡特系数；

　　　g——机械气隙长度；

　　　h_m——永磁体厚度；

　　　μ_r——永磁体相对磁导率；

　　　w_t——齿宽；

　　　w_s——槽宽。

主电感计算式为

$$L_{sm} = \frac{6\mu_0 l_s \tau (k_w N_s)^2}{p\pi^2 g_e} \tag{6-42}$$

式中　μ_0——空气磁导率；

　　　l_s——铁芯叠厚；

　　　τ——极距；

　　　N_s——绕组每相串联匝数；

　　　k_w——绕组因数；

　　　p——极对数。

由永磁体产生的气隙磁场基波表达式为

$$B_{g1} = \frac{h_m}{\mu_r g_e}B_r\frac{4}{\pi}\sin\left(\frac{\pi w_m}{2\tau}\right) \tag{6-43}$$

式中　B_r——永磁体剩磁；

　　　w_m——永磁体宽度。

定子绕组空载反电动势表达式为

$$E = \sqrt{2}\, l_s N_s k_w v B_{g1} \tag{6-44}$$

式中　v——动子速度。

定子绕组相电阻可由电机尺寸、线圈参数以及槽横截面积计算

$$r_s = \rho_{Cu} \frac{l_{Cus}}{A_{Cus}} = \rho_{Cu} \frac{2N_s^2 (l_s + 2\tau)}{p h_s w_s S_f} \tag{6-45}$$

式中　ρ_{Cu}——铜电阻率；

　　　h_s——槽高度；

　　　S_f——槽满率。

定子绕组铜耗表达式为

$$P_{Cus} = 3 r_s I_s^2 \tag{6-46}$$

定子铁耗表达式为

$$p_{Fes} = 2 p_{Fe0} \left[m_{Fest} \left(\frac{w_s + w_t}{w_t} \right)^2 + m_{Fesy} \left(\frac{\tau}{\pi h_{sy}} \right)^2 \right] \frac{f_e}{f_0} \left(\frac{B_{g1}}{B_0} \right)^2 \tag{6-47}$$

式中　p_{Fe0}——频率为 f_0、磁密为 B_0 时的单位质量铁耗；

　　　m_{Fest}——定子齿质量；

　　　m_{Fesy}——定子轭质量；

　　　f_e——发电机电流频率；

　　　h_{sy}——定子轭高。

一般情况下，铁耗由磁滞损耗和涡流损耗组成，其中磁滞损耗与频率成正比，涡流损耗与频率的平方成正比。由于波力发电的频率较低，因此令铁耗与频率成正比所带来的计算误差并不大。

图 6-18 为半个海浪周期内的发电机特性曲线。

由于定子与动子之间重叠部分发生变化，所以电压有效值不是完全与速度成正比。同样由于定子与动子重叠关系的改变，电流有效值并不按正弦规律变化。

6.3.2　多边永磁同步直线发电机

与完全置于海中的 AWS 系统不同，瑞典乌普萨拉大学提出的波力发电装置采用浮标采集波浪的形式进行发电，利用四边结构永磁同步直线发电机进行能量转换，发电系统及发电机结构如图 6-19 所示。

直线发电机的运动部分通过锁链直接与平面浮标连接，利用弹簧来提供拉紧力，使发电机的运动部分具有向下的回复力。这种波力发电装置根据尺寸和波谱的不同可产生 10～100kW 的功率。较大的浮标可吸收更多的能量，但是尺寸过大会造成浮标摆动而不能形成上下往复振动。每台这种发电装置的输出功率在海浪周期的短时间范围内或海水状态的长时间范围内都是变化的。一般情况下，将多台分布在较大面积范围内的波力发电装置组网供电将会减小功率的波动，提高输出电能的质量。

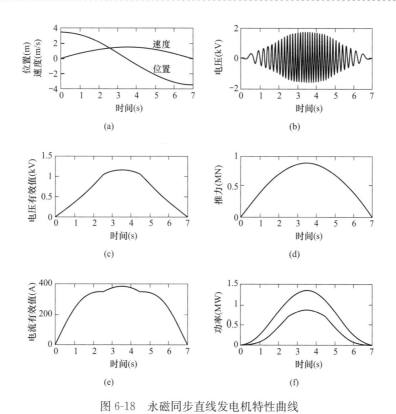

图 6-18　永磁同步直线发电机特性曲线

（a）位移和速度；（b）电压；（c）电压有效值；（d）推力；（e）电流有效值；（f）功率

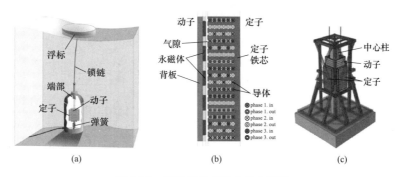

图 6-19　浮标采集式波力发电装置

（a）系统结构示意图；（b）电机结构；（c）3D 模型

图 6-19（b）为发电机的横截面示意图。左侧为运动部分，由永磁体和轭板组成。定子由硅钢片叠压而成，导体采用横截面为圆形的电力电缆，试验样机中导体的横截面积为 16mm^2，绝缘层厚度为 1.1mm，线圈导线外径为 7.2mm。绕组为三相绕组，每极每相槽数为 6/5。采用分数槽绕组的目的是为了减小由齿槽定位力引起的功率输出波动以及降低感应电动势谐波。

图 6-19（c）为四边结构直线发电机的 3D 模型，输出功率为 8kW，动子与定子的高

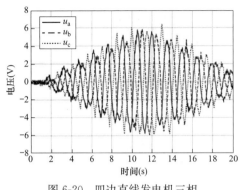

图 6-20　四边直线发电机三相
输出电压波形

度和宽度分别为 750mm 和 400mm。支撑钢架结构用来固定定子,动子通过轴承系统沿中心柱上下滑动。

图 6-20 为三相输出电压波形,其中动子以恒定速度运动,动子、定子重合面积的变化是产生电压幅值变化的原因。

直线发电机的动子可采用两种永磁体排布方式,即嵌入式和表贴式,如图 6-21 所示。在两种动子结构中,相邻永磁体的极性均相反,使动子运动能够在定子绕组中产生交替变化的磁链。

图 6-21 (a) 为嵌入式结构的磁路。磁通由永磁体出发,经过由导磁材料制成的极靴,流经气隙、定子齿、定子轭部,最后通过相邻极靴形成闭合磁路。极靴能够控制气隙附近的磁通分布,并可以保护永磁体,避免在外部电路短路情况下,受到瞬时磁场的影响。为了阻碍磁通向动子背部流通,动子背部采用铝板。但仍有一部分磁通不可避免地流向动子背部,这部分磁通不参与电磁能量转换。图 6-21 (b) 为表贴式结构的磁路。表贴式永磁体暴露在气隙中,较容易退磁,而且与嵌入式永磁体的磁路相比,这种结构的磁路并没有明显缩短。这两种结构的主要区别在于:表贴式永磁体的宽度 w_m 受到极距 τ 的限制。嵌入式结构理论上对永磁体宽度没有限制,但是永磁体厚度 h_m 必须要小于极距 τ。一般情况下,永磁体的厚度应该比永磁体宽度小很多,所以厚度限制较容易满足。

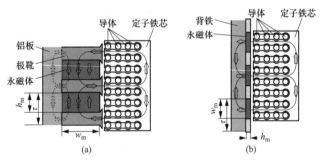

图 6-21　动子永磁体的排布方式
(a) 嵌入式结构;(b) 表贴式结构

除了四边结构,乌普萨拉大学还提出一种八边结构直线发电机。与四边或六边结构相比,八边结构能够使定子与动子之间力的分布更加平滑。另外,八边结构可以减小绕组端部的寄生电感。该种电机的缺点是结构较为复杂,尤其是绕组嵌线难度较大,使电机造价较高。如图 6-22 所示,定子绕组有两种构成方式,每边铁芯各自嵌放独立绕组或者八边铁芯共用一套环形绕组。

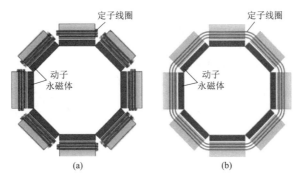

图 6-22 八边直线发电机绕组结构

（a）独立绕组；（b）环形绕组

6.3.3 短初级结构直线发电机

上两节介绍的直线发电机均为长初级结构，在电机运行过程中，一部分电枢绕组并没有与永磁体产生的磁场相匝链，造成了不必要的铜耗。另外，当动子运行到定子边缘时，重叠部分减小使电动势波形在两个端部衰减。为此，美国俄勒冈州立大学设计了一种短初级永磁同步直线发电机，图 6-23 为波力发电装置的整体结构示意图。

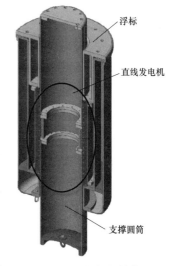

图 6-23 短初级结构
波力发电装置

该波力发电装置主要由支撑圆筒、浮标和短初级直线发电机三部分组成。中央空心支撑圆筒高约 3.3m，直径 0.6m，可以满足 1kW 的功率设计指标，并能够保证将电枢绕组以及功率电子器件放入圆筒内部。圆筒固定在一个处于其下方的静止反作用盘上。反作用盘支撑并固定圆筒，使其与海岸保持相对静止。浮标为外部的圆柱套筒，高 2.3m，宽 1.3m。浮标可响应海浪产生的液体动力而上下移动。

直线发电机由两部分构成：永磁体和电枢线圈。永磁体布置在浮标的内圆周上，电枢安装在中央圆筒的外圆周上。当浮标响应海浪上下移动时，电枢导体切割永磁体磁场，产生感应电动势。定子电枢铁芯与动子永磁体如图 6-24 所示。

发电机定子由三相电枢绕组和定子铁芯构成，其中每相绕组占 4 个槽，共 12 个槽、13 个定子齿。每个槽中线圈匝数为 77 匝，三相 12 个槽共形成 4 极定子，线圈槽距为 22mm。动子共包含 960 块 NdFeB 稀土永磁体，形成 8 对极，其中在任意时刻均有 2 对极处于有效区域范围内。每块永磁体轴向宽度为 52mm，铝制保持架宽度为 20mm，故极距为 72mm。

(a)　　　　　　　　　　　　　　(b)

图 6-24　短初级圆筒型直线发电机

(a) 电枢铁芯；(b) 永磁体

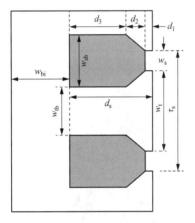

定子齿槽结构如图 6-25 所示，其中轭部宽度和齿宽度表达式为

$$w_{bi} = \frac{\Phi_g}{2B_{max}k_{st}L_r} \tag{6-48}$$

$$w_{tb} = \frac{2w_{bi}}{N_{sm}} \tag{6-49}$$

式中　N_{sm}——每极槽数；

　　　k_{st}——铁芯叠压系数；

　　　L_r——轭部圆周方向长度。

气隙磁通 Φ_g 为每极气隙面积 A_g 与磁通密度 B_g 的乘积，表达式分别为

图 6-25　直线发电机定子齿槽结构

$$A_g = \frac{\tau_p C_{fi}(1+\alpha_m)}{2} \tag{6-50}$$

$$B_g = \frac{C_\Phi}{1+\dfrac{\mu_r k_{ml}K_c}{P_c}B_r} \tag{6-51}$$

式中　C_{fi}——圆筒内圆周周长；

　　　α_m——极弧系数。

由式（6-51）可以看出，磁通密度表达式中包含磁通集中系数 $C_\Phi = A_m/A_g$、永磁体回复磁导率 μ_r 以及磁导系数 $P_c = h_m/(gC_\Phi)$。

漏磁系数表达式为

$$k_{ml} = 1 + \frac{4h_m}{\pi\mu_r\alpha_m\tau}\ln\left[1+\pi\frac{g}{(1-\alpha_m)\tau}\right] \tag{6-52}$$

引入卡特系数 K_c，根据极面的几何形状对气隙长度进行矫正，表达式如下

$$K_c = \frac{\tau_s(5g_e+w_s)}{\tau_s(5g_e+w_s)-w_s^2} \tag{6-53}$$

式中　τ_s——槽距；

w_s——槽宽度；

g_e——有效气隙长度，$g_e = g + h_m / \mu_r$。

与其他动次级电机相似，这种电机的电枢绕组处于系统的非运动部件上，避免了由于功率输出线缆运动造成的机械设计难度的增加。电枢部分比永磁体部分短，减小了不必要的电机铜耗。这种结构的缺点是大量永磁体的使用使得电机造价较高，并且在永磁体移入移出电枢磁路过程中存在端部效应。图 6-26 为短初级直线发电机的电压和功率特性曲线。

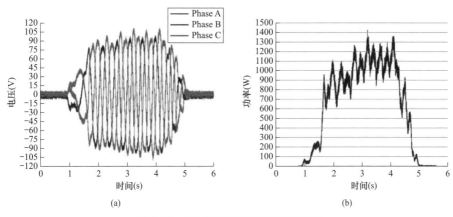

(a)

(b)

图 6-26   短初级直线发电机特性曲线

（a）输出相电压；（b）三相功率输出

6.3.4   变磁阻直线发电机

英国杜伦大学在研究波力发电系统的过程中，提出一种新结构变磁阻直线发电机（vernier hybrid machine，VHM），电机结构及样机如图 6-27 所示。

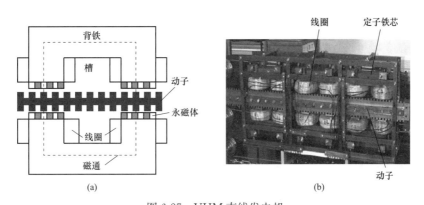

(a)

(b)

图 6-27   VHM 直线发电机

（a）单相结构示意图；（b）VHM 样机

如图 6-27（a）所示，VHM 的线圈和永磁体均位于定子上，动子仅由表面开有齿槽的铁芯构成，其中齿的宽度与永磁体宽度相等。永磁体固定在 C 形铁芯的磁极表面上，动子齿与永磁体完全对齐时形成图 6-27 中所示的闭合磁回路。当动子由该位置运行到相反极性的永磁体下时，磁通减小为零并反向。因此，这种结构电机的线圈磁通变化率较快，电频率的脉动要高于动子的振荡频率，这种现象称为磁性传动效应/磁齿轮效应（magnetic gearing effect）。在 VHM 样机实验中，测得单位气隙面积的推力（air gap shear stresses）可达 106kN/m²，由于同时具有大推力和磁性传动效应，使得 VHM 比较适合应用于低速大推力场合。从上面的分析过程中可以看出，VHM 的工作原理与磁通反向电机基本相同，相当于一台双边型串联磁路结构直线磁通反向发电机。

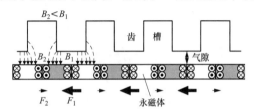

图 6-28 VHM 运行原理示意图

图 6-28 为 VHM 的运行原理示意图。电枢磁场由 C 形铁芯上的线圈产生，固定在磁极表面的永磁体由等效电流代替。由于气隙长度不同，齿部气隙磁密 B_1 要比槽部气隙磁密 B_2 高，当齿部中心与两相邻永磁体分界面正对时可产生最大推力。磁场方向如图 6-28 所示，齿部产生的较大推力 F_1 与槽部产生的较小推力 F_2 方向相反，动子受到的合力表达式为

$$F = (B_1 - B_2) I_{pm} l \tag{6-54}$$

式中 l——铁芯长度；

I_{pm}——相邻永磁体交界面处的等效电流。

当永磁体宽度为 w_m 时，等效电流 I_{pm} 的表达式如下

$$I_{pm} = \frac{2B_r w_m}{\mu_0 \mu_r} \tag{6-55}$$

式中 B_r——永磁体剩磁；

μ_0——空气磁导率；

μ_r——永磁体相对磁导率。

利用保角变换可以计算 B_1 和 B_2 之间的关系为

$$\frac{B_2}{B_1} = \frac{\delta}{\sqrt{\delta^2 + a^2}} \tag{6-56}$$

式中 a——半槽宽；

δ——动子与磁极面之间的距离，等于机械气隙长度与永磁体厚度之和。

对于每相含有 p 对极，每对极对应 Z 个齿的电机，峰值推力表达式为

$$F_m = pZB_1 \left(1 - \frac{\delta}{\sqrt{\delta^2 + a^2}}\right) I_{pm} l \tag{6-57}$$

利用磁路法并假设永磁体相对磁导率为 1，可推导出齿部的气隙磁密 B_1 的表达式为

$$B_1 = N \frac{\mu_0}{\delta} i_A(t) \tag{6-58}$$

式中 N——线圈匝数；

$i_A(t)$——电枢电流。

当动子运动时，绕组电流产生的磁密波形也将随之移动，所以动子齿部受力也将发生变化。通过对气隙的几何形状进行调整，使气隙磁密接近正弦分布，忽略磁密波形的谐波影响，可以判断出推力随位置的变化也将呈正弦分布。当动子振荡角频率为 ω 时，单相 VHM 的推力表达式为

$$f(x,t)=K_F\sin\left(\frac{x}{\lambda}-\omega t\right)i_A(t) \tag{6-59}$$

式（6-59）中，峰值推力系数的表达式为

$$K_F=pZ\left(1-\frac{\delta}{\sqrt{\delta^2+a^2}}\right)I_{pm}lN\frac{\mu_0}{\delta} \tag{6-60}$$

对于三相电机，相邻相间距等于动子极距的三分之二，每相均产生如式（6-59）所示的推力，且推力之间的相角互差 120°。每相电流的频率和相位由感应电动势决定，三相电动势表达式如下

$$e_A=E\cos\left(\frac{2\pi}{\lambda}x+\theta_0\right)\cos(\omega t+\varphi_g)$$
$$e_B=E\cos\left(\frac{2\pi}{\lambda}x-\frac{2\pi}{3}+\theta_0\right)\cos(\omega t+\varphi_g) \tag{6-61}$$
$$e_C=E\cos\left(\frac{2\pi}{\lambda}x+\frac{2\pi}{3}+\theta_0\right)\cos(\omega t+\varphi_g)$$

为了使 VHM 能够输出最大电功率，感应电动势与电流必须保持同相位，以补偿电机的高电抗。因此，相电流与反电动势具有相同的频率和相位

$$i_A=I\cos\left(\frac{2\pi}{\lambda}x+\theta_0\right)\cos(\omega t+\varphi_g)$$
$$i_B=I\cos\left(\frac{2\pi}{\lambda}x-\frac{2\pi}{3}+\theta_0\right)\cos(\omega t+\varphi_g) \tag{6-62}$$
$$i_C=I\cos\left(\frac{2\pi}{\lambda}x+\frac{2\pi}{3}+\theta_0\right)\cos(\omega t+\varphi_g)$$

将式（6-62）代入式（6-59）中，可以得到每相初级产生的推力。电机产生的合力为三相推力之和，其表达式为（其中假设 $\theta_0=\pi/2$）

$$f=\frac{3}{2}K_FI\cos(\omega t+\varphi_g) \tag{6-63}$$

图 6-29 为 VHM 电机空载电动势及（单相）输出功率的特性曲线。

6.3.5 无铁芯圆筒型直线发电机

为了追求大推力，用于波力发电的直线发电机往往采用双边初级和表贴式永磁体结构。在这种结构中，初级铁芯和次级永磁体之间会产生一个较大的试图将气隙减小的磁

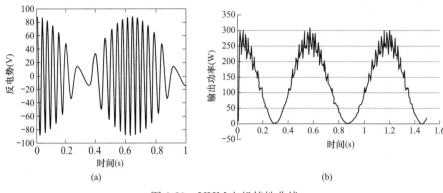

图 6-29　VHM 电机特性曲线

（a）空载反电动势；（b）输出功率

吸力，这一吸力直接作用在轴承上。对于双边电机，理论上这一磁吸力可以相互抵消，但是一旦两侧气隙发生偏移，仍会使定子与动子之间产生一个较大的合力。另外，MW级直驱式直线发电机的长度较长（例如 AWS 中直线发电机长约 8m），在较长的电机长度范围内做到气隙均匀难度较大。因此，大型有铁芯直线发电机中的磁吸力将会增加结构复杂性和加工难度，并提高了发电机造价。

定子与动子之间的磁吸力可以通过去除电枢铁芯来进行消除，图 6-30 为英国杜伦大学与爱丁堡大学提出的一种无铁芯圆筒型直线发电机。电机定子为空心绕组，动子由环形永磁体、导磁环以及不锈钢轴构成。其中永磁体轴向充磁，相邻永磁体极性相反，永磁体产生的磁通经过导磁环沿径向进入气隙，与定子线圈匝链。

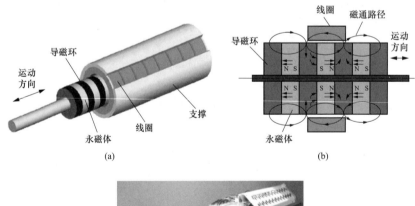

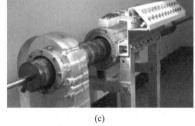

图 6-30　无铁芯圆筒型直线发电机

（a）结构示意图；（b）磁通路径；（c）样机

　　空心绕组发电机最大的优势在于减小了轴承载荷。但由于没有铁芯结构来引导磁通经过绕组，电机的推力密度要低于有铁芯电机。因此，这种电机是以牺牲电机推力密度为代价，来降低电机机械结构的设计难度。

　　在线圈中通入直流电流，并使动子沿轴向运动一个极距，电机出力情况如图 6-31 所示。与有铁芯电机相比，由于定子与动子的相对位置对电机磁路无影响，所以当动子沿径向偏离中心轴线位置时，力的变化也非常小。而且，由于采用圆筒型结构，使得线性偏移造成的电机的净变化量要小于双边结构电机。单方向的径向力变化基本上与中心偏移量成正比，动子直径 200mm、气隙长度 5mm、偏移量为 0～2mm 时的受力情况如图 6-32 所示。线圈电流为 20A、匝数为 200 时，2mm 的径向偏移量引起定子与动子之间的吸力为 8N。相同线圈电流对应的轴向推力约为 1kN。因此，作用在润滑系统和支撑机构上的作用力要比电机产生的推力小几个数量级。

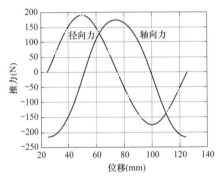

图 6-31　电机出力随动子位移变化曲线

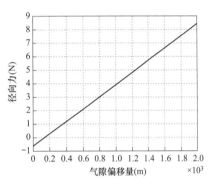

图 6-32　径向力随气隙偏移量变化曲线

6.4　磁悬浮列车直线发电机

　　磁悬浮列车是一种凭借磁场吸力或斥力实现悬浮运行的列车。由于车体悬浮于空中，运行时不接触地面，因此其阻力只有空气阻力。近年来，磁悬浮列车作为一种新型交通工具，正以其高速、舒适、环保、节能等优势受到越来越多的关注。按照运行原理划分，磁悬浮列车可分为常导型和超导型两大类。从内部技术而言，两者在系统上存在着是利用磁吸力、还是利用磁斥力实现悬浮的区别。从外部表象而言，两者存在着速度上的差别：常导型磁悬浮列车时速一般为 400～500km，而超导型磁悬浮列车最高时速可达 500km 以上。

　　无论基于何种悬浮原理，车载供电技术都是磁悬浮列车中的一个关键技术。中低速磁悬浮列车一般采用在列车轨道上铺设供电轨实现车体供电，但这种接触式供电具有很多缺点，不适用于运行速度在 400～500km/h 的高速磁悬浮列车。对于高速磁悬浮，目前均采用直线发电机实现非接触式车载供电。在车体磁极上安装直线发电机电枢绕组，当列车运行时，在发电机绕组中产生感应电动势，经过整流后，为车载蓄电池充电，提供给励磁绕组及车上其他用电设备所需的电能。

磁悬浮车载直线发电机系统的结构如图 6-33（a）所示。系统包括发电机绕组、PWM 变换器、蓄电池以及负载。其中发电机绕组利用磁场空间谐波产生感应电动势，PWM 变换器将绕组获得的交流电能转化为直流电能，蓄电池用来稳定 PWM 变换器的输出电压并起到能量存储的作用。如图 6-33（b）所示，当磁悬浮列车停止时，没有感应电动势产生，蓄电池将通过电力收集装置从地面获得电能并为车内提供电能（A 点）。在磁悬浮列车开始加速运行直到直线发电机绕组中感应电动势上升到一定数值的过程中，仍由蓄电池对车厢供电（区域 B）。当车速进一步升高，发电机绕组开始对蓄电池进行充电（区域 C）。

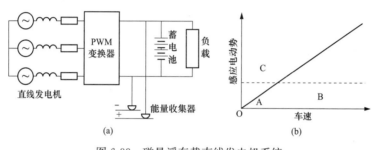

图 6-33　磁悬浮车载直线发电机系统

（a）系统结构；（b）运行区域划分

6.4.1　常导磁悬浮列车直线发电机

常导型也称常导磁吸型，以德国高速常导磁浮列车 Transrapid 为代表，它是利用普通直流电磁铁产生电磁吸力的原理将列车悬起，悬浮的气隙较小，一般为 10mm 左右。图 6-34 为德国 Transrapid 磁悬浮列车采用的长定子同步直线电机横截面结构，整个系统集悬浮、驱动及直线发电功能于一体。定子铁芯由电工钢片叠压而成，三相电枢绕组固定在导轨下方，由调频调压电源系统分段供电。动子由车载电磁铁组成，安装在车厢两侧，与定子绕组相对应，直流励磁线圈缠绕在悬浮列车的凸极上，由蓄电池和车载直线发电机供电。每节磁悬浮车厢包括 8 个电磁铁模块，每个电磁铁模块由 12 个电磁铁组成，其中 10 个分布在中间，2 个分布在两侧。中间电磁铁的磁极面积是两侧电磁铁的 2 倍，并且与两侧电磁铁不同，在每个中间电磁铁极靴上开有 4 个槽，以安装直线发电机线圈，每个极面上的两个发电线圈同向串联，构成一条发电支路，图 6-35 为发电线圈的两种连接方法。当三相电枢绕组和直流励磁绕组通电时，由两个磁场的相互作用将产生悬浮力和推进力。由于定子存在齿槽效应，因此除基波外，还存在许多高次行波磁场。当列车运行时，谐波磁场会切割直线发电机绕组，在绕组中感应电动势并输出电能，供车内用电负载使用以及对车内蓄电池进行充电。

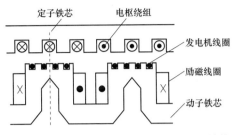

图 6-34　长定子直线电机及发电机绕组结构

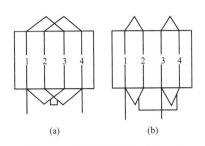

图 6-35　发电机线圈连接方法

（a）第一种接法；（b）第二种接法

直线同步电动机的定子绕组通常为 $q=1$ 的三相单层绕组，定子绕组中通有如下频率可调的三相对称交流电流

$$i_A = \sqrt{2}\,I\cos\omega t$$

$$i_B = \sqrt{2}\,I\cos\left(\omega t - \frac{2\pi}{3}\right)$$

$$i_C = \sqrt{2}\,I\cos\left(\omega t - \frac{4\pi}{3}\right)$$

（6-64）

三相对称交流电流将在气隙中产生移动的磁动势，若以 A 相绕组轴线作为坐标原点，则气隙中以同步速 v_s 正向移动的基波合成磁动势 f_1 为

$$f_1(x,t) = F_1\cos\left(\omega t - \frac{\pi}{\tau}x\right)$$

（6-65）

$$F_1 = 1.35 N_s I$$

式中　F_1——基波磁动势幅值；

　　　N_s——每极下每相绕组有效串联匝数；

　　　I——相电流有效值。

气隙中 v 次谐波合成磁动势 f_v 为

$$f_v(x,t) = \pm F_v\cos\left(\omega t \pm v\,\frac{\pi}{\tau}x\right)$$

（6-66）

式（6-66）中，v 次谐波磁动势幅值 $F_v = F_1/v$。当 $v=5$，11，17…时，式（6-66）取正号，谐波合成磁场方向与基波方向相反；当 $v=7$，13，19…时，式（6-66）取负号，谐波合成磁场方向与基波方向相同。对于一阶齿谐波，$v=5$ 或 7；对于二阶齿谐波，$v=11$ 或 13。

将参考坐标固定在直线同步电动机的动子上，则定子绕组产生的 5 次和 7 次谐波磁场（一阶齿谐波磁场）与动子的相对速度分别为

$$\left.\begin{array}{l} \Delta n_5 = -\dfrac{1}{5}n_1 - n_1 = -\dfrac{6}{5}n_1 \\[2mm] \Delta n_7 = \dfrac{1}{7}n_1 - n_1 = -\dfrac{6}{7}n_1 \end{array}\right\}$$

（6-67）

5 次和 7 次谐波磁场在直线发电机绕组中感应电动势的频率分别为

$$\left. \begin{aligned} f_{(5)} &= \frac{p_5 \Delta n_5}{60} = \frac{5p_1\left(\dfrac{6}{5}n_1\right)}{60} = \frac{6p_1 n_1}{60} = 6f_1 \\[2mm] f_{(7)} &= \frac{p_7 \Delta n_7}{60} = \frac{7p_1\left(\dfrac{6}{7}n_1\right)}{60} = \frac{6p_1 n_1}{60} = 6f_1 \end{aligned} \right\} \tag{6-68}$$

式中　p_1——基波极对数；

　　　p_5——5 磁谐波极对数；

　　　p_7——7 磁谐波极对数。

由式（6-68）可知，$f_{(5)} = f_{(7)} = 6f_1$，即直线发电机绕组中感应电动势的频率为定子电流频率的 6 倍。同理可推导出，二阶齿谐波（即 11 次和 13 次谐波）在直线发电机绕组中感应电动势的频率也相等，均为定子电流频率的 12 倍。

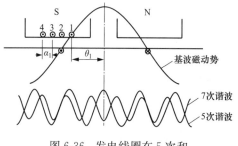

图 6-36　发电线圈在 5 次和
7 次谐波磁场中的位置

当直线同步电动机的内功率因数角 $\Psi_0 = 0$（即与 E_0 与 I 同相位）时，定子基波磁动势为交轴磁动势，如图 6-36 所示。在图示瞬间，A 相导体的感应电动势最大，由于 $\Psi_0 = 0$，所以 A 相绕组电流也为最大，于是三相基波合成磁动势的幅值 F_1 恰好与 A 相绕组轴线重合，即与 q 轴重合。在此瞬间，一阶齿谐波合成磁动势的幅值 F_5、F_7 也与 q 轴重合。

根据图 6-36 可以计算出直线发电机电枢导体在 v 次谐波磁场中产生的感应电动势分别为

$$\left. \begin{aligned} e_{1(v)} &= \pm\sqrt{2}\,E_v \cos\left[\omega_6 t - \theta_{1(v)}\right] \\ e_{2(v)} &= \pm\sqrt{2}\,E_v \cos\left[\omega_6 t - \theta_{1(v)} - \alpha_{(v)}\right] \\ e_{3(v)} &= \pm\sqrt{2}\,E_v \cos\left[\omega_6 t - \theta_{1(v)} - 2\alpha_{(v)}\right] \\ e_{4(v)} &= \pm\sqrt{2}\,E_v \cos\left[\omega_6 t - \theta_{1(v)} - 3\alpha_{(v)}\right] \end{aligned} \right\} \tag{6-69}$$

式中　E_v——一根导体感应电动势的有效值；

　　　$\theta_{1(v)}$——v 次谐波磁场内从 q 轴到导体 1 的电角度；

　　　$\alpha_{(v)}$——v 次谐波磁场内直线发电机电枢的槽距角。

当一个极下直线发电机导体的连接次序为 1-3-2-4，如图 6-35（a）所示，合成电动势为

$$e_v = n_s\left[\left(e_{1(v)} - e_{3(v)}\right) + \left(e_{2(v)} - e_{4(v)}\right)\right] \tag{6-70}$$

当一个极下直线发电机导体的连接次序为 1-2-3-4，如图 6-35（b）所示，合成电动势为

$$e_v = n_s\left[\left(e_{1(v)} - e_{2(v)}\right) + \left(e_{3(v)} - e_{4(v)}\right)\right] \tag{6-71}$$

6.4.2 常导磁悬浮列车辅助直线发电机

在磁悬浮列车车载供电系统中，直线发电机的输出电压与列车运行速度成正比。当列车低速运行时，直线发电机的输出功率不足以满足列车中的电能需求，会导致电池能量用尽以及列车停止运行，故在磁悬浮列车中，需要增设紧急能量供应系统。

图 6-37 为磁悬浮列车紧急能量供应系统结构示意图。为产生谐波行波磁场，在原有的长定子直线电机绕组交变电流上叠加一个高频交变电流，高频交变电流将在气隙中产生高频谐波磁场，谐波磁场切割直线发电机的辅助绕组产生电能。当发生紧急停车时，采用这种方法可以将地面能量传递给列车。

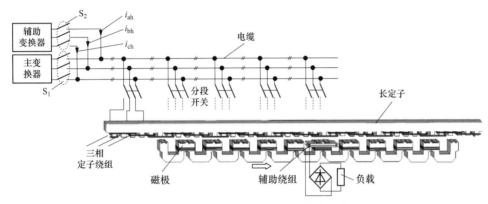

图 6-37 磁悬浮列车紧急能量供应系统

当列车正常运行时，开关 S_1 开通，开关 S_2 断开，主变换器提供电能驱动列车并为车内用电设备供电，此时辅助变换器不工作。当列车低速运行时，开关 S_1 和 S_2 同时开通，主变换器与辅助变换器同时工作。当列车非正常停车时，开关 S_1 断开，开关 S_2 开通，辅助变换器提供电能并为车内蓄电池充电，此时长定子绕组中的三相电流表达式为

$$i_{ah} = \sqrt{2}\, I_h \sin(\omega_h t)$$

$$i_{bh} = \sqrt{2}\, I_h \sin\left(\omega_h t - \frac{2\pi}{3}\right) \tag{6-72}$$

$$i_{ch} = \sqrt{2}\, I_h \sin\left(\omega_h t + \frac{2\pi}{3}\right)$$

式中　I_h——注入高频电流有效值；

　　　ω_h——注入高频电流角频率。

三相注入电流产生谐波行波磁场，磁场速度为 $v_h = 2f_h\tau$，其中 f_h 为注入电流频率，τ 为定子极距。当列车停止时，谐波磁场与直线发电机绕组的切割速度为 v_h。为提高直线发电机效率，需要引入额外的直线发电机绕组，称为辅助直线发电机绕组。图 6-38 给出了直线发电机绕组的分布情况，辅助直线发电机绕组中感应电动势的幅值和频率随注入电流幅值和频率的变化而变化。因此，通过控制注入电流的幅值和频率，可以实现对

辅助直线发电机输出功率的控制。

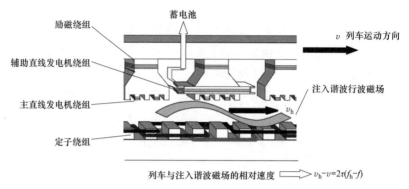

图 6-38　辅助直线发电机绕组分布

图 6-39 为磁悬浮列车紧急供电系统的等效电路图。其中 i_f 为励磁电流，r_{fr} 为励磁绕组的等效电阻，L_{lfr} 为励磁绕组的等效漏感，u_{dw} 为辅助直线发电机输出电压，i_{dw} 为辅助直线发电机输出电流，r_{dw} 为辅助直线发电机等效电阻，R_{dw} 为辅助直线发电机负载电阻，L_{dwl} 为辅助直线发电机等效漏感，u_d 为主直线发电机输出电压，i_d 为主直线发电机输出电流，r_d 为主直线发电机等效电阻，L_{dl} 为主直线发电机等效漏感。

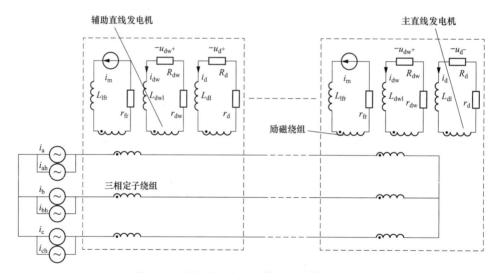

图 6-39　磁悬浮列车紧急供电系统等效电路图

直线发电机的输出电压由两部分组成。一部分电压 U_{gen1} 是由定子齿谐波磁场切割直线发电机绕组产生，另一部分电压 U_{gen2} 是由注入谐波磁场切割直线发电机绕组产生。当磁悬浮列车低速运行时，由于主直线发电机产生的电压小于辅助直线发电机产生的电压，因此可将其忽略。第二部分电压幅值表达式为

$$U_{gen2}=U_{dwm}=I_{dwm}\cdot R_{dw} \tag{6-73}$$

式中　I_{dwm}——辅助直线发电机电流幅值。

高频注入交变电流与主定子交变电流相叠加，由图 6-39 可知，辅助直线发电机输出电压表达式为

$$u_{dw}=R_{dw}i_{dw}=-i_{dw}r_{dw}-L_{dwl}\frac{\mathrm{d}i_{dw}}{\mathrm{d}t}-\frac{\mathrm{d}(L_{dw}i_{dw})}{\mathrm{d}t}$$

$$-\frac{\mathrm{d}[M_{dwa}(i_a+i_{ah})]}{\mathrm{d}t}-\frac{\mathrm{d}[M_{dwb}(i_b+i_{bh})]}{\mathrm{d}t}-\frac{\mathrm{d}[M_{dwc}(i_c+i_{ch})]}{\mathrm{d}t} \tag{6-74}$$

式中　L_{dw}——辅助直线发电机绕组自感；

　　　M_{dwa}——辅助直线发电机绕组与 A 相绕组互感；

　　　M_{dwb}——辅助直线发电机绕组与 B 相绕组互感；

　　　M_{dwc}——辅助直线发电机绕组与 C 相绕组互感。

互感表达式分别为

$$M_{dwa}=L_{sdw}\cos(\omega t+\theta_0)$$

$$M_{dwb}=L_{sdw}\cos\left(\omega t+\theta_0-\frac{2}{3}\pi\right) \tag{6-75}$$

$$M_{dwc}=L_{sdw}\cos\left(\omega t+\theta_0+\frac{2}{3}\pi\right)$$

式中　L_{sdw}——互感幅值，表达式为

$$L_{sdw}=\frac{1}{4}\mu_0 W_s\tau N_s N_{dw}\left(h_0+\frac{h_2}{2}\right) \tag{6-76}$$

式中　W_s——定子宽度；

　　　N_{dw}——辅助直线发电机绕组的匝数。

另外，h_0 与 h_2 表达式分别为

$$h_0=\frac{1}{2}\left(\frac{1}{g'_{min}}+\frac{1}{g'_{max}}\right)$$

$$h_2=\frac{1}{2}\left(\frac{1}{g'_{min}}-\frac{1}{g'_{max}}\right) \tag{6-77}$$

式中　g'_{min}——定子与励磁磁极之间的最小等效气隙；

　　　g'_{max}——定子与励磁磁极之间的最大等效气隙。

由式（6-74），可以得到辅助直线发电机的电流幅值表达式为

$$I_{dwm}=\frac{3\pi f_h L_{sdw}\cdot I_{hm}}{\sqrt{(R_{dw}+r_{dw})^2+[2\pi f_h(L_{dwl}+L_{dw})]^2}} \tag{6-78}$$

式中　I_{hm}——注入电流幅值。

在直线发电机处于轻载条件下，即 $R_{dw}\gg 2\pi f_h(L_{dwl}+L_{dw})$ 并且 $R_{dw}\gg r_{dw}$，式（6-73）可以简化为

$$U_{gen2}=3\pi f_h L_{sdw}\cdot I_{hm} \tag{6-79}$$

由式（6-79）可知，当注入电流幅值不变时，直线发电机的输出电压与注入电流

的频率成正比；当注入电流频率不变时，直线发电机的输出电压与注入电流的幅值成正比。

6.4.3 超导磁悬浮列车直线发电机

超导型磁悬浮列车也称超导磁斥型，以日本 MAGLEV 为代表。它是利用超导磁体产生的强磁场，列车运行时与布置在地面上的 8 字形线圈相互作用，产生电动斥力将列

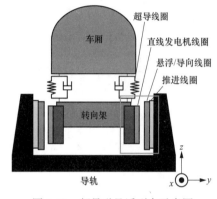

图 6-40 超导磁悬浮列车示意图

车悬起，悬浮气隙较大，一般为 100mm 左右，速度可达 500km/h 以上。

图 6-40 为基于电动悬浮原理（EDS）运行的超导磁悬浮列车示意图。如图所示，悬浮/导向线圈和推进线圈均安装在导轨两侧，车厢下部的转向架上装有超导磁体线圈（SCM）和直线发电机线圈。发电机线圈被固定在超导线圈外框架表面，作为集成转向架直线发电设备的一部分，利用列车运行过程中悬浮/导向线圈产生的谐波磁场产生电能。

直线发电设备还能够利用发电线圈和地面线圈之间的附加电磁力产生电磁阻尼，作为控制力用来减小车厢振动，改善磁悬浮列车的运行舒适度。附加电磁力产生原理如图 6-41 所示。用来产生附加电磁力的直线发电机线圈的结构如图 6-41（a）所示，直线发电机线圈的电流幅值要远小于超导线圈中的电流幅值。由此产生的磁通量变化使悬浮/导向线圈中的电流略微增加，如图 6-41（a）和（b）中的圆形宽箭头所示。该附加电流会产生一个向上的附加力，如图 6-41（c）中的小箭头所示。同样原理，如果改变直线发电机线圈中的电流方向，可产生一个向下的附加力。根据车厢转向架的垂直位移，不断变化直线发电机线圈中电流的幅值和方向，即可实现车厢的振动控制。这种控制方法不需要增加额外产生电磁力的装置，与气动和液压系统相比，由于采用电磁方式，使得出现高频振动时具有最短的响应延时。

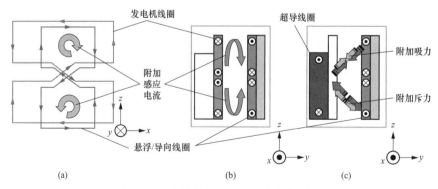

图 6-41 直线发电线圈附加力产生原理

对于超导磁悬浮列车，其直线发电机线圈可以采用两种布置方式。第一种在上部和下部分别安放超导线圈和发电机线圈，如图 6-42（a）所示。第二种将发电机线圈置于超导线圈与悬浮-推进线圈之间，如图 6-42（b）所示。因为第一种集中在车厢的头部和尾部，故称为集中式；第二种沿车厢分布，称为分布式。

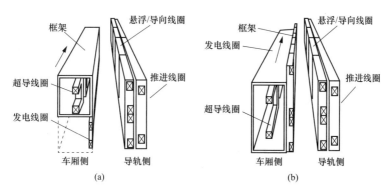

图 6-42　直线发电机线圈布置方式

（a）集中式；（b）分布式

对于分布式结构，直线发电机的线圈安装在超导磁体的外框架上，直线发电机线圈和悬浮线圈之间的气隙为 80mm 左右。超导线圈表面应留有 20mm 的空间来放置直线发电机的线圈，因此在保持超导线圈与悬浮线圈之间距离的基础上，需减小超导线圈横截面中心与外框架表面之间的距离。为提高发电能力，在直线发电机线圈周围不应存在导电材料，因为交变磁场在导电材料中产生的涡流会减小与直线发电机线圈交链的磁通。超导磁体的外框架由铝材料制成，直线发电机线圈安放在铝板上。在超导磁体外框架上有 15 个直线发电机线圈，为了提高发电能力，发电机线圈排列越接近超导线圈表面越好。为了避免交流阻抗增加，发电机线圈采用多股细线并绕；为了减小质量，在面对超导磁体外框架一侧的直线发电机线圈背部开有一定数量的通孔。

当磁悬浮列车运行时，在导轨上的悬浮线圈中将感应出电流，列车凭借悬浮线圈电流产生的交变磁场与超导磁体线圈产生的磁场之间的作用力进行悬浮。由于导轨上的线圈是离散分布的，故车厢处在谐波交变磁场内，因此，直线发电机线圈中就会感应出交变电动势，通过 PWM 变换器将所感应的交流电能转换为直流电能，供给车厢内用电负载使用。为增大发电机输出能力，可利用 PWM 变换器对变频变压时产生的无功功率进行补偿。

6.5　汽车悬架用直线发电机

汽车制造商总是努力提高车辆的操控性和乘客的安全性与舒适性，因此汽车工业的焦点之一就是悬架系统。汽车悬架是车辆结构中必不可少的一环，其弹簧阻尼结构既能够缓冲凹凸不平的道路所带来的冲击和振动，减轻汽车在运动过程中的俯仰与侧倾，又能够增加轮胎与路面的接触，从而提高汽车的转向性能，增加汽车的操控性，其传递力与力矩的方式对车辆整体性能有着重大影响。传统汽车悬架一般采用被动结构，一般由弹簧元件和阻尼元件构成，被动汽车悬架也是目前绝大多数中低档汽车使用的悬架类型。这种悬架中的主要参数大多在车辆设计时就凭借着设计经验确定，尽管可以对车辆振动起到一定的抑制作用，但是由于在实际行驶情况中，道路状况千变万化，因此被动悬架的设计很难满足更复杂、范围更宽的功能需求，以及人们对汽车舒适性的更高要求。

为了进一步提高汽车悬架的性能，人们开始研究半主动和主动汽车悬架，即在被动悬架中增加主动控制环节。早期的一些学者提出了基于旋转执行机构的汽车悬架系统。然而，使用旋转执行机构需要一个齿轮箱将旋转运动转换为直线运动，与之相比，直线执行机构不需要任何类型的变速箱，系统结构简单，空间利用率高。目前，用于主动/半主动汽车悬架的直线执行机构有液压式、气动式和电磁式三种。图 6-43 为液压式汽车主动悬架的框图。汽车发动机驱动一个液压泵，液压泵为基于液压执行机构的汽车悬架提供动力，液压执行机构可以在车身和车轮总成之间产生振荡阻尼力。液压阀由一个低功率的电磁执行机构驱动，以控制液压执行机构的输出力。控制系统，连同电力电子变换器，用来驱动低功率的电磁执行机构。

图 6-44 为电磁式汽车主动悬架的框图。相比于液压悬架系统，利用发电机供电的电池取代了复杂且昂贵的液压动力系统。液压阀和液压执行机构已从系统中移除。在电磁式悬架系统中，主要组成部分就是由控制系统通过电力电子变换器驱动的电磁执行机构。由于设备和机械部件减少，结构更加简单紧凑，而且是一个无油系统。另一方面，随着电机技术、电力电子技术、控制技术、材料结构等领域的发展，电磁式汽车悬架使得悬架振动能量回收成了可能。随着新能源汽车的兴起，混动汽车、纯电动汽车的成本越来越低，市场占有率也在逐渐攀升，人们对车辆的舒适性和节能减排的要求也越来越高，而电动汽车也为电磁式馈能的工作方式带来了极大的方便，针对振动控制与能量回收的电磁式汽车悬架具有重要的现实意义。

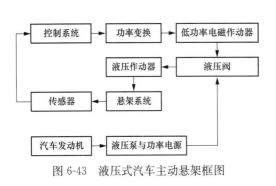

图 6-43　液压式汽车主动悬架框图

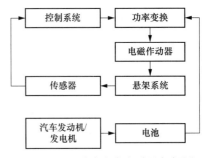

图 6-44　电磁式汽车主动悬架框图

6.5.1 汽车主动悬架的基本原理

评估汽车悬架系统性能的一个众所周知的方法是车辆四分之一模型，因为它可以描述汽车车轮的负载变化，同时模型比较简单，它包含几个设计参数，并且只有一个输入量。车辆四分之一模型包含了实际问题的最基本特征，即控制车轮载荷变化、悬架工作空间和垂直振动的问题。

车辆四分之一模型在垂向上有两个自由度，簧载质量（车身）的运动和簧下质量（车轮和车轴）的运动，二者位移分别记为 z_u 和 z_s，汽车悬架的弹簧和阻尼元件就位于簧载质量和簧下质量之间。悬架弹簧与汽车轮胎的刚度系数记为 k_s 和 k_u，悬架阻尼系数记为 d_s，道路不平整度产生的位移记为 w。尽管在实际应用中被动元件的特性既不是线性的，也不是对称，但这里为便于分析，可以假定所有被动元件都为线性。图 6-45 给出了被动悬架与简化主动悬架示意图，可以看出，

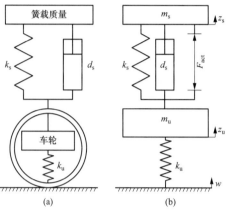

图 6-45　汽车悬架四分之一模型
（a）被动悬架模型；（b）（半）主动悬架模型

主动悬架同样包含了被动元件，区别在于其增加了主动控制元件，可以根据实际需要在簧载质量和簧下质量之间产生所需要的控制力。表 6-1 给出了一个典型被动悬架的系统参数。

表 6-1　　　　　　　　典型汽车被动悬架系统四分之一模型参数

参数	符号	数值
簧载质量	m_s	400kg
簧下质量	m_u	40kg
弹簧刚度系数	k_s	$2.5 \times 10^4 \mathrm{N/m}$
阻尼系数	d_s	$1.2 \times 10^3 \mathrm{Ns/m}$
轮胎刚度系数	k_u	$1.6 \times 10^5 \mathrm{N/m}$

根据图 6-45（b），可以列出主动悬架的两个运动方程，即

$$\ddot{z}_s = -\frac{k_s}{m_s}(z_s - z_u) - \frac{d_s}{m_s}(\dot{z}_s - \dot{z}_u) + \frac{F_{act}}{m_s} \tag{6-80}$$

$$\ddot{z}_u = \frac{k_s}{m_u}(z_s - z_u) + \frac{d_s}{m_u}(\dot{z}_s - \dot{z}_u) - \frac{F_{act}}{m_u} - \frac{k_u}{m_u}(z_u - w) \tag{6-81}$$

式中　F_{act}——主动控制力；

　　　m_u——簧下质量；

　　　m_s——簧载质量；

$\dot{z}_s$——簧载质量运动速度；

$\ddot{z}_s$——簧载质量运动加速度；

$\dot{z}_u$——簧下质量运动速度；

$\ddot{z}_u$——簧下质量运动加速度。

其状态空间表达式为

$$X = AX + BV$$
$$Y = CX + DV$$

(6-82)

式（6-82）中，各系参数矩阵表达式如下

$$X = \begin{bmatrix} z_s & z_u & z_s & z_u \end{bmatrix}^T \qquad V = \begin{bmatrix} w & F_{act} \end{bmatrix}^T$$

$$A = \begin{bmatrix} 0 & 1 & 0 & 0 \\ -\dfrac{k_s}{m_s} & -\dfrac{d_s}{m_s} & \dfrac{k_s}{m_s} & \dfrac{d_s}{m_s} \\ 0 & 0 & 0 & 1 \\ \dfrac{k_s}{m_u} & \dfrac{d_s}{m_u} & -\dfrac{k_s+k_u}{m_u} & -\dfrac{d_s}{m_u} \end{bmatrix} \qquad B = \begin{bmatrix} 0 & 0 \\ 0 & \dfrac{1}{m_s} \\ 0 & 0 \\ \dfrac{k_u}{m_u} & -\dfrac{1}{m_u} \end{bmatrix}$$

(6-83)

$$C = \begin{bmatrix} 1 & 0 & 0 & 0 \\ -\dfrac{k_s}{m_s} & -\dfrac{d_s}{m_s} & \dfrac{k_s}{m_s} & \dfrac{d_s}{m_s} \\ 1 & 0 & -1 & 0 \\ 0 & 0 & 0 & 0 \end{bmatrix} \qquad D = \begin{bmatrix} 0 & 0 \\ 0 & \dfrac{1}{m_s} \\ 0 & 0 \\ 0 & 1 \end{bmatrix}$$

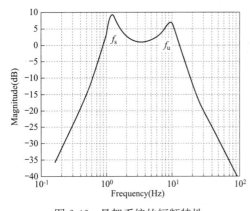

图 6-46 悬架系统的幅频特性

参考表 6-1 的参数，当主动控制力为零时，悬架系统的幅频特性如图所示 6-46 所示。可以看出，系统的幅频特性波特图中存在两个谐振峰值。实际上，这两个谐振峰值分别对应簧载质量和簧下质量的共振频率，两个共振频率的表达式为

$$f_s = \frac{1}{2\pi} \sqrt{\frac{1}{m_s} \frac{k_s k_u}{k_s + k_u}} \qquad (6\text{-}84)$$

$$f_u = \frac{1}{2\pi} \sqrt{\frac{1}{m_u}(k_u - k_s)} \qquad (6\text{-}85)$$

由于式（6-84）与式（6-85）中不包括阻尼系数，因此阻尼系数不会对系统的两个共振频率产生影响。较小的阻尼系数不能充分抑制振动，导致较大的车身振动。较大的阻尼系数会抑制这些共振频率的振幅，这有利于抑制振荡。但同时需要注意，过大的阻尼系数会显著降低乘客的舒适性和在不平路面条件下的安全性，因此需要兼顾振动抑制与乘客舒适性来确定合理阻尼系数。

一个理想的悬架系统应消除频率响应中的谐振峰值，即没有共振频率。仅采用被动悬架是不可能同时抑制两个谐振峰值，只能将舒适性和抓地性二者进行折中考虑。此时，通过采用半主动或主动悬架，至少可以降低其中一个峰值，从而提高悬架的频率响应性能。一般情况下，在汽车悬架系统中，直线电机工作在发电机状态，提供所需要的阻尼力。

6.5.2 汽车悬架用直线发电机的结构形式

汽车悬架用直线发电机的大小和体积必须适应车轮邻近的有限空间，具体的可用空间取决于汽车的设计。所以，在确定汽车用直线发电机的大小、体积与质量时，需要针对某一确定的车辆模型。

一般来说，采用圆筒型结构的直线发电机是比较合理的一种结构形式，因为，目前大多是汽车是基于液压或气动执行器进行设计的，而这些执行器基本都是圆筒型的。此外，在这种圆筒型直线发电机更便于与螺旋弹簧元件相结合，可以大大节省悬架空间，有利于悬架系统的设计。图 6-47 为基于直线发电机的主动悬架示意图。

为了保证有效行程内产生恒定的反电动势和电磁力，汽车悬架用直线发电机的初次级长度不等，分为长初级和短初级两种结构。考虑到长初级结构质量大、损耗高、发热严重，因此汽车悬架用直线发电机一般采用短初级结构。

图 6-48 和图 6-49 给出了几种圆筒型直线发电机的结构形式，图 6-48 所示三种均为外初级结构，图 6-49 所示两种均为内初级结构。根据初级有无齿槽，可分为有槽电机［见图 6-48（a）、图 6-48（b）、图 6-49（a）］和无槽电机［见图 6-48（c）、图 6-49（b）］。

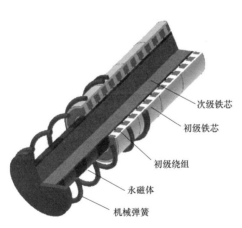

图 6-47 基于直线发电机的
主动悬架示意图

次级铁芯
初级铁芯
初级绕组
永磁体
机械弹簧

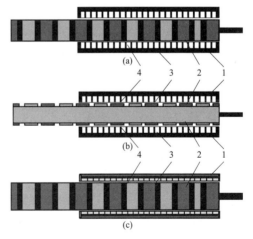

图 6-48 外初级圆筒型直线发电机

(a) 有齿槽嵌入式；(b) 有齿槽表贴式；(c) 无齿槽嵌入式

1—初级；2—次级；3—绕组；4—永磁体

根据次级永磁体位置，可分为嵌入式轴向充磁结构［见图 6-48（a）、图 6-48（c）］和表贴式径向充磁结构［见图 6-48（b）、图 6-49（a）、图 6-49（b）］。

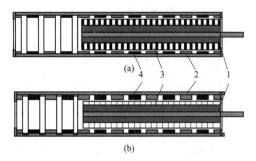

图 6-49　内初级圆筒型直线发电机

(a) 有齿槽表贴式；(b) 无齿槽表贴式

1—初级；2—次级；3—绕组；4—永磁体

图 6-48（a）所示结构中，短初级部分在外部，初级铁芯开槽，槽内嵌入三相电枢绕组。长次级部分在内部，由永磁体和铁芯组成，轴向充磁的永磁体与圆柱型铁芯间隔分布，相邻永磁体充磁方向相反。

图 6-48（b）所示结构与图 6-48（a）相似，短初级在外部，长次级在内部，二者区别在于次级结构，图 6-48（b）中的次级永磁体为表贴式结构，永磁体径向充磁。

图 6-48（c）所示结构同样采用外初级结构，与图 6-48（a）的区别在于初级结构，环形绕组沿轴向交替布置，初级无齿槽。

图 6-49（a）所示结构中，短初级部分在内部，次级采用表贴式结构。

图 6-49（b）所示结构与图 6-49（a）相似，区别是初级采用无槽结构。

对于直线发电机，可以采用动初级或动次级两种运动方式。对于动初级方式，需要考虑合理的供电方式和接线可靠性，对于动次级方式，需要考虑永磁体的振动失磁风险。一般来说，汽车悬架用直线发电机采用动次级方式较为合理。与无槽电机相比，有槽电机虽然存在推力波动的问题，但其气隙磁密、永磁体利用率以及推力密度均较高，在相同振动条件下，可以产生更高的电动势。

6.5.3　汽车悬架用直线发电机的分析设计

本节以一台两相圆筒型无槽直线发电机为例，给出其分析设计的主要关系式。图 6-50 为该电机的结构示意图及部分磁通路径，永磁体轴向充磁，相邻永磁体之间间隔布置圆柱型次级铁芯。为简化分析，忽略漏磁通影响。

轴向充磁永磁体产生的磁通为

$$\Phi = B_{\mathrm{m}} S_{\mathrm{m}} = \frac{B_{\mathrm{m}} \pi d_1^2}{4} \quad (6\text{-}86)$$

式中　B_{m}——永磁体磁通密度；

S_{m}——永磁体表面积。

次级铁芯圆柱面磁通密度为

$$B_1 = \frac{\Phi}{S_{\mathrm{p}}} = \frac{B_{\mathrm{m}} \pi d_1^2}{4\pi h_{\mathrm{p}} d_1} = \frac{B_{\mathrm{m}} d_1}{4 h_{\mathrm{p}}} \quad (6\text{-}87)$$

忽略漏磁通，假定次级铁芯圆柱面与圆柱型永磁体具有相等的平均磁通密度，即

$$B_1 = B_{\mathrm{m}} \quad (6\text{-}88)$$

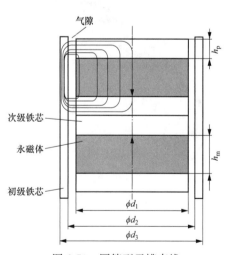

图 6-50　圆筒型无槽直线
发电机结构示意图

根据式（6-87），上述关系成立时，需要满足以下尺寸关系

$$h_p = \frac{d_1}{4} \tag{6-89}$$

有限元仿真结果表明，对于采用钕铁硼永磁体的圆筒型无槽直线发电机，当磁极下的气隙体积近似等于该磁极的永磁体体积时，磁能积密度接近最大。对于所分析的结构，满足下式

$$V_p \approx V_m \tag{6-90}$$

式中　V_m——永磁体体积；

$\quad\quad V_p$——次级铁芯圆柱面对应的气隙体积。

将各尺寸代入式（6-90），可得

$$d_2 = d_1 \sqrt{\frac{h_m}{2h_p} + 1} \tag{6-91}$$

当选取尺寸 $h_m = 2h_p$，式（6-91）成立，即

$$d_2 = d_1 \sqrt{2} \tag{6-92}$$

令穿过初级电枢绕组的磁通与穿过次级铁芯圆柱面的磁通相等，即

$$\pi B_m d_1 h_p = \pi B_a d_2 l_a \tag{6-93}$$

式中　l_a——电枢部分的轴向长度；

$\quad\quad B_a$——电枢部分的磁通密度。

由式（6-89）及式（6-93），可得

$$l_a = \frac{B_m d_1^2}{4 B_a d_2} \tag{6-94}$$

一个电枢绕组与永磁体之间的作用力由洛伦兹力计算，即

$$F_W = i\, l_{Cu} B_g \tag{6-95}$$

式中　l_{Cu}——处于磁场下一个绕组的总导体长度；

$\quad\quad B_g$——气隙平均磁通密度；

$\quad\quad i$——绕组电流。

电机最终的尺寸由式（6-95）确定，即

$$F_W n_W \geqslant F_A \tag{6-96}$$

式中　F_A——电机稳态推力指标；

$\quad\quad n_W$——电枢绕组个数。

7 直线振荡电机

直线振荡电机（linear oscillatory actuator，LOA）是利用方向交变的电磁力产生往复直线运动的一种直线电机，具有结构紧凑、噪声低、功率密度高等特点，广泛应用于直线压缩机、斯特林制冷机、心肺代用机、缝纫机、打包捆扎机、电磁泵、电锤机以及搅拌机等装置中。

传统的实现往复直线运动的方法是利用旋转电机加上一套凸轮机构，由于这种机械式振荡器存在结构庞大、传动效率低、噪声大、磨损严重、寿命短和自身振动大等缺点，目前在很多装置中均被直线振荡电机所取代。

7.1 直线振荡电机的工作原理与分类

直线振荡电机广泛应用于压缩机领域，压缩机是冰箱、空调等小型制冷装置中最主要的耗能部件。如图 7-1（a）所示，传统的往复式压缩机利用旋转电机作为驱动装置，加上一套旋转——直线传动机构来推动活塞压缩制冷剂。由于传动机构复杂、体积庞大，使得整个系统存在磨损严重、精度差、噪声大以及控制不方便等缺点，这是造成传统制冷压缩机效率低的主要原因之一。

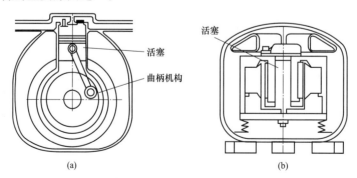

图 7-1　活塞压缩机和直线压缩机的比较

（a）活塞压缩机；（b）直线压缩机

采用直线振荡电机驱动的直线压缩机，将驱动机构、传动机构以及自由活塞合为一体，如图 7-1（b）所示。直线振荡电机的电磁驱动力方向始终与活塞的运动方向处于同一直线上，理论上不存在活塞径向力，极大地减少了活塞的摩擦功耗和磨损，提高了压缩机效率并延长了压缩机的使用寿命。利用直线振荡电机驱动的直线压缩机具有以下优点：

（1）克服了传统压缩机结构上的先天缺陷，大大降低了压缩机振动带来的不利影响；

（2）理论上可消除活塞的侧向摩擦力，提高压缩机效率，为整机长寿命运转提供可靠保证；

（3）减轻或消除了对密封的磨损，同时可实现无油润滑，降低了整机污染，保证了整机工作的可靠性；

（4）使整机更容易实现模块化设计与加工，从机械设计与制造工艺上保证了整机的工作性能；

（5）使压缩机结构更为紧凑，系统集成度更高。

图 7-2 为典型的直线压缩机结构，其主要由直线振荡电机、自由活塞、压缩腔体以及阀门等几部分构成，其中直线振荡电机主要包括电磁驱动装置和弹簧装置。为了产生往复直线运动，直线振荡电机一般由正弦波或矩形波驱动，当线圈中通入交变电流时，电流与次级磁场相互作用产生交变电磁力，推动活塞做功。此时，电磁驱动装置、弹簧装置以及阻尼装置构成了一个单自由度受迫阻尼振动系统，由谐振理论可知，当外加电源频率与系统固有频率相等时，达到谐振状态，此时系统效率最高。

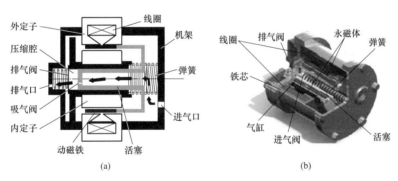

图 7-2 典型的直线压缩机结构

（a）结构示意图；（b）外观图

按照运动部件划分，直线振荡电机可分为动圈式、动铁式和动磁式三类，表 7-1 所示为三类直线振荡电机的特点及用途。动圈式直线振荡电机具有动子质量轻、惯性小、动态特性好、反应灵敏、起动电流低、结构简单及控制容易等优点。不足之处就是长行程时驱动力相对较小，另外，由于运动部分为线圈，频率过高时容易使线圈接线处折断。动铁式直线振荡电机的动子铁芯通常由硅钢片、铁和钢等材料加工，质量较大，与动磁式直线振荡电机相比，达到同样的振动频率，所需要的弹簧弹性系数更大。动磁式结构能够弥补动圈式和动铁式结构的不足之处，是目前重点研究的一种结构。

表 7-1 直线振荡电机的分类、特点及用途

项目	动圈式	动铁式	动磁式
运动部分	线圈（导体）	铁芯	永磁体
电磁力	电动力	磁动力	磁动力
惯性	小	大	中
振荡频率	高	低	中
用途	扬声器、声频测试仪、电子缝纫机等	小型空气压缩机、小型水泵、冷冻机、凿岩机等	振动型搅拌机、触觉模拟器、循环泵等

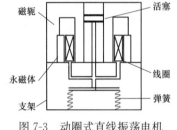

图 7-3 动圈式直线振荡电机

7.1.1 动圈式直线振荡电机

动圈式直线振荡电机将线圈作为动子，电机结构如图 7-3 所示。该电机的工作原理可归纳为：永磁体在气隙中产生磁场，动圈电流与气隙磁场相互作用，产生电磁力并驱动线圈运动，将电能转换为可动部件的直线运动机械能。为使线圈能够产生往复运动，需要给线圈通入正弦波或矩形波交变电流，线圈中的电流大小与极性分别决定了输出力的大小和电机动子的运动方向。

动圈式直线振荡电机设计容易，能较好地控制运动行程，并且动圈上不存在径向力和附加转矩，无空载轴向力。这类振荡电机的动圈行程可以通过改变电机结构和电流的交变频率来进行调节，其缺点是驱动力相对较小，存在动圈拖线，运行可靠性差。

与动铁式和动磁式两种结构相比，动圈式直线振荡电机还具有以下优点：

（1）工作原理简单，易于分析设计；

（2）动子质量轻，绕组电感和机电常数小，弹簧装置容易满足谐振要求；

（3）动子骨架为非导磁体，不存在径向力和附加转矩；

（4）消除了电枢和次级之间的磁吸力；

（5）动子中无磁滞损耗，能量损失小、效率高。

动圈式结构是最早研究的直线振荡电机结构，其应用也较为广泛，研究也较为深入。目前，它已被成功地应用到斯特林制冷机中，用于卫星上的红外线探头制冷。

7.1.2 动铁式直线振荡电机

动铁式直线振荡电机的运动部分为铁芯，铁芯与铁芯架以及弹簧相连接，电机定子部分为线圈与铁轭（或包含永磁体）。当初级线圈中通入交变电流时，会在气隙中产生一个交变磁场，交变磁场产生的交变电磁力驱动铁芯做往复直线运动。这种直线振荡电机基于磁阻最小原理（磁通总是沿磁阻最小的路径闭合）工作，利用动子铁芯位置变化产生的磁阻力作为驱动力。

动铁式直线振荡电机的气隙较小，因此推力较大。然而，由于动子铁芯通常由硅钢片、铁或钢等材料加工而成，质量较大，与动磁式直线振荡电机相比，达到相同的振荡频率时，所需要的弹簧弹性系数更大。

图 7-4～图 7-7 为常见的动铁式直线振荡电机结构。

图 7-4（a）为单线圈结构的动铁式直线振荡电机，电机由动子铁芯、定子铁芯、线圈以及弹簧等部件构成。其工作原理如图 7-4（b）所示，当电机动子处于运动位置的上限端时，线圈通直流电流。根据磁路特性，磁吸力作用的结果是使磁路中的磁阻最小，电机动子受到向下的电磁力开始运动，并压缩弹簧储能。当达到对称位置时，磁路中磁阻最小，磁路中的磁通达到最大值，动子受到向下的电磁力为零。此时断掉线圈电流，动子继续运动至下限端，然后在弹簧的作用下开始反向运动。

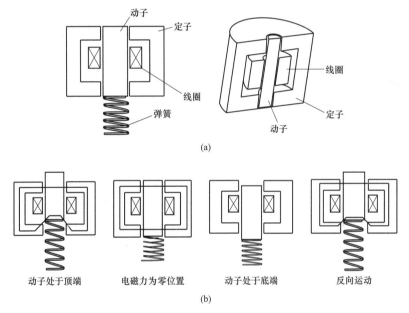

图 7-4 单线圈动铁式直线振荡电机
(a) 结构示意图；(b) 工作原理

图 7-5 所示的电机结构包含左右两组线圈，当左侧的线圈 1 通电时，产生的磁力线将通过铁轭和动子铁芯形成闭合回路，磁场的作用使得左侧气隙长度减小。如果左侧线圈 1 断电，右侧线圈 2 通电，则磁阻力会驱动动子铁芯向右侧移动。当两个线圈间隔地通、断电时，则动子铁芯就会左右振荡。这种结构的特点是磁阻力的方向与线圈电流方向无关，对于一侧线圈，不论通入正向还是反向电流，其产生磁阻力的方向都是相同的。

图 7-6 所示的电机结构由挡铁、动铁芯、磁轭、永磁体以及控制线圈、复位线圈组成。控制线圈通入直流电流，与永磁体共同励磁，使动铁芯左侧端面气隙磁密近似为零，磁力线集中在右侧分布，这样使动铁芯在磁场作用下产生向右的推力，当铁芯达到右侧撞击挡铁后，复位线圈通入一定电流，与永磁体共同作用，磁力线集中在左侧，使动铁

芯在磁场的作用下产生向左的推力，从而实现往复直线运动。

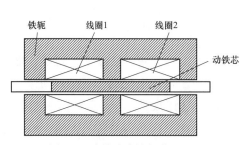

图 7-5　动铁式直线振荡电机 1

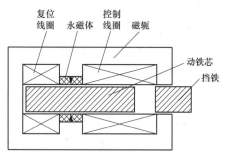

图 7-6　动铁式直线振荡电机 2

图 7-7 所示的电机结构基于磁通反向原理工作。电机的定子铁芯、动子铁芯与旋转

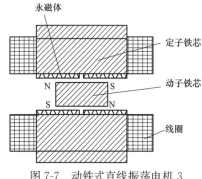

图 7-7　动铁式直线振荡电机 3

电机的叠压方式相同，在每个定子齿内表面上沿轴向并排固定两块极性相反的永磁体，定子每个齿上都绕有一个集中线圈，当线圈中通入电流时，线圈磁动势会使定子齿下一块永磁体增磁、另一块永磁体去磁，动子铁芯将向增磁侧移动。改变线圈电流的方向，就可以改变电磁力的方向。该结构的优点是铁芯安装方便，采用集中绕组使得漏磁大大减少，其缺点是永磁体产生的磁场会垂直穿过铁芯，产生的涡流损耗较大，影响电机效率的提升。

与相同体积的其他压缩机相比，以动铁式直线振荡电机为动力的直线压缩机的驱动力较大，而且制造成本较低。但这种压缩机的动子在气隙中的运动是不稳定的，当其动子中心线偏离气隙的中轴线时，它不仅无法回到原来的位置而且偏离量会越来越大，这将会在活塞上产生较大的径向力，增加了活塞与气缸之间的磨损。因此，动铁式直线振荡电机一般应用于泵类及冲压设备中。

7.1.3　动磁式直线振荡电机

动磁式直线振荡电机的运动部分为永磁体，通过动子支架与弹簧连接在一起。工作磁场由两部分组成，一部分是初级线圈产生的交变磁场，另一部分是由永磁体产生的恒定磁场。在两个磁场的相互作用下，产生轴向的驱动力，进而推动电机动子做直线往复运动。随着高性能永磁材料的广泛应用，动磁式直线振荡电机已成为研究热点。

图 7-8 为一种典型的动磁式直线振荡电机结构，该振荡电机主要由外定子铁芯、内定子铁芯、环形绕组及动子组成，其中环形绕组嵌放在外定子铁芯中。电机的动子由永磁体和永磁体支架组成。动子上的永磁体极性确定后，振荡方向由绕组中电流的正负决定。

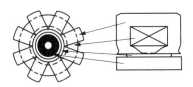
图 7-8 动磁式直线振荡电机 1

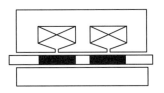
图 7-9 动磁式直线振荡电机 2

当初级线圈中通入流入纸面方向的电流时，将在外定子铁芯的左侧定子齿部产生 S 极，在右侧定子齿部产生 N 极。假设永磁体外表面为 N 极，内表面为 S 极，永磁体磁极与初级线圈产生的磁场相互作用，产生向左的推力；同理，当初级线圈通入流出纸面方向的电流时，将产生向右的推力。当初级线圈中的电流周期性正负变化时，交变的电磁推力会驱动动子做周期往复直线运动。图 7-9 所示的电机结构是在图 7-8 的结构基础上进行改进得到，将原有的 C 型铁芯变为 E 型铁芯，并将动子永磁体数量增加。

图 7-10 为双定子直线振荡电机，该电机包含两个外定子铁芯，外定子铁芯之间相隔一段距离，沿轴向同心排列，相隔处用于容纳定子绕组端部。外定子由机壳、定子挡板及电机端板固定。电机端板上装有直线轴承，动子在直线轴承的支撑下左右移动，两侧装有共振弹簧。动子铁芯由硅钢片叠压而成，其表面沿圆周等间隔安装 6 块永磁体，每块永磁体的外圆周面与电机定子齿一一相对，如图 7-10（b）所示。从电机端面看，双定子直线振荡电机与集中绕组永磁旋转电机结构相似，区别在于双定子直线振荡电机的定子齿数与动子磁极数相同。

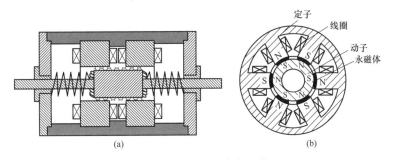

(a)　　　　　　　　　　(b)

图 7-10 双定子动磁式直线振荡电机

(a) 结构示意图；(b) 横向剖面图

动磁式直线振荡电机的动子是在初级线圈电流与次级永磁体磁场相互作用产生的电磁力驱动下做往复直线运动的，其动子质量和惯性较大，振动频率较高；与相同体积的其他直线振荡电机相比，能够产生较大的驱动力，使整机结构更加紧凑，体积小、效率高；而且，由于初级线圈位于定子铁芯槽中，有利于线圈散热，减小了线圈发热引起的有机成分的散发和温度升高引起的电机性能的下降，有利于保持工质的纯净，这一点对于空间用斯特林、脉管和热声制冷机意义重大，因此是目前最有发展前途的直线振荡电机。

动磁式结构的不足之处是永磁体支架的制作加工难度较大。永磁体支架需要采用非导磁材料，且需要较高的机械强度，由于电机工作气隙小，要求永磁体支架必须很薄，通常在 3～4mm，因此给永磁体支架的设计与加工增加了难度。

7.2 直线振荡电机的特性分析

7.2.1 动铁式直线振荡电机的电磁推力分析

动铁式直线振荡电机的结构如图 7-11（a）所示，假设磁路线性，图 7-11（b）为电机的等效磁路。若给线圈 1、线圈 2 分别通入电流 $i_1(t)$、$i_2(t)$，则系统所储存的磁能 W_f 与位移和时间的关系式为

$$W_f(x,t)=\frac{1}{2}L_1(x)i_1^2(t)+M(x)i_1(t)i_2(t)+\frac{1}{2}L_2(x)i_2^2(t) \tag{7-1}$$

式中 $L_1(x)$——线圈 1 的自感；

$\quad\quad L_2(x)$——线圈 2 的自感；

$\quad\quad M(x)$——线圈 1、2 的互感。

当限定铁芯只能在 x 方向运动时，作用在动铁芯上的推力 F 是位移和时间的函数，对磁能公式（7-1）在 x 方向求其正梯度可以得到电机推力表达式为

$$F(x,t)=\frac{\partial W_f}{\partial x}=\frac{1}{2}i_1^2(t)\frac{dL_1(x)}{dx}+i_1(t)i_2(t)\frac{dM(x)}{dx}+\frac{1}{2}i_2^2(t)\frac{dL_2(x)}{dx} \tag{7-2}$$

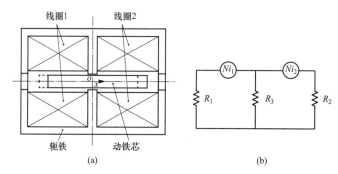

图 7-11 动铁式直线振荡电机及其等效磁路

（a）结构示意图；（b）等效磁路

对于电机的等效磁路，这里进行以下假设：

（1）漏磁通忽略不计，磁阻 R_1、R_2 与动铁芯的位移呈线性关系，即有如下关系式成立

$$\begin{cases} R_1=R_0+Rx \\ R_2=R_0-Rx \\ R_3=R_3 \end{cases} \tag{7-3}$$

式中 x——动铁芯位移。

（2）认为磁动势中只有直流成分和基波成分，$i_1(t)$ 和 $i_2(t)$ 的相位差为 180°，即

$$\begin{cases} i_1(t)=I(1+k\sin\omega t) \\ i_2(t)=I(1-k\sin\omega t) \end{cases} \tag{7-4}$$

式中　k——常数。

将式（7-4）代入式（7-2）整理后可得

$$\begin{aligned} F(x,t)=&I^2\left(\frac{2+k^2}{4}\frac{\mathrm{d}L_1}{\mathrm{d}x}+\frac{2+k^2}{4}\frac{\mathrm{d}L_2}{\mathrm{d}x}+\frac{2-k^2}{2}\frac{\mathrm{d}M}{\mathrm{d}x}\right) \\ &+I^2k\left(\frac{\mathrm{d}L_1}{\mathrm{d}x}-\frac{\mathrm{d}L_2}{\mathrm{d}x}\right)\sin\omega t \\ &-I^2k^2\left(\frac{1}{4}\frac{\mathrm{d}L_1}{\mathrm{d}x}+\frac{1}{4}\frac{\mathrm{d}L_2}{\mathrm{d}x}-\frac{1}{2}\frac{\mathrm{d}M}{\mathrm{d}x}\right)\cos2\omega t \end{aligned} \tag{7-5}$$

根据假定（1）

$$\begin{cases} L_1(x)=\dfrac{N^2}{\Delta}(R_2+R_3)=\dfrac{N^2}{\Delta}(R_0+R_3-Rx) \\[2mm] L_2(x)=\dfrac{N^2}{\Delta}(R_1+R_3)=\dfrac{N^2}{\Delta}(R_0+R_3+Rx) \\[2mm] M(x)=\dfrac{N^2}{\Delta}(-R_3) \end{cases} \tag{7-6}$$

其中

$$\Delta=R_1R_2+R_2R_3+R_3R_1=R_0^2-R^2x^2+2R_0R_3$$

由式（7-6）可得

$$\begin{cases} \dfrac{\mathrm{d}L_1}{\mathrm{d}x}+\dfrac{\mathrm{d}L_2}{\mathrm{d}x}=\dfrac{4N^2}{\Delta^2}R^2(R_0+R_3)x \\[2mm] \dfrac{\mathrm{d}L_1}{\mathrm{d}x}-\dfrac{\mathrm{d}L_2}{\mathrm{d}x}=-\dfrac{2N^2}{\Delta^2}R(R^2x^2+R_0^2+2R_0R_3) \\[2mm] \dfrac{\mathrm{d}M}{\mathrm{d}x}=-\dfrac{2N^2}{\Delta^2}R^2R_3x \end{cases} \tag{7-7}$$

将式（7-7）代入式（7-5），可以推导出电机推力表达式为

$$\begin{aligned} F(x,t)=&\frac{I^2N^2R^2}{\Delta^2}\{[(2+k^2)R_0+2k^2R_3]x \\ &-\frac{2k}{R}(R^2x^2+R_0^2+2R_0R_3)\sin\omega t \\ &-k^2(R_0+2R_3)x\cos2\omega t\} \end{aligned} \tag{7-8}$$

式（7-8）中的第 2 项是使动铁芯作往复运动的推力，它的驱动频率与励磁电流基波成分的频率相一致。第 1 项只与位移成正比，与时间无关，系数为正数，是使坐标原点成为不稳定点的原因，因此需要用弹簧来抑制该项。

令式（7-8）中 $x\approx0$，可以进一步推导出

$$F(0,t)=-\frac{2kN^2RI^2}{R_0(R_0+2R_3)}\sin\omega t \tag{7-9}$$

这样，在原点及其附近，动铁芯所受的力可用式（7-9）来表示，可以看出公式中不存在直流成分和高次谐波成分。

7.2.2 动磁式直线振荡电机的电磁推力分析

忽略内、外定子铁芯的磁阻以及磁滞和涡流效应，忽略漏磁及温度影响，动磁式直线振荡电机模型如图 7-12（a）所示，其中两块永磁体沿厚度方向充磁，在气隙磁场中的极性相反。图中，R_{xx} 为气隙磁阻，R_{mxx} 为永磁体内阻，F_m 为永磁体的等效磁动势。该模型的等效磁路如图 7-12（b）所示，其中 F_1、F_2 分别为两块永磁体的磁动势，F_L 为激励线圈的磁动势。从图中可以看出，该模型将每块永磁体一分为二，以左侧永磁体为例，R_{m12} 与 R_{13}、R_{12} 串联，通过磁通 Φ_2；R_{m11} 与 R_{11}、R_{14} 串联，通过磁通 Φ_1。

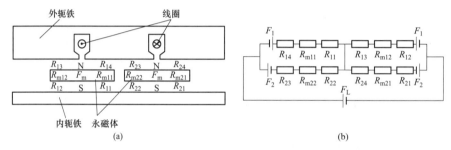

图 7-12　动磁式直线振荡电机及其等效磁路

（a）结构示意图；（b）等效磁路

由图 7-12 可以看出，在动子永磁体运动过程中，各气隙磁阻是永磁体位置的函数，且始终有 $R_{11}=R_{21}$，$R_{12}=R_{22}$ 等关系存在，令 $R_1=R_{11}=R_{21}$，$R_2=R_{12}=R_{22}$，$R_3=R_{13}=R_{23}$，$R_4=R_{14}=R_{24}$，$R_{m1}=R_{m11}=R_{m21}$，$R_{m2}=R_{m12}=R_{m22}$。

由磁路欧姆定律，可以得到下列方程组

$$\left.\begin{aligned}
F_L+2F_m &=2\Phi_1(R_1+R_{m1}+R_4) \\
F_L-2F_m &=2\Phi_2(R_2+R_{m2}+R_3) \\
\Phi &=\Phi_1+\Phi_2
\end{aligned}\right\} \tag{7-10}$$

式（7-10）中，Φ 为线圈磁通，Φ_1、Φ_2 分别为通过同一块永磁体的磁通。由以上关系式可以求解出 Φ、Φ_1、Φ_2，并可以推导出线圈磁链表达式

$$\Psi=N\Phi=\frac{\mu_0 l_m w_m N^2}{2(2g+h_m/\mu_r)}i+\frac{2\mu_0 l_m N F_m}{2g+h_m/\mu_r}x \tag{7-11}$$

式中　N——线圈匝数；

　　　i——线圈电流；

　　　x——动子位移；

　　　l_m——永磁体长度；

　　　w_m——永磁体宽度；

h_m——永磁体厚度；

g——气隙长度；

μ_0——空气磁导率；

μ_r——永磁体相对磁导率。

在式（7-11）中，电流项的系数即为线圈自感，即

$$L=\frac{\mu_0 l_m w_m N^2}{2(2g+h_m/\mu_r)} \tag{7-12}$$

电机磁能的计算式为

$$W_m=F_m(\Phi_1-\Phi_2)+F_L\Phi/2 \tag{7-13}$$

将 Φ、Φ_1、Φ_2 的表达式代入式（7-13），可以推导出

$$W_f=\frac{\mu_0 l_m}{2g+h_m/\mu_r}(w_m F_m^2+w_m F_L^2/4+2F_m F_L x) \tag{7-14}$$

令

$$W_{mm}=\frac{\mu_0 l_m w_m F_m^2}{2g+h_m/\mu_r},\quad W_{ee}=\frac{\mu_0 l_m w_m}{4(2g+h_m/\mu_r)}F_L^2,\quad W_{em}=\frac{2\mu_0 l_m x}{2g+h_m/\mu_r}F_m F_L$$

则有

$$W_f=W_{mm}+W_{ee}+W_{em} \tag{7-15}$$

式（7-15）中，W_{mm} 为仅由永磁体产生的磁能，称为磁定位磁能；W_{ee} 为仅由线圈通电产生的磁能，称为电定位磁能；W_{em} 为由线圈通电激磁与永磁体磁场相互作用产生的磁能，称为互磁能，也称磁共能。从三种磁能的表达式可以看出，磁定位磁能与电定位磁能与动子运动位置无关，磁共能等于线圈磁动势与永磁体产生的气隙磁通的乘积，并随动子位置而变化。

将磁共能对位移求偏导，可以得到电磁推力表达式为

$$F_e=\frac{\partial W_{em}(i,x)}{\partial x}\bigg|_{i=const}=\frac{2\mu_0 l_m N F_m}{2g+h_m/\mu_r}i \tag{7-16}$$

7.2.3 直线振荡电机的静态特性分析

静态分析包括静磁场分析和静推力特性分析，其中静推力--位移特性是直线振荡电机的一个基本特性。在实际工作过程中，电机往往处于动态情况下运行，但静态特性对电机的运动性能有很大影响，是了解电机运动特性的基础。在不改变通电状态的情况下，动子受到的水平推力与动子位置之间的关系 $F_s=f(x)$ 称为静态力—位移特性。

1. 动圈式

图 7-13 为动圈式直线振荡电机的空载磁场分布和静推力曲线。为使线圈能够产生往复直线运动，需要给线圈通入正弦波或者矩形波的交变电流。当线圈中流过电流为 i（A），作用在线圈上的磁通密度为 B（T）时，线圈所受电磁推力的解析表达式为

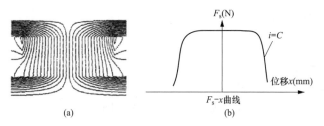

图 7-13 动圈式直线振荡电机静特性

（a）空载磁场分布；（b）推力特性曲线

$$F_s = NB(x)li = K_1(x)i \tag{7-17}$$

式中　l——磁通密度作用范围内线圈的有效长度，m；

　　　N——线圈的有效匝数。

2. 动铁式

从工作原理角度讲，动铁式直线振荡电机的电磁推力是由磁阻变化产生的，图 7-14 为动铁式直线振荡电机的磁场分布和典型的推力——位移特性曲线。从图 7-14 中可以看出，动铁式直线振荡电机的 F—i 特性不平坦，有较高的尖峰，磁路不饱和时，推力 F 大小近似正比于 i^2，而且推力方向与电流方向无关。动铁所受推力的大小随动子位置的变化而变化，产生这一现象的主要原因是动子两边的定子铁芯磁通密度不相等。

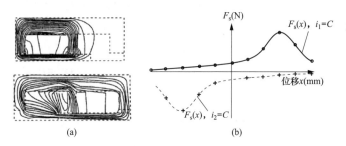

图 7-14 动铁式直线振荡电机静特性

（a）磁场分布；（b）推力特性曲线

由于动子铁芯在气隙中做往复直线运动时，有效气隙磁通密度随着动子的位置变化而变化，从而引起磁阻变化。当不考虑铁芯饱和及线圈之间互感影响时，动子铁芯所受电磁力由式（7-18）决定，即

$$
\begin{aligned}
F_s &= \frac{\partial W_{em}}{\partial x} = \frac{1}{2} i_1^2 \frac{\partial L_1}{\partial x} + \frac{1}{2} i_2^2 \frac{\partial L_2}{\partial x} \\
&= \begin{cases} \dfrac{1}{2} i_1^2 \dfrac{\partial L_1}{\partial x} & (i_2 = 0) \\[2mm] \dfrac{1}{2} i_2^2 \dfrac{\partial L_2}{\partial x} & (i_1 = 0) \end{cases} \\
&= K_2(x)i^2
\end{aligned}
\tag{7-18}
$$

式中　W_{em}——磁共能；

　　　L_1——线圈 1 的自感；

　　　L_2——线圈 2 的自感。

由于两个线圈交替通入电流，因此可将上式进行简化，当线圈 1 通电流时可以不考虑线圈 2 的影响，同理，线圈 2 通电流时不考虑线圈 1 的影响。

3. 动磁式

动磁式直线振荡电机的电磁推力主要是由次级永磁体产生的磁场与线圈电流相互作用产生的，图 7-15 为动磁式直线振荡电机的推力特性曲线，其静特性曲线与图 7-13（b）相近，图中的换向是指电流方向的变化。

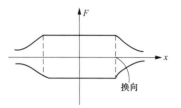

图 7-15　动磁式直线振荡
电机的推力特性曲线

动磁式直线振荡电机的工作原理及静推力计算与动圈式直线振荡电机基本相同，忽略饱和影响，其静推力表达式为

$$F_s = \frac{\partial W_{em}}{\partial x} = K_3(x)i \tag{7-19}$$

从以上分析结果可以看出，动圈式直线振荡电机和动磁式直线振荡电机的推力大小 F 正比于线圈电流，推力方向与电流方向有关。动铁式直线振荡电机的静态推力特性不平滑，有较高的尖峰，磁路不饱和时，推力大小正比于 i^2，推力方向与电流的方向无关。

不同结构直线振荡电机的推力特性各不相同，因此它们的适用范围也不相同。由于直线振荡电机结构比较灵活，设计时应根据驱动装置对力特性的不同要求选择合适的电机结构。

7.2.4　直线振荡电机的动态特性分析

直线振荡电机的运动特点是在某一个平衡位置附近作往复运动，其运行方程由式（7-20）给出。在直线振荡电机中，弹簧不但起着支撑动子、将动子初始位置固定在

图 7-16　单自由度受迫振动系统

中心对称位置的作用，而且可与电磁系统组成一个谐振系统，当电机工作在弹簧的共振频率处，电机效率最高。考虑空载情况，直线振荡电机可以等效为单自由度受迫振动系统。如图 7-16 所示，m 为动子质量，

对于动磁式直线振荡电机，m 为永磁体、动子铁芯、直线轴的质量之和；F 为电磁驱动力；f 为阻尼力，其值与速度成正比，方向与速度方向相反。除了电磁力和阻尼力之外，作用于动子上的力还包括弹簧作用力，其值正比于动子的位移，方向与位移相反。

$$m\frac{d^2x}{dt^2} + c\frac{dx}{dt} + kx = F \tag{7-20}$$

式中　c——阻尼系数；

k——弹性系数。

假设作用于动子上的电磁推力可表示为余弦函数形式，即

$$F = F_0 \cos(\omega t + \varphi_0) \tag{7-21}$$

式中　F_0——推力幅值；

　　　ω——角频率；

　　　φ_0——初始相角。

式（7-20）的稳态解为

$$x = A\cos(\omega t + \varphi) \tag{7-22}$$

其中

$$A = \frac{h}{[(\omega_0^2 - \omega^2)^2 + 4\gamma^2\omega^2]^{1/2}}, \quad \tan\varphi = \frac{-2\gamma\omega}{\omega_0^2 - \omega^2} \tag{7-23}$$

其中

$$\omega_0 = \sqrt{\frac{k}{m}} \text{ 为系统固有频率}, \quad \gamma = \frac{c}{2m}, \quad h = \frac{F_0}{m}$$

由于 φ 位于 $[-\pi, 0]$ 区间内，因此动子位移 x 滞后于电磁推力 F。

对式（7-22）进行微分，可得到动子速度表达式

$$v = \frac{\mathrm{d}x}{\mathrm{d}t} = -A\omega\sin(\omega t + \varphi) \tag{7-24}$$

由共振理论可知，当驱动力 F 的角频率与系统固有频率 ω_0 相等时，共振就会发生。此时，驱动力与速度同相，将 $\omega = \omega_0$ 代入式（7-23）中，可得

$$A = \frac{h}{2\gamma\omega}, \quad \tan\varphi = -\frac{\pi}{2} \tag{7-25}$$

由以上分析可以看出，当驱动力的频率与共振频率相等时，系统振动幅值与速度幅值最大。由于驱动力的频率与绕组供电电流频率相等，所以，空载时驱动电压和电流的频率应尽量与共振频率接近。

通过对式（7-20）进行拉普拉斯变换，可以推导出位移与驱动力的传递函数以及速度与驱动力的传递函数，表达式分别为

$$G_1(s) = \frac{X(s)}{F(s)} = \frac{1}{ms^2 + cs + k} \tag{7-26}$$

$$G_2(s) = \frac{V(s)}{F(s)} = \frac{s}{ms^2 + cs + k} \tag{7-27}$$

通过绘制以上两式的幅频特性与相频特性（见图 7-17），同样可以验证：除共振频率外，系统在其他频率处振动幅值及速度被大量衰减，而在共振频率处，振动振幅达到最大。

采取电机绕组中串联电容的方法可以进一步提高电机性能。增加电容后，电机电压方程式变为

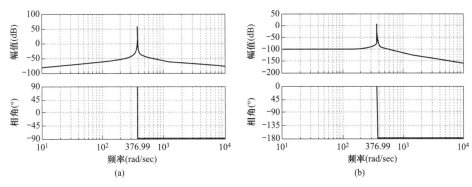

图 7-17　传递函数的幅频特性和相频特性

（a）位移—驱动力；（b）速度—驱动力

$$u(t) = Ri(t) + e(t) + L\frac{\mathrm{d}i(t)}{\mathrm{d}t} + \frac{1}{C}\int_0^t i(t)\mathrm{d}t \tag{7-28}$$

式中　R——绕组电阻；

　　　L——绕组电感；

　　　C——串联电容。

若串联电容与绕组电感产生的电压相互抵消，则外加电压压降仅降落在绕组电阻及反电动势上

$$L\frac{\mathrm{d}i(t)}{\mathrm{d}t} + \frac{1}{C}\int_0^t i(t)\mathrm{d}t = 0 \tag{7-29}$$

由式（7-29）可以计算，此时串联电容与绕组电感需满足

$$\omega_0 = \frac{1}{\sqrt{LC}} \tag{7-30}$$

7.3　直线振荡电机的电磁设计

直线振荡电机设计的主要任务是确定电机的主要尺寸、选择永磁材料、计算永磁体尺寸、设计定子、动子结构以及确定绕组参数，然后对初始设计方案进行性能校核，调整电机的初始设计参数，直至电机的电磁设计方案符合技术经济指标要求。本节以动磁式直线振荡电机为例，介绍直线振荡电机的设计方法。

7.3.1　直线振荡电机的设计原则

直线振荡电机的设计必须遵循特定的设计原则，主要是满足输出功率和振幅两大指标，同时要确保电机体积和损耗较小，效率较高。为获得较大的行程，在设计中须考虑采用体积较大、剩磁较高的永磁材料以及较小的线圈自感和动子质量。另外，电机需有合适的往复振荡频率，当频率较高时，意味着电机要在较短的时间内走完行程，在一个行程中要经历加速和减速的过程，也就是要起动一次和制动一次，往复频率越高，电机的加速度就越大，加速度所对应的推力越大，推力提高导致电机尺寸加大。因此，在设计电机时，应当充分重视对速度的控制。在整个设计过程中，应尽量减小运动部分的质量，以减小加速度所对应的惯性力。直线振荡电机的主要设计指标包括：工作频率、振幅和输出功率。

与动圈式直线振荡电机不同，由于动磁式直线振荡电机结构和磁场的特殊性，使得准确地进行设计变得比较困难。在用永磁体励磁的系统中，永磁体的运行工况很大程度上取决于外磁路。动磁式直线振荡电机的设计要求保证足够的磁通密度，并使磁路几何尺寸最小，以减小电机的体积和质量，降低成本。在设计上必须选择高性能的磁性材料和合理的磁路结构，使永磁体产生的磁通尽可能多地通过气隙，减少漏磁，提高磁路分析的准确性。设计过程主要包括电磁设计以及材料选取与结构设计两个方面。其中，电磁设计主要任务在于确定电机的电磁性能参数，为结构设计做准备。材料选择与结构设计主要任务在于结合制造加工工艺路线，分析和确定电机的机械结构、零部件材料和结构尺寸。目前，设计方法主要有经典解析方法和有限元场算法。一般情况下，利用经典解析方法进行初步设计，而利用有限元方法进行电机性能优化。

7.3.2 直线振荡电机的设计流程

直线振荡电机的设计是一个反复迭代的过程，包括电磁负荷的确定、磁路设计、电机机械系统的设计等部分，其中每个部分又包括相关系数的确定、各个参数的验证等。目前，直线振荡电机的设计没有统一的工程应用公式可以套用，必须通过反复计算使得电机符合设计要求。归纳直线振荡电机的设计流程如图 7-18 所示，总结直线振荡电机的设计步骤如下：

（1）选定电机的类型，确定其初级与次级的结构形式以及要达到的各个参数的要求，如工作频率、输出功率及振幅等。

（2）确定电机的电磁负荷，即气隙磁通密度和线圈电流密度给定初始值。

（3）根据要求达到的参数目标，进行线圈设

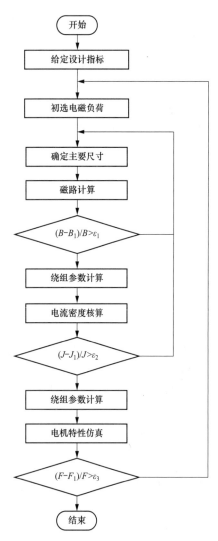

图 7-18　直线振荡电机的设计流程

计。确定导线直径、导线面积、导线长度、线圈尺寸、线圈体积、质量，通过已知的线圈尺寸计算线圈的电阻、电感。

（4）磁路设计和永磁体工作点的计算。根据磁通密度确定永磁体尺寸，校核磁阻系数、漏磁系数和磁感应强度，确定永磁体磁化方向长度、宽度、轴向长度和气隙宽度。

（5）由已知电机结构验证工作时的磁通密度、电磁推力，通过反复计算使电机初始值与计算验证值相符，使电机系统得到优化设计。

（6）直线振荡电机工作特性的计算。确定机械结构，计算谐振频率、动子质量、弹簧刚度。

（7）利用有限元仿真软件对所设计的电机进行仿真分析，将仿真结果与要求达到的指标进行对比，验证是否满足给定要求，反复计算直到符合设计要求。

7.3.3　直线振荡电机的分析与设计

1. 基于推力铜耗比最大的直线振荡电机设计方法

对于直线振荡电机，其能量利用率是设计过程中必须考虑的一个关键问题。电机的能量损耗主要有铜耗和铁耗两个主要部分，由于铁耗相对较小，初步设计时将其忽略。

在如何提高电机效率的问题上，可以利用单位铜耗下能够产生的推力，即推力/铜耗作为优化指标对电机尺寸进行设计。在这种优化方法下，当推力值一定时，电机铜耗最小，能量利用率最高。

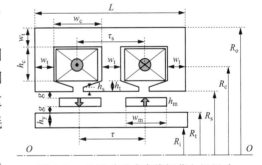

图 7-19　E 型动磁式直线振荡电机尺寸

图 7-19 为圆筒型 E 型铁芯动磁式直线振荡电机的各部分尺寸，这种动磁式直线振荡电机推力解析表达式为

$$F = K_f I = 4\pi N B_g R_s I \tag{7-31}$$

式中　K_f——推力常数；

　　　　I——电流幅值；

　　　　N——线圈匝数；

　　　　B_g——气隙磁密；

　　　　R_s——外定子内径。

环形线圈的电阻表达式为

$$r = \frac{2\rho N^2 \pi R_c}{S_f A_s} \tag{7-32}$$

式中　ρ——导线电阻率；

　　　　R_c——绕组平均半径；

A_s——绕组横截面积，$A_s = w_c h_c$；

S_f——槽满率。

由式（7-31）和式（7-32）可以推导出电机铜耗表达式为

$$p_{Cu} = 2\left(\frac{I}{\sqrt{2}}\right)^2 r = \frac{\rho F^2 \gamma^2}{4 S_f B_g^2 V_c} \tag{7-33}$$

式中 V_c——线圈体积，$V_c = 2\pi R_c A_s$；

γ——绕组平均半径与外定子内径之比，表达式为

$$\gamma = \frac{R_c}{R_s} \tag{7-34}$$

将式（7-33）变形，可进一步推导出推力与铜耗之比为

$$\frac{F}{p_{Cu}} = \frac{4 S_f B_g^2 V_c}{\rho F \gamma^2} \tag{7-35}$$

由式（7-35）可以看出，单位铜耗产生的推力大小与气隙磁密的平方以及线圈体积成正比，与电机额定推力和比例系数 γ 成反比。设计过程中，可将电机各部分尺寸代入式（7-35）中，绘制推力/铜耗随各尺寸的变化曲线，从而找出最优尺寸。图 7-20 为推力/铜耗随永磁体厚度以及动子质量的变化曲线，表 7-2 为推力为 50N、电机外径 35mm 时的电机指标及各部分尺寸。

表 7-2　　　　　　　　　　直线振荡电机设计指标及尺寸算例

指标/尺寸	符号	数值	单位
推力	F	50	N
频率	f	50	Hz
振幅	A	±5	mm
电机轴向长度	L	40	mm
电机外径	R_o	35	mm
外定子内径	R_s	26.8	mm
内定子外径	R_t	15	mm
永磁体宽度	w_m	10	mm
永磁体厚度	h_m	4	mm
气隙长度	g	1	mm
线圈截面宽度	w_c	13.1	mm
线圈截面高度	h_c	7.1	mm
线圈匝数	N	168	匝
线径	d_i	0.7	mm
定子轭厚/齿宽	w_t	4.6	mm

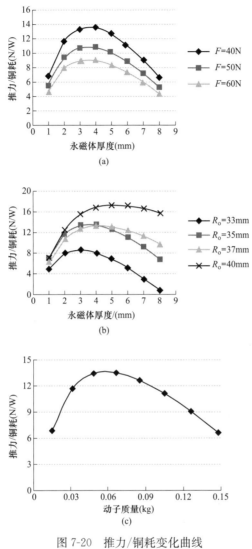

图 7-20 推力/铜耗变化曲线

（a）$R_o=35\text{mm}$；（b）$F=50\text{N}$；（c）$R_o=35\text{mm}$，$F=50\text{N}$

2. 主要尺寸关系式

给定工作频率、振幅和输出功率等设计指标后，首先需要确定电机的主要尺寸。如图 7-19 所示，动磁式直线振荡电机的主要尺寸为定子内径 R_s 和电机轴向长度 L。

为简化分析，首先进行以下假设：

（1）绕组整距分布，即 $\tau_s=\tau$。这样可以保证在整个行程范围内电机的推力系数 K_f 保持最大值。

（2）为了获得相对平滑的推力曲线，永磁体宽度尺寸 w_m 需要大于或等于两倍的振幅 A，即 $w_m \geqslant 2A$。设计时按 $w_m=2A$ 确定环形永磁体宽度，若磁通密度达不到要求，可以适当增加永磁体宽度。

（3）为保证永磁体运行到最大振幅处时，不超过中央铁芯平衡位置，需要满足 $\tau/2 \geqslant A$。

（4）电机正常运行时，处于谐振状态。

（5）动子位移呈余弦规律变化。

直线振荡电机与弹簧受迫振动系统等效，当供电频率与系统的机械共振频率相等时，系统达到谐振状态，此时振幅最大、效率最高。机械共振频率与弹簧的弹性系数及运动部分总质量有关，由假设（4）可知，谐振角频率为

$$\omega = 2\pi f = \sqrt{\frac{k}{m}} \tag{7-36}$$

式中　k——弹簧弹性系数，N/m；

　　　m——动子总质量。

由假设（5）可知

$$x = A\cos\omega t \tag{7-37}$$

$$v = \frac{\mathrm{d}x}{\mathrm{d}t} = -A\omega\sin\omega t \tag{7-38}$$

将式（7-36）~式（7-38）代入电机的运动方程中，可得

$$F = -Ad\omega\sin\omega t \tag{7-39}$$

由式（7-39）可知，当电机系统处于共振状态时，电磁推力仅需克服系统摩擦力，此时推力为时间的正弦函数并与速度同频率同相位。

电机输出功率的表达式为

$$P = F_r v_r = 2\pi f \frac{F}{\sqrt{2}}\frac{A}{\sqrt{2}} \tag{7-40}$$

式（7-40）中，F_r 和 v_r 分别为推力和速度的有效值。由式（7-40）可以初步计算所需电磁推力的大小。

线圈磁动势为电流与线圈匝数的乘积，即

$$NI = JA_s S_f \tag{7-41}$$

式中　J——导线电流密度；

将式（7-41）代入式（7-31）的推力表达式中，可得

$$F = K_f I = 4\pi B_g J A_s S_f R_s \tag{7-42}$$

式（7-42）即为动磁式直线振荡电机的主要尺寸关系式。可以看出，当初选电磁负荷后，电机推力与绕组横截面积和外定子内径直接相关。由给定指标并根据主要尺寸关系式可以进行电机尺寸初步设计，包括外定子内径以及绕组宽度和高度等尺寸。

电机轴向长度表达式为

$$L = \tau + w_m + 2A > 6A \tag{7-43}$$

考虑到两个环形永磁体之间具有一定间距，一般取 $7A < L < 9A$。另外，电机轴向长

度也可由定子槽宽（近似等于线圈截面宽度）和齿宽表示

$$L = 2w_c + 3w_t \tag{7-44}$$

3. 气隙磁场计算

直线振荡电机中的永磁体一般采用环形结构或长方体结构，沿厚度方向充磁，其平均工作点应选在最大磁能积附近，最大限度提高永磁体的利用率。根据电机输出功率和动子运动行程，合理确定永磁体轴向宽度以及充磁方向厚度。

增大永磁体厚度，可以提高气隙磁密，减小线圈匝数，降低线圈铜耗，但增大到一定程度后，气隙磁密不再增加，若继续增大永磁体厚度，不仅会增加电机体积与动子质量，而且容易使电机铁芯处于饱和状态，磁路呈现非线性，进而改变电机的工作性能。另一方面，永磁体厚度不可太小，否则机械强度会大大降低。故设计电机时应合理确定永磁体尺寸，满足电机推力要求并符合强度要求，另外还必须考虑整机的横向宽度、高度以及动子运动空间的要求。

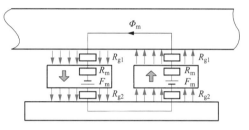

图 7-21　E 型铁芯动磁式直线振荡电机的
简化等效磁路模型

图 7-21 所示为 E 型铁芯动磁式直线振荡电机的等效磁路模型。为简化分析过程，忽略导磁材料磁阻以及漏磁通。永磁体产生的总磁通为

$$\Phi_m = \frac{F_m}{R_m + R_{g1} + R_{g2}} \tag{7-45}$$

式中　F_m——永磁体磁动势，$F_m = H_c \times h_m$；

　　　R_m——永磁体内磁阻；

R_{g1}，R_{g2}——气隙磁组。

其中，永磁体内磁阻和气隙磁阻的表达式分别为

$$R_m = \frac{h_m}{\mu_0 \mu_r \pi (2R_s - g - h_m) w_m} \tag{7-46}$$

$$R_{g1} = \frac{g}{\mu_0 \pi (2R_s - g) w_m} \tag{7-47}$$

$$R_{g2} = \frac{g}{\mu_0 \pi (2R_m + g) w_m} \tag{7-48}$$

气隙磁通密度表达式为

$$B_g = \frac{\Phi_m}{\pi w_m (2R_s - g)} \tag{7-49}$$

当初选永磁体厚度以及气隙长度后，就可以利用式（7-49）进行气隙磁密校核。若气隙磁密小于初选磁密，可以适当增大永磁体厚度，若气隙磁密大于初选磁密，则可以减小永磁体厚度，反复迭代直到磁密差值处于允许误差范围内。

另外，需要合理选择机械气隙长度 g，主要考虑气隙磁密以及运动支撑件的运行和安装方便等因素。气隙大，达到同样磁通密度所需要的永磁体就比较厚，运动部件的质量就会变大；气隙小，所需永磁体的厚度就小，运动部件质量轻，但其机械强度及系统可靠性下降。

4. 轭部厚度计算

动磁式直线振荡电机的外定子主要由铁芯和线圈组成，内定子主要由铁芯组成，起导磁作用。铁芯应采用导磁性能较好的硅钢片叠压而成，以减少涡流损耗，提高电机效率。为减小饱和影响，需对定子轭部尺寸进行合理计算，使内定子轭部以及外定子轭部导磁材料处于不饱和状态，尽可能提高铁芯利用率，减小电机体积和质量。图 7-22 为直线振荡电机动子处于不同位置时的磁通分布。

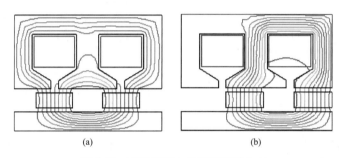

图 7-22　直线振荡电机空载磁通分布

(a) $x=0$mm；(b) $x=+6$mm

定子齿宽和外定子轭厚度由下式计算

$$w_t = \frac{\Phi_m}{2\pi(R_s + h_t)B_j} \tag{7-50}$$

式中　B_j——轭部最大允许磁密。

同理，由磁路法可知内定子尺寸需满足

$$\Phi_m = \pi(R_t^2 - R_i^2)B_j \tag{7-51}$$

一般情况下，在进行电机设计时，会限定电机外径 R_o 和电机内径 R_i。由此可以计算内定子轭厚度

$$h_y = R_t - R_i \tag{7-52}$$

5. 导线线径选取和线圈匝数计算

导线线径应根据允许的电流密度进行选取，并考虑线圈的散热条件和永磁体的尺寸重量等因素。导线直径小，电阻大，发热量就大，线圈散热面积小，温升高，易烧坏电机，缩短电机寿命。反之，电流密度小，导线直径粗，线圈的工作条件改善，但用铜量多，电机的体积大。线圈导线的线径、匝数以及每圈的平均长度是影响电机效率和出力的重要参数，决定了线圈的电阻、电感及损耗等，是电机优化设计的主要对象。

确定线圈匝数之前，需要估算槽满率 S_f，其定义为纯导体面积与所占空间总面积之比。对于圆导线线圈，导体排列方式如图 7-23 所示，理论上最大槽满率由下式给出

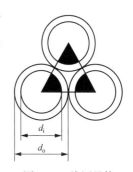

图 7-23　线圈导体排列方式

$$S_{\mathrm{fmax}}=\frac{\pi}{2\sqrt{3}}\left(\frac{d_i}{d_o}\right)^2=0.907\left(\frac{d_i}{d_o}\right)^2 \tag{7-53}$$

式中　d_i——导体线径；

　　　d_o——带绝缘层导线线径。

对于 $d_o=0.75\mathrm{mm}$，$d_i=0.7\mathrm{mm}$ 的导线，可以计算出槽满率最大值 $S_{\mathrm{fmax}}=0.79$，但实际加工时可以达到的槽满率要比计算值稍小一些。对于横截面为矩形结构的线圈，槽满率的定义式为

$$S_f=\frac{N\pi d_i^2}{4w_c h_c} \tag{7-54}$$

由上式可以推导出线圈匝数的表达式为

$$N=\frac{S_f w_c h_c}{\pi(d_i/2)^2} \tag{7-55}$$

对于横截面为不规则形状的线圈，其匝数计算式为

$$N=\frac{S_f A_s}{\pi(d_i/2)^2} \tag{7-56}$$

6. 动子质量计算

环形永磁体体积表达式为

$$V_m=\left[\pi(R_s-g)^2-\pi(R_s-g-h_m)^2\right]w_m \tag{7-57}$$

电机动子由两个环形永磁体以及支撑结构组成，因此动子质量为

$$m=2\rho_m V_m+\rho_{zc}V_{zc} \tag{7-58}$$

式中　ρ_m——永磁体密度；

　　　ρ_{zc}——支撑部件密度；

　　　V_{zc}——支撑部件体积。

由谐振频率表达式可以计算所选弹簧的弹性系数需满足

$$k=4\pi^2 f^2 m \tag{7-59}$$

8 平 面 电 机

平面电机（planar motor）直接利用电磁能产生平面运动，具有系统体积小、出力密度高、损耗低、速度高、精度高的特点，因省去了从旋转运动到直线运动再到平面运动的中间转换装置，可把控制对象同电机做成一体化结构，具有动态响应快、灵敏度高、随动性好、结构简单、可靠性高等优点。在半导体光刻、微型机械、精密测量、超精密加工、微型装配、纳米技术等领域具有广阔的应用前景，因此受到了世界各国学术界和工业界的广泛关注。

8.1　平面电机的工作原理与分类

与直线电机类似，平面电机也由定子、动子和支撑部件等部分构成。在支撑部件的约束和电磁推力的作用下，平面电机的动子能够驱动负载产生多自由度运动。

根据电磁推力的产生原理，一般可将平面电机划分为感应型、永磁同步型、直流型和磁阻型四类，四类电机电磁推力的产生原理分别与同类型的旋转电机的电磁转矩产生原理相似。上述四种平面电机中，感应平面电机虽然结构简单，但由于其控制复杂、发热严重、推力密度较低，难以实现高精度的运动控制，因此该类型平面电机的研究不是很活跃，实用化的产品也很少。永磁同步平面电机在推力密度、控制精度、系统效率等方面具有良好的综合性能，在光刻机等现代精密、超精密制造装备中具有巨大的应用潜力，引起了国内外学术界和工程界的广泛兴趣。直流平面电机采用直流电流驱动，可以实现 nm 级定位精度，因此在短行程、超精密、高动态控制领域得到了广泛应用。磁阻平面电机经过前二、三十年的研究和开发，目前已经进入初步的产品化阶段。虽然这种平面电机具有结构简单、控制容易等优点，但是，它存在推力波动大、定位精度低、动子与定子之间吸力大、磁路饱和严重、发热量大等诸多问题。

除了上述四种电磁型平面电机外，目前还出现了一些基于非电磁驱动原理的平面电机，如超声波平面电机、压电平面电机、静电平面电机等。

8.1.1 感应平面电机

感应平面电机的研究尚处于初级阶段，研究活动较少，且目前主要集中在日本。感应平面电机虽然不能获得高气隙磁密，很难实现高速、高精度运动控制，但可利用简单的次级结构来实现较宽运动范围的平面驱动。

图 8-1 所示为一种新型结构的感应平面电机，这种平面电机的初级铁芯采用环形结构，次级由简单的导磁板构成。电枢绕组的各线圈分别单独通电，不但可以实现平面驱动，还可实现平面上的旋转运动。旋转驱动时，所有的线圈共同产生旋转磁场，这时其原理等同于轴向气隙旋转电机。当直线驱动时，将绕组的线圈沿运动轴线分成两部分，环形绕组由各电流控制逆变器供电，使两部分线圈产生的合成磁场沿运动方向。

图 8-2 为一种双绕组感应平面电机的定子结构。两套三相绕组相互垂直地嵌入定子铁芯中（分上下两层），并且每套绕组由逆变器独立供电，从而电机定子可以产生 x 向和 y 向两个方向相互正交的行波磁场，实现动子两维运动。这种电机已经被应用到工厂的运输系统中，其优点是力的可控性较好，并且次级可以是简单的、无导线连接的钢板。

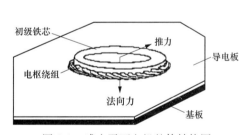

图 8-1 感应平面电机整体结构图

图 8-2 双绕组感应平面电机的定子结构

8.1.2 永磁同步平面电机

永磁同步平面电机的电磁推力是由次级永磁阵列产生的磁场与初级线圈阵列中的电流相互作用产生的。因此，在设计电机时，希望次级永磁阵列产生的气隙主磁场的基波幅值大、谐波含量少，且节省永磁体用量；而线圈阵列优化的目标是其产生的反电动势的基波分量高、谐波分量少，且工艺简单、用铜量少。永磁阵列和线圈阵列有两种布置方式，一种是永磁阵列固定在动子上，线圈阵列固定在定子上，另外一种正好与此相反，永磁阵列固定在定子上，线圈阵列固定在动子上。为方便起见，将两种结构分别称为动磁式和动圈式。这两种形式在运行原理上没有根本的区别，只是在配件连接、散热等问题上具有不同的特点。

1. 永磁同步平面电机初级与次级的基本结构

（1）线圈阵列形式。

线圈阵列是平面电机产生电磁力的一个关键要素。为了避免 x 向、y 向电磁力之间产生复杂的耦合问题，阵列中的线圈形状、尺寸和布置方式必须结合永磁阵列的具体形式和结构尺寸来确定。目前，结合不同的永磁阵列形式，已经有直线形线圈、圆形线圈、椭圆形线圈、正方形线圈、菱形线圈和六边形线圈等不同形状的线圈出现，且它们的布置方式多种多样。图 8-3 给出了分别由正方形线圈和六边线圈构成的两种线圈阵列。其中，图 8-3（b）所示为由六边形线圈层叠构成的线圈阵列，其相邻线圈单元中的任意两线圈的有效边（长边）之间相互垂直，以产生两个方向相互垂直的电磁推力。

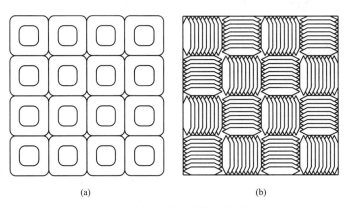

图 8-3　两种形式的线圈阵列

（a）方形线圈；（b）六边形线圈

（2）永磁阵列形式。

与旋转式永磁电机一样，永磁同步平面电机的永磁体磁场也存在磁极的空间变化，只不过这种磁极变化是沿着平面方向展开，而不是沿着圆周方向展开。

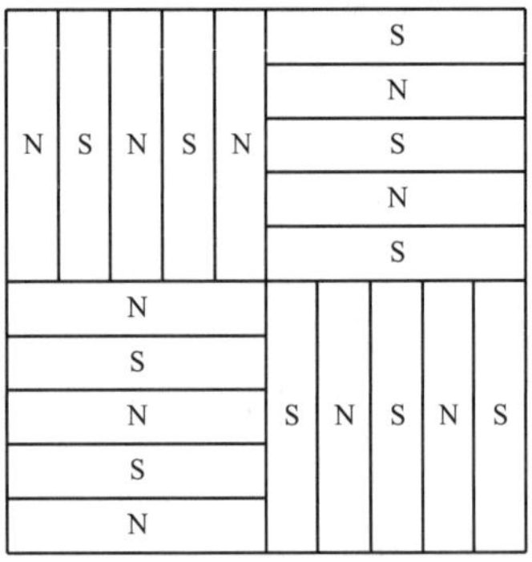

根据与一维永磁阵列之间的关系，可以将平面电机中使用的永磁阵列划分为两类。其中一类永磁阵列是由多个一维永磁阵列在平面上不同区域上分布得到，如图 8-4 所示。这种永磁阵列对应于采用多套直线电机"集成"方案的平面电机。

另外一类永磁阵列由一系列具有轴对称截面形状的永磁体以二维阵列方式排列而成。图 8-5 给出了它的几种主要结构形式（其永磁体截面形状均为正方形）。

图 8-4　四个一维永磁阵列的组合

图 8-5（a）所示的永磁阵列最早由 Asakawa 在 1986 年的专利中提出，其结构特点是：各行或各列由磁化方向一致（向上或向下）、等间隔排列的一组永磁体构成。在该基本结

构基础上，Hazelton 采取永磁体由四边形变成六边形、阵列边缘布置"半"永磁体且阵列四角采用"四分之一"永磁体、永磁体之间增加过渡导磁体等措施，提出了几种新型永磁阵列结构。图 8-5（b）永磁阵列同样由 Asakawa 提出，该永磁阵列具有稀疏排列的特点，即各永磁体与同行或同列的两相邻永磁体之间存在宽度等于永磁体宽度的间隔。图 8-5（c）所示的永磁阵列具有最紧密布置的特点，其相邻永磁体之间紧密贴合，且各永磁体磁化方向与其四周相邻永磁体的磁化方向相反。图 8-5（d）所示的永磁阵列由一维 Halhach 永磁阵列发展而来，与图 8-5（c）的永磁阵列相比，它可产生更高的气隙磁密，磁场波形的正弦度更好。

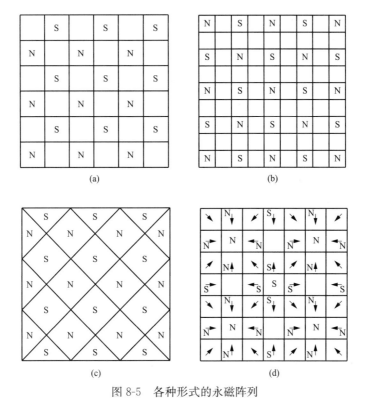

图 8-5　各种形式的永磁阵列

2. 动磁式永磁同步平面电机

对于动磁式永磁同步平面电机而言，由于线圈阵列布置于定子上，动子无电气连接，且不存在运动的电气连线妨碍其他零部件的布置或工作的情况，系统可靠性得以提高。此外，电机工作过程中线圈的冷却比较容易实现。

图 8-6 所示为一种初级无槽结构的动磁式永磁同步平面电机，该平面电机中包含了定子和动子两大部件，它的工作原理类似于三相旋转永磁同步电机，定子包含铁芯和 4 套相互垂直布置的三相初级绕组，x 向初级绕组用于驱动动子沿 x 方向运动，y 向初级绕组用于驱动动子沿 y 方向运动。动子包含动子平台和 4 个 Halbach 永磁阵列，Halbach 永磁阵列排列在动子平台的下表面，通过控制相应的三相绕组电流，动子平台就可以在

平面上做快速定位运动。

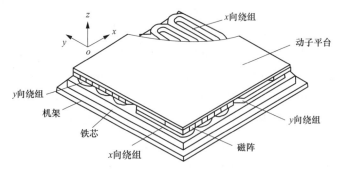

图 8-6　动磁式永磁同步平面电机整体结构图

　　图 8-7 所示为一种六自由度、大推力、动磁式永磁同步平面电机的结构示意图。该电机的定子由 84 个线圈组成，线圈呈箭尾形排列，在同一时刻只有其中的 24 个线圈通电。动子为 Halbach 永磁阵列。当动子在 xy 平面上运动时，通电线圈的位置将随着动子位置的变化而变化，因为只有位于永磁阵列下方及其边缘处的线圈才可以提供有效的推力和转矩。虽然该电机可以归类为永磁同步电机，但是 $dq0$ 分解并不能应用于力和转矩的解耦。所以，需要提出新的解耦和变换方法，且每个线圈通过单相电流放大器进行激励，电流波形为非正弦。该平面电机的线圈不但要产生 xy 平面上的推力，还要提供 z 向悬浮力。

　　图 8-8 为一种动子与外界完全无接触的动磁式永磁同步平面电机，该电机主要包括定子、动子、控制器等。电机利用电磁力实现动子的驱动与悬浮。控制器的能量是通过非接触能量传递方式（CET）提供的，利用这种方式，在平台运动过程中，通过固定的初级线圈和安装在动子上的次级线圈之间的感应耦合可以连续地提供能量。地面控制器和电机动子之间的通讯是通过带有自定义协议的低延迟无线连接（RX/TX）实现的。利用这种无线连接可以控制动子上附加的直线电机，动子上的两个无铁芯直线永磁同步电机驱动横梁运动，附带的译码传感器用来检测每个电机的位置。

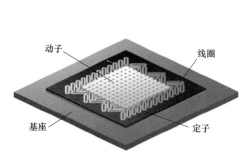

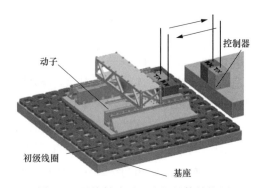

图 8-7　大推力动磁式平面电机整体结构图　　　　图 8-8　无接触式平面电机整体结构图

3. 动圈式永磁同步平面电机

图 8-9 所示为一种初级铁芯开槽的永磁同步平面电机。动子铁芯采用铁磁材料，铁芯的底部开有用于嵌放初级绕组的槽，用于分别产生 x 方向和 y 方向推力的两套绕组相互垂直地交迭嵌放在铁芯的 x 方向和 y 方向槽内，如图 8-10 所示。x 向绕组和 y 向绕组均采用传统的三相双层绕组，定子由永磁阵列和铁质基座组成。相对于无槽结构，该永磁同步平面电机能够提供持续的大推力，且 x 方向推力和 y 方向推力相互独立。

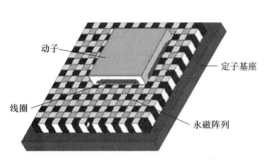

图 8-9　铁芯开槽永磁同步平面电机整体结构图

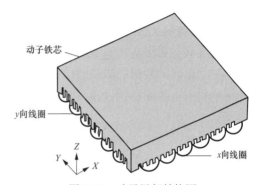

图 8-10　动子局部结构图

图 8-11 所示为一种动圈式永磁同步平面电机，该电机采用永磁阵列作为定子，动子包含初级绕组、铁轭以及用于气浮的气足。四套三相绕组相互垂直排列，分别用于 x 向驱动和 y 向驱动。为了实现两个方向上的运动，要求定子上的永磁阵列在 x、y 两个方向上都对称，该永磁阵列由韩国学者提出，在一定程度上弥补了现有永磁阵列存在的磁密低、漏磁大等缺点。

图 8-12 所示为一种复合电流驱动的两维绕组永磁同步平面电机，它主要包括初级和次级，初级包括初级绕组和初级基板，次级包括永磁体阵列和导磁轭板，初级绕组的线圈节距 τ_c 与次级永磁体阵列极距 τ 之间满足关系 $3n\tau_c = (3n \pm 1)\tau$。该电机采用一套电枢绕组，利用复合电流驱动，可以实现电机动子的 x、y 两维平面运动。

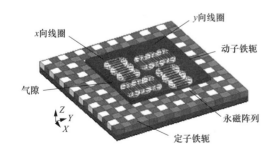

图 8-11　动圈式永磁同步平面电机的
整体结构图

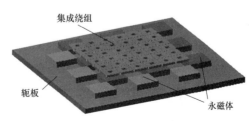

图 8-12　两维绕组永磁同步平面电机

8.1.3 直流平面电机

直流平面电机结构上是由多组直流直线驱动单元所构成，每个驱动单元的运行原理与音圈电机相同，即利用洛伦兹力实现定位运动，因该种电机也称为洛伦兹平面电机。直流平面电机用于实现多自由度精密、超精密的定位运动或起到系统精度补偿的作用，具有结构简单、精度高、频响高、惯量小等优势。从原理角度分析，洛伦兹平面电机具有较小的推力波动，理论上具有无限分辨率，影响定位精度的主要因素是电流纹波以及位置检测装置。

图 8-13 所示为一种组合式结构三自由度直流平面电机。该平面电机由 4 组直流直线电机组合而成，其中对角布置的两组电机构成一个驱动单元，两个驱动单元相互独立。当每个驱动单元的两组线圈中通以相同方向电流时，电机实现 y 向或 x 向平动，当每个驱动单元的两组线圈中通以相反方向电流时，电机实现绕 z 轴的偏转。

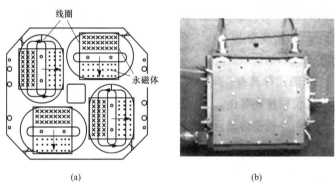

(a)   (b)

图 8-13 三自由度直流平面电机

（a）结构示意图；（b）样机

图 8-14 所示为一种两维绕组直流平面电机。电机主要由初级和次级构成，初级包括初级线圈和线圈支撑架；次级为双边结构，包括次级上永磁体、次级下永磁体以及导磁背板。该电机采用动次级结构，即初级作为定子，永磁体及其背板作为动子。初级线圈由四个方形线圈组成，通过分别控制四个方形线圈中直流电流的大小和方向，产生不同方向的电磁推力，实现动子沿 x 向、y 向及绕 z 轴偏转共三个自由度的平面定位。

8.1.4 磁阻平面电机

磁阻型平面电机又可分为开关磁阻式平面电机和步进式平面电机。这种类型的平面电机所依据的最根本的原理即磁阻最小原理。

1. 开关磁阻式平面电机

将旋转式开关磁阻电机沿径向剖开，并沿圆周方向展开成直线，就形成了直线式开关磁阻电机，而开关磁阻平面电机则是直线式开关磁阻电机在二维平面上的拓展。如

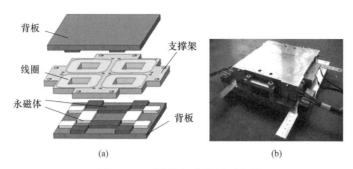

图 8-14　两维绕组直流平面电机

（a）结构示意图；（b）样机

图 8-15 所示为一种比较典型的开关磁阻平面电机。

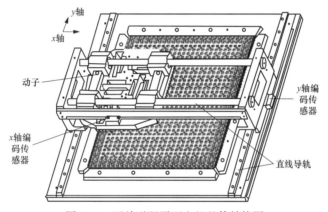

图 8-15　开关磁阻平面电机整体结构图

　　该平面电机主要由定子、动子、支撑导向机构以及位置检测装置等部分组成。多个定子块组成定子块方阵，而定子块则由硅钢片叠压而成，并由环氧树脂灌封成一个整体，其中硅钢片的叠厚与齿宽相同。该平面电机的动子采用宽齿结构，整个动子平台上共安置六个动子单元，其中每三个动子单元为一组，负责 x 或 y 方向的运动。动子铁芯也由硅钢片叠压而成，而且每个动子单元上均绕有集中绕组。为了减小两个方向上的磁路耦合作用，六个动子单元相互垂直地布置在动子台架平面上。

　　由于这种平面电机只在动子上布置绕组，且绕组为集中绕组，定子由一般的铁磁材料构成，无需绕组和永磁体，使电机的制造和维护都简单方便，成本较低，适于较为恶劣的应用环境。

2. 步进式平面电机

　　步进式平面电机是研究最早也是最成熟的一类平面电机。在步进式平面电机中，一般将一块永磁体和两组缠绕在铁芯上的驱动线圈作为一个单元，由相互垂直的两个单元构成动子，而将开有均匀分布平行槽的叠片铁芯作为定子，为动子提供闭合磁路。典型的步进式平面电机的基本结构如图 8-16 所示。

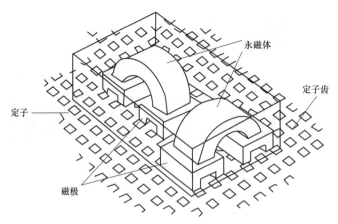

图 8-16　步进式平面电机整体结构图

步进式平面电机的内部磁场由动子各相绕组的脉冲电流产生。当某一方向上的两组驱动线圈交替通入脉冲电流时，会分别对永磁体产生增磁或者去磁作用，根据磁阻最小原理，定子与动子之间将产生使磁路磁阻减小的磁拉力作用，从而驱动电机动子产生步进运动，若同时考虑 x、y 两方向上的作用力，即可实现电机动子在定子平面上的两维运动。

步进式平面电机具有很多优点，例如位移量与输入脉冲数成正比，没有积累误差，具有良好跟随性，结构简单可靠，输出力较大，动态响应快，自起动能力强等，但是也存在着较为明显的劣势，如存在低频振荡、高频失步、运行速度和加速度低、自身噪声和振动较大等缺点。该类平面电机已应用在平面绘图仪、晶片测量仪、快速加工系统及机器人等装置中。

8.2　两维绕组永磁同步平面电机

8.2.1　两维绕组永磁同步平面电机的基本结构与工作原理

两维绕组永磁同步平面电机初级采用一套集成电枢绕组，利用初级绕组中的复合电流与次级永磁体磁场相互作用，产生 x、y 两方向的电磁力，驱动动子实现平面运动。每个平面电机由若干个单元电机构成［见图 8-17］，每个单元电机包括初级的 9 个线圈［见图 8-17（a）］和次级的两块永磁体［见图 8-17（b）］，9 个线圈组成 3×3 的矩阵，每个线圈构成一相绕组，一共有九相绕组，分别表示为：A 相、B 相、C 相、D 相、E 相、F 相、G 相、H 相、I 相。九相绕组星形连接，采用半桥逆变器驱动；或者每一相都采用一个全桥逆变器独立驱动。

在单元平面电机中，永磁阵列产生三维空间磁场，当需要电机沿 x 方向运动时，则将复合电流中的 y 向分量设定为零，只保留 x 向分量，根据控制指令与当前次级位置，确定初级绕组中通入电流的大小、频率和相位，次级永磁体产生的励磁磁场与初级行波

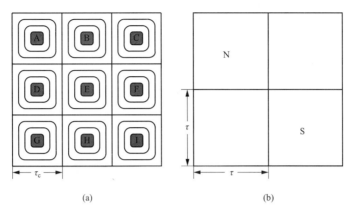

图 8-17　单元平面电机动子线圈和定子永磁阵列结构示意简图

（a）动子线圈；（b）永磁阵列

磁场相互作用产生电磁推力，动子就会沿行波磁场方向做直线运动；同理当需要电机沿 y 向方向运动时，则将复合电流中的 x 向分量设定为零，只保留 y 向分量；而当电机沿其他方向运动时，则相应地调节复合电流中 x、y 方向电流的大小、频率和相位即可。九相绕组中通入的复合电流分别为

$$\begin{cases} i_a = I_{xm}\sin(\omega_x t) + I_{ym}\sin(\omega_y t) \\ i_b = I_{xm}\sin(\omega_x t) + I_{ym}\sin(\omega_y t - 2\pi/3) \\ i_c = I_{xm}\sin(\omega_x t) + I_{ym}\sin(\omega_y t - 4\pi/3) \\ i_d = I_{xm}\sin(\omega_x t - 2\pi/3) + I_{ym}\sin(\omega_y t) \\ i_e = I_{xm}\sin(\omega_x t - 2\pi/3) + I_{ym}\sin(\omega_y t - 2\pi/3) \\ i_f = I_{xm}\sin(\omega_x t - 2\pi/3) + I_{ym}\sin(\omega_y t - 4\pi/3) \\ i_g = I_{xm}\sin(\omega_x t - 4\pi/3) + I_{ym}\sin(\omega_y t) \\ i_h = I_{xm}\sin(\omega_x t - 4\pi/3) + I_{ym}\sin(\omega_y t - 2\pi/3) \\ i_i = I_{xm}\sin(\omega_x t - 4\pi/3) + I_{ym}\sin(\omega_y t - 4\pi/3) \end{cases} \tag{8-1}$$

式中　I_{xm}——x 向驱动电流幅值；

　　　I_{ym}——y 向驱动电流幅值；

　　　ω_x——x 向驱动电流角频率；

　　　ω_y——y 向驱动电流角频率。

8.2.2　两维绕组永磁同步平面电机的数学模型

1. 磁场的解析分析

图 8-12 所示两维绕组永磁同步平面电机的永磁阵列结构，其各行或各列由磁化方向一致、等间隔排列的一组永磁体构成，下面分析该种结构的永磁阵列产生的磁场。

（1）解析模型。

单元平面电机所采用的永磁阵列的基本模型如图 8-18 所示，其中 N 表示磁场方向指向纸外，S 表示磁场方向指向纸内，未标注 N 或 S 的矩形面处为空气。为了简化模型，对该平面电机的永磁阵列作如下假设：①假设次级轭板的相对磁导率为无穷大；②电机在 x 和 y 方向存在周期性；③永磁体磁化强度为一恒定常数。

（2）控制方程。

利用标量磁位法来解磁场方程，图 8-19 所示为永磁体阵列模型的局部剖面图。

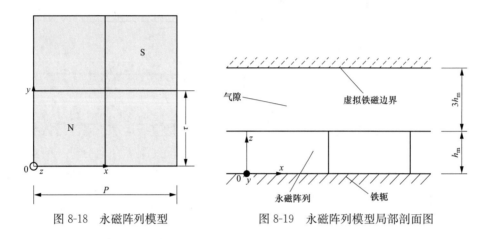

图 8-18　永磁阵列模型　　　　　图 8-19　永磁阵列模型局部剖面图

1）在空气中：标量磁位 φ_g 满足如下拉普拉斯方程

$$\nabla^2 \varphi_g = 0 \tag{8-2}$$

$$H_g = -\nabla \varphi_g \tag{8-3}$$

$$B_g = \mu_0 H_g \tag{8-4}$$

2）在永磁体中：得到

$$\nabla^2 \varphi_m = \nabla \cdot \frac{\vec{M}}{\mu_r} \tag{8-5}$$

其中磁场强度和磁感应强度如下

$$H_m = -\nabla \varphi_m \tag{8-6}$$

$$B_m = \mu_0 \mu_r H_m + \mu_0 M \tag{8-7}$$

（3）边界条件。

边界条件如下，其中下标 m 和 g 分别表示永磁体和空气，x、y、z 分别表示各量在各个方向的分量。

$$\varphi_m(x,y,0) = 0 \tag{8-8}$$

$$\varphi_g(x,y,4h_m) = 0 \tag{8-9}$$

$$\begin{cases} H_{mx}(x,y,h_m) = H_{gx}(x,y,h_m) \\ H_{my}(x,y,h_m) = H_{gy}(x,y,h_m) \\ B_{mz}(x,y,h_m) = B_{gz}(x,y,h_m) \end{cases} \tag{8-10}$$

（4）方程的解。

永磁阵列的磁化强度表达式如下

$$M=M_x x+M_y y+M_z z \tag{8-11}$$

而对于图 8-18 所示的永磁阵列，磁化强度可表达如下

$$M_x=M_y=0 \tag{8-12}$$

$$M_z=\sum_{k=1,3,\cdots}^{\infty} M_k\big[\sin(a_k x)+\sin(a_k y)\big] \tag{8-13}$$

其中 $M_k=2B_r/(\mu_0\pi k)$，$a_k=k\pi/\tau$，B_r 为永磁体的剩磁。

由于在永磁体中 $\nabla\cdot\boldsymbol{M}=0$，所以空气和永磁体中的标量磁位方程可统一表示为

$$\nabla^2\varphi=0 \tag{8-14}$$

依据边界条件，利用分离变量法求解拉普拉斯方程，考虑到永磁阵列在平面上分布的周期性和对称性，得到如下形式的方程的解，即

$$\varphi(x,y,z)=\sum_{k=1,3,\cdots}^{\infty}\varphi_k(z)\big[\sin(a_k x)+\sin(a_k y)\big] \tag{8-15}$$

其中

$$\varphi_k(z)=\begin{cases}2A_k\sinh(a_k z), & z\in[0,h_m) \\ 2B_k e^{4a_k h_m}\sinh[a_k(z-4h_m)], & z\in(h_m,4h_m]\end{cases}$$

$$A_k=\frac{M_k}{2a_k}\frac{\sinh(3a_k h_m)}{\cosh(3a_k h_m)\sinh(a_k h_m)+\mu_r\sinh(3a_k h_m)\cosh(a_k h_m)}$$

$$B_k=-\frac{M_k}{2a_k}\frac{e^{-4a_k h_m}\sinh(a_k h_m)}{\cosh(3a_k h_m)\sinh(a_k h_m)+\mu_r\sinh(3a_k h_m)\cosh(a_k h_m)}$$

μ_r 为永磁体相对磁导率。

根据式（8-3）、式（8-4）求得的标量磁位可以得到永磁阵列在 x、y、z 三个方向上的磁感应强度的表达式

$$B_{gx}(x,y,z)=-\mu_0\frac{\partial\varphi}{\partial x}=-\mu_0\sum_{k=1,3,\cdots}^{\infty}a_k\varphi_{gk}(z)\cos(a_k x) \tag{8-16}$$

$$B_{gy}(x,y,z)=-\mu_0\frac{\partial\varphi}{\partial y}=-\mu_0\sum_{k=1,3,\cdots}^{\infty}a_k\varphi_{gk}(z)\cos(a_k y) \tag{8-17}$$

$$B_{gz}(x,y,z)=-\mu_0\frac{\partial\varphi}{\partial z}=-\mu_0\sum_{k=1,3,\cdots}^{\infty}\big[\sin(a_k x)+\sin(a_k y)\big]\frac{\partial\varphi_{gk}}{\partial z} \tag{8-18}$$

其中

$$\frac{\partial\varphi_{gk}}{\partial z}=2a_k B_k e^{a_k 4h_m}\cosh[a_k(z-4h_m)]$$

$$=-M_k\frac{\sinh(a_k h_m)\cosh[a_k(z-4h_m)]}{\cosh(3a_k h_m)\sinh(a_k h_m)+\mu_r\sinh(3a_k h_m)\cosh(a_k h_m)}$$

2. 单元平面电机的电磁力

从产生原因和性质上看，电磁力可分为两类：载流导体在磁场内所受到的力；磁性

物质在磁场内受到的力。在机电系统中求解电磁力的方法一般有三种，即麦克斯韦应力法、虚位移法以及洛伦兹力法。在有限元程序中通常采用麦克斯韦应力法或虚位移法来计算力，因为不论是载流导体在磁场内所受到的力，还是磁性物质在磁场内受到的力都可以通过这两种方法准确地计算出来，而洛伦兹力法只能用于计算载流导体在空间受到的力，因此其应用范围受到限制。但是，就力的计算来说，在某些特定条件下，洛伦兹力法比麦克斯韦应力法（积分）特别是虚位移法（微分）更简单。因此，本节平面电机电磁力的计算采用洛伦兹力法。根据洛伦兹定律，单元平面电机推力的计算式可表达如下

$$F = \int_V \boldsymbol{J} \times \boldsymbol{B} dV \tag{8-19}$$

式中　F——线圈受到的洛伦兹力；

　　　$\boldsymbol{J}$——线圈中的电流密度；

　　　$\boldsymbol{B}$——永磁阵列产生的磁感应强度。

对于通入电流为 i 的线圈 dl 来说，其所受的电磁力 f 表达式可简化表示如下

$$f = i dl \times \boldsymbol{B} \tag{8-20}$$

永磁阵列在气隙中产生的磁场在前面的分析中已经求出，可见式（8-16）～式（8-18）。平面电机在作 x、y 方向运动时，永磁阵列在气隙中产生的磁感应强度的 z 向分量将起到主导作用，同样电机在垂直方向运动时，磁感应强度的 x 向分量和 y 向分量将起主导作用。为了简化计算，在计算 x、y 方向的电磁力时，仅考虑磁感应强度 z 向基波分量，而忽略高次谐波分量；在计算垂直方向的悬浮力时，也仅考虑磁感应强度的 x 向和 y 向基波分量，忽略其他次谐波分量。

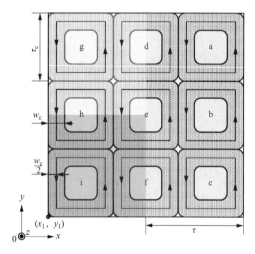

对于有一定高度、宽度和长度的集中绕组，由于永磁阵列产生的磁场是在空间三维周期分布的，所以线圈中的每一匝导线所在位置处的磁场都是不相同的，这就给电磁力的精确计算带来较大的困难。为了简化分析，把每一匝线圈的线径看作无穷小，这样就可以用图 8-20 中的虚线处的集中虚拟线圈来代替每一相的 N 匝线圈，并且利用虚线处的磁感应强度来等效计算线圈所受的电磁力。

图 8-20 中左下角阴影区域代表次级永磁体的 N 极，右上角阴影区域代表次级永磁体的 S 极。当单元平面电机沿任意方向运动

图 8-20　单元平面电机绕组示意图

时，根据式（8-20）可以得到单元平面电机的电磁推力表达式为

$$
\begin{bmatrix} F_{z1} \\ F_{z2} \\ F_x + jF_y \end{bmatrix} = \begin{bmatrix} \boldsymbol{B}_{x1} \\ \boldsymbol{B}_{y1} \\ \boldsymbol{B}_{z1} \end{bmatrix} \times \begin{bmatrix} \boldsymbol{i}_a \\ \boldsymbol{i}_b \\ i_c \\ i_d \\ i_e \\ i_f \\ i_g \\ i_h \\ i_i \end{bmatrix} \cdot L \tag{8-21}
$$

式中　　　F_{z1}——x 向驱动电流产生的法向力；

F_{z2}——y 向驱动电流产生的法向力；

F_x——x 向水平推力；

F_y——y 向水平推力；

$\boldsymbol{B}_{x1}$、$\boldsymbol{B}_{y1}$、$\boldsymbol{B}_{z1}$——气隙磁场在 x、y、z 三个方向的基波分量；

L——每匝线圈有效长度；

$\boldsymbol{i}_a \sim \boldsymbol{i}_i$——九相绕组中所通入电流，其具体表达式如式（8-1）所示。

式（8-21）中电磁力的各个方向分量为

$$
F_{z1} = -3N \cdot B_{mx} \cdot I_{xm} \cdot (2\tau - 3w_c) \sin\left(\frac{\pi}{3} - \frac{\pi w_c}{2\tau}\right) \cos\left(\theta_0 + \frac{\pi}{3}\right) \tag{8-22}
$$

$$
F_{z2} = -3N \cdot B_{my} \cdot I_{ym} \cdot (2\tau - 3w_c) \sin\left(\frac{\pi}{3} - \frac{\pi w_c}{2\tau}\right) \cos\left(\theta_0 + \frac{\pi}{3}\right) \tag{8-23}
$$

$$
F_x = 3N \cdot B_{mz} \cdot I_{xm} \cdot (2\tau - 3w_c) \sin\left(\frac{\pi}{3} - \frac{\pi w_c}{2\tau}\right) \cos\left(\theta_0 - \frac{\pi}{6}\right) \tag{8-24}
$$

$$
F_y = 3N \cdot B_{mz} \cdot I_{ym} \cdot (2\tau - 3w_c) \sin\left(\frac{\pi}{3} - \frac{\pi w_c}{2\tau}\right) \cos\left(\theta_0 - \frac{\pi}{6}\right) \tag{8-25}
$$

式中　　　N——每相线圈的匝数；

θ_0——初始相位角；

B_{mx}、B_{my}、B_{mz}——线圈高度范围内气隙磁密各向分量的平均值。

3. 单元平面电机绕组的反电动势

根据法拉第电磁感应定律可知，在磁感应强度为 $\boldsymbol{B}$ 的磁场中以速度 v 运动的单位长度导体中产生的反电动势可表示为

$$
e = v \times \boldsymbol{B} \cdot dl \tag{8-26}
$$

当平面电机沿 x 方向运动时，永磁阵列产生的磁场是静止的，线圈是运动的，由于磁场在空间三维分布，所以随着平面电机的运动，每相绕组切割磁力线，并且在相绕组中感应电动势。若线圈按图 8-20 所示的结构排列，并且在反电动势计算时对磁场和线圈

按照计算电磁推力时进行同样的简化和等效，那么当假设线圈沿 x 正方向以速度 v 匀速运动时，线圈 a、b、c 产生的反电动势将归为一相，线圈 d、e、f 产生的反动电势归为一相，线圈 g、h、i 产生的反电动势归为一相，并且每相之间的相位差为 $2\pi/3$。

$$\begin{cases} e_{abc}=2N \cdot B_{mz} \cdot v \cdot (2\tau-3w_c)\sin\left(\frac{\pi}{3}-\frac{\pi w_c}{2\tau}\right)\cos\left(\frac{\pi}{\tau}x_1+\frac{2}{3}\pi\right) \\[3mm] e_{def}=2N \cdot B_{mz} \cdot v \cdot (2\tau-3w_c)\sin\left(\frac{\pi}{3}-\frac{\pi w_c}{2\tau}\right)\cos\left(\frac{\pi}{\tau}x_1\right) \\[3mm] e_{ghi}=2N \cdot B_{mz} \cdot v \cdot (2\tau-3w_c)\sin\left(\frac{\pi}{3}-\frac{\pi w_c}{2\tau}\right)\cos\left(\frac{\pi}{\tau}x_1-\frac{2}{3}\pi\right) \end{cases} \tag{8-27}$$

8.2.3 两维绕组永磁同步平面电机的电磁设计

由于永磁同步平面电机的基础理论与应用技术研究尚处于初级阶段，而且不同初级与次级结构的平面电机，其参数、特性及性能等差异也较大，目前还没有形成成熟的、工程化的电机设计方法。因此，必须根据具体设计要求与平面电机的特点进行实际电机的设计。

1. 设计流程图

针对两维绕组永磁同步平面电机初级绕组与次级磁场的具体特点，分析该平面电机主要尺寸的影响因素，并参考永磁同步直线电机的设计理论与设计方法，形成的设计流程如图 8-21 所示。

2. 主要尺寸的确定

电机的主要尺寸决定了电机的转矩（推力）、体积与成本，因此合理地确定电机的主要尺寸至关重要，同时，主要尺寸确定后，电机的其他尺寸与参数也就基本可以确定。对于旋转电机来说，其主要尺寸是指电枢直径和铁芯有效长度；根据直线电机与旋转电机的结构对应关系可以知，直线电机的主要尺寸是其初级长度和初级铁芯叠厚（初级宽度）；对于如图 8-22 所示的两维绕组永磁同步平面电机，由于次级永磁体为长和宽相等的正方形，线圈阵列和永磁阵列通常也为 x 向、y 向对称结构，因此平面电机的主要尺寸是永磁体的极距（或线圈阵列的边长）。

电机在进行机电能量转换时，无论是从机械能变成电能（发电机），或是从电能变成机械能（电动机），能量都是以电磁能的形式通过初级、次级之间的气隙进行传递的，与之对应的功率称为电磁功率，因此，电机的主要尺寸与电磁功率有密切关系。对于永磁同步平面电机，电磁功率可以表示为

$$mEI\cos\phi=F_N v \tag{8-28}$$

式中 m——初级绕组的相数；

       E——初级绕组的相电动势有效值；

       I——线圈绕组的相电流有效值；

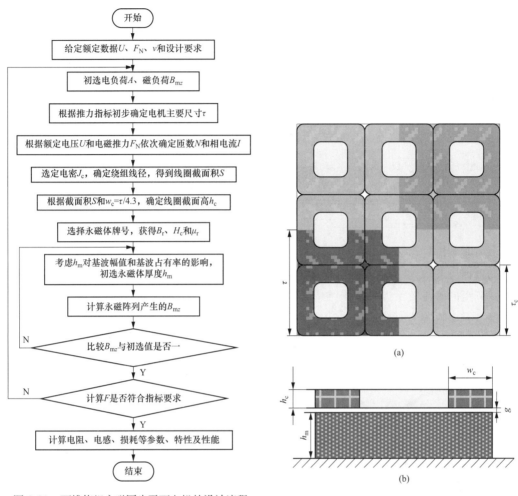

图 8-21　两维绕组永磁同步平面电机的设计流程

图 8-22　永磁同步平面电机结构简图

（a）俯视图；（b）局部剖面图

F_N——平面电机的电磁推力；

v——平面电机动子的运行速度；

$\cos\phi$——内功率因数，其中 ϕ 为相电动势 E 和相电流 I 之间的夹角。

在正弦波永磁同步电机的矢量控制方法中，$i_d=0$ 控制最为简单，且电机没有直轴电枢反应，可减少永磁体的退磁，电机所有电流均用来产生电磁转矩，电流控制效率高。对于永磁同步平面电机，通常也采用 $i_d=0$ 控制，这时可令式（8-28）中的 $\cos\phi=1$。

两维绕组永磁同步平面电机绕组的相电动势为

$$E=\sqrt{2}\,N\cdot B_{mz}\cdot v\cdot(2\tau-3w_c)\sin\left(\frac{\pi}{3}-\frac{\pi w_c}{2\tau}\right) \tag{8-29}$$

式中　N——绕组每相串联匝数；

　　　B_{mz}——气隙磁通密度 z 向基波分量在线圈高度范围内的平均值；

τ——永磁体极距；

w_c——线圈边的截面宽度。

在旋转电机中，通常将沿电枢圆周单位长度上的安培导体数称为电负荷 A，根据平面电机的结构特殊性，这里我们将沿永磁同步平面电机某个方向上单位长度的安培导体数称为电负荷 A，即

$$A = \frac{2m \cdot N \cdot I}{2\tau} = \frac{m \cdot N \cdot I}{\tau} \tag{8-30}$$

将式（8-29）代入式（8-28），并考虑关系式（8-30）后可得

$$\frac{\tau(2\tau - 3w_c)\sin\left(\frac{\pi}{3} - \frac{\pi w_c}{2\tau}\right)}{F} = \frac{\sqrt{2}}{2} \cdot \frac{1}{A \cdot B_{mz}} \tag{8-31}$$

在前面利用解析法求得的平面电机的电磁推力表达式中，若线圈截面的电流密度为 J_c，则根据图 8-22 可知 $NI = J_c h_c w_c$，假设线圈截面宽度 $w_c = \tau_p/k_c$，根据永磁体极距和线圈节距的对应关系以及线圈结构可知 $k_c \geqslant 3$，从而可得包含系数 k_c 的单元平面电机的电磁推力表达式为

$$F = 3\sqrt{2} J_c \cdot B_{mz} \cdot h_c \cdot \tau^2 \cdot \frac{2k_c - 3}{k_c^2} \sin\left(\frac{\pi}{3} - \frac{\pi}{2k_c}\right) \tag{8-32}$$

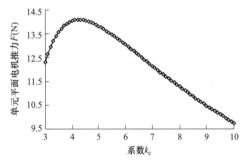

图 8-23 单元平面电机推力 F 关于系数 k_c 的变化曲线

如果除了系数 k_c 外，其他结构参数均已确定，则 F 和 k_c 间存在的非线性关系如图 8-23 所示。求取电磁推力 F 关于 k_c 的导数，并令其等于零，同时考虑限定条件 $k_c \geqslant 3$，可解得 $k_c = 4.2634$，若保留一位小数，可取 $k_c = 4.3$，即电机其他结构参数确定后，只有当 $w_c = \tau/4.3$ 时，单元平面电机的推力才能达到最大值。将 $w_c = \tau/4.3$ 代入式（8-31）可得电机主要尺寸关系式

$$\frac{\tau^2}{F} = \frac{0.86}{A \cdot B_{mz}} \tag{8-33}$$

在初选磁负荷 B_{mz}、电负荷 A 后，根据式（8-33）即可初步确定平面电机的主要尺寸 τ。磁负荷 B_{mz} 这里是指气隙中磁感应强度 z 向基波分量在线圈高度范围内等效基波磁通密度的幅值，这里引入了一个等效基波磁通密度的概念，这是由于平面电机的磁场为三维场，气隙磁密分布较为复杂，幅值沿线圈高度方向变化，为了计算方便，用等效气隙磁通密度来代替实际的磁通密度，取值与电磁气隙与极距的比值有关。可以看出，电机的主要尺寸决定于电磁负荷 A、B_{mz}，电磁负荷越高，电机的尺寸将越小，质量就越轻，成本也越低。这就是在可能情况下，一般总希望选取较高的 A 和 B_{mz} 值的原因，但电磁负荷值的选取与许多因素有关，不但影响电机有效材料的用量，而且对电机的参

数、特性、运行性能及可靠性等都有重要影响。

在永磁同步平面电机中,电流频率 f(单位为 Hz)与电机运行速度 v 之间的关系为

$$f = \frac{v}{2\tau} \tag{8-34}$$

初步确定电机主要尺寸后,根据式(8-34)即可确定驱动电流的频率 f。电流的频率与平面电机伺服驱动器的输出频率范围直接相关,同时要兼顾电机的特性与性能。

8.3 两维绕组直流平面电机

8.3.1 两维绕组直流平面电机的基本结构与工作原理

1. 两维绕组直流平面电机的基本结构

两维绕组直流平面电机(Integrated Winding Structure Short-Stroke DC Planar Motor,IWSDCPM)由初级和次级构成,为了提高定位精度、消除拖线电缆的影响,电机通常采用动次级结构。初级由四个线圈与初级基板构成,基板采用高强度的非磁性材料,用于固定、支撑四个线圈;次级由永磁体与背铁板构成。线圈为正方形,其四个边均为有效边,均置于磁场中,每个线圈及与其对应的次级一起构成一组直流直线驱动单元。图 8-24 为 IWSDCPM 结构示意图。从图中可以看出永磁体的排布情况以及四组直流直线驱动单元的位置关系,环形部分表示方形线圈,标有 N、S 的正方形为垂直于纸面平行充磁的永磁体。为了保证气隙磁密幅值尽量大并且均匀,IWSDCPM 中的每组直流直线驱动单元均采用双边永磁体结构以增强气隙磁场,上、下次级通过外部连接部件连接成一个整体。图 8-25 为直流直线驱动单元的结构示意图(其中背铁板未在图中画出)。图 8-26 为电机的 3D 模型。IWSDCPM 利用四组直流直线驱动单元来进行组合驱动,通过控制四组方形线圈中直流电流的大小和方向,使动子受到不同方向的电磁推力,从而实现电机沿 x 轴、y 轴及绕 z 轴偏转共三个自由度的平面定位。

2. 两维绕组直流平面电机的工作原理

音圈电机因与动圈式扬声器具有相同的电磁结构和运行方式而得名。由于音圈电机具有无磁滞、无齿槽效应、推力平稳性好、动子惯量小、容易控制等独特优点,所以在半导体制造装备、光学仪器、高精密机床等现代高精加工装备以及在计算机硬盘等高端办公设备的部件中得到越来越广泛的应用。IWSDCPM 中所采用的直流直线驱动单元,实际上可以看作具有方形线圈的平板形音圈电机。其运行

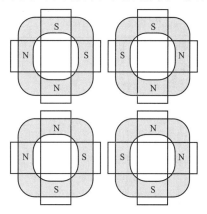

图 8-24　两维绕组直流平面电机
结构示意图

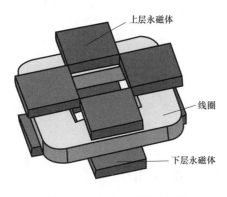

图 8-25 直流直线驱动单元

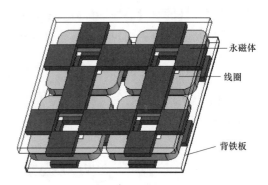

图 8-26 两维绕组直流平面电机的 3D 模型

原理与音圈电机相同，即通电导体处于磁场中，就会产生安培力 F，力的大小取决于磁场强弱 B、通电电流 I 以及磁场和电流的方向。如果共有长度为 L 的 N 根导体放在磁场中，则作用在导体上的力可以表示为

$$\vec{F}=N \cdot I \cdot (\vec{L} \times \vec{B}) \tag{8-35}$$

式中 N——线圈匝数；

      I——线圈电流；

      L——导体处在磁场中的有效长度；

      B——导体所在空间的磁感应强度。

通过合理地布置线圈与永磁体位置，保证磁通密度方向与通电导体长度方向正交，则式（8-35）可以表示成标量形式

$$F=NBIL \tag{8-36}$$

式（8-36）表明，直流直线驱动单元产生推力的大小正比于气隙磁通密度、线圈的安匝数以及每匝线圈的有效长度，其中气隙磁通密度是由永磁体的工作点来决定的。由于各参数相互关联，所以必须合理设计各个参数，才能使电机具有最优的性能。

当线圈在磁场中运动时，会在线圈内产生与线圈运动速度、气隙磁通密度和导线有效长度成正比的感应电动势。感应电动势的表达式为

$$E=NBLv \tag{8-37}$$

式中 v——导体运动速度。

从上面的分析可以看出，IWSDCPM 具有如下特点：

（1）线圈中通直流电流，利用安培力进行直接驱动（$F=BIL$），相对于以三相交流电流驱动的永磁同步平面电机，最明显的优势是结构及原理简单，易于实现短行程精密定位。

（2）电机采用初级固定、次级运动的动次级结构，线圈固定在基板上，容易冷却，线圈发热引起的结构变形小；电缆固定，运行可靠。

（3）采用双边次级结构，气隙磁密高、推力密度大。另外，还可以通过采用 Halbach 永磁阵列结构，进一步提高电机的推力密度。

（4）产生水平方向电磁推力或绕 z 轴偏转转矩时，初级的四个线圈同时通电，因此与组合式结构相比，该结构电机的推力密度高、绕组损耗低，初级的温度梯度小，所产生的热变形小，动子的受力均匀，定位精度高。

（5）电机的初级仅为直流线圈与基板，没有铁芯，不产生齿槽定位力，从而减小了推力波动，提高了伺服性能。

8.3.2 两维绕组直流平面电机的运动分析与线圈方案

1. 两维绕组直流平面电机的运动分析

图 8-27 为一组直流直线驱动单元的结构示意图，其中标号 1 和 2 的正方形表示垂直纸面向外充磁的永磁体，标号 3 和 4 的正方形表示垂直纸面向内充磁的永磁体。当方形线圈通入顺时针方向的电流时，线圈在 1、3 两组永磁体的磁场作用下，将受到沿 x 轴方向的安培力，同时，线圈在 2、4 两组永磁体的磁场作用下，将受到沿 y 轴负方向的安培力，将两个力合成并将线圈固定，可知直流直线驱动单元的次级即动子将沿着 1、2 两组永磁体的几何中性线方向向左上方运动。同理，若给方形线圈通入逆时针方向的电流，动子将向反方向运动。

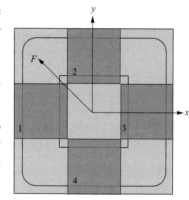

图 8-27　直流直线驱动单元
结构示意图

对于两维绕组直流平面电机，并没有指定具体的 x 向绕组和 y 向绕组，四组线圈总是同时通电，通过相互配合来实现动子沿 x 轴、y 轴的直线运动及绕 z 轴的偏转运动。图 8-28 为 IWSD-CPM 各直流直线驱动单元的动子受力分析，图 8-28（a）、（b）、（c）分别表示电机沿 x 方向、沿 y 方向及绕 z 轴顺时针偏转时线圈的通电状态以及动子的受力情况。在该图中，

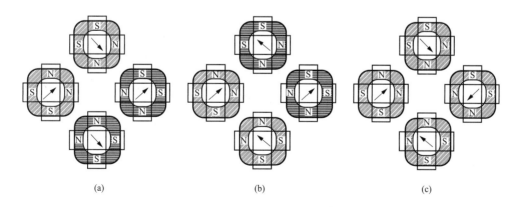

(a)　　　　　　　　　　(b)　　　　　　　　　　(c)

图 8-28　两维绕组运动分析

（a）沿 x 轴运动；（b）沿 y 轴运动；（c）绕 z 轴顺时针偏转

斜向填充的线圈表示通入顺时针方向的电流，横向填充的线圈表示通入逆时针方向的电流，箭头代表动子的受力方向。

2. 两维绕组直流平面电机的线圈排列方案

IWSDCPM 的初级共包含四组方形线圈，线圈之间的相对位置可以根据具体需要进行相应的变化，并且不同的线圈相对位置关系对应着不同的输出力合成方式。如图 8-29 所示为两种典型的线圈排列方案，分别是"十"字形排列方案与正方形排列方案。

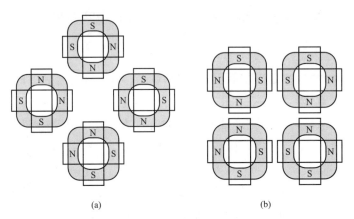

(a)   (b)

图 8-29　两种线圈方案

（a）"十"字形线圈排列；（b）正方形线圈排列

"十"字形线圈排列结构平面电机运行时的动子受力分析在前面已经给出，图 8-30 所示为正方形线圈排列结构的平面电机实现动子沿 x 轴、y 轴的直线运动以及绕 z 轴偏转运动时的运动分析。图 8-30（a）、（b）、（c）分别表示电机沿 x 方向、沿 y 方向及顺时针偏转运行时各个线圈的通电状态及动子的受力情况。在该图中，斜向填充的线圈表示通入顺时针方向的电流，横向填充的线圈表示通入逆时针方向的电流，箭头代表动子的受力方向。

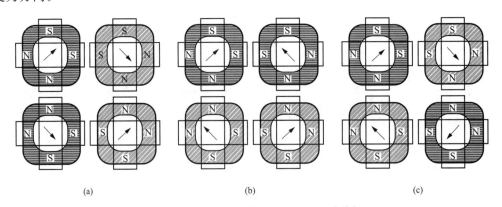

(a)   (b)   (c)

图 8-30　正方形线圈排列平面电机运动分析

（a）沿 x 轴运动；（b）沿 y 轴运动；（c）绕 z 轴顺时针偏转

由图 8-29 可以看出，在线圈尺寸与永磁体尺寸确定的情况下，正方形线圈排列结构会比"十"字形线圈排列结构更加紧凑，相应的动子质量也会减小，使定位系统的动态响应能力有所提高。另外，由于整个装置的体积减小而电磁推力不变，从而有效地增大了电机的推力密度。

8.3.3　两维绕组直流平面电机的数学模型

精确的数学模型是平面电机优化设计及运动控制的依据与基础，特别是应用于超精密定位场合的平面电机，数学模型的精确与否，直接影响了系统的定位精度与定位时间。

1. 空载气隙磁场解析

对于磁化磁体，除了可以采用电磁场基本理论计算其空间磁场外，还有两种等效的物理模型可以用来处理相同的问题，即等效磁荷模型和等效电流模型。针对 IWSDCPM 的结构特点，采用等效磁荷模型对永磁体进行等效，并利用镜像法来计算双边铁磁边界对永磁体磁场产生的影响，最终得到空载气隙磁场解析表达式。

（1）永磁体的等效磁荷模型。

等效磁荷模型认为磁化磁体存在着体电荷分布和面磁荷分布，其中体电荷密度 ρ_m 的表达式为

$$\rho_m = -\mu_0 \nabla \cdot \boldsymbol{M}_r \tag{8-38}$$

式中　μ_0——真空磁导率；

　　　$\boldsymbol{M}_r$——永磁体剩余磁化强度。

在均匀磁化磁体内部，$\boldsymbol{M}_r$ 为常矢量，因而 $\nabla \cdot \boldsymbol{M}_r = 0$，由式（8-38）可知，等效体磁荷密度 $\rho_m = 0$。但是在边界上由于 $\boldsymbol{M}_r$ 并不连续，因此在磁体边界上仍然存在面磁荷密度 σ_m，其表达式为

$$\sigma_m = \mu_0 \boldsymbol{M}_r \cdot \boldsymbol{n} \tag{8-39}$$

式中　$\boldsymbol{n}$——永磁体边界面的外法向单位矢量。

综上可知，当永磁体为均匀平行磁化时，永磁体磁化强度的作用可以用沿磁化方向的两个端面的等效面磁荷代替，如图 8-31 所示。

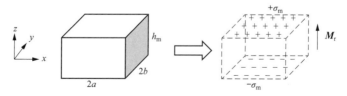

图 8-31　平行充磁永磁体的等效磁荷模型

为了计算一块永磁体产生的空间磁场，我们需要首先计算一个磁荷面在空气中产生的磁场分布。对于均匀充磁的永磁体，等效面磁荷密度可以用永磁体的剩余磁化强度来表示

$$\sigma_{\mathrm{m}} = \mu_0 M_{\mathrm{r}} = B_{\mathrm{r}} \tag{8-40}$$

式中 B_{r}——永磁体剩磁。

在磁荷面上任取一个面积微元 $\mathrm{d}s$，则该面积微元所包含的磁荷量为

$$\mathrm{d}Q_{\mathrm{m}} = \sigma_{\mathrm{m}} \mathrm{d}s \tag{8-41}$$

类比由电荷量计算电场强度以及电位的公式，利用磁荷同样可以表示出磁场强度以及标量磁位，其中磁场强度表达式为

$$\mathrm{d}\boldsymbol{H} = \frac{\mathrm{d}Q_{\mathrm{m}}}{4\pi\mu_0 r^2} \boldsymbol{a}_{\mathrm{r}} \tag{8-42}$$

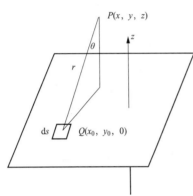

图 8-32 磁荷面产生空间磁场示意图

式中 r——原点到场点的距离；

$\boldsymbol{a}_{\mathrm{r}}$——原点到场点的单位矢量。

磁荷面微元产生的空间磁场方向为原点指向场点的方向，将面积微元沿着两个正交轴进行二重积分，即可得到一个磁荷面产生的空间磁场分布。出于设计需要考虑，这里只求解磁场沿 z 轴的分量 H_z，由图 8-32 可以得到

$$\mathrm{d}H_z = \mathrm{d}\boldsymbol{H} \cdot \cos\theta \tag{8-43}$$

$$\cos\theta = z/r = \frac{z}{\sqrt{(x-x_0)^2 + (y-y_0)^2 + z^2}} \tag{8-44}$$

式中 θ——单位矢量 $\boldsymbol{a}_{\mathrm{r}}$ 与磁荷面法向矢量之间的夹角。

将式（8-40）～式（8-44）带入式（8-43）中，并在 xy 坐标平面上进行二重积分，可以得到一个磁荷面产生空间磁场 z 轴分量的积分表达式为

$$H_z = \int_{-b}^{b}\int_{-a}^{a} \frac{M_{\mathrm{r}}}{4\pi} \cdot \frac{z}{[(x-x_0)^2 + (y-y_0)^2 + z^2]^{3/2}} \mathrm{d}x_0 \cdot \mathrm{d}y_0 \tag{8-45}$$

通过整理，得到式（8-45）的积分结果为

$$H_z = -\frac{M_{\mathrm{r}}}{4\pi} \cdot \arctan \frac{(a-x)(y-y_0)}{z\sqrt{[(a-x)^2 + (y-y_0)^2 + z^2]}}\bigg|_{y_0=-b}^{y_0=b}$$

$$-\frac{M_{\mathrm{r}}}{4\pi} \cdot \arctan \frac{(a+x)(y-y_0)}{z\sqrt{[(a+x)^2 + (y-y_0)^2 + z^2]}}\bigg|_{y_0=-b}^{y_0=b} \tag{8-46}$$

取辅助函数

$$\zeta(\zeta_1, \zeta_2, \zeta_3) = \arctan \frac{\zeta_1 \cdot \zeta_2}{\zeta_3 \cdot \sqrt{\zeta_1^2 + \zeta_2^2 + \zeta_3^2}} \tag{8-47}$$

令参数

$$K = \frac{\mu_0 M_{\mathrm{r}}}{4\pi} \tag{8-48}$$

对式（8-46）进行简化，可以得到位于 xy 平面上的、磁荷密度为 σ_m 的正磁荷面在空间中产生磁通密度 z 轴分量的解析表达式为

$$B_{z+}=K\left[\zeta(a-x,b-y,z)+\zeta(a-x,b+y,z)\right.$$
$$\left.+\zeta(a+x,b-y,z)+\zeta(a+x,b+y,z)\right] \tag{8-49}$$

将所得到的 B_{z+} 表达式沿着 z 轴向上平移 h_m（永磁体厚度），得到距离 xy 平面 h_m 高度的正磁荷面所产生的空间磁通密度 z 轴分量表达式

$$B_{z+}=K\left[\zeta(a-x,b-y,z-h_m)+\zeta(a-x,b+y,z-h_m)\right.$$
$$\left.+\zeta(a+x,b-y,z-h_m)+\zeta(a+x,b+y,z-h_m)\right] \tag{8-50}$$

在等效磁荷模型中，一块均匀平行充磁的矩形永磁体所产生的空间磁场可以由上下两个磁荷面产生的空间磁场所等效，所以为了完整求取永磁体产生的空间磁场，还需要解析下磁荷面。由于上下两磁荷面的磁荷密度大小相同、符号相反，沿 z 轴方向相差距离为永磁体厚度，故对式（8-49）取负，即可得到下磁荷面产生的空间磁场，表达式为

$$B_{z-}=-K\left[\zeta(a-x,b-y,z)+\zeta(a-x,b+y,z)\right.$$
$$\left.+\zeta(a+x,b-y,z)+\zeta(a+x,b+y,z)\right] \tag{8-51}$$

将 B_{z+} 与 B_{z-} 进行叠加，最终可以得到一块矩形永磁体（$2a\times2b\times h_m$）在空间中产生的磁场 z 轴分量的解析表达式为

$$B_z=K\left[\zeta(a-x,b-y,z-h_m)+\zeta(a-x,b+y,z-h_m)\right.$$
$$+\zeta(a+x,b-y,z-h_m)+\zeta(a+x,b+y,z-h_m)$$
$$-\zeta(a-x,b-y,z)-\zeta(a-x,b+y,z)$$
$$\left.-\zeta(a+x,b-y,z)-\zeta(a+x,b+y,z)\right] \tag{8-52}$$

双边铁磁边界对气隙磁场的影响可以采用镜像法进行计算。镜像法是一种计算铁磁边界对原磁场影响的处理方法，它利用一系列按一定规律分布的处于边界面后方的电流或者磁荷（称为镜像）来代替铁磁边界的影响，实际的磁场空间分布由原像产生的磁场与镜像产生的磁场叠加形成。

（2）永磁阵列的空间磁场分布。

通过永磁体的等效磁荷模型以及镜像法，可以计算在双边铁磁边界条件下，一对充磁方向相同的永磁体在空间中产生的磁场分布解析表达式。在 IWSDCPM 的直流直线驱动单元中，共包含了四组这样的永磁体对，即由八块永磁体组成了一个永磁阵列，永磁体相对位置关系如图 8-33 所示。

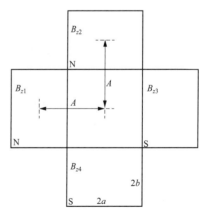

图 8-33　永磁阵列中各对永磁体相对位置

为了定性地分析该直流直线驱动单元所产生的空载气隙磁场，需要解析出永磁阵列所产生的气隙磁场。在基于磁荷模型解析条件下，

只要根据永磁阵列中永磁体的相对位置关系，考虑双边铁磁边界条件的影响，再利用叠加原理进行磁场叠加即可，最终得到的永磁阵列在空间中产生的磁场 z 轴分量表达式为

$$B_z = B_{z1} + B_{z2} + B_{z3} + B_{z4} \tag{8-53}$$

式中　B_{z1}、B_{z2}、B_{z3}、B_{z4}——四组永磁体对产生的磁场 z 轴分量。

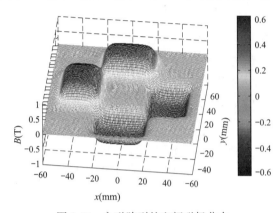

图 8-34　永磁阵列的空间磁场分布

利用式（8-53）可以完整、准确地描述出 IWSDCPM 的空载气隙磁场，即永磁阵列在空间中产生磁场的 z 轴分量。利用 Matlab 绘制出空载气隙磁场的三维空间分布，如图 8-34 所示。从图中可以看出，空载气隙磁场中 N 极与 S 极交接处出现磁密过零点，永磁体正上方磁密有最大值，两个 N 极交界处与两个 S 极交接处磁密不为零，存在两个磁场过渡区。

2. 推力及反电动势分析

（1）气隙磁密幅值计算。

IWSDCPM 属于短行程控制电机，运动行程为 mm 级，在行程之外的气隙磁场并不是研究重点。为了使物理意义表达更加清晰，进一步缩短设计周期，需要对式（8-53）进行适当简化，求出运动行程范围之内的气隙磁密幅值。由前面的磁场解析可以得到如图 8-35 所示模型磁场的解析表达式。

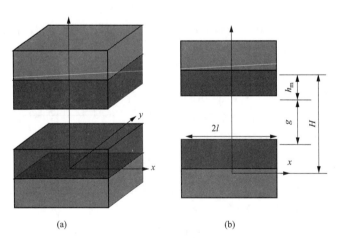

图 8-35　永磁体对结构示意图
（a）3d 图；（b）侧视图

由于气隙磁密幅值位于永磁体的几何中心线上（z 轴），故将 $x=0$，$y=0$ 带入气隙磁密表达式中，可以得到一个仅与 z 坐标值有关的气隙磁密幅值函数

$$B_z = 4K\left[\zeta(l,l,z-h_{\mathrm{m}}) - \zeta(l,l,z-h_{\mathrm{m}}-g)\right]$$

$$+ 4K \cdot \sum_{i=1}^{\infty}\left[\zeta(l,l,z-h_{\mathrm{m}} \pm i \cdot H) - \zeta(l,l,z-h_{\mathrm{m}}-g \pm i \cdot H)\right] \quad (8\text{-}54)$$

为了得到更加简单的解析表达式，采用气隙中心点处的磁密作为一对永磁体产生的气隙磁密幅值。如图 8-35（b）所示，此时有 $z = h_{\mathrm{m}} + g/2$，将其带入式（8-54）中，继续化简可以得到

$$B_z = \frac{2\mu_0 M_{\mathrm{r}}}{\pi}\left\{\mathrm{arctg}\ \frac{l^2}{\dfrac{g}{2}\sqrt{2l^2 + \left(\dfrac{g}{2}\right)^2}}\right.$$

$$+ \sum_{i=1}^{\infty}\left[\mathrm{arctg}\ \frac{l^2}{\left(\dfrac{g}{2} + i \cdot H\right)\sqrt{2l^2 + \left(\dfrac{g}{2} + i \cdot H\right)^2}}\right.$$

$$\left.\left. + \mathrm{arctg}\ \frac{l^2}{\left(\dfrac{g}{2} - i \cdot H\right)\sqrt{2l^2 + \left(\dfrac{g}{2} - i \cdot H\right)^2}}\right]\right\} \quad (8\text{-}55)$$

（2）推力及反电动势计算。

电磁推力及反电动势的解析表达式是建立平面电机基本方程和研究电机运行性能的基础。在前面气隙磁场分析的基础上，可以分别基于式（8-56）、式（8-57）所示的洛伦兹力方程和运动电动势方程对推力和反电动势进行分析。为简单起见，在下面的分析中，假设线圈和永磁阵列仅有 x 方向的相对运动，至于沿 y 方向相对运动时，可以类推。

$$f = \int i\mathrm{d}l \times \boldsymbol{B} \quad (8\text{-}56)$$

$$e = \int \boldsymbol{v} \times \boldsymbol{B} \cdot \mathrm{d}l \quad (8\text{-}57)$$

IWSDCPM 所采用的为正方形线圈，四个线圈的结构以及线圈所处磁场条件均相同，当线圈与永磁体之间存在 x 方向的相对运动时，每个线圈的四个边中仅有两个边切割磁场，即有两个有效边，假设气隙磁密 B_z 恒定，根据式（8-56）、式（8-57），可以得到每个线圈产生的电磁推力 F_{c} 及反电动势 E 的表达式为

$$F_{\mathrm{c}} = 2NB_z Il_{\mathrm{c}} \quad (8\text{-}58)$$

$$E = 2NB_z l_{\mathrm{c}} v_x \quad (8\text{-}59)$$

式中　N——线圈匝数；

　　　I——线圈电流；

　　　l_{c}——线圈有效边长度；

　　　v_x——线圈与永磁体在 x 方向上的相对速度。

由于 IWSDCPM 由四组直流直线驱动单元组成，总共包含四个线圈和四组相对应的永磁阵列，所以整个电机的电磁推力应该为每个单元产生推力的四倍，故将式（8-58）乘以系数 4 并将磁通密度 B_z 的近似表达式带入，最终可以得到该平面电机的电磁推力表

达式为

$$F=\frac{16\mu_0 M_r N I l_c}{\pi}\left[\arctan\frac{l^2}{\frac{g}{2}\sqrt{2l^2+\left(\frac{g}{2}\right)^2}}\right.$$

$$+\arctan\frac{l^2}{\left(\frac{g}{2}\pm H\right)\sqrt{2l^2+\left(\frac{g}{2}\pm H\right)^2}}$$

$$\left.+\arctan\frac{l^2}{\left(\frac{g}{2}\pm 2H\right)\sqrt{2l^2+\left(\frac{g}{2}\pm 2H\right)^2}}\right]\tag{8-60}$$

根据式（8-59）可以推导出线圈反电动势表达式为

$$E=\frac{4\mu_0 M_r N l_c v_x}{\pi}\left[\arctan\frac{l^2}{\frac{g}{2}\sqrt{2l^2+\left(\frac{g}{2}\right)^2}}\right.$$

$$+\arctan\frac{l^2}{\left(\frac{g}{2}\pm H\right)\sqrt{2l^2+\left(\frac{g}{2}\pm H\right)^2}}$$

$$\left.+\arctan\frac{l^2}{\left(\frac{g}{2}\pm 2H\right)\sqrt{2l^2+\left(\frac{g}{2}\pm 2H\right)^2}}\right]\tag{8-61}$$

8.3.4　两维绕组直流平面电机的电磁设计

1. 设计流程图

在 IWSDCPM 所应用的高动态、高精度运动控制系统中，通常要求平面电机输出的推力大、推力波动小，因此气隙磁场的分布要尽量平滑且幅值尽量高，同时，为了保证实现所要求的运动行程，磁场平滑区域范围要宽。其次，为了减小发热变形对系统定位精度的影响，电机的温升要低，这就要求电机的功率损耗小、冷却能力强。另外，从提高动态响应能力及节省空间的角度考虑，要求尽量减小电机线圈电感与动子质量，增大电机推力系数，减小电机的体积与质量。根据上述要求并结合具体的设计指标，给出 IWSDCPM 的设计流程如图 8-36 所示。

2. 主要尺寸的确定

利用前面得到的 IWSDCPM 电磁推力的表达式，来推导电机的主要尺寸基本关系式。电磁推力与电磁功率之间具有的关系为

$$F_e=P_e/v\tag{8-62}$$

式中　P_e——电磁功率。

电磁功率的定义为电枢绕组的感应电动势与电枢电流的乘积，即

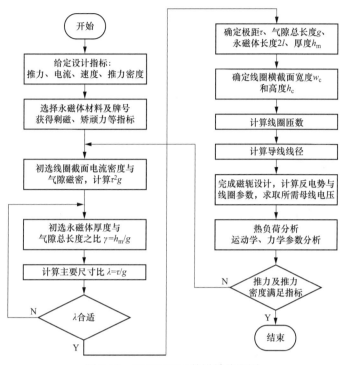

图 8-36 IWSDCPM 的设计流程图

$$P_e = EI \tag{8-63}$$

在前面，推导出动子沿 x 方向运动时感应电动势表达式为

$$E = 2NB_g l_{ef} v_x \tag{8-64}$$

式中 B_g——气隙磁通密度最大值，通常简称为气隙磁密幅值；

l_{ef}——导体计算长度，即线圈与气隙磁场相对运动时线圈边的有效长度。

将式（8-64）带入式（8-63）中，可以得到电磁功率的表达式为

$$P_e = 2NB_g I l_{ef} v_x \tag{8-65}$$

对于旋转直流电机，线负荷为

$$A = \frac{NI}{2a\pi D_e} \tag{8-66}$$

式中 a——电枢绕组的并联支路对数；

D_e——电枢直径。

对于 IWSDCPM，电枢绕组没有并联支路，每个线圈独自构成一条支路，即相当于 $a=1$。较为特殊的问题是：由于 IWSDCPM 具有两个平动自由度，即运动方向为沿 x 向或沿 y 向，并且电枢绕组由轴线与 z 轴平行的方形线圈构成，因此线负荷的确定方式和取值范围与常规电机有所不同。考虑到结构上的特殊性，进行 IWSDCPM 设计时，不采用线负荷的概念，而是利用线圈截面电流密度这一参数来表示安匝数。IWSDCPM 的电枢绕组为四组相互独立的方形线圈，当电机动子沿单方向运动时，每个方形线圈均有两

个有效边，由于两个有效边产生推力的原理相同并且结构对称，下面只取线圈单个有效边横截面来进行分析，如图 8-37 所示。

由图 8-37 可以看出，方形线圈的安匝数可以表示为

$$NI = J_c w_c h_c \tag{8-67}$$

式中　J_c——线圈截面电流密度，通常 $J_c = 3 \sim 25\text{A/mm}^2$，具体根据电机的冷却方式及工作制等来确定；

　　　w_c——线圈截面宽度；

　　　h_c——线圈截面高度。

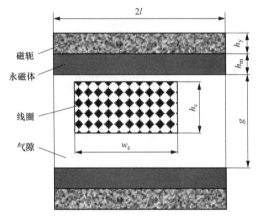

图 8-37　线圈单个有效边横截面结构

一般来说，与具有双边永磁体结构的直线电机相同，平面电机气隙总长度 g 与线圈截面高度 h_c 之差等于两个机械气隙长度。由于机械气隙长度相对于线圈截面高度较小，为简化设计步骤，根据以往无铁芯直线电机的设计经验，令线圈截面高度近似等于气隙总长度的 0.8 倍，式（8-67）将变成

$$NI = 0.8 J_c w_c g \tag{8-68}$$

从减小推力波动角度考虑，永磁体宽度或极距与线圈截面宽度的差值应与电机运动行程及避开端部非均匀磁场而设定的余量有关。由于 IWSDCPM 运动行程小，为 mm 级，暂时可以不用考虑行程的影响，所以可认为线圈宽度 w_c 与极距的关系为

$$w_c = C_{fw} \tau \tag{8-69}$$

式中　C_{fw}——磁场平顶宽度系数，定义为气隙磁密大于 0.9 倍磁密幅值的磁场宽度与极距 τ 的比值。

考虑到结构对称性，在 IWSDCPM 中，永磁体均为扁平的正方形结构。永磁阵列布置方式不同，会使得永磁体尺寸、线圈尺寸与极距之间对应关系不同。图 8-38 为直流直线驱动单元结构示意图，从图中可以看出永磁体边长与极距之间满足关系

$$\tau = 4l \tag{8-70}$$

式（8-70）说明极距恒为正方形永磁体边长的 2 倍，故一旦极距确定后，永磁体的边长也将随之确定。另外，为了增大电机的输出推力，线圈有效边应尽量位于气隙磁场较强的位置，即尽量靠近永磁体的正下方，这里我们取"切割"磁场导体的平均长度 l_{av} 近似等于极距 τ，即

$$l_{av} = \tau \tag{8-71}$$

对于旋转直流电机，气隙径向磁场沿圆周方向的分布不是均匀的。为了便于磁路计算，引入了计算极弧系数 α_i。计算极弧系数的定义为气隙平均磁通密度 B_{gav} 与最大磁通

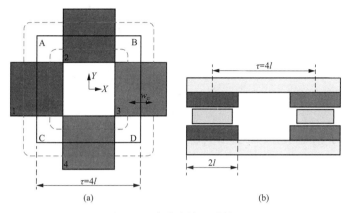

图 8-38　直流直线驱动单元

（a）俯视图；（b）侧视图

密度 B_g 的比值，即

$$\alpha_i = \frac{B_{gav}}{B_g} \tag{8-72}$$

对于 IWSDCPM，永磁体产生的磁场沿 x 轴方向和 y 轴方向分布都是不均匀的。但是由于永磁体为正方形结构，因此从永磁体中心沿两个方向的磁场分布是相同的，图 8-39 表示沿 y 轴方向的气隙磁场分布规律。从图中可以看出，各边导体两端附近存在边缘磁场，其中一部分端部磁通与永磁体左右两外侧的导体相匝链，应归入气隙有效磁通，导体计算长度 l_{ef} 的引入正是

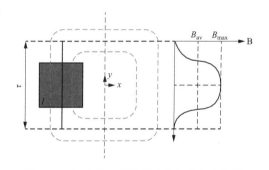

图 8-39　气隙磁场沿导线方向上的分布规律

为了考虑电机气隙磁场的这部分端部效应。为了分析永磁阵列的边缘磁场及估算导体计算长度 l_{ef}，在设计 IWSDCPM 过程中，引入纵向计算极弧系数 α_i，这里的纵向是指平行导线方向。对于运动方向上的极弧系数，这里不作计算，而是利用平顶宽度系数 C_{fw} 来表示运动方向上的磁场分布情况。利用纵向计算极弧系数估算导线计算长度的表达式为

$$l_{ef} = \alpha_i l_{av} \tag{8-73}$$

利用前面得到的气隙磁密解析表达式，可以计算不同电机尺寸对应的纵向计算极弧系数。参数 γ 为永磁体厚度与气隙总长度之比

$$\gamma = \frac{h_m}{g} \tag{8-74}$$

为了提高电机推力、降低推力波动，IWSDCPM 中应采用扁平形永磁体，对应极距较大，设计电机时可初选纵向计算极弧系数 $\alpha_i = 0.5$。

将式（8-68）、式（8-69）、式（8-71）及式（8-73）带入电磁功率的表达式（8-65）

现代直线电机理论与设计

中，经整理后可得

$$P_e = 2C_{fw}\alpha_i\tau^2 gJ_cB_gv_x \tag{8-75}$$

将式（8-75）变为如下形式

$$\frac{\tau^2 gv_x}{P_e} = \frac{0.625}{C_{fw}\alpha_iJ_cB_g} \tag{8-76}$$

由于 IWSDCPM 设计的主要指标为电磁推力，故将式（8-62）带入式（8-76），即可推导出电磁推力与电机主要尺寸之间的关系式

$$\frac{\tau^2 g}{F_e} = \frac{0.625}{C_{fw}\alpha_iJ_cB_g} \tag{8-77}$$

式（8-77）中的 $\tau^2 g$ 可以近似地表示初级有效部分所占体积，同时，次级有效部分体积也与之有关。当极距和气隙总长度确定之后，只要选取合适的电磁负荷，便可估算出电机产生的电磁推力，换句话说，当推力指标给定后，只要选取合适的电磁负荷，即可估算出整个电机所占体积。因此，极距 τ 和气隙总长度 g 可以作为 IWSDCPM 的主要尺寸，并规定其比值为电机的主要尺寸比，用系数 λ 表示

$$\lambda = \frac{\tau}{g} \tag{8-78}$$

390

9　其他直线电磁装置

　　随着现代社会和科技的日益进步，直线驱动技术也在不断发展，逐渐形成了多元化的新型直线驱动技术。在现代工业领域，许多传统的机械传动系统和旋转运动机电系统正在逐渐被直线直驱系统所取代。

　　除了前面几章所介绍的不同种类的直线电机，还有一些较为常见的能够实现直线驱动、制动的电磁型直线驱动器，如直线电磁阻尼器、直线螺旋电机以及直线电磁泵等。这些新型电磁驱动器应用在不同领域中，完成一些不同场合的特殊应用需求，在特性、性能、成本以及系统可靠性等方面具有明显优势。

　　线性可变差动变压器是一种应用较为广泛的电磁型位移传感器，用于实现直线位移的精密测量。本章最后一节将对其进行介绍。

9.1　直线电磁阻尼器

　　导体与磁场之间的相对运动会在导体中产生涡流，涡流产生的磁场与原磁场极性相反，导致一个阻碍相对运动的力产生，这种现象称为电磁阻尼，如图 9-1 所示。电磁阻尼现象源于电磁感应原理，也可以用楞次定律解释：闭合导体与磁极发生切割磁力线的相对运动时，由于闭合导体所匝链的磁通量发生变化，在闭合导体中会感应电流，这一电流所产生的磁场会阻碍两者的相对运动。其阻力大小正比于磁体的磁感应强度、相对运动速度等物理量。

　　由于导体电阻的存在，涡流逐渐消散，阻尼力随之消失。在这一过程中，动态系统的动能被逐渐消耗，因此，电磁阻尼器是一

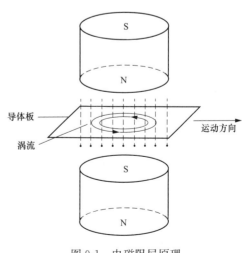

图 9-1　电磁阻尼原理

种使振荡快速衰减，并使能量以热能损耗形式释放的装置。在低速时，由于涡流阻尼力与动子和定子之间的相对速度成正比，故可将其视为一种黏性阻尼，可用于隔振减振系统、电力线缆舞动抑制以及直线电机的加载测试等场合。此外，由于电磁阻尼器可以产生非接触的制动力，可以被用于轮轨列车或磁悬浮列车的制动场合，在此领域应用时一般称其为涡流制动器。

电磁阻尼器阻尼系数的经验公式为

$$C=C_0 B^2 dA\sigma \tag{9-1}$$

式中　B——磁通密度；

d——导体板厚度；

A——与磁场作用的导体面积；

σ——电导率；

C_0——关于导体和磁场形状及大小的无量纲系数，当导体板面积为 $2\sim5$ 倍的磁场面积时，$C_0 \approx 0.25-0.4$。

式（9-1）说明阻尼系数与导体板厚度 d 成正比，然而，由于集肤效应的存在，阻尼系数与导磁板厚度并不成正比关系。当导体板厚度增加时，实际电导率 σ_e 会相应减小，其表达为

$$\sigma_e=\frac{2\delta_s}{d}\Big(1-e^{-\frac{d}{2\delta_s}}\Big)\sigma \tag{9-2}$$

式（9-2）中，δ_s 是磁导率为 μ、频率为 f 条件下，导体的集肤深度，表达式为

$$\delta_s=\sqrt{2/2\pi f\mu\sigma} \tag{9-3}$$

电磁阻尼器具有非接触、无需润滑、造价低、可靠性和安全性高等特点。与传统的机械摩擦阻尼相比，不受各种外界条件的限制，能够简单可靠地增加系统的稳定性，抑制动子的谐振峰值。电磁阻尼器作为阻尼装置广泛应用于各种制动系统和隔振系统，包括高速列车与游乐设施的制动，车辆、桥梁、建筑及精密机械的减振，卫星、航天器系统的阻尼，以及非磁性细小金属的分离、分选等应用场合。

电磁阻尼器的种类多样，按照运动方式划分，有旋转型和直线型；按照初级励磁方式划分，有直流励磁式、混合励磁式和永磁式；按结构形式划分，有平板型和圆筒型。图 9-2 为最简单的直流励磁式电磁阻尼器，图 9-2（a）为旋转型，图 9-2（b）为直线型。

图 9-3 为应用在高速列车制动系统中的直流励磁式电磁阻尼器，也称为直线涡流制动器。制动器由固定在列车底部的电磁铁以及钢轨组成，电磁铁与钢轨之间保持一个较小的距离（约为 7mm）。当列车需要减速或制动时，在电磁铁线圈中通入直流电流而产生极性固定的磁场，运动的磁场与钢轨相交链，在钢轨中将产生涡流，涡流与励磁磁场相互作用，产生与运动方向相反的制动力。涡流制动力的大小与列车运行速度、气隙磁通密度、钢轨的电导率等参数相关。图 9-4 为制动力-速度曲线，从图中可以看出，当

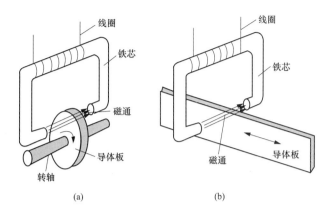

图 9-2 直流励磁式电磁阻尼器

（a）旋转型；（b）直线型

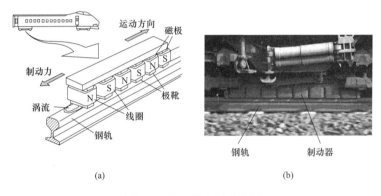

图 9-3 高速列车制动装置

（a）示意图；（b）实物图

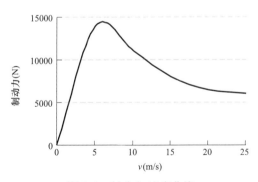

图 9-4 制动力-速度曲线

速度较低时，制动力与速度呈正比关系并可达到最大值，此时制动力的简化表达式见式（9-4）。当速度继续升高时，制动力逐渐下降，制动力表达式见式（9-5）。涡流制动器的制动力-速度曲线与直线感应电机的推力-速度曲线相似，其运行原理都是基于涡流感应原理。

$$F_b = Cv \tag{9-4}$$

$$F_b = 2F_{bmax}\left(\frac{vv_{pk}}{v^2 + v_{pk}^2}\right) \tag{9-5}$$

式中　　v——相对速度；

　　F_{bmax}——制动力峰值；

　　　v_{pk}——制动力峰值所对应的速度。

应用在高速列车制动系统中的涡流制动器具有如下优点：

（1）有良好的制动特性，即在高速下有较大的制动力，制动特性平坦；

（2）有稳定的粘着值，即随时都有可靠、安全的制动作用；

（3）非接触、无磨损、无噪声，可维护性好、系统寿命长；

（4）制动力连续可调，因此适应于常规制动和紧急制动；

（5）制动性能不受气候影响及环境变化的影响。

直流励磁式电磁阻尼器需要有电源提供励磁所需电能，并且会产生初级侧功率损耗。如果将电励磁磁极用永磁体代替，由于功率/质量比较高并且没有功率损耗，因此系统效率较高，但需要有能够实现制动力可调的特殊装置。图 9-5 为永磁式直线电磁阻尼器的典型结构，图 9-5（a）为单边结构，图 9-5（b）为双边结构。阻尼器的动子为非磁性导体板，初级由永磁体与轭板组成。采用双边结构时，作用于次级上的法向合力为零。通过选择次级板厚度和电阻率等参数，可以改变阻尼器的阻尼特性。

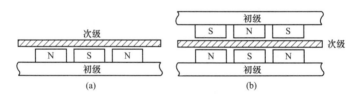

图 9-5　永磁式直线电磁阻尼器

（a）单边结构；（b）双边结构

由式（9-1）可知，阻尼系数与磁密 B 的平方成正比，因此增强磁场可有效增大阻尼力。这一方面可选用磁能积较大的稀土永磁体，另外还可以尝试采用不同形式的永磁阵列。图 9-6 列举了三种永磁阵列构成的涡流制动器结构，图中的箭头为永磁体的充磁方向。图 9-6（a）为横向充磁结构（内嵌永磁体结构），图 9-4（b）为纵向充磁结构（表面永磁体结构），图 9-6（c）为 Halbach 永磁阵列结构。由于 Halbach 永磁阵列具有自屏蔽效应，因此仅需要厚度较小的背铁。当涡流制动器初级接近次级钢轨时，前两种结构的磁场分布是相似的，而 Halbach 永磁阵列产生的磁场一边较强，另一边较弱。当涡流制动器初级抬起时，永磁阵列在车厢侧的磁场将会对其他设备产生影响，需进行屏蔽。与之相比，Halbach 永磁阵列不需要增加屏蔽，弥补了前两者的不足。

图 9-7 为三种制动器的制动力-速度曲线。

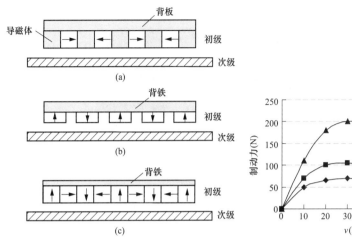

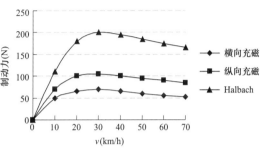

图 9-6 永磁式直线涡流制动器

图 9-7 制动力-速度曲线

（a）横向充磁；（b）纵向充磁；（c）Halbach 永磁阵列

　　图 9-8 为韩国学者提出的双边平板型电磁阻尼器，用于对发生意外撞击的高速汽车进行减振。该电磁阻尼器主要由次级铜板和初级铁轭、永磁体构成，动子运动时，铜板中的涡流产生阻尼力。为增大阻尼力，永磁体采用 Halbach 阵列结构。

　　图 9-9 为加拿大学者提出的圆筒型电磁阻尼器。该阻尼器由外部筒型导体和轴向充磁的永磁阵列组成，其中永磁体为环形结构。两个永磁体之间利用导磁体进行间隔，进而形成径向磁场磁极，初级为动子。该阻尼器可实现的阻尼系数为 53Ns/m。

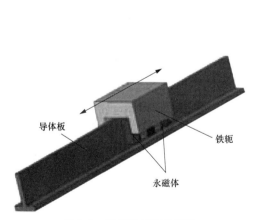

图 9-8 平板型电磁阻尼器

图 9-9 圆筒型电磁阻尼器

　　为提高阻尼器的阻尼系数并使结构更加紧凑，可采用多重气隙结构，如图 9-10 所示。这种结构能够有效增加磁场中导体板的面积，缩短涡流路径，提高气隙磁密，而且节省空间。为减小漏磁，采用背铁构成闭合磁回路，利用铝架固定永磁体。

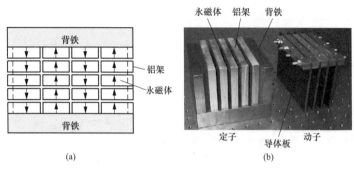

(a) (b)

图 9-10　多重气隙结构电磁阻尼器

（a）定子俯视图；（b）实物图

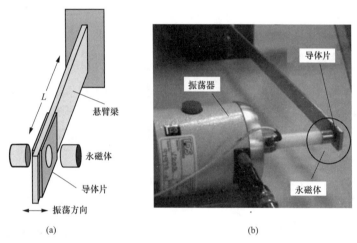

(a) (b)

图 9-11　悬臂梁电磁阻尼装置

（a）结构示意图；（b）实物图

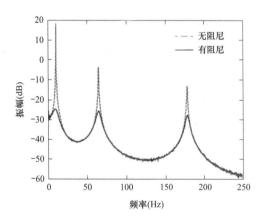

图 9-12　悬臂梁幅频特性比较曲线

除了能够应用于减速、制动场合，电磁阻尼器还可有效抑制系统的不期望振荡。图 9-11 为美国学者提出的悬臂梁减振涡流阻尼系统的结构，悬臂梁末端装有方形铜板，铜板处于两块圆柱形永磁体产生的磁场中。当悬臂梁发生振动、造成导体板在静磁场中运动时，导体板中会产生涡流，阻止二者相对运动，起到减振作用。图 9-12 给出了加入电磁阻尼装置后悬臂梁的幅频特性与未加入阻尼装置时的比较曲线。从图中可以看出，电磁阻尼器可以有效抑制系统的谐振峰值。

9.2 直线螺旋电机

在一些机械加工操作和机器人动作驱动等应用场合，经常需要执行机构在保持轴向推力和运动的条件下，实现在运动垂直面上的正反向旋转运动。另外，还有一些应用场合需要机构在保持旋转运动的条件下，能够实现正反向轴向运动。如果采用旋转电机或直线电机来实现这种运动，则需多台设备组合，而且还需要运动转换机构，如传动齿轮、滚珠丝杠等。从而造成系统零部件多、加工量大、结构复杂、可靠性低，并且还存在间隙和摩擦，严重影响系统的定位精度。

螺旋电机是一种能够产生螺旋运动的电机。与旋转电机或直线电机仅具有单自由度相比，螺旋电机具有两个自由度。它既能产生绕轴转矩，又能产生轴向推力，并且无需传动装置，可实现与直线电机相似的直接驱动。

螺旋电机按其工作原理可分为感应螺旋电机和同步螺旋电机；按其绕组形式主要可分为环形波折绕组结构和螺旋绕组结构；按其气隙磁场分布形式可分为径向气隙结构和轴向气隙结构；按其组合方式可分为轴线串联结构和径向并联结构。

图 9-13 为采用波折绕组的螺旋电机的绕组及电机结构。其中，图 9-13（a）为环形波折绕组展开图，图 9-13（b）为波折绕组空间分布，图 9-13（c）为电机结构示意图。这种类型螺旋电机的环形波折绕组，类似于旋转电机轴承端面的波纹弹簧垫圈的形状。初级铁芯无需开槽，绕组只需绕制、弯折、整形、粘贴固定于铁芯表面即可。此外，也可将旋转电机的分布绕组（周向）与圆筒形直线电机环形绕组（轴向）交叉布置在铁芯表面上（无槽结构），或将两套绕组嵌放在铁芯槽中（开槽结构），再配装上实心转子而获得同样的结构效果，只是制造工艺复杂，用铜量较大。

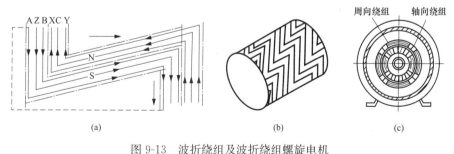

图 9-13　波折绕组及波折绕组螺旋电机

（a）绕组展开图；（b）绕组空间分布；（c）电机示意图

螺旋绕组结构感应电机（helical winding induction motor，HWIN）由美国学者 Cathy 等人提出。将两组或多组单元电机进行串联组合，可形成两自由度的直接驱动电磁装置，能够产生旋转运动、直线运动以及螺旋运动。图 9-14（a）为螺旋绕组结构感应电机的三相初级绕组展开图，图 9-14（b）为初级绕组的螺旋分布图。图 9-15 为轴向两极结构三相螺旋绕组的分布，图 9-15（a）为周向两极结构，图 9-15（b）为周向四极结构。

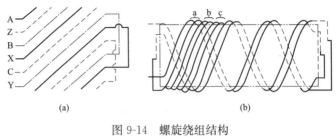

图 9-14　螺旋绕组结构

（a）绕组展开图；（b）绕组空间分布

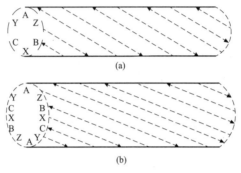

图 9-15　轴向两极结构三相螺旋绕组

（a）周向两极结构；（b）周向四极结构

直线运动与旋转运动相叠加，便可产生螺旋运动。因此，如果在电机内部存在直线移动磁动势与圆周旋转磁动势的复合磁动势，就可在其定子内部气隙中产生螺旋磁场。图 9-16 为径向气隙结构螺旋电机的绕组分布示意图。由图可知，在电机周向上，三相绕组 A、B、C 按顺时针彼此相差 120°机械角度排列；在电机轴向上，自左至右三相绕组同样按照 A、B、C 的相序排列。

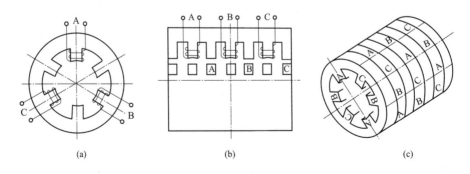

图 9-16　径向气隙结构螺旋电机

（a）周向布置；（b）轴向布置；（c）定子磁极分布

德国开姆尼茨工业大学的 L. Chen 和 W. Hofmann 在 2007 年提出一种与上述拓扑结构相似的旋转-直线永磁电机。这种电机的优点是实现了旋转运动与直线运动的解耦，图 9-17 为旋转-直线电机的整体结构、动子以及定子铁芯结构。电机绕组由两套独立供电的三相绕组构成，两套三相绕组分布在径向和轴向的槽中，如图 9-18 所示。通过单独激励两套三相绕组，可产生旋转磁场和行波磁场，分别用于驱动动子产生旋转运动和直线运动。动子永磁体采用二维永磁阵列结构，N-S 极永磁体交错排列在动子表面，如图 9-19 所示。电机动子由旋转-直线轴承系统或空气轴承进行支撑。

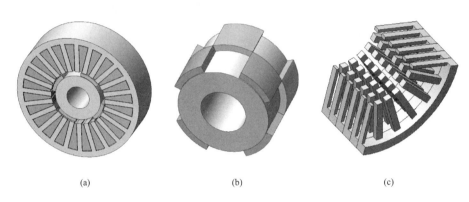

(a)　　　　　　　　　(b)　　　　　　　　　(c)

图 9-17　旋转-直线电机结构

（a）整体结构；（b）动子；（c）定子铁芯

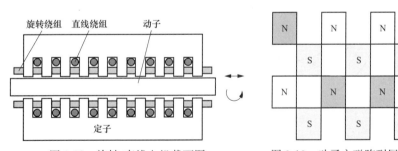

图 9-18　旋转-直线电机截面图　　　　图 9-19　动子永磁阵列展开图

由于 Halbach 永磁阵列具有良好的磁屏蔽特性，并且能够有效增强气隙磁场，因此已经被广泛应用于旋转电机、直线电机以及平面电机中。如果将两种类型的 Halbach 永磁阵列进行组合，即可实现一种既能产生旋转或直线运动，又能产生螺旋运动的螺旋电机动子结构。图 9-20（a）为该螺旋电机的动子结构示意图。为实现两个自由度的运动，该螺旋电机的动子由两种类型的 Halbach 永磁阵列组成，分别为外圈 Halbach 四极阵列和内圈 Halbach 两极阵列，两组永磁阵列利用中间的导磁圆环连接在一起。

图 9-20（b）为该螺旋电机结构分解示意图。动子外圈 Halbach 四极阵列与外定子绕

组电流产生的磁场相互作用，可使动子产生旋转运动；动子内圈 Halbach 两极阵列与内定子绕组电流产生的磁场相互作用，可使动子产生直线运动。产生圆周方向旋转磁场的外定子线圈内通入三相交流电流，产生轴向磁场的内定子线圈中通入直流电流。通过改变内、外定子电流的大小，可以分别控制两个方向电磁力的幅值，进而改变动子所受到合力的方向，实现 Halbach 圆筒形动子的旋转、直线两自由度运动。

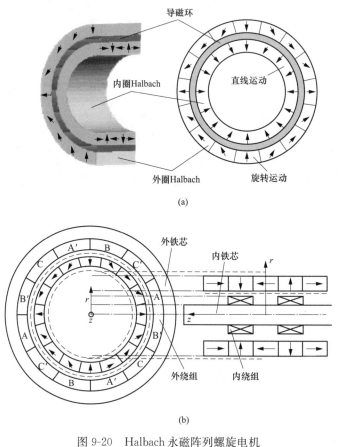

(a)

(b)

图 9-20 Halbach 永磁阵列螺旋电机

（a）Halbach 动子；（b）结构分解

图 9-21 为一种结构新颖的轴向气隙螺旋电机，由日本学者 Y. Fujimoto 等人提出。与径向气隙结构相比，轴向气隙结构的气隙面积较大，有效利用了气隙磁通，因此电机能够产生较大推力。另外，与直线电机相比，漏磁较少。其缺点是电机结构复杂、动子质量大、加速特性差。该螺旋电机的定子和动子均为螺旋结构，动子在定子中以螺旋方式运动。永磁体位于螺旋动子表面，定子铁芯表面开有嵌放绕组的槽，槽中的三相绕组通电后产生轴向磁通。

图 9-22 为轴向气隙螺旋电机的剖面结构。电机的径向负载利用安装在框架端部的两组滑动衬套或直线轴承进行支撑，以实现电机动子的直线运动和旋转运动。电机轴向推

力负载直接受电磁力控制。为使动子与定子之间的气隙保持不变，需要进行磁悬浮控制。为获得气隙位移量、动子直线位移量以及动子相对于定子的旋转角度，需采用直线编码器和旋转编码器。

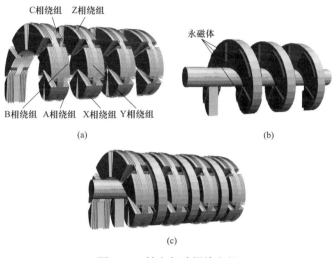

图 9-21　轴向气隙螺旋电机

（a）定子；（b）动子；（c）电机结构示意图

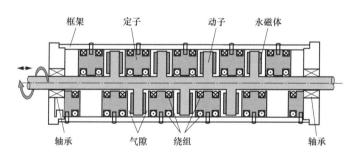

图 9-22　轴向气隙螺旋电机剖面结构

图 9-23（a）为电机展开结构示意图。为研究电机特性，将模型在螺旋方向分为（ⅰ）-（ⅲ）三个区域，在轴向分为（A）-（B）两个部分。根据展开图，可以得到图 9-23（b）所示的等效磁路模型。其中，忽略动子铁芯和定子铁芯的磁阻，不考虑涡流、端部效应以及开槽影响。

图 9-24 为轴向气隙螺旋电机的样机。由于电机结构复杂，定子和动子都需要由基本单元拼接而成，图 9-24（a）为该电机的动子单元和定子单元。每个动子单元由两块永磁体和一块铁芯构成，两块永磁体固定在动子铁芯两个表面上。每个定子单元内嵌放有两组线圈。为了便于加工，每个单元的表面基本上是平的。图 9-24（b）为拼接后的电机内部结构。

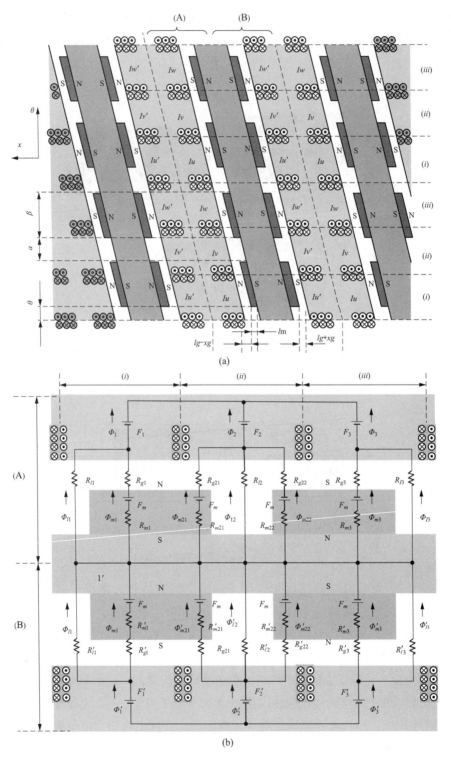

图 9-23　轴向气隙螺旋电机

（a）展开图；（b）等效磁路模型

(a)   (b)

图 9-24　轴向气隙螺旋电机样机

(a) 动子组件和定子组件；(b) 电机内部结构

这种螺旋电机的动子以螺旋线形式运动，也就是说，直线运动同时伴随旋转运动。

然而，在某些应用场合，仅需要电机输出直线位移，这时需要采用螺旋-直线运动转换装置来限制轴的旋转输出，如图 9-25 所示。该装置可以将螺旋电机动子的螺旋运动转换为直线运动。该转换装置采用双列推力轴承，可以支撑两边的轴向负载，由于中心盘能够在轴承中自由旋转，因此可吸收旋转运动。

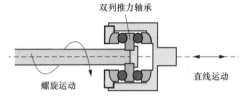

图 9-25　螺旋-直线运动转换装置

除了以上所介绍的螺旋电机，还有一种可以实现螺旋运动的结构，即直接将偏转电机与直线电机进行轴向串联连接并共用一个动子，称之为组合式螺旋电机。图 9-26 所示

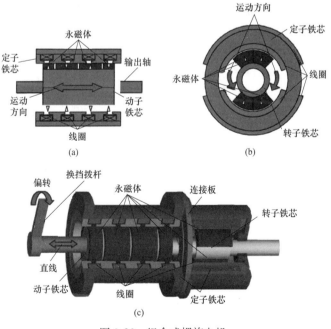

图 9-26　组合式螺旋电机

(a) 直线电机；(b) 偏转电机；(c) 螺旋电机

为英国的 Andrew Turner 等人提出的组合式螺旋电机，并将其应用在汽车的换挡拨叉轨道中。与传统的旋转电机和齿轮系统相比，这种装置可以减小滞后和机械间隙，且结构简单、可靠性高、动态响应好、使用寿命长。图 9-26（a）为单相四极动磁式圆筒型直线电机，定子由有槽铁芯和 4 组环形线圈构成，动子由 4 个环形永磁体及动子铁芯构成。图 9-34（b）为偏转电机，其旋转角度有限，定子由定子铁芯和轴向绕制的线圈组成，转子为两极结构。二者的组合如图 9-26（c）所示。直线电机与偏转电机共用一根输出轴，输出轴与换挡拨杆相连接。

9.3 直线电磁泵

电磁泵是利用磁场与导电流体中电流的相互作用，使流体受电磁力作用而产生压力梯度，从而推动流体运动的一种装置。电磁泵是输送液态金属的特殊泵，一般也称作液态金属电磁泵。近几十年来，电磁泵在工业上得到日益广泛的应用，如在原子能工业中用来输送钠、钾、钠钾合金、铋等传热介质；在冶金铸造行业中可以输送铁水、铝、铅、锡、锌、钠等有色金属熔液；在化学工业、医疗器械行业中用于提升水银、钠等金属。

与机械泵（如离心泵，齿轮泵，活塞泵）相比，电磁泵不存在机械运动部件，结构简单、噪声小、无需润滑、运行可靠、维修方便。另外，由于电磁力产生于液态金属内部，并不来源于外加机械力，从而解决了机械泵密封性差的缺点。对于电磁泵，液态金属能够完全密封，因此适于输送化学性质活泼的有毒金属。电磁泵的性能与被传送的液态金属有关，在液态金属的电阻、粘性与密度相对较低的情况下，系统损耗小、效率高，并且传送速度快。

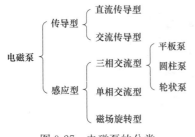

图 9-27　电磁泵的分类

电磁泵的结构形式多种多样，按液态金属中电流产生的方式可分为传导型电磁泵和感应型电磁泵；按电源形式可分为直流泵和交流泵；按结构不同可分为平板泵、圆柱泵及轮状泵等，图 9-27 为电磁泵的分类。

传导型电磁泵液态金属中的电流由电极直接导入，而感应型电磁泵液态金属中的电流是由交变磁场感生出来的。传导型电磁泵一般由磁极、电极和泵沟三个主要部分构成，而感应型电磁泵则由感应器和泵沟两个主要部分构成。

泵沟是电磁泵最主要的部分，磁场要穿过它才能与液态金属中的电流相互作用产生电磁力，所以泵沟材料必须是非磁性的。另外，一般还要求泵沟的电阻率高、机械强度好、热震性优越、耐腐蚀和便于加工。在电磁泵的电磁设计、机械结构设计和材料选择上，很多矛盾都会集中到泵沟上。

图 9-28（a）为直流传导型电磁泵的工作原理图。直流传导型电磁泵由直流电磁铁、

电极和泵沟三个主要部分构成。通过与液态金属流通管壁连接的电极对金属供电，带电液态金属在磁场作用下，能够产生与电流和磁场均正交的驱动力，驱动力大小 $F=BIL$。这种电磁泵结构简单，易于分析建模，但由于这种电磁泵是通过物理方式实现液态金属供电，需有外加电极，导体电阻损耗和机械损耗较大，低压大电流直流电源也是较难解决的问题。

图 9-28（b）为交流传导型电磁泵的原理图。交流传导型电磁泵由激磁绕组、铁芯、电极和泵沟等部分构成。为了减少铁芯损耗，铁芯由硅钢片叠压而成。交流传导型电磁泵在运行中，电源电流是交变的，但电流方向变化时，磁场方向会随之变化，所以液态金属的运动方向保持不变。交流传导泵的优点是可实现低压大电流或高压小电流输入，线缆损耗小。缺点是除了存在机械损耗，还具有涡流损耗以及由于磁场与电流之间的相位差造成的损耗，且流体存在振荡，系统噪声较大。

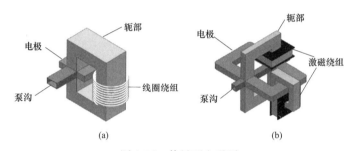

图 9-28　传导型电磁泵

（a）直流传导型；（b）交流传导型

与传导型电磁泵靠机械接触通入电流的方式不同，感应型电磁泵是利用外部感应器产生的行波磁场使液态金属自身感应出电流，其原理与直线感应电机相似。液态金属的流速 v_f 要小于磁场同步速 v_s，它们之间的差值与同步速之比称为滑差率 s，表达式为

$$s=(v_\mathrm{s}-v_\mathrm{f})/v_\mathrm{s} \tag{9-6}$$

感应型电磁泵的优点是感应器更换简单、流速较快、电磁泵特性可作微调、系统效率比传导型电磁泵要高。由于高温液态金属不与产生磁场的多相绕组直接接触，因此允许流体温度较高。感应型电磁泵种类较多，最为常见的 3 种为平板型感应电磁泵、圆柱型感应电磁泵以及轮状感应电磁泵。

图 9-29 为单边平板型直线感应电磁泵。初级为单边结构，磁场为开路形式，漏磁较大。另外，在液态金属与感应器之间需有足够的空间保证热绝缘。因此，进入液态金属导体中的磁场较少，使得这种结构推力较低。

图 9-30 为双边平板型直线感应电磁泵。双边结构具有上下两个感应器，弥补了单边结构推力小的缺点，但是用于流通液态金属的矩形管道呈扁薄型，造成泵体较大，且较难与其他设备相连接。

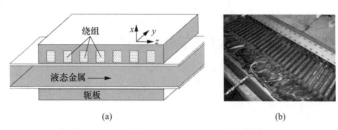

图 9-29　单边平板型直线感应电磁泵

（a）示意图；（b）感应器

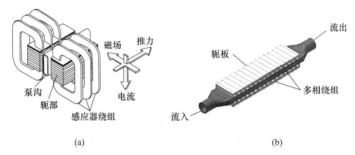

图 9-30　双边平板型直线感应电磁泵

（a）示意图；（b）结构图

对于平板型感应电磁泵，液态金属的横向感应电流需纵向闭合，纵向闭合感应电流与横向边缘磁场相互作用，会产生一个横向力，易造成流体局部涡流。

将平板型结构沿纵向卷起，使其轴向与磁场运动方向相同，即形成圆筒型结构，如图 9-31 所示。这种结构的支撑与线圈绕制比较简单，但是同样存在漏磁较大的缺点。除此之外，由于径向磁场分布不均，使得液态金属沿径向流速不均，造成流体局部涡流。

图 9-32 为图 9-31 的改进结构，二者的区别是：后者增加了内部导磁圆环铁芯，用来提供闭合磁路。这样，在金属导体中的感应电流为沿轴向分布的同心圆，不存在平板型结构中的边缘效应，有效抑制了流体局部涡流，因此能够产生均匀的轴向感应电磁力。这种结构的复杂之处是需将导磁铁芯悬浮于液态金属中，并保证其温度小于居里点。

图 9-33 为轮状感应电磁泵，其结构与圆筒型结构相似，不同之处在于轮状泵的铁芯由厚度相同的叠片铁芯堆叠而成，并在圆周上均匀分布，其加工过程简单、质量轻、强度高，因此应用较为广泛。从原理上讲，它是由平板型感应泵延伸而来的，即将数个相同参数的平板型感应泵的平板型通道改成圆弧形时，泵沟就成了一个环形通道，根据相同原理，液态金属可在环形泵沟中传输。图 9-34 为其他两种结构的轮状感应电磁泵，图 9-34（a）利用叠片铁芯结构取代内环铁芯，减小了铁芯损耗。图 9-34（b）增加了内环绕组，改善了电磁泵的传输性能。

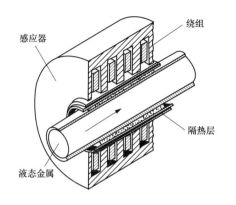

图 9-31　圆筒型直线感应电磁泵

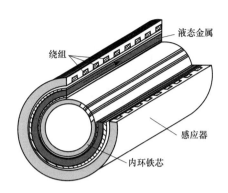

图 9-32　改进圆筒型直线感应电磁泵

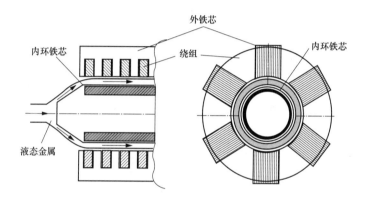

图 9-33　轮状直线感应电磁泵

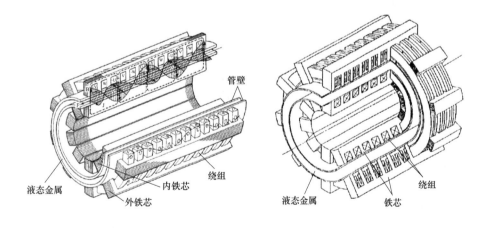

(a)　　　　　　　　　　　　　　　　(b)

图 9-34　其他轮状直线感应电磁泵

（a）内铁芯叠片结构；（b）双绕组结构

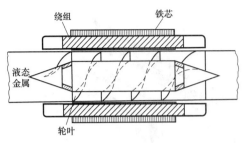

图 9-35 磁场旋转型感应电磁泵

图 9-35 为磁场旋转型感应电磁泵，其感应器与感应电动机的定子完全相同，磁场沿圆周环向运动，借助轮叶使液态金属实现螺旋运动。磁场旋转型感应泵适合应用在高压低流速场合，但此种泵沟的加工过程较为复杂。图 9-36 为日本东北大学提出的应用在电磁泵中的螺旋绕组。这种绕组构成的感应器既可以产生轴向推力、又可以产生旋转转矩，同时起到传输和搅拌液态金属的作用。

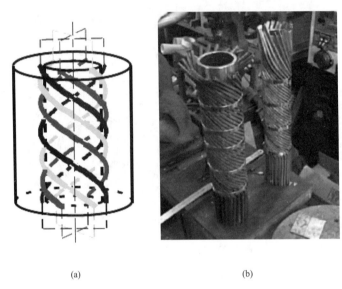

(a)   (b)

图 9-36 螺旋绕组
(a) 示意图；(b) 实物图

9.4 线性可变差动变压器

电感式传感器是利用电感元件把待测物理量的变化转换成自感系数或互感系数变化的一类传感器，可实现对位移、压力、应变、流量等物理量进行静态或动态测量。电感式传感器分为自感式和互感式。

线性可变差动变压器（linear variable differential transformer，LVDT）是一种典型的用于测量直线位移的互感式传感器，具有测量精度高、分辨率高、线性度好、结构简单、寿命长等特点，广泛应用于航天航空、机械、建筑、纺织、铁路、煤炭、冶金、塑料、化工以及科研院校等国民经济各行各业，用来测量位移、振动、物体厚度、膨胀等。LVDT 具有较宽的测量范围，一般为 $\pm 100 \mu m \sim \pm 25 cm$，典型激励电压的有效值为 1V—24V，频率为 50Hz—20kHz。与其他位移传感器相比，LVDT 的优势如下：

（1）无摩擦测量。LVDT 的线圈与可动铁芯之间没有机械接触，无摩擦部件。因此可应用在能够承受轻质铁芯负荷，但无法承受摩擦负荷的测量场合。例如，精密材料的冲击挠度或振动测试，纤维或其他高弹材料的拉伸或蠕变测试。

（2）高分辨率。LVDT 的无摩擦运行和感应原理使其具较高的分辨率，可以对铁芯的微小位移做出响应并产生输出电压。外部电子设备的可读性是对分辨率的唯一限制。

（3）零位可重复性。LVDT 结构对称，电气零位可重复性高，并且非常稳定。在闭环控制系统中，LVDT 是较好的电气零位指示器。

（4）径向不敏感性。LVDT 对于铁芯的轴向运动非常敏感，但对径向运动相对迟钝。这样，LVDT 可用于测量不是按照精准直线运动的物体位移。

（5）输入输出隔离。LVDT 可视为变压器的一种，其励磁输入（初级）和输出（次级）是完全隔离的。在要求信号线与电源地线隔离的测量和控制回路中，它的使用非常方便。

（6）机械寿命长。由于 LVDT 的线圈与铁芯之间没有接触摩擦，不会产生任何磨损，因此理论上 LVDT 的机械寿命是无限长的。在对材料和结构进行疲劳测试等应用中，这是极为重要的技术要求。此外，无限长的机械寿命对于飞机、导弹、宇宙飞船以及重要工业设备中的高可靠性机械装置也同样是重要的。

（7）坚固耐用。制造 LVDT 所用的材料以及接合这些材料所用的工艺使它成为坚固耐用的传感器。即使受到工业环境中常有的强大冲击、巨幅振动，LVDT 也能继续发挥作用。铁芯与线圈彼此分离，在铁芯和线圈内壁间插入非磁性隔离物，可以把加压的、腐蚀性或碱性液体与线圈阻隔开来。这样，线圈组实现气密封，不再需要对运动构件进行动态密封。对于加压系统内的线圈组，只需使用静态密封即可。

（8）环境适应性。LVDT 是少数几个可以在多种恶劣环境中工作的传感器之一。例如，密封型 LVDT 采用不锈钢外壳，可以置于腐蚀性液体或气体中。有时，LVDT 被要求在极端恶劣的环境下工作，例如，在类似液氮的低温环境中。

LVDT 通常为圆筒型结构，其基本组成部分包括初级绕组、两个次级绕组、线框以及运动铁芯。线框、初级绕组和两个相同的次级绕组为 LVDT 的固定部分，铁芯作为可动部分放置在定子内部的圆柱形轴向孔中。铁芯端部通常带有螺纹，以方便与非铁磁性延长杆固定，后者用于连接被测运动物体。图 9-37 为 LVDT 的结构原理图。

与变压器原理相似，当初级绕组中通入交流电流时，两个次级绕组中就会产生感应电动势 e_1 和 e_2。将两个次级绕组反向串联，以差动方向输出，输出电压 $u_2 = e_1 - e_2$。当铁芯处在中央位置时，由于具有对称关系，两次级绕组产生的感应电压相等 $e_1 = e_2$，输出电压 $u_2 = 0$；当铁芯向左移动时，由于磁路结构发生改变，穿过次级绕组 1 的磁通将比穿过次级绕组 2 的磁通增多，于是感应电动势 $e_1 > e_2$，差动变压器输出电压 $u_2 \neq 0$；当铁芯向右移动时，穿过次级绕组 2 的磁通将比穿过次级绕组 1 的磁通增多，感应电动势 $e_1 < e_2$，$u_2 \neq 0$。图 9-38 给出了铁芯运动位置与输出电压的对应关系。在一定运动范围内，LVDT 的输出电压幅值与铁芯位移基本上呈线性关系，其输出特性如图 9-39 所示。

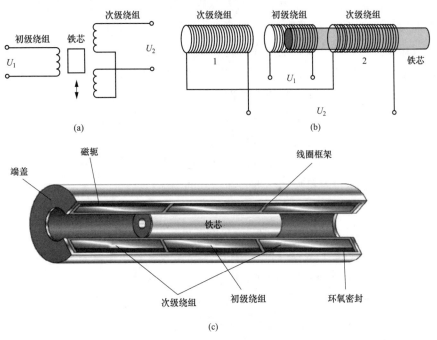

图 9-37　LVDT 结构原理图

（a）原理图；（b）结构简图；（c）圆筒型 LVDT

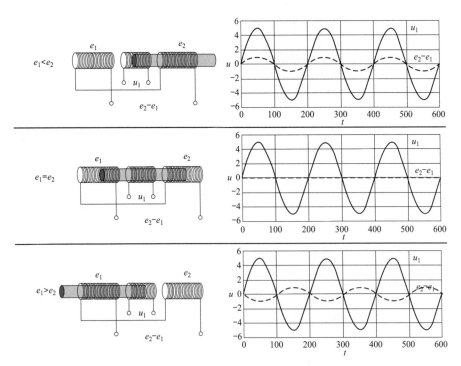

图 9-38　铁芯运动位置与输出电压的对应关系

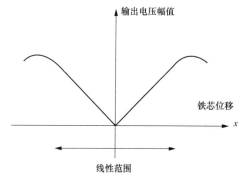

图 9-39 LVDT 的输出电压幅值特性

　　由于两个次级线圈反向串联，当铁芯通过零位置时，输出电压信号的相位会翻转 180°，利用这一点可以确定铁芯相对于零位置的运动方向。相敏检测器（phase sensitive detector，PSD）是一种测试铁芯运动方向的常用电路，可将交流输出信号转换为直流输出信号，广泛应用于差分型电感传感器中。将 PSD 与 LVDT 的输出连接，通过比较次级输出信号与初级输入信号之间的相位关系来确定铁芯的运动方向。PSD 输出电压信号经过低通滤波后转换为稳定的直流电压。图 9-40 为典型的基于二极管的相敏检测器电路，图 9-41 为无源低通滤波电路，图 9-42 为 LVDT 经相敏检测器和低通滤波后输出特性。

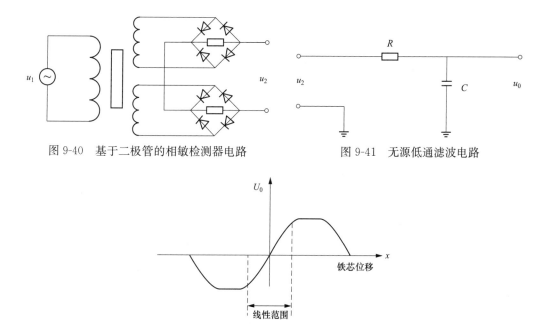

图 9-40 基于二极管的相敏检测器电路　　　　图 9-41 无源低通滤波电路

图 9-42 LVDT 直流电压输出特性

　　图 9-43 为另一种用来判断铁芯运动方向的信号处理电路。在这一电路中，将两组次级绕组的输出电压经绝对值电路进行整流，通过滤波器滤波后进行相减运算。图 9-44 为

精度和线性度较高的绝对值电路。输入量经过 V/I 变换器驱动模拟乘法器,利用比较器实现差分输入符号的检测功能,比较器的输出通过模拟乘法器对 V/I 输出量的符号进行转换,最终的输出量为输入量的绝对值函数。

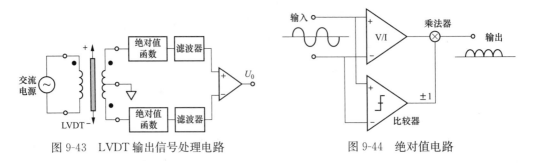

图 9-43 LVDT 输出信号处理电路　　　　图 9-44 绝对值电路

为简化 LVDT 变送电路的结构,Analog Devices 公司推出了两款线性可变差动变压器专用集成电路芯片——AD598 和 AD698。这两款芯片集成了正弦波交流激励信号发生、信号解调、放大和温度补偿等几部分电路,仅外接几个元件就可以构成一个线性差动变压器应用电路。通过改变外接振荡电容的大小,就可改变正弦波交流激励信号的频率,以适应各种类型的 LVDT 对频率的要求,使用起来非常方便。

图 9-45 为 AD598 集成电路芯片的内部电路构成。AD598 可为 LVDT 提供信号处理功能。AD598 内部集成振荡器,有外加电容的条件下,激振频率的设置范围为 20Hz～20kHz。两个绝对值电路和两个滤波器,用于检测 A、B 两个输入通道的输入量幅值,模拟电路用来产生比例运算 (A−B)/(A+B)。其中假设在整个工作范围内,LVDT 的两个次级输出电压幅值之和为常数。

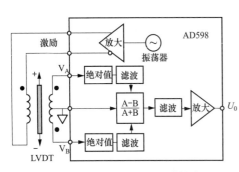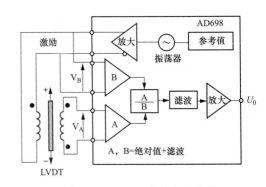

图 9-45 AD598 内部电路构成　　　　图 9-46 AD698 内部电路构成

利用简单的外设电阻,可实现 AD598 从 $1V_{RMS}$ 到 $24V_{RMS}$ 的激励电压,电流驱动能力为 $30mA_{RMS}$。由于电路不受相移和信号绝对幅值的影响,AD598 可实现 300ft（1ft＝0.3048m）线缆的远距离 LVDT 驱动。

图 9-46 为 AD698 集成电路芯片内部电路构成。AD698 与 AD598 规格参数相似,但在处理信号方面存在一些差异。AD698 采用的是同步解调的信号处理方法。如图 9-47 所

示,信号 A 和信号 B 的处理器均由绝对值函数和滤波器构成,信号 A 的输出与信号 B 的输出相除,产生独立于激励电压幅值的比例式输出。

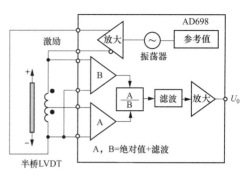

图 9-47　AD698 与半桥 LVDT 组合使用

AD698 也可以与半桥 LVDT(与自耦变压器相似)组合使用,如图 9-47 所示。这种情况下,整个次级电压作为信号 B,中心抽头电压作为信号 A。注意:半桥 LVDT 不会产生零电压。

除了圆筒型 LVDT 结构,日本东京大学的 Y. Kano 等人曾提出一种具有方形线圈的 LVDT。与传统的圆筒型 LVDT 不同,方形线圈 LVDT 为平板型结构,并且线圈为无铁芯结构。因此结构简单,线圈尺寸不受限制。另外其在动子零点附近的灵敏度高于有铁芯式 LVDT,并且零点残余电压很小。

图 9-48 为一维驱动短行程直流直线电机与一维平板型 LVDT 的集成结构。动圈型直流直线电机由两块永磁体(定子)和一个驱动线圈(动子)组成。当线圈通入直流电,将在电磁力作用下产生运动。如图所示,将两个位置检测线圈绕制在矩形永磁体的四周,并反向串联。三个线圈的组合形成 LVDT,其中驱动线圈作为 LVDT 的初级绕组。由于永磁体的磁导率接近空气,故两个位置检测线圈(LVDT 中的次级线圈)可视为空心线圈。当驱动线圈中通入激励电流时,两个次级线圈均将产生感应电压,其差动电压反应出位置信号。

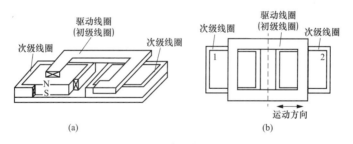

图 9-48　一维平板型 LVDT

(a)基本结构;(b)俯视图

图 9-49 为二维驱动短行程直流直线电机和二维平板型 LVDT 示意图。其中平板型 LVDT 既可以与两自由度直流直线电机集成一体,也可单独作为位置传感器使用。为实现动子位置在两个方向上的单独检测,将 x 或 y 向激励电流在不同时刻输入到电机的相应驱动线圈中。例如,当检测 x 向位置时,只有 x 向驱动线圈通入交流电流,此时 4 个检测线圈(No1~No4)在 x 向激励电流的作用下产生感应电压,x 向位置信号为差动电压 $U_4 - U_1$ 与 $U_3 - U_2$ 之和。同理,当 y 向驱动线圈中通入交流电流时,y 向位置信号为

差动电压 U_1-U_2 与 U_4-U_3 之和。动子位移以及原点的定义与一维情况相似，同相位或反相位的位置信号能够指示出动子的运动方向。

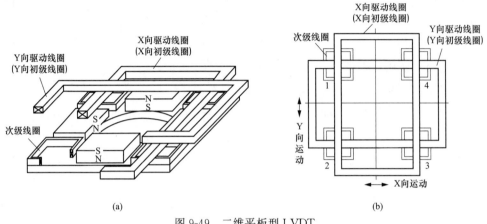

图 9-49　二维平板型 LVDT

（a）基本结构；（b）俯视图

对于二维位置检测装置，各方向检测的线性度和独立性是非常重要的。图 9-50 为二维位置检测装置的工作特性曲线，其中 y 向激励线圈保持不动，x 向激励线圈沿 x 轴运动。从图中可以看出，在一定运动范围内，x 向位置信号 U_x 随运动位置呈线性变化，而 y 向位置信号 U_y 基本保持不变。

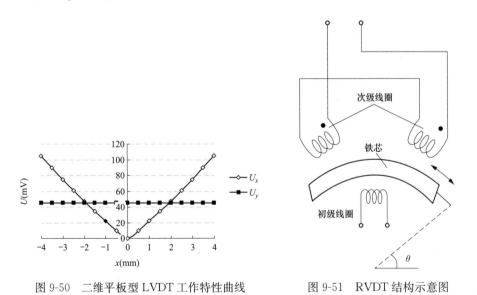

图 9-50　二维平板型 LVDT 工作特性曲线　　　　图 9-51　RVDT 结构示意图

LVDT 的概念同样可以应用在偏转角度测量场合，这种相对应的测量偏转量的装置称为旋转可变差动变压器（rotary variable differential transformer，RVDT），如图 9-51 为所示。RVDT 的转轴与 LVDT 的运动铁芯等效，变压器的绕组同样绕制在固定框架上。RVDT 不能实现 $360°$ 全角度测量，而只能实现范围相对较窄的偏转角度测量。一般 RVDT 线性测量范围在 $\pm 40°$ 的范围内，其灵敏性为 $2\sim 3\text{mV}/°$，输入电压范围为 3V_{RMS}，输入电压频率为 $400\text{Hz}\sim 20\text{kHz}$，零点位置标记在转轴和固定部分。铁芯做偏转运动时，初级绕组与次级绕组之间的互感随偏转角度呈线性变化趋势。

附　录　A

所有周期 $T=2\pi$ 的函数 $f(x)$ 均可展开成循环的正弦函数和余弦函数无限和的傅里叶级数形式

$$f(x)=\frac{a_0}{2}+\sum_{k=1}^{\infty}\left[a_k\cos(kx)+b_k\sin(kx)\right] \tag{A.1}$$

这里常量系数或振幅 a_k 和 b_k 的计算式为

$$a_k=\frac{1}{\pi}\int_{-\pi}^{\pi}f(x)\cdot\cos(kx)\mathrm{d}x \tag{A.2}$$

$$b_k=\frac{1}{\pi}\int_{-\pi}^{\pi}f(x)\cdot\sin(kx)\mathrm{d}x \tag{A.3}$$

其中，$k=0,1,2\cdots$。

如果 $f(x)$ 是一个偶函数 $\left[f(-x)=f(x)\right]$，则 $b_k=0$，同样类似地，如果 $f(x)$ 是一个奇函数 $\left[f(-x)=-f(x)\right]$，则 $a_k=0$

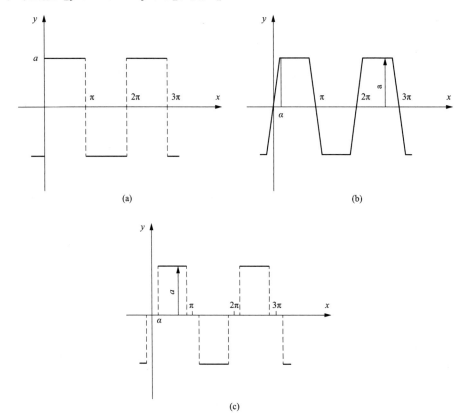

图 A.1　三种波形的傅里叶分析
（a）方波；（b）梯形波；（c）脉冲波

416

图 A.1 所示为傅里叶级数转换中的三种奇函数。其中方波、梯形波和脉冲波的傅里叶转换分别如式（A.4）～式（A.6）。

$$y = \frac{4a}{\pi}\left[\sin(x) + \frac{\sin(3x)}{3} + \frac{\sin(5x)}{5} + \cdots\right] \tag{A.4}$$

$$y = \frac{4a}{\alpha \cdot \pi}\left[\sin(\alpha)\sin(x) + \frac{\sin(3\alpha)\sin(3x)}{3^2} + \frac{\sin(5\alpha)\sin(5x)}{5^2} + \cdots\right] \tag{A.5}$$

$$y = \frac{4a}{\pi}\left[\cos(\alpha)\sin(x) + \frac{\cos(3\alpha)\sin(3x)}{3^2} + \frac{\cos(5\alpha)\sin(5x)}{5^2} + \cdots\right] \tag{A.6}$$

附　录　B

$F_{An}(\ )$，$F_{Bn}(\ )$，a_{In}，b_{In}，a_{IIn} 和 b_{IIn} 的定义

$$c_{1n} = BI_0(m_n R_s)；\quad c_{2n} = BK_0(m_n R_s)$$

$$c_{3n} = BI_0(m_n R_r)；\quad c_{4n} = BK_0(m_n R_r)$$

$$c_{5n} = BI_0(m_n R_m)；\quad c_{6n} = BK_0(m_n R_m) \tag{B.1}$$

$$c_{7n} = BI_1(m_n R_m)；\quad c_{8n} = BK_1(m_n R_m)$$

$$F_{An}(m_n r) = \frac{P_n}{m_n}\int_{m_n R_r}^{m_n r}\frac{BK_1(x)dx}{BI_1(x)BK_0(x)+BK_1(x)BI_0(x)} \tag{B.2}$$

$$F_{Bn}(m_n r) = \frac{P_n}{m_n}\int_{m_n R_r}^{m_n r}\frac{BI_1(x)dx}{BI_1(x)BK_0(x)+BK_1(x)BI_0(x)} \tag{B.3}$$

$$\begin{bmatrix} \mu_r\left(\dfrac{c_{5n}}{c_{6n}}-\dfrac{c_{1n}}{c_{2n}}\right)-\left(\dfrac{c_{5n}}{c_{6n}}-\dfrac{c_{3n}}{c_{4n}}\right) \\[2ex] \left(\dfrac{c_{7n}}{c_{8n}}+\dfrac{c_{1n}}{c_{2n}}\right)-\left(\dfrac{c_{7n}}{c_{8n}}+\dfrac{c_{3n}}{c_{4n}}\right) \end{bmatrix}\begin{bmatrix} a_{In} \\[2ex] a_{IIn} \end{bmatrix} = \begin{bmatrix} F_{An}(m_n R_m)\dfrac{c_{5n}}{c_{6n}}+F_{Bn}(m_n R_m) \\[2ex] F_{An}(m_n R_m)\dfrac{c_{7n}}{c_{8n}}-F_{Bn}(m_n R_m) \end{bmatrix} \tag{B.4}$$

$$b_{In} = \frac{c_{1n}}{c_{2n}}a_{In}；\quad b_{IIn} = \frac{c_{3n}}{c_{4n}}a_{IIn} \tag{B.5}$$

附 录 C

$F_{Ap}(\ )$，$F_{Bp}(\ )$，a_{Ip}，b_{Ip}，a_{IIp} 和 b_{IIp} 的定义

$$c_1 = BI_0(pR_s)；\quad c_2 = BK_0(pR_s)$$
$$c_3 = BI_0(pR_r)；\quad c_4 = BK_0(pR_r)$$
$$c_5 = BI_0(pR_m)；\quad c_6 = BK_0(pR_m) \tag{C.1}$$
$$c_7 = BI_1(pR_m)；\quad c_8 = BK_1(pR_m)$$

$$F_{Ap}(pr) = B_{rem}\int_{pR_r}^{pr} \frac{BK_1(x)dx}{BI_1(x)BK_0(x) + BK_1(x)BI_0(x)} \tag{C.2}$$

$$F_{Bp}(pr) = B_{rem}\int_{pR_r}^{pr} \frac{BI_1(x)dx}{BI_1(x)BK_0(x) + BK_1(x)BI_0(x)} \tag{C.3}$$

a_{Ip} 和 b_{Ip} 为下面线性方程的解

$$\begin{bmatrix} \mu_r\left(\dfrac{c_5}{c_6} - \dfrac{c_1}{c_2}\right) - \left(\dfrac{c_5}{c_6} - \dfrac{c_3}{c_4}\right) \\ \left(\dfrac{c_7}{c_8} + \dfrac{c_1}{c_2}\right) - \left(\dfrac{c_7}{c_8} + \dfrac{c_3}{c_4}\right) \end{bmatrix} \begin{bmatrix} a_{Ip} \\ a_{IIp} \end{bmatrix} = \begin{bmatrix} F_{Ap}(pR_m)\dfrac{c_5}{c_6} + F_{Bp}(pR_m) \pm \dfrac{B_{rem}}{c_6} \\ F_{Ap}(pR_m)\dfrac{c_7}{c_8} - F_{Bp}(pR_m) \end{bmatrix} \tag{C.4}$$

而

$$b_{Ip} = \frac{c_1}{c_2}a_{Ip}；\quad b_{IIp} = \frac{c_3}{c_4}a_{IIp} \tag{C.5}$$

其中 B_{rem}/c_6 前面的正负号分别表示内置永磁体和外置永磁体时的电机结构。

附 录 D

a'_{Ip}，a'_{IIp}，b'_{IIp}和 a'_{IIIp}的定义

$$c_{1p}=BI_0(pR_m)\,;\quad c_{2p}=BK_0(pR_m)$$
$$c_{3p}=BI_1(pR_m)\,;\quad c_{4p}=BK_1(pR_m)$$
$$c_{5p}=BI_0(pR_r)\,;\quad c_{6p}=BK_0(pR_r) \tag{D.1}$$
$$c_{7p}=BI_1(pR_r)\,;\quad c_{8p}=BK_1(pR_r)$$

$$a'_{IIp}=[F_{Ap}(pR_m)+B_{rem}c_{4p}/(c_{1p}c_{4p}+c_{2p}c_{3p})] \tag{D.2}$$

$$b'_{IIp}=[-B_{rem}c_{7p}/(c_{5p}c_{8p}+c_{6p}c_{7p})] \tag{D.3}$$

$$a'_{IIIp}=a'_{IIp}+\frac{c_{6p}}{c_{7p}}b'_{IIp} \tag{D.4}$$

$$a'_{Ip}=[-F_{Ap}(pR_m)+a'_{IIp}]\frac{c_{3p}}{c_{4p}}+[F_{Bp}(pR_m)+b'_{IIp}] \tag{D.5}$$

附　录　E

a'_{In}，b'_{In}，a'_{IIj}，b'_{IIj} 和 B_0 的定义

令

$$M_n = \frac{4B_r}{\pi\mu_0}\frac{\sin(2n-1)\frac{\pi}{2}\alpha_p}{(2n-1)} \tag{E.1}$$

$$Q_n = \frac{4}{\pi\mu_0}\frac{\sin(2n-1)\frac{\pi}{2}\alpha_p}{(2n-1)}$$

$$u = \left(\frac{2j}{w_m}+\frac{2n-1}{\tau}\right)\frac{\pi w_m}{2}; \quad v = \left(\frac{2j}{w_m}-\frac{2n-1}{\tau}\right)\frac{\pi w_m}{2} \tag{E.2}$$

$$R_{IInj} = \frac{1}{\mu_r}BI_0(q_jR_m)\alpha_p\left(\frac{\sin u}{u}+\frac{\sin v}{v}\right) \tag{E.3}$$

$$D_{In} = c_{5n}-\frac{c_{1n}}{c_{2n}}c_{6n}; \quad D_{IIj} = BI_1(q_jR_m) \tag{E.4}$$

$$R_{Ijn} = \left(c_{7n}+\frac{c_{1n}}{c_{2n}}c_{8n}\right)\left(\frac{\sin v}{v}-\frac{\sin u}{u}\right) \tag{E.5}$$

$$R_{In} = \left(c_{7n}+\frac{c_{1n}}{c_{2n}}c_{8n}\right)\frac{\cos\frac{w_m m_n}{2}}{m_n}; \quad R_{IIj} = D_{IIj}\frac{\cos\frac{w_m q_j}{2}}{q_j} \tag{E.6}$$

因此，a'_{In}，a'_{IIj} 和 B_0 为 $(N_E+J_E+1)\times(N_E+J_E+1)$ 线性方程的解

$$D_{In}a'_{In}-\sum_{j=1}^{J_E}R_{IInj}a'_{IIj}-Q_nB_0 = -\frac{\mu_0}{\mu_r}M_n$$

$$\sum_{n=1}^{N_E}R_{Ijn}a'_{In}-D_{IIj}a'_{IIj} = 0 \tag{E.7}$$

$$\sum_{n=1}^{N_E}R_{In}a'_{In}-\sum_{j=1}^{J_E}R_{IIj}a'_{IIj}-\frac{R_m}{2}B_0 = 0$$

并且

$$b'_{In} = (c_{1n}/c_{2n})a'_{In} \tag{E.8}$$

其中 N_E 和 J_E 分别为用来计算区域 I 和区域 II 中磁通密度的谐波次数。

但如果 $w_m=\tau$，也就是极片的厚度等于零，则 $q_j=m_n$，$B_0=0$，此时 a'_{In}，b'_{In}，a'_{IIn} 由式（E.9）给出，即

$$a'_{\mathrm{I}n}=\dfrac{\dfrac{4B_{\mathrm{r}}}{(2n-1)\pi}\sin(2n-1)\dfrac{\pi}{2}}{\left[\dfrac{c_{1n}}{c_{2n}}\left(\dfrac{c_{8n}}{c_{7n}}+\mu_{\mathrm{r}}\dfrac{c_{6n}}{c_{5n}}\right)-(\mu_{\mathrm{r}}-1)\right]c_{5n}}$$

$$b'_{\mathrm{I}n}=\frac{c_{1n}}{c_{2n}}a'_{\mathrm{I}n}$$

$$a'_{\mathrm{II}n}=\left(1+\frac{c_{1n}}{c_{2n}}\frac{c_{8n}}{c_{7n}}\right)a'_{\mathrm{I}n}$$

(E. 9)